『十二五』全国土建类模块式创新规划教材

主审　胡兴福

主编　李生勇

副主编　张　妤　刘任峰　刘　洋

编者　朱冬梅　徐红梅　李　涛

宋丽婷　彭　芳　郑召勇

混凝土结构与砌体结构

HUNNINGTUJIEGOU YUQITIJIEGOU

U0211828

哈尔滨工业大学出版社

内 容 简 介

　　本书是"十二五"全国土建类模块式创新规划系列教材之一,是为了适应国家大力发展行业职业教育的要求,根据建筑职业教育要从建设行业一线对技能型人才的需求出发,树立以就业为导向,以全面素质为基础,以能力为本位的教育理念编写而成的,力求讲解基本概念,既注重课程的系统性,又增加解决实际工程问题的针对性。

　　全书共 13 个模块,内容包括钢筋和混凝土材料的力学性能;钢筋混凝土结构的设计方法;受弯、受压、受拉、受扭构件承载力计算;预应力混凝土构件;梁板结构;单层工业厂房;多层与高层房屋结构;砌体结构;建筑结构抗震构造措施等。每个模块都有模块概述、知识目标、技能目标、拓展与实训,帮助学生学习、巩固和提高。

　　本书适合普通高等院校土木建筑类专业师生使用,也可供相关技术人员参考使用。

图书在版编目(CIP)数据

　　混凝土结构与砌体结构/李生勇主编. —哈尔滨:
哈尔滨工业大学出版社,2013.12
　　ISBN 978-7-5603-4410-2

　　Ⅰ.①混…　Ⅱ.①李…　Ⅲ.①混凝土结构—高等学校
—教材②砌体结构—高等学校—教材　Ⅳ.①TU37
②TU209

　　中国版本图书馆 CIP 数据核字(2013)第 274081 号

责任编辑　张　瑞
出版发行　哈尔滨工业大学出版社
社　　址　哈尔滨市南岗区复华四道街 10 号　邮编 150006
传　　真　0451 - 86414749
网　　址　http://hitpress.hit.edu.cn
印　　刷　北京市全海印刷厂
开　　本　850mm×1168mm　1/16　印张 20.25　字数 630 千字
版　　次　2013 年 12 月第 1 版　2013 年 12 月第 1 次印刷
书　　号　ISBN 978-7-5603-4410-2
定　　价　42.00 元

　　《混凝土结构与砌体结构》是土建类专业的一门专业基础课。主要培养具有一定土建工程结构知识的高级技术应用型专门人才。按照教育部和建设部联合制定的《关于我国建设行业人力资源状况和加强建设行业技能型紧缺人才培养培训工作的建议》所提出的对建筑业人才培养的要求，严格本着从建设行业一线对技能型人才的需求出发，树立以就业为导向，以全面素质为基础，以能力为本位的教育理念，以"必需、够用"为度进行编写。

　　完成本课程的学习后，应具备以下基本能力：

　　（1）能正确识读结构施工图。

　　（2）能够对一般构件进行结构分析，确定其承载能力。

　　（3）对工程实际中出现的事故能做出基本判断。

Preface

前 言

　　为此，在编写中，力求照顾相关专业岗位对人才要求的高度专门化，给予学生针对性强的专业指导和训练。教材中有大量的案例，以模块为基本单元，具有一定的典型性，通过详细的讲解让学生掌握相关的知识，更能调动学生学习的积极性。

本书特色

　　（1）突出实用——在内容安排上，对教学大纲有所取舍，由于本系列教材主要针对造价专业学生，结构方面的理论设计和计算主要集中在承载能力计算上，将正常使用极限状态的裂缝验算和挠度验算略去。目前虽然工业厂房钢结构多见，但单层厂房也在广泛应用，因此，还保留这部分内容。绪论中明确标注出相应的最新国家标准，教材不但在表达方式上紧密结合现行标准，忠实于标准的条文内容，也在计价和设计过程中严格遵照执行。同时，根据实际工作中的工程项目，结合教学需要通过这些实际工作中的工程项目将各知识点串联起来，把学生被动听讲变成学生主动参与实际操作，加深学生对实际工程项目的理解和应用，体现了以能力为本位的教材建设思想。

（2）结合执业资格考试——本教材的基础知识和技能知识与国家劳动部和社会保障部颁发的执业资格等级证书相结合，加强学历证书与执业资格认证之间的沟通。

本书内容

【绪论】介绍结构的概念、混凝土结构及砌体结构的概念、混凝土结构及砌体结构的发展概况及趋势及本课程的特点和学习方法。

【模块 1　钢筋和混凝土材料的力学性能】介绍混凝土、钢筋基本力学性能。

【模块 2　钢筋混凝土结构的设计方法】介绍结构设计的基本要求、结构上的作用、作用效应和结构抗力、概率极限状态设计方法、极限状态实用设计表达式及结构耐久性的规定。

【模块 3　受弯构件正截面承载力计算】详细介绍受弯构件正截面配筋的基本构造要求、梁正截面受弯性能的试验分析、单筋矩形截面的承载力计算、双筋矩形截面的承载力计算、单筋 T 形截面的承载力计算。

【模块 4　受弯构件斜截面承载力计算】详细介绍受弯构件斜截面的受力研究、有腹筋梁斜截面受剪承载力计算、保证斜截面受弯承载力的构造要求。

【模块 5　钢筋混凝土受扭构件】详细介绍受扭构件的受力特点及配筋构造、受扭构件承载力计算要点。

【模块 6　受压构件承载力计算】详细介绍轴心受压构件承载力计算、偏心受压构件正截面承载力计算、偏心受压构件斜截面受剪承载力计算、偏心受压构件构造要求。

【模块 7　受拉构件承载力计算】详细介绍轴心受拉构件正截面承载力计算、偏心受拉构件正截面承载力计算、偏心受拉构件斜截面承载力计算。

【模块 8　预应力混凝土构件】介绍预应力混凝土的基本概念、预应力混凝土结构的优缺点、全预应力和部分预应力混凝土、预应力混凝土结构的应用、施加预应力的方法和锚具、预应力混凝土材料、张拉控制应力和预应力损失、预应力混凝土轴心受拉构件。

【模块 9　梁板结构】详细介绍整体现浇式单向板肋梁楼盖、双向板肋梁楼盖、楼梯。

【模块 10　单层工业厂房】详细介绍单层工业厂房的结构组成与受力特点、单层工业厂房的结构布置与支撑布置、单层工业厂房排架计算原理及排架柱的设计、柱下独立基础设计。

【模块 11　多层与高层房屋结构】介绍框架结构、剪力墙及框架－剪力墙结构。

【模块 12　砌体结构】详细介绍砌体材料与力学性能、砌体结构构件受压承载力计算、混合结构房屋。

【模块 13　建筑结构抗震构造措施】详细介绍地震基本知识、抗震设计的基本要求、多高层钢筋混凝土房屋的抗震规定、多层砌体结构抗震构造措施。

本书应用

本书适合高等院校建筑工程技术专业教师教学使用，建筑行业初、中级专业技术人员使用，也可供相关专业技术人员参考使用。

整体课时分配

模块	内容	建议课时	授课类型
	绪论	2	讲授
1	钢筋和混凝土材料的力学性能	4	讲授、实训
2	钢筋混凝土结构的设计方法	4	讲授、实训
3	受弯构件正截面承载力计算	16	讲授、实训
4	受弯构件斜截面承载力计算	10	讲授、实训
5	钢筋混凝土受扭构件	6	讲授、实训
6	受压构件承载力计算	8	讲授、实训
7	受拉构件承载力计算	4	讲授、实训
8	预应力混凝土构件	6	讲授、实训
9	梁板结构	14	讲授、实训
10	单层工业厂房	6	讲授、实训
11	多层与高层房屋结构	6	讲授、实训
12	砌体结构	8	讲授、实训
13	建筑结构抗震构造措施	6	讲授、实训

在本教材中，参考并引用了大量参考文献中的资料，在此谨向文献的相关作者表示感谢。

由于水平有限，难免存在不妥和疏漏之处，望广大读者批评指正。

编　者

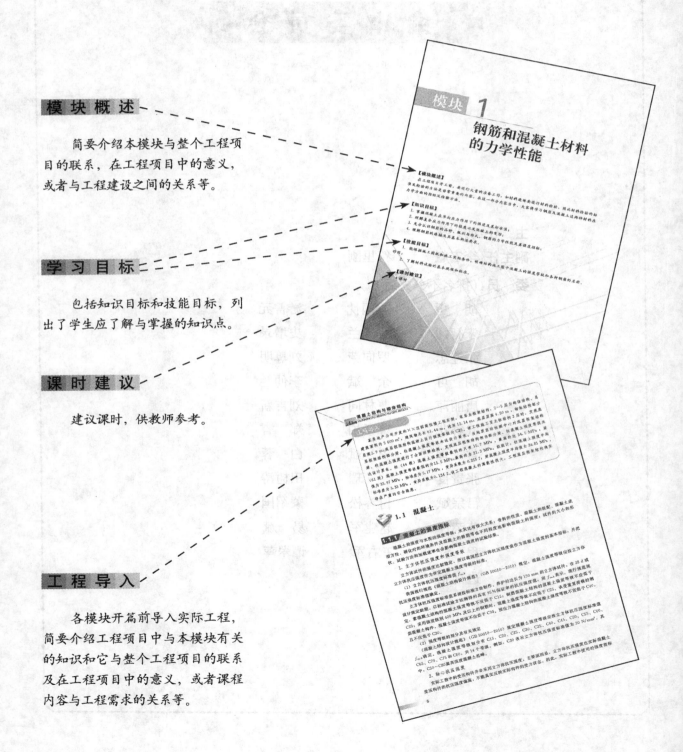

本 书 学 习 导 航

模 块 概 述

简要介绍本模块与整个工程项目的联系，在工程项目中的意义，或者与工程建设之间的关系等。

学 习 目 标

包括知识目标和技能目标，列出了学生应了解与掌握的知识点。

课 时 建 议

建议课时，供教师参考。

工 程 导 入

各模块开篇前导入实际工程，简要介绍工程项目中与本模块有关的知识和它与整个工程项目的联系及在工程项目中的意义，或者课程内容与工程需求的关系等。

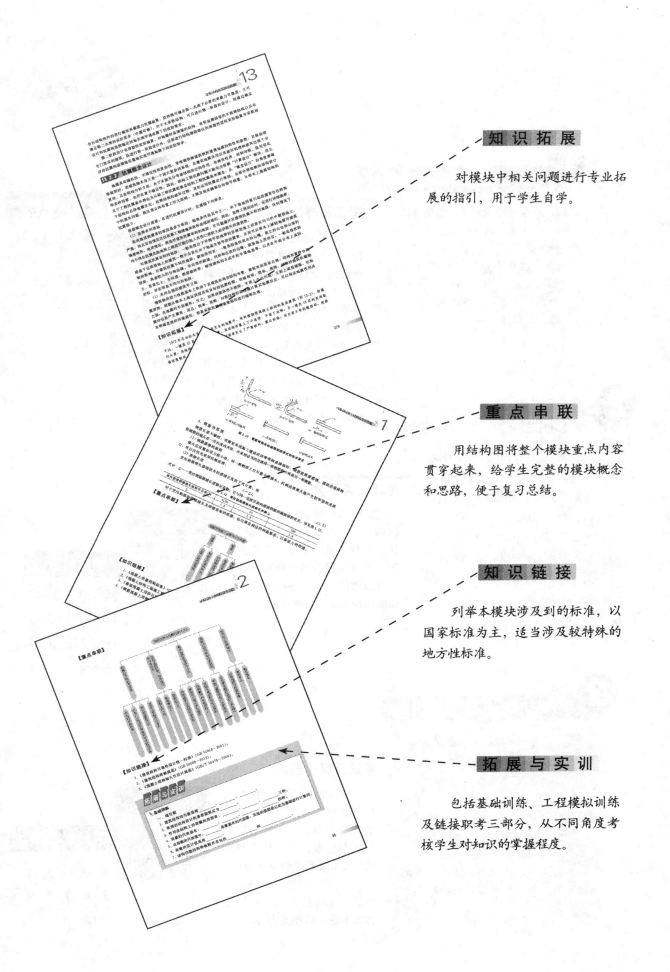

知识拓展

对模块中相关问题进行专业拓展的指引，用于学生自学。

重点串联

用结构图将整个模块重点内容贯穿起来，给学生完整的模块概念和思路，便于复习总结。

知识链接

列举本模块涉及到的标准，以国家标准为主，适当涉及较特殊的地方性标准。

拓展与实训

包括基础训练、工程模拟训练及链接职考三部分，从不同角度考核学生对知识的掌握程度。

① 有关执业资格考试介绍

全国建造师执业资格考试：国家人事部、建设部联合颁发。

对从事建设工程项目总承包及施工管理的专业技术人员实行建造师职业资格制度。分为一级和二级建造师。

考证及岗位要求

建造师是以专业技术为依托、以工程项目管理为主的执业注册人士。建造师注册受聘后，可以担任建设工程总承包或施工管理的项目负责人，从事法律、行政管理或标准规范规定的相关业务。

建造师的专业技术要求很高，涉及所有本专业课程，而且本课程在执业资格考试相关内容中占很大比例。

对应岗位

施工员、技术员、建造师

对应项目

模块 1、2、3、4、5、6、7、8、9、10、11、12、13

② 有关执业资格考试介绍

全国监理工程师执业资格考试：国家人事部、建设部联合颁发。

监理工程师是指经考试取得中华人民共和国监理工程师资格证书，并经注册，取得中华人民共和国注册监理工程师注册执业证书和执业印章，从事工程监理及相关业务活动的专业人员。

考证及岗位要求

监理工程师执业资格考试的内容主要是工程建设监理概论、工程质量、进度、投资控制、建设工程合同管理和设计工程监理的相关法律法规等方面的理论知识和实务技能。

对应岗位

监理员、监理工程师

对应项目

模块 1、3、4、5、6、7、8、9、10、11、12、13

③ 有关执业资格考试介绍

全国造价工程师执业资格考试：国家人事部、建设部联合颁发。

从事工程造价业务活动的专业技术人员，只有经过全国造价工程师执业资格统一考试合格，并注册取得《造价工程师注册证》以后，才具有造价工程师执业资格，才能以造价工程师名义从事建设工程造价业务，签署具有法律效力的工程造价文件。

考证及岗位要求

全国造价工程师执业资格考试内容主要是工程造价管理相关知识、工程造价的确定与控制、工程技术与工程计量和工程造价案例分析。

其中工程造价的确定与控制和工程技术与工程计量涉及本课程的相关内容。

对应岗位

造价员、造价工程师

对应项目

模块 1、3、4、5、6、7、8、9、10、11、12、13

目录 Contents

1

绪·论

0.1 基本概念

0.1.1 结构的概念

建筑是供人们生产、生活和进行其他活动的房屋或场所。各类建筑都离不开梁、板、墙、柱、基础等构件，它们相互连接形成建筑的骨架。建筑中由若干构件连接而成的能承受各种"作用"的平面或空间体系称为建筑结构，在不致混淆时可简称结构。这里所说的"作用"是能使结构或构件产生效应（内力、变形、裂缝等）的各种原因的总称。作用可分为直接作用和间接作用。直接作用即习惯上所说的荷载，是指施加在结构上的集中力或分布力系，如结构自重、家具及人群荷载、风荷载等。间接作用是指引起结构外加变形或约束变形的原因，如地震、基础沉降、温度变化等。

建筑结构由水平构件、竖向构件和基础组成。水平构件包括梁、板等，用以承受竖向荷载；竖向构件包括柱、墙等，其作用是支承水平构件或承受水平荷载；基础的作用是将建筑物承受的荷载传至地基。

建筑结构有多种分类方法，按照承重结构所用的材料不同，建筑结构可分为混凝土结构、砌体结构、钢结构、木结构和混合结构五种类型。其中最常见的结构是混凝土结构及砌体结构。

0.1.2 混凝土结构及砌体结构的概念

混凝土结构是指以混凝土为主要材料制作的结构，包括素混凝土结构、钢筋混凝土结构及预应力混凝土结构。

（1）素混凝土结构

素混凝土结构是指由无筋或不配置受力钢筋的混凝土制成的结构，在建筑工程中一般只用作基础垫层或室外地坪。

（2）钢筋混凝土结构

钢筋混凝土结构是指由配置受力的普通钢筋、钢筋网或钢筋骨架的混凝土制成的结构。在混凝土内配置受力钢筋，能明显提高结构或构件的承载能力和变形性能。图 0.1 所示素混凝土梁和钢筋混凝土梁，截面尺寸、跨度及荷载相同，混凝土强度等级均为 C20。试验结果表明，当 $F = 8$ kN 时素混凝土梁即发生断裂破坏，并且破坏是突然发生的，无明显预兆。而钢筋混凝土梁破坏前的变形和裂缝都发展得很充分，呈现出明显的破坏预兆，且破坏荷载提高到 36 kN。

（3）预应力混凝土结构

由于混凝土的抗拉强度和抗拉极限应变很小，钢筋混凝土结构在正常使用荷载下一般是带裂缝工作的，这是钢筋混凝土结构最主要的缺点。为了克服这一缺点，可在结构承受荷载之前，在使用荷载作用下可能开裂的部位，预先人为地施加压应力，以抵消或减少外荷载产生的拉应力，从而达到使构件在正常的使用荷载下不开裂，或者延迟开裂、减小裂缝宽度的目的，这种结构称为预应力混凝土结构。

钢筋混凝土结构是混凝土结构中应用最多的一种，也是应用最广泛的建筑结构形式之一。它不但被广泛应用于多层与高层住宅、宾馆、写字楼以及单层与多层工业厂房等工业与民用建筑中，而且水塔、烟囱、核反应堆等特种结构也多采用钢筋混凝土结构。钢筋混凝土结构之所以应用如此广泛，主要是因为它具有如下优点：

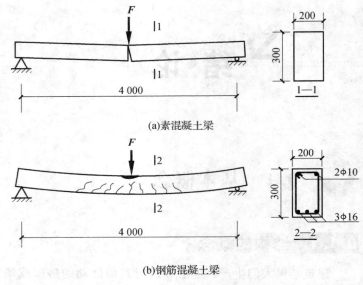

图 0.1　钢筋混凝土梁与素混凝土梁的破坏情况比较

（1）就地取材

钢筋混凝土的主要材料是砂、石，水泥和钢筋所占比例较小。砂和石一般都可由建筑工地附近提供，水泥和钢材的产地在我国分布也较广。

（2）耐久性好

钢筋混凝土结构中，钢筋被混凝土紧紧包裹而不致锈蚀，即使在侵蚀性介质条件下，也可采用特殊工艺制成耐腐蚀的混凝土，从而保证了结构的耐久性。

（3）整体性好

钢筋混凝土结构特别是现浇结构有很好的整体性，这对于地震区的建筑物有重要意义，另外对抵抗暴风及爆炸和冲击荷载也有较强的能力。

（4）可模性好

新拌和的混凝土是可塑的，可根据工程需要制成各种形状的构件，这给合理选择结构形式及构件断面提供了方便。

（5）耐火性好

混凝土是不良传热体，钢筋又有足够的保护层，火灾发生时钢筋不致很快达到软化温度而造成结构瞬间破坏。

钢筋混凝土也有一些缺点，主要是自重大、抗裂性能差，现浇结构模板用量大、工期长等。但随着科学技术的不断发展，这些缺点可以逐渐克服。例如，采用轻质、高强的混凝土，可克服自重大的缺点；采用预应力混凝土，可克服容易开裂的缺点；掺入纤维做成纤维混凝土，可克服混凝土的脆性；采用预制构件，可减小模板用量，缩短工期。

应当注意的是钢筋和混凝土是两种物理力学性质不同的材料，在钢筋混凝土结构中之所以能够共同工作，是因为：

（1）钢筋表面与混凝土之间存在黏结作用

钢筋表面与混凝土之间的黏结作用由三部分组成：一是混凝土结硬时体积收缩，将钢筋紧紧握住而产生的摩擦力；二是由于钢筋表面凹凸不平而产生的机械咬合力；三是混凝土与钢筋接触表面间的胶结力。其中机械咬合力约占50%。

（2）钢筋和混凝土的温度线膨胀系数几乎相同（钢筋为 $1.2\times10^{-5}/℃$，混凝土为 $1.0\times10^{-5}\sim1.5\times10^{-5}/℃$），在温度变化时，二者的变形基本相等，不致破坏钢筋混凝土结构的整体性。

（3）钢筋被混凝土包裹着，从而使钢筋不会因大气的侵蚀而生锈变质。

上述三个原因中，钢筋表面与混凝土之间存在黏结作用是最主要的原因。因此，钢筋混凝土构件配筋的基本要求，就是要保证二者共同受力、共同变形。

由块体（砖、石材、砌块）和砂浆砌筑而成的墙、柱作为建筑物主要受力构件的结构称为砌体结构，它是砖砌体结构、石砌体结构和砌块砌体结构的统称。

砌体结构主要有以下优点：

（1）取材方便，造价低廉。砌体结构所需用的原材料如黏土、砂子、天然石材等几乎到处都有，因而比钢筋混凝土结构更为经济，并能节约水泥、钢材和木材。砌块砌体还可节约土地，使建筑向绿色建筑、环保建筑方向发展。

（2）具有良好的耐火性及耐久性。一般情况下，砌体能耐受 400 ℃的高温。砌体耐腐蚀性能良好，完全能满足预期的耐久年限要求。

（3）具有良好的保温、隔热、隔音性能，节能效果好。

（4）施工简单，技术容易掌握和普及，也不需要特殊的设备。

砌体结构的主要缺点是：自重大，强度低，整体性差，砌筑劳动强度大。

砌体结构在多层建筑中应用非常广泛，特别是在多层民用建筑中，砌体结构占绝大多数。

0.2 混凝土结构及砌体结构的发展概况及趋势

我国早在新石器时代末期（4 500～6 000 年前），就已出现了地面木架建筑和木骨泥墙建筑。到公元前 2000 年，则有夯土的城墙，其后出现了烧制的砖和瓦。从其结构角度讲也就是最早的砌体结构。

举世闻名的万里长城、赵州桥是我国古代建筑的典范，在材料使用、结构受力、艺术造型等各方面都达到了极高的水平。

19 世纪水泥问世，随之出现了混凝土结构，这大大地促进了建筑结构的发展。20 世纪 30 年代预应力混凝土结构的出现，使混凝土结构的应用更加广泛。

我国是采用混凝土结构和砌体结构最多的国家，今后还将继续发展，总体趋势主要有以下几个方面：

（1）理论方面

混凝土结构设计的基本理论与设计方法、结构可靠度与荷载分析、工业化建筑体系、结构抗震与有限元分析方法以及现代化测试技术等方面的研究取得了很多新的成果，某些方面已达到或接近国际先进水平。

（2）结构形式方面

以后的建筑会越来越高，跨度越来越大，但是所要求的周期越来越短。新型的结构形式会越来越多。高度方向：主要用于标志性的多功能办公楼，框架只能做到高度不超过 100 m，剪力墙结构以及筒体结构太笨重，施工周期太长，无法实现大空间等因素，所以纯混凝土结构会越来越少。而纯钢结构，由于抗火影响（主要受到 911 事件影响），使用上受到较大限制。所以，超高层里面的混合结构（钢框架和混凝土筒体结合的形式）会有较大发展。跨度方向：主要用于大规模的体育馆和桥梁。索膜结构会有较快的发展，索膜结构自重轻，空间跨度大，而且造型多变。还有空间的网壳结构，国内外的很多的大型体育场馆、飞机场火车站候机候车楼都采用了索膜结构和空间网壳结构。

（3）结构材料方面

混凝土将向轻质高强方向发展。目前我国混凝土强度可达 80～100 N/mm²，就目前的实际情况及混凝土的缺点来看，采用高强度混凝土、轻骨料混凝土和多功能改性混凝土是未来建筑结构材料的必然发展趋势。合理利用优质掺合料和高效减水剂是发展高强混凝土的有效措施。采用轻骨料混凝土可以大大减轻结构构件的自重，而且具有较好的抗震性能、保温性能和耐火性能。我国天然轻骨料资源丰富，人造轻骨料主要采用工业废料中的粉煤灰陶粒，既可废物利用，又可以减少环境污染和大面积堆场。为了改善混凝土抗拉性能低和延展性差的不足，致力于钢纤维混凝土、合成纤维混凝土和耐碱玻璃纤维混凝土的研究，并已取得一定的成果。砌体结构材料也在向轻质高强方向发展，途径之一是发展空心砖，国外空心砖的抗压强度已经普遍达 $30\sim60$ N/mm²，有的甚至高达 100 N/mm² 以上，孔洞率也达 40％以上。另一途径是在黏土内掺入可燃性植物纤维或塑料珠，煅烧后形成气泡空心砖，它不仅自重轻，且隔声、隔热性能好。砌体结构材料的另一个发展趋势是高强砂浆。

（4）建筑施工工艺方面

现在一直在提倡工业化生产，也就是生产、加工和建造都是流水线作业。简单说就是让建筑修建的时间周期变得更短，国内外已经有很多一周就盖起来的 6、7 层的酒店，这些都是这种理念的实践。以后的住宅、办公楼很可能就会采用工厂直接制作构件，然后现场直接连接的方式。

0.3　本课程的内容和学习方法

0.3.1　本课程的内容

本课程包括混凝土结构和砌体结构两大部分内容。通过学习，应能了解结构计算的基本原则，掌握钢筋混凝土结构和砌体结构基本构件的计算方法，理解结构构件的构造要求，能正确识读结构施工图，并能理解建筑施工中的一般性的结构问题。

0.3.2　本课程的学习方法

（1）注意课程的实践性

本课程的设计理论在很大程度上是建立在前人工程实践经验和试验研究的基础上。解决实际工程问题，除需要理论知识外，还依赖工程经验的积累。因此，本课程是一门实践性很强的课程。在学习本课程时，要与工程实践相结合，主动接触工程实际，要注重试验、实习、课程设计等实践教学环节。认真完成课后的理论及实践性训练，将有助于理解和掌握本门课程的基本概念和解决问题的基本思路。

在使用书中的公式时，要特别注意公式的适用条件，一些公式的建立与试验结果有关，若超出公式的适用范围来使用公式，将会导致严重错误。

（2）注意与其他课程的关系

本课程的内容涉及数学、力学、建筑工程识图与构造、建筑材料等课程，同时又是学习建筑施工技术、建筑工程预算等课程的基础。因此，学习本课程时，应与相关知识相联系，必要时还要旧课重温，归纳总结，使新知识得到巩固和提高。

（3）注意本课程与规范的关系

本课程是按最新修订的《混凝土结构设计规范》（GB 50010—2010）、《砌体结构设计规范》（GB 50003—2011）、《建筑结构荷载规范》（GB 50009—2012）、《高层建筑混凝土结构技术规程》（JGJ 350010—2010）以及《普通混凝土配合比设计规程》（JGJ 55—2011）和《砌体结构工程施工质量验收规范》（GB 50203—2011）编写的，国家标准是工程设计、施工的依据，是贯彻国家技术经济政策的保证，我们必须熟悉并能正确使用。

模块 1

钢筋和混凝土材料的力学性能

【模块概述】

在工程项目开工前，要进行大量的准备工作，如材料进场要进行材料检验，因此材料检验的标准及检验的方法是非常重要的内容，在这一部分内容当中，大家将学习钢筋及混凝土这两种材料在力学方面的指标及检验方法。

【知识目标】

1. 掌握混凝土在单向应力作用下的强度及其标准值；
2. 理解复合应力作用下的强度以及混凝土的变形；
3. 充分认识钢筋的品种、级别与形式，钢筋的力学性能及其强度指标；
4. 理解钢筋的连接及其基本构造要求。

【技能目标】

1. 能根据施工图纸和施工实际条件，明确结构施工图中混凝土的强度等级和各种钢筋的名称、作用；
2. 了解材料试验的基本规程和标准。

【课时建议】

4 课时

工程导入

　　某房地产公司开发的××花园商住楼工程东侧，底层为框架结构，2～5层为砌体结构。总建筑面积约 5 600 m²，建筑物总长 61.44 m，进深 13.14 m；底层层高 4.50 m，砌体结构部分层高 2.9 m；底层框架结构混凝土设计强度等级为 C25。该工程施工至主体结构 3 层时，发现底层框架结构部分梁、柱混凝土强度等级未达设计要求。当地质监站检测中心对底层框架结构梁、柱混凝土强度进行了全面回弹检测，发现底层框架结构相当部分梁、柱混凝土强度等级未达设计要求。柱（44 根）混凝土强度等级最低的只有 15.7 MPa，最高的达 34.5 MPa；梁（61 段）混凝土强度等级最低的为 15.5 MPa，最高的为 31.3 MPa。经统计，柱混凝土强度平均值为 23.97 MPa，标准差为 5.17 MPa，变异系数为 0.215 7；梁混凝土强度平均值为 24.81 MPa，标准差为 3.33 MPa，变异系数为 0.134 2。该工程混凝土的离散性很大，工程底层框架结构确实存在严重的安全隐患。

1.1　混凝土

1.1.1　混凝土的强度指标

　　混凝土的强度与水泥的强度等级、水灰比有很大关系；骨料的性质、混凝土的级配、混凝土成型方法、硬化时的环境条件及混凝土的龄期等也不同程度地影响混凝土的强度；试件的大小和形状、试验方法和加载速率也会影响混凝土强度的试验结果。

　　1. 立方体抗压强度和强度等级

　　立方体试件的强度比较稳定，所以我国把立方体抗压强度值作为混凝土强度的基本指标，并把立方体抗压强度作为评定混凝土强度等级的标准。

　　（1）立方体抗压强度标准值 $f_{cu,k}$

　　我国现行规范《混凝土结构设计规范》（GB 50010—2010）规定，混凝土强度等级应按立方体抗压强度标准值确定。

　　立方体抗压强度标准值系指按标准方法制作、养护的边长为 150 mm 的立方体试件，在 28 d 或设计规定龄期，以标准试验方法测得的具有 95% 保证率的抗压强度值，用 $f_{cu,k}$ 表示。现行规范规定，素混凝土结构的混凝土强度等级不应低于 C15；钢筋混凝土结构的混凝土强度等级不应低于 C20；采用强度级别 400 MPa 及以上的钢筋时，混凝土强度等级不应低于 C25。承受重复荷载的钢筋混凝土构件，混凝土强度等级不应低于 C30。预应力混凝土结构的混凝土强度等级不宜低于 C40，且不应低于 C30。

　　（2）强度等级的划分及有关规定

　　《混凝土结构设计规范》（GB 50010—2010）规定混凝土强度等级应按立方体抗压强度标准值 $f_{cu,k}$ 确定。混凝土强度等级划分有 C15、C20、C25、C30、C35、C40、C45、C50、C55、C60、C65、C70、C75 和 C80，共 14 个等级。例如，C30 表示立方体抗压强度标准值为 30 N/mm²。其中，C50～C80属高强度混凝土范畴。

　　2. 轴心抗压强度

　　实际工程中的受压构件并非采用立方体抗压强度，主要原因是，立方体抗压强度比实际混凝土受压构件的抗压强度偏高，不能真实反映实际构件的受力状态，因此，实际工程中使用的强度指标称为棱柱体抗压强度，也称为混凝土轴心抗压强度。

混凝土轴心抗压强度是按照标准方法制作的，截面为 150 mm×150 mm×300 mm 的棱柱体，在 28 d 或设计规定龄期以标准试验方法测得的具有 95％保证率的抗压强度值，用 f_{ck} 表示。其标准值与设计值按表 1.1 采用。

表 1.1　混凝土轴心抗压强度标准值与设计值（N/mm²）

强度	混凝土强度等级													
	C15	C20	C25	C30	C35	C40	C45	C50	C55	C60	C65	C70	C75	C80
标准值 f_{ck}	10.0	13.4	16.7	20.1	23.4	26.8	29.6	32.4	35.5	38.5	41.5	44.5	47.4	50.2
设计值 f_c	7.2	9.6	11.9	14.3	16.7	19.1	21.1	23.1	25.3	27.5	29.7	31.8	33.8	35.9

3. 轴心抗拉强度

混凝土是一种脆性材料，在受拉时很小的变形就会开裂，它在断裂前没有残余变形。混凝土的抗拉强度只有抗压强度的 1/10～1/20，且随着混凝土强度等级的提高，比值降低。混凝土在工作时一般不依靠其抗拉强度，但抗拉强度对于抗开裂性有重要意义，在结构设计中抗拉强度是确定混凝土抗裂能力的重要指标。有时也用它来间接衡量混凝土与钢筋的黏结强度等。混凝土抗拉强度采用立方体劈裂抗拉试验来测定，称为劈裂抗拉强度，用 f_{tk} 表示，其标准值与设计值按表 1.2 采用。

表 1.2　混凝土轴心抗拉强度标准值与设计值（N/mm²）

强度	混凝土强度等级													
	C15	C20	C25	C30	C35	C40	C45	C50	C55	C60	C65	C70	C75	C80
标准值 f_{tk}	1.27	1.54	1.78	2.01	2.20	2.39	2.51	2.64	2.74	2.85	2.93	2.99	3.05	3.11
设计值 f_t	0.91	1.10	1.27	1.43	1.57	1.71	1.80	1.89	1.96	2.04	2.09	2.14	2.18	2.22

4. 复合应力状态下混凝土的强度

上面所讲的混凝土抗压强度和抗拉强度，均是指单轴受力条件下所得到的混凝土强度。但实际上，结构物很少处于单轴受压或受拉状态。实际混凝土结构构件大多是处于复合应力状态，例如框架梁、柱既受到柱轴向力的作用，又受到弯矩和剪力的作用。节点区混凝土受力状态一般更为复杂。同时，研究复合应力状态下混凝土的强度，对于认识混凝土的强度理论也有重要的意义。但由于这方面的研究起步较晚，加上问题比较复杂，目前还未能建立起完整的强度理论。但基本结论如下：

（1）混凝土双向受力强度

不同混凝土强度的双向受力下的强度曲线如图 1.1 所示，一旦超出包络线就意味着材料发生破坏。

压—压区：图中第三象限为双向受压区，大体上一个方向的强度随另一方向压力的增加而增加，混凝土双向受压强度比单向受压强度最多可提高 27％；

拉—压区：第二、四象限为拉—压应力状态，此时混凝土的强度均低于单向拉伸或压缩时的强度；

拉—拉区：第一象限为双向受拉区，σ_1、σ_2 相互影响不大，双向受拉混凝土强度变化不大。

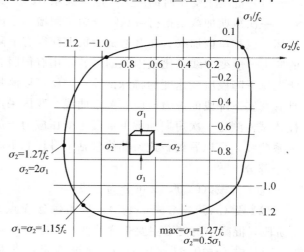

图 1.1　混凝土双向受力下的强度曲线

（2）三向受压状态下混凝土的强度（图1.2、图1.3）

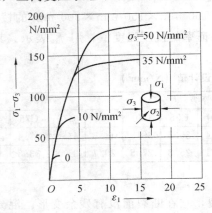

图1.2 受液压作用的圆柱体强度

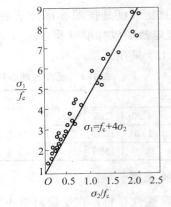

图1.3 混凝土周边压力与抗压强度的关系

混凝土在三向受压的情况下，由于受到侧向压力的约束作用，最大主压应力轴的抗压强度 f_{cc}'（σ_1）有较大程度的增长，其变化规律随两侧向压应力（σ_2、σ_3）的比值和大小而不同。常规的三轴受压是在圆柱体周围加液压，在两侧向等压（$\sigma_2 = \sigma_3 = f_L > 0$）的情况下进行的。随侧向液压 $\sigma_2 = \sigma_3$ 加大，圆柱体抗压强度 σ_1 增大。

常见工程范例：钢管混凝土柱、螺旋箍筋柱、密排侧向箍筋柱。可提供侧向约束，以提高混凝土的抗压强度和延性。

1.1.2 混凝土的变形性能

变形是混凝土的一个重要力学性能，包括受力变形和体积变形。

①受力变形：混凝土在一次短期加载、荷载长期作用和多次重复荷载作用下产生的变形称为受力变形。

②体积变形：混凝土由于硬化过程中的收缩以及温度和湿度变化所产生的变形称为体积变形。

1. 混凝土在一次短期荷载下的变形（图1.4）

（1）混凝土受压时的应力—应变关系（$\sigma-\varepsilon$ 关系曲线）

一次短期加载是指荷载从零开始单调增加至试件破坏，也称单调加载。在普通试验机上获得有下降段的应力—应变曲线是比较困难的。若采用有伺服装置能控制下降段应变速度的特殊试验机，就可以测量出具有真实下降段的应力—应变关系曲线。我国采用棱柱体试件测定一次短期加载下混凝土受压应力—应变关系曲线。可以看到，这条曲线包括上升段和下降段两个部分。

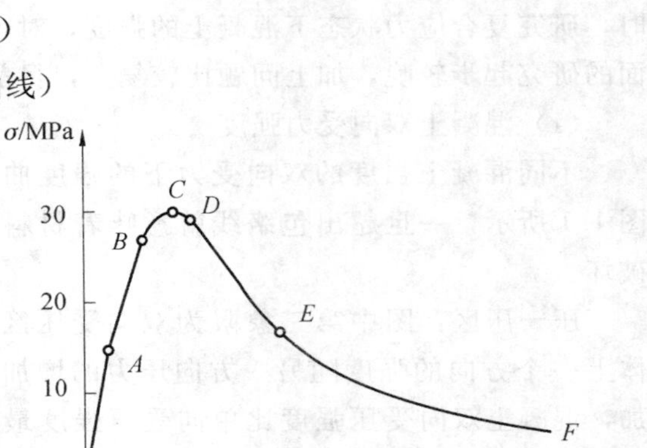

①上升段（OC），又可分为三段：

OA 段（$\sigma \leqslant 0.3 f_c \sim 0.4 f_c$）：从加载至 A 点为第

图1.4 混凝土应力—应变关系曲线

1阶段，混凝土的变形主要是弹性变形，应力—应变关系接近直线，称 A 点为比例极限点；

AB 段（$\sigma = 0.3 f_c \sim 0.8 f_c$）：超过 A 点，进入裂缝稳定扩展的第2阶段，混凝土的变形为弹塑性变形，临界点 B 的应力可以作为长期抗压强度的依据；

BC 段（$\sigma = 0.8 f_c \sim 1.0 f_c$）：裂缝快速发展的不稳定状态直至峰点 C，这一阶段为第3阶段，这时的峰值应力 σ_{max} 通常作为混凝土棱柱体的抗压强度 f_c，相应的应变称为峰值应变 ε_0，其值在 0.001 5～0.002 5之间波动，通常取 $\varepsilon_0 = 0.002$。

②下降段（CE）：在峰值应力以后，裂缝迅速发展，试件的平均应力强度下降，应力－应变曲线向下弯曲，直到凹向发生改变，曲线出现"拐点（D）"。超过"拐点"后，曲线开始凸向应变轴，此段曲线中曲率最大的一点 E 称为"收敛点"。从收敛点 E 开始以后的曲线称为收敛段，这时贯通的主裂缝已经很宽，对无侧向约束的混凝土，收敛段 EF 已失去结构意义。

（2）不同强度混凝土的应力－应变关系曲线比较（图 1.5）

①混凝土强度等级高，其峰值应变 ε_0 增加不多。

②上升段曲线相似。

③下降段区别较大：强度等级低，下降段平缓，应力下降慢；强度等级高的混凝土，下降段较陡，应力下降很快（等级高的混凝土，受压时的延性不如等级低的混凝土）。

（3）加载速度对混凝土强度试验值的影响

①加载慢，最大应力值有所减小，相应于最大应力值时的应变增加。

②加载快，最大应力值有所增大，相应于最大应力值时的应变减小。

2. 混凝土在多次重复荷载下的变形

混凝土的疲劳是在荷载重复作用下产生的。混凝土在荷载重复作用下引起的破坏称为疲劳破坏。疲劳现象大量存在于工程结构中，钢筋混凝土吊车梁受到重复荷载的作用，钢筋混凝土道路、桥梁受到车辆振动的影响以及港口海岸的混凝土结构受到波浪冲击而损伤等都属于疲劳破坏现象。疲劳破坏的特征是裂缝小而变形大。

（1）混凝土在荷载重复作用下的应力－应变曲线（图 1.6）

①σ_1 或 $\sigma_2 < f_c^t$ 时：对混凝土棱柱体试件，一次加载应力 σ_1 或 σ_2 小于混凝土疲劳强度 f_c^t 时，其加载卸载应力－应变曲线 OAB 形成了一个环状。而在多次加载、卸载作用下，应力－应变环会越来越密合，经过多次重复，这个曲线就密合成一条直线。

②$\sigma_3 > f_c^t$ 时：开始，混凝土应力－应变曲线凸向应力轴，在重复荷载过程中逐渐变成直线，再经过多次重复加卸载后，其应力－应变曲线由凸向应力轴而逐渐凸向应变轴，以致加卸载不能形成封闭环，这标志着混凝土内部微裂缝的发展加剧趋近破坏。随着重复荷载次数的增加，应力－应变曲线倾角不断减小，至荷载重复到某一定次数时，混凝土试件会因严重开裂或变形过大而导致破坏。

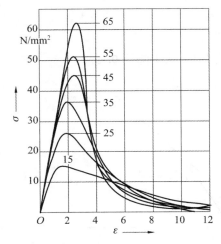

图 1.5　不同等级混凝土的应力－应变关系曲线

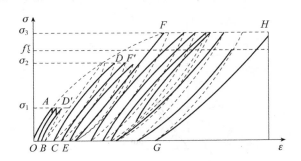

图 1.6　混凝土在荷载重复作用下的应力－应变曲线

（2）混凝土的疲劳强度 f_c^f

混凝土的疲劳强度用疲劳试验测定。疲劳试验采用 100 mm×100 mm×300 mm 或 150 mm×150 mm×450 mm 的棱柱体，把能使棱柱体试件承受 200 万次或其以上循环荷载而发生破坏的压应力值称为混凝土的疲劳抗压强度。

3. 混凝土的弹性模量、变形模量

（1）混凝土的弹性模量（即原点模量）（图 1.7）

在应力—应变曲线的原点（图中的 O 点）作一切线，其斜率为混凝土的原点模量，称为弹性模量，以 E_c 表示。

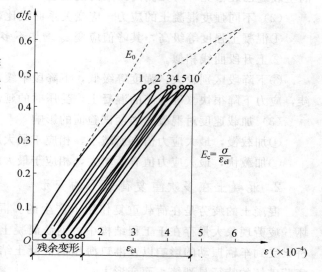

$$E_c = \frac{\delta}{\varepsilon_{el}} \qquad (1.1)$$

弹性模量的测试方法：对标准尺寸 150 mm×150 mm×300 mm 的棱柱体试件，先加载至 $\sigma = 0.5 f_c$，然后卸载至零，再重复加载卸载 5～10 次。由于混凝土不是弹性材料，每次卸载至应力为零时，存在残余变形，随着加载次数的增加，应力—应变曲线渐趋稳定并基本上趋于直线。该直线的斜率即定为混凝土的弹性模量。弹性模量按表 1.3 取用。

图 1.7　混凝土弹性模量测定

表 1.3　混凝土的弹性模量（×10⁴ N/mm²）

弹性模量	混凝土强度等级													
	C15	C20	C25	C30	C35	C40	C45	C50	C55	C60	C65	C70	C75	C80
E_c	2.20	2.55	2.80	3.00	3.15	3.25	3.35	3.45	3.55	3.60	3.65	3.70	3.75	3.80

（2）混凝土的变形模量

如图 1.8 所示，混凝土变形模量为应力—应变曲线上任意点与原点 O 的连线的斜率。

设 $\nu = \varepsilon_{el}/\varepsilon$ 为弹性系数，变形模量为

$$E'_c = \frac{\sigma}{\varepsilon} = \nu \frac{\sigma}{\varepsilon_{el}} = \nu E_c$$

弹性系数（coefficient of elasticity）ν 随应力增大而减小，ν 从 1 降至 0.4。当 $\sigma \leqslant 0.4 f_c$ 时，$\nu = 1$；$\sigma > 0.4 f_c$ 时，$\nu = 0.4 \sim 0.7$。

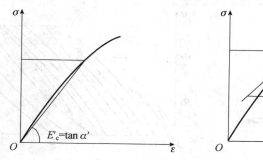

图 1.8　割线模量、切线模量

混凝土的剪切变形模量 G_c 可按相应弹性模量的 40% 采用。混凝土的泊松比 ν_c 可按 0.2 采用。

4. 混凝土的徐变

混凝土在荷载长期持续作用下，应力不变，变形会随着时间的增长而增大，这种现象称为混凝

土的徐变。如图 1.9 所示是混凝土试件在持续荷载作用下，应变与时间的关系曲线。在加载的瞬间，试件就有一个变形，这个应变称为混凝土的初始瞬时应变 ε_{ela}。当荷载保持不变并持续作用，应变就会随时间增长。从图中可以看出，徐变在早期发展较快，一般在最初 6 个月可完成徐变的大部分，一年后可趋于稳定，其余在以后的几年内逐渐完成。如果在持续荷载作用一段时间卸载，应变还可以恢复一部分，其中一部分瞬时恢复，另一部分大约在 20 d 左右的时间内逐渐恢复，称为弹性后效。研究资料表明，总应变为瞬时应变的 1~4 倍。

通常认为产生徐变的原因为：一是混凝土中尚未完全水化的水泥凝胶体在荷载的作用下的黏性流动（颗粒间的相对滑动）要持续很长时间，因此沿混凝土的受力方向会继续发生随时间而增长的变形；另一原因是混凝土内部的微裂缝在荷载长期作用下不断发展和增加，从而导致变形增加。在应力较小时，以第一种原因为主；应力较大时，以第二种原因为主。

影响徐变的因素主要有以下四个方面：

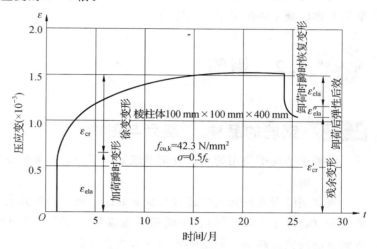

图 1.9 混凝土的徐变

①内在因素——混凝土组成成分。水泥用量越多，徐变越大；水灰比越大，徐变也越大。骨料弹性性质也明显地影响徐变值，一般骨料越坚硬，弹性模量越高，对水泥石徐变的约束作用越大，混凝土的徐变越小。

②环境因素——养护及使用时的温度、湿度。养护时温度高、湿度大，水泥水化作用充分，徐变越小；而使用受到荷载作用后所处的环境温度越高、湿度越低，则徐变越大。

③应力条件——混凝土的应力大小。混凝土的应力越大徐变也越大。

④时间因素——加荷龄期越早，徐变越大。

徐变对混凝土结构和构件的工作性能的影响：由于混凝土的徐变，会使构件的变形增加，在钢筋混凝土截面中引起应力重分布。在预应力混凝土结构中会造成预应力损失。

5. 混凝土的收缩与膨胀

除了荷载引起的变形以外，混凝土还会因温度和湿度的变化而引起体积变化，称为混凝土的收缩和膨胀。混凝土在空气中结硬时体积减小的现象称为收缩。混凝土收缩随时间发展的规律如图 1.10 所示。混凝土的收缩是随时间而增长的变形，早期收缩变形发展较快，两周可完成全部收缩的 25%，一个月可完成 50%，以后变形发展逐渐减慢，整个收缩过程可延续两年以上。收缩由两部分组成：一是凝缩——水与水泥的水化作用，引起混凝土体积减小；二是干缩——混凝土中的水分蒸发。

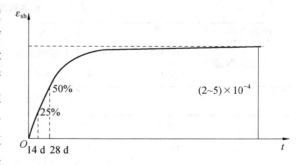

图 1.10 混凝土收缩随时间发展的规律

混凝土的收缩会对结构产生有害的影响。例如，混凝土构件受到约束时，收缩会使构件产生裂缝；对预应力混凝土构件则会引起预应力损失等。影响收缩的因素主要有以下几个方面，在混凝土结构设计和施工时应充分注意这些因素。

①混凝土组成、配比是影响收缩的重要因素：水泥等级高，水泥用量越多，水灰比大，收缩大；骨料粒径大，级配均匀，混凝土弹性模量大，振捣密实，收缩小；高强混凝土收缩大。

②养护条件：高温高湿养护，收缩小；在饱和湿度下混凝土不收缩。

③构件表面面积和体积比值越大，收缩越大。

混凝土在水中硬结，在一段时间内体积略有增大，这是由于混凝土吸附水分而产生的变形，称为混凝土的膨胀。通常收缩值比膨胀值要大得多，而且膨胀对结构的影响较小，所以结构设计时通常不考虑混凝土膨胀对结构的影响。

1.2 钢筋

1.2.1 钢筋的品种、级别与形式

混凝土结构中使用的钢材按化学成分，可分为碳素钢及普通低合金钢两大类。

（1）碳素钢

碳素钢除含有铁元素外还含有少量的碳、硫、磷等元素。根据含碳量的多少，碳素钢又可分为低碳钢（含碳量<0.25%）、中碳钢（含碳量0.25%~0.6%）和高碳钢（含碳量0.6%~1.4%），含碳量越高强度越高，但是塑性和可焊性会降低。

（2）普通低合金钢

除碳素钢中已有的成分外，再加入少量的硅、锰、钛、钒、铬等合金元素，可有效地提高钢材的强度和改善钢材的其他性能。

按其在结构中所起作用不同，钢筋可分为普通钢筋和预应力钢筋两大类。普通钢筋是指用于钢筋混凝土结构中的钢筋以及用于预应力混凝土结构中的非预应力钢筋；预应力钢筋是指用于预应力钢筋混凝土结构中预先施加预应力的钢筋。

用于钢筋混凝土结构的国产普通钢筋可使用热轧钢筋。用于预应力混凝土结构的国产预应力钢筋可使用预应力钢丝、钢绞线，也可使用预应力螺纹钢筋。

（1）热轧钢筋

热轧钢筋是低碳钢、普通低合金钢在高温状态下轧制而成的，按其表面形态分为光圆钢筋和螺纹钢筋。其牌号构成及含义见表1.4和表1.5。

表 1.4　光圆钢筋牌号的构成及其含义

产品名称	牌号	牌号构成	英文字母含义
热轧光圆钢筋	HPB235	由 HPB＋屈服强度特征值构成	HPB—热轧光圆钢筋（Hot rolled Plain Bars）的英文缩写
	HPB300		

表 1.5　螺纹钢筋牌号的构成及其含义

类别	牌号	牌号构成	英文字母含义
普通热轧钢筋	HRB335	由 HRB＋屈服强度特征值构成	HRB—热轧带肋钢筋（Hot rolled Ribbed Bars）的英文缩写
	HRB400		
	HRB500		
细晶粒热轧钢筋	HRBF335	由 HRBF＋屈服强度特征值构成	HRBF—在热轧带肋钢筋的英文缩写后加"细"（Fine）的英文首位字母
	HRBF400		
	HRBF500		

（2）预应力钢丝

消除应力钢丝：消除应力钢丝是将钢筋拉拔后，校直，经中温回火消除应力并稳定化处理的光面钢丝。

光面钢丝和螺旋肋钢丝：螺旋肋钢丝是以普通低碳钢或低合金钢热轧的圆盘条为母材，经冷轧减径后在其表面冷轧成两面或三面有月牙肋的钢筋。

刻痕钢丝：刻痕钢丝是在光面钢丝的表面上进行机械刻痕处理，以增加与混凝土的黏结能力。

（3）钢绞线

钢绞线是由多根高强钢丝捻制在一起经过低温回火处理清除内应力后而制成的，分为 3 股和 7 股两种。

1.2.2 钢筋的力学性能

钢筋的力学性能通常采用拉伸试验来确定，根据拉伸试验得到应力－应变曲线来判断其性能。

钢筋混凝土结构中使用的钢筋按其应力－应变曲线特点，可分为两大类：一类是有明显的流幅，如热轧钢筋，称为有明显屈服点的钢筋（或软钢）；另一类则没有明显的流幅，例如预应力钢丝和钢绞线，称为无明显屈服点的钢筋（或硬钢）。

1. 有明显屈服点的钢筋（或软钢）的力学性能

有明显屈服点的钢筋（或软钢）从开始加载到拉断，有明显的四个阶段（图 1.11）：

OA 段——弹性阶段：应力与应变成比例变化，与 A 点对应的应力称为比例极限或弹性极限。

AC 段——屈服阶段：过 A 点后，应力基本不增加而应变急剧增长，曲线接近水平线。B 点到 C 点的水平距离的大小称为流幅或屈服台阶。B' 点称为屈服上限，B 点称为屈服下限，有明显流幅的热轧钢筋屈服强度是按屈服下限确定的。

CD 段——强化阶段：过 C 点以后，应力又继续上升，说明钢筋的抗拉能力又有所提高。随着曲线上升到最高点 D，相应的应力称为钢筋的极限强度。

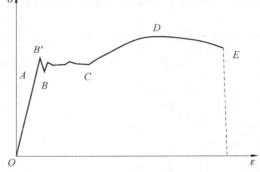

图 1.11　有明显屈服点的钢筋的应力－应变曲线

DE 段——颈缩阶段：过了 D 点，试件薄弱处的截面将会突然显著缩小，发生局部颈缩，变形迅速增加，应力随之下降，达到 E 点时试件被拉断。

通过钢筋的拉伸试验可以得到以下钢筋力学性能指标：

（1）屈服强度 f_y

有明显流幅的钢筋的应力到达屈服点后，会产生很大的塑性变形，使钢筋混凝土构件出现很大的变形和过宽的裂缝，以致不能使用，所以对有明显流幅的钢筋，在计算承载力时以屈服强度作为钢筋强度限值。

（2）极限抗拉强度 f_{st}

在抗震结构设计中，要求结构在罕遇地震下"裂而不倒"，钢筋应力可考虑进入强化段，要求极限强度 $f_{st} \geq 1.25 f_y$。

（3）塑性指标

钢筋除了要有足够的强度外，还应具有一定的塑性变形能力。通常用伸长率和冷弯性能两个指标衡量钢筋的塑性。

①伸长率：钢筋拉断后（例如，图 1.11 中的 E 点）的伸长值与原长的比率称为伸长率。伸长率越大塑性越好。国家标准规定了各种钢筋所必须达到的伸长率的最小值，有关参数可参照相应的

国家标准。

②冷弯性能：冷弯是将直径为 d 的钢筋绕直径为 D 的弯芯，弯曲到规定的角度后无裂纹断裂及起层现象，则表示合格。弯芯的直径 D 越小，弯转角越大，说明钢筋的塑性越好。国家标准规定了各种钢筋冷弯时相应的弯芯直径及弯转角，有关参数可参照相应的国家标准。

2. 无明显屈服点的钢筋（或硬钢）的力学性能

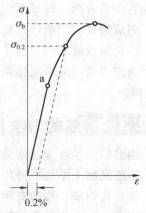

无明显屈服点的钢筋（或硬钢）强度高，但塑性差，脆性大。从加载到拉断，不像软钢那样有明显的阶段，基本上不存在屈服阶段。图 1.12 所示为无明显屈服点的钢筋（或硬钢）的应力—应变曲线。

无明显屈服点的钢筋（或硬钢）没有明确的屈服阶段，所以设计中一般以"协定流限"作为强度标准，所谓协定流限是指经过加载及卸载后尚存有 0.2% 永久残余时的应力，用 $\sigma_{0.2}$ 表示。$\sigma_{0.2}$ 亦称"条件屈服强度"，规范取极限抗拉强度的 85% 作为硬钢的条件屈服强度，即 $\sigma_{0.2}=0.85\sigma_b$。

图 1.12 无明显屈服点的钢筋（或硬钢）的应力—应变曲线

根据《混凝土结构设计规范》（GB 50010—2010）规定，钢筋的强度标准值应具有不小于 95% 的保证率。普通钢筋的屈服强度标准值 f_{yk}、极限强度标准值 f_{stk}、抗拉强度设计值 f_y、抗压强度设计值 f_y'，应按表 1.6 采用。预应力钢丝、钢绞线和预应力螺纹钢筋的屈服强度标准值 f_{pyk}、极限强度标准值 f_{ptk} 应按表 1.7 采用。预应力筋的抗拉强度设计值 f_{py}、抗压强度设计值 f_{py}' 应按表 1.8 采用。

表 1.6 普通钢筋强度标准值与设计值

牌号	符号	公称直径 d/mm	屈服强度标准值 f_{yk}/（N·mm^{-2}）	极限强度标准值 f_{stk}/（N·mm^{-2}）	抗拉强度设计值 f_y/（N·mm^{-2}）	抗压强度设计值 f_y'/（N·mm^{-2}）
HPB300	Φ	6～22	300	420	270	270
HRB335 HRBF335	Φ Φ^F	6～50	335	455	300	300
HRB400 HRBF400 RRB400	Φ Φ^F Φ^R	6～50	400	540	360	360
HRB500 HRBF500	Φ Φ^F	6～50	500	630	435	410

表 1.7 预应力钢筋强度标准值

种类		符号	公称直径 d/mm	屈服强度标准值 f_{pyk}/（N·mm^{-2}）	极限强度标准值 f_{ptk}/（N·mm^{-2}）
中强度预应力钢丝	光面螺旋肋	Φ^{PM} Φ^{HM}	5、7、9	620 780 980	800 970 1 270
预应力螺纹钢筋	螺纹	Φ^T	18、25、32、40、50	785 930 1 080	980 1 080 1 230

续表 1.7

种类		符号	公称直径 d/mm	屈服强度标准值 f_{pyk} /（N·mm^{-2}）	极限强度标准值 f_{ptk} /（N·mm^{-2}）
消除应力钢丝	光面 螺旋肋	ϕ^P ϕ^H	5	—	1 570
				—	1 860
			7	—	1 570
			9	—	1 470
				—	1 570
钢绞线	1×3 （三股）	ϕ^S	8.6、10.8、12.9	—	1 570
				—	1 860
				—	1 960
	1×7 （七股）		9.5、12.7、 15.2、17.8	—	1 720
				—	1 860
				—	1 960
			21.6	—	1 860

表 1.8 预应力钢筋强度设计值（N/mm²）

种类	抗压强度设计值 $f_{py}{}'$	抗拉强度设计值 f_{pyk}	极限强度标准值 f_{ptk}
中强度预应力钢丝	410	510	800
		650	970
		810	1 270
预应力螺纹钢筋	410	650	980
		770	1 080
		900	1 230
消除应力钢丝	410	1 320	1 860
		1 110	1 570
		1 040	1 470
钢绞线	390	1 110	1 570
		1 220	1 720
		1 320	1 860
		1 390	1 960

3. 钢筋的弹性模量

钢筋在弹性范围内的应力与应变的比值，称为弹性模量，用符号 E_s 表示，常用钢筋的弹性模量见表 1.9。

表 1.9　钢筋的弹性模量（×10^5 N/mm²）

牌号或种类	弹性模量 E_s
HPB300 钢筋	2.10
HRB335、HRB400、HRB500 钢筋 HRBF335、HRBF400、HRBF500 钢筋 RRB400 钢筋 预应力螺纹钢筋	2.00
消除应力钢丝、中强度预应力钢丝	2.05
钢绞线	1.95

注：必要时可采用实测的弹性模量。

1.2.3　钢筋与混凝土的黏结

1. 黏结的作用及产生原因

钢筋和混凝土能共同工作，除了二者具有相近的线膨胀系数外，更主要的是由于混凝土硬化后，钢筋与混凝土之间产生了良好的黏结力。为了保证钢筋不被从混凝土中拔出或压出，还要求钢筋有良好的锚固。黏结和锚固是钢筋和混凝土形成整体、共同工作的基础。

钢筋混凝土受力后会沿钢筋和混凝土接触面上产生剪应力，通常把这种剪应力称为黏结应力。根据受力性质的不同，钢筋与混凝土之间的黏结应力可分为裂缝间的局部黏结应力和钢筋端部的锚固黏结应力两种。

（1）裂缝间的局部黏结应力

在相邻两个开裂截面之间产生的局部黏结应力，钢筋应力的变化受到黏结应力的影响，黏结应力使相邻两个裂缝之间混凝土参与受拉。局部黏结应力的丧失会影响构件的刚度的降低和裂缝的开展。

（2）钢筋端部的锚固黏结应力

钢筋伸进支座或在连续梁中承担负弯矩的上部钢筋在跨中截断时，需要延伸一段长度，即锚固长度。要使钢筋承受所需的拉力，就要求受拉钢筋有足够的锚固长度以积累足够的黏结力，否则，将发生锚固破坏。

钢筋与混凝土的黏结作用主要由三部分组成：

①钢筋与混凝土接触面上的化学吸附作用力（胶结力）。

②混凝土收缩握裹钢筋而产生摩阻力。

③钢筋表面凹凸不平与混凝土之间产生的机械咬合作用力（咬合力）。

2. 黏结强度及影响因素

钢筋的黏结强度通常采用直接拔出试验来测定，为了反映弯矩的作用，也用梁式试件进行弯曲拔出试验。

由直接拔出试验，钢筋和混凝土之间的平均黏结应力 τ 可表示为

$$\tau = \frac{N}{\pi dl} \tag{1.2}$$

式中　N——钢筋的拉力；

　　　d——钢筋的直径；

　　　l——黏结长度。

主要影响因素有以下几个方面：

（1）混凝土强度

光圆钢筋及变形钢筋的黏结强度都随混凝土强度等级的提高而提高。

（2）保护层厚度

钢筋外围的混凝土保护层太薄，可能使外围混凝土因产生径向劈裂而使黏结强度降低。增大保护层厚度，保持一定的钢筋间距，可以提高外围混凝土的抗劈裂能力，有利于黏结强度的充分发挥。

（3）钢筋净间距

混凝土构件截面上有多根钢筋并列在一排时，钢筋间的净距对黏结强度有重要影响，钢筋净间距过小，外围混凝土将发生水平劈裂，形成贯穿整个梁宽的劈裂裂缝，造成整个混凝土保护层剥落，黏结强度显著降低。一排钢筋的根数越多，净间距越小，黏结强度降低得就越多。

（4）横向配筋

横向配筋（如梁中的箍筋）可以限制混凝土内部裂缝的发展，提高黏结强度。横向钢筋还可以限制到达构件表面的裂缝宽度，从而提高黏结强度。

（5）侧向压应力

在直接支承的支座处，如梁的简支端，钢筋的锚固区受到来自支座的横向压应力，横向压应力约束了混凝土的横向变形，使钢筋与混凝土间抵抗滑动的摩阻力增大，因而可以提高黏结强度。

（6）浇筑混凝土时钢筋的位置

浇筑混凝土时，深度过大（超过 300 mm），钢筋底面的混凝土会出现沉淀收缩和离析泌水，气泡逸出，使混凝土与水平放置的钢筋之间产生强度较低的疏松空隙层，从而会削弱钢筋与混凝土的黏结作用。

另外，钢筋表面形状对黏结强度也有影响，变形钢筋的黏结强度大于光圆钢筋。

3. 保证钢筋与混凝土间的黏结措施

《混凝土结构设计规范》（GB 50010—2010）采用不进行黏结计算，用构造措施来保证混凝土与钢筋黏结。保证黏结的构造措施有如下几个方面：

① 保证最小搭接长度和锚固长度。

② 满足钢筋最小间距和混凝土保护层最小厚度的要求。

③ 钢筋的搭接接头范围内应加密箍筋。

④ 钢筋端部应设置弯钩。

⑤ 在浇注深度较大的混凝土构件时，应分层浇注或二次浇捣。

⑥ 一般除重锈钢筋外，可不必除锈。

（1）基本锚固长度

《混凝土结构设计规范》（GB 50010—2010）规定，纵向受拉钢筋的锚固长度作为钢筋的基本锚固长度 l_{ab}，它与钢筋强度、混凝土抗拉强度、钢筋直径及外形有关，可按下式计算，即

$$l_{ab} = \alpha \ (f_y / f_t) \ d \tag{1.3}$$

式中　l_{ab}——受拉钢筋的基本锚固长度；

　　　f_y——钢筋抗拉强度设计值；

　　　f_t——混凝土轴心抗拉强度设计值，当混凝土强度等级高于 C60 时，按 C60 取值；

　　　d——钢筋的公称直径；

　　　α——锚固钢筋的外形系数，见表 1.10。

表 1.10　锚固钢筋的外形系数 α

钢筋类型	光圆钢筋	带肋钢筋	螺旋肋钢筋	三股钢绞线	七股钢绞线
α	0.16	0.14	0.13	0.16	0.17

注：光圆钢筋末端应做成180°弯钩，弯后平直段长度不应小于 $3d$，但作为受压钢筋时可不做成弯钩。

钢筋的锚固可采用机械锚固的形式，主要有弯钩、贴焊钢筋及焊锚板等。采用机械锚固可以减少锚固长度。

（2）锚固长度

受拉钢筋的锚固长度应根据具体锚固条件按下列公式计算，且不应小于200 mm，即

$$l_{a} = \zeta_{a} l_{ab} \tag{1.4}$$

式中　l_{a}——受拉钢筋的锚固长度；

　　　ζ_{a}——锚固长度修正系数，按下列规定取用，当多于一项时，可按连乘计算，但不应小于
　　　　　0.6；对于预应力筋可取1.0。

纵向受拉普通钢筋的锚固长度修正系数 ζ_{a} 应根据钢筋的锚固条件按下列规定取用：

①当带肋钢筋的公称直径大于25 mm时取1.10。

②环氧树脂涂层带肋钢筋取1.25。

③施工过程中易受扰动的钢筋取1.10。

④当纵向受力钢筋的实际配筋面积大于其设计计算面积时，修正系数取设计计算面积与实际配筋面积的比值，但对有抗震设防要求及直接承受动力荷载的结构构件，不应考虑此项修正。

⑤锚固区保护层厚度为 $3d$ 时修正系数可取0.80，保护层厚度为 $5d$ 时修正数可取0.70，中间按内插取值，此处 d 为纵向受力带肋钢筋的直径。

当锚固钢筋保护层厚度不大于 $5d$ 时，锚固长度范围内应配置横向构造钢筋，其直径不应小于 $d/4$；对梁、柱等杆状构件间距不应大于 $5d$，对板、墙等平面构件间距不大于 $10d$，且均不应小于100 mm，此处 d 为锚固钢筋的直径。

当纵向受拉普通钢筋末端采用钢筋弯钩或机械锚固措施时，包括弯钩或锚固端头在内的锚固长度（投影长度）可取为基本锚固长度 l_{ab} 的0.6倍。钢筋弯钩和机械锚固的形式和技术要求应符合表1.11及图1.13的规定。

混凝土结构中的纵向受压钢筋，当计算中充分利用钢筋的抗压强度时，受压钢筋的锚固长度应不小于相应受拉锚固长度的0.7倍。

表 1.11　钢筋弯钩和机械锚固的形式和技术要求

锚固形式	技 术 要 求
90°弯钩	末端90°弯钩，弯后直段长度 $12d$
135°弯钩	末端135°弯钩，弯后直段长度 $5d$
一侧贴焊锚筋	末端一侧贴焊长 $5d$ 同直径钢筋，焊缝满足强度要求
两侧贴焊锚筋	末端两侧贴焊长 $3d$ 同直径钢筋，焊缝满足强度要求
焊端锚板	末端与厚度 d 的锚板穿孔塞焊，焊缝满足强度要求
螺栓锚头	末端旋入螺栓锚头，螺纹长度满足强度要求

注：1. 锚板或锚头的承压净面积应不小于锚固钢筋计算截面积的4倍；

　　2. 螺栓锚头产品的规格、尺寸应满足螺纹连接的要求，并应符合相关标准的要求；

　　3. 螺栓锚头和焊接锚板的间距不大于 $3d$ 时，宜考虑群锚效应对锚固的不利影响；

　　4. 截面角部的弯钩和一侧贴焊锚筋的布筋方向宜向内偏置。

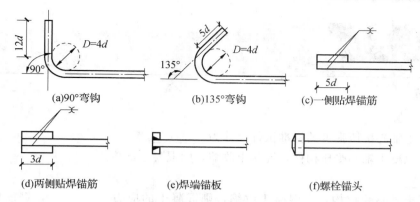

(a)90°弯钩　(b)135°弯钩　(c)一侧贴焊锚筋

(d)两侧贴焊锚筋　(e)焊端锚板　(f)螺栓锚头

图 1.13　钢筋弯钩和机械锚固的形式和技术要求

4. 钢筋的搭接

钢筋长度不够时，或需要采用施工缝或后浇带等构造措施时，钢筋就需要搭接。搭接是指将两根钢筋的端头在一定长度内并放，并采用适当的连接将一根钢筋的力传给另一根钢筋。

（1）钢筋搭接的原则

接头应设置在受力较小处；同一根钢筋上应尽量少设接头；机械连接接头能产生较牢固的连接力，所以应优先采用机械连接。

（2）搭接长度

受拉钢筋绑扎搭接接头的搭接长度按下式计算，即

$$l_l = \zeta_l l_a \tag{1.5}$$

式中　ζ_l——受拉钢筋搭接长度修正系数，它与同一连接区段内搭接钢筋的截面面积有关，详见表 1.12。

表 1.12　受拉钢筋搭接长度修正系数 ζ_l

纵向搭接钢筋接头面积百分率/%	≤25	50	100
ζ_l	1.2	1.4	1.6

对于受压钢筋的搭接接头及焊接骨架的搭接，也应满足相应的构造要求，以保证力的传递。

【重点串联】

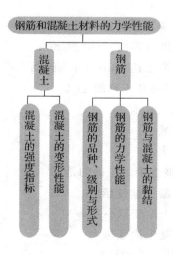

【知识链接】

1.《混凝土质量控制标准》（GB 50164—2011）；

2.《混凝土结构工程施工规范》（GB 50666—2011）；

3.《普通混凝土用砂石质量及检验方法标准》（JGJ 52—2006）；

4.《钢筋混凝土用钢》（GB 1499.1—2008）。

拓展与实训

基础训练

一、填空题

1. 混凝土轴心抗压强度的标准试件尺寸为_____。

2. 钢筋混凝土轴心受压构件，混凝土收缩，则混凝土的应力_____，钢筋的应力_____。

3. 混凝土轴心受拉构件，混凝土收缩，则混凝土的应力_____，钢筋的应力_____。

4. 混凝土轴心受拉构件，混凝土徐变，则混凝土的应力_____，钢筋的应力_____。

5. 钢筋混凝土及预应力混凝土中所用的钢筋可分为两类：有明显屈服点的钢筋和无明显屈服点的钢筋，通常分别称它们为_____和_____。

6. 对无明显屈服点的钢筋，通常取相当于残余应变为_____时的应力作为假定的屈服点，即_____。

7. 碳素钢可分为_____、_____、_____。随着含碳量的增加，钢筋的强度_____、塑性_____。在低碳钢中加入少量钛、铬等合金元素，便成为_____。

8. 钢筋和混凝土是不同的材料，两者能够共同工作是因为_____、_____、_____。

9. 钢筋在混凝土中应有足够的锚固长度，钢筋的强度越_____、直径越_____、混凝土强度越_____，则钢筋的锚固长度就越长。

二、选择题

1. 混凝土强度等级 C30 表示（   ）。

    A. 混凝土的棱柱体抗压强度设计值 $\geqslant 30\ N/mm^2$

    B. 混凝土的轴心抗压强度标准值 $\geqslant 30\ N/mm^2$

    C. 混凝土的立方体抗压强度达 $30\ N/mm^2$ 的概率不小于 95%

2. 下列关于混凝土收缩变形说法正确的是（   ）。

    A. 与混凝土所受的应力大小有关

    B. 随水泥用量的增加而减小

    C. 随水灰比的增加而增大

3. 下列关于混凝土徐变的概念中，正确的是（   ）。

    A. 周围环境越潮湿，混凝土徐变越大

    B. 水泥用量越多，混凝土徐变越小

    C. 初始压应力越大，混凝土徐变越大

4. 下列关于混凝土的极限压应变说法中，正确的是（   ）。

    A. 包括弹性应变和塑性应变，塑性部分越大，延性越好

    B. 包括弹性应变和塑性应变，弹性部分越大，延性越好

    C. 是应力－应变曲线上最大压应力所对应的应变值

5. 下列关于钢筋和混凝土之间的黏结强度的说法中，正确的是（　　）。

A. 当外荷载大时，其黏结强度大

B. 当钢埋入混凝土中长度长时，其黏结强度大

C. 混凝土强度等级高时，其黏结强度大

三、简答题

1. 如何确定混凝土的立方体抗压强度标准值？它与试块尺寸的关系如何？

2. 什么是混凝土的徐变？徐变和塑性变形有什么不同？

3. 影响混凝土徐变的因素有哪些？

4. 什么是混凝土的收缩？

5. 钢筋混凝土及预应力钢筋混凝土结构中所用的钢筋可分为哪两类？分别绘制它们的应力—应变曲线，并标明它们各自的强度指标。

6. 什么是条件屈服强度？

7. 检验钢筋的质量主要有哪几项指标？

工程模拟训练

某工程施工过程中发现到第10层时混凝土试块强度不足，试分析影响混凝土抗压强度的因素有哪些？

链接职考

1. 混凝土立方体抗压强度标准值试验时要求养护的时间为（　　）。（2004年一级建造师考题）

A. 28 d　　　　　B. 7 d　　　　　C. 3 d　　　　　D. 30 d

2. 关于细骨料"颗粒级配"和"粗细程度"性能指标的说法，正确的是（　　）。（2010年一级建造师考题）

A. 级配好、砂粒之间的空隙小；骨料越细，骨料比表面积越小

B. 级配好、砂粒之间的空隙大；骨料越细，骨料比表面积越小

C. 级配好、砂粒之间的空隙小；骨料越细，骨料比表面积越大

D. 级配好、砂粒之间的空隙大；骨料越细，骨料比表面积越大

3. 混凝土梁钢筋保护层的厚度是指（　　）的距离。（2004年一级建造师考题）

A. 钢筋外表面至梁表面　　　　B. 箍筋形心至梁表面

C. 主筋外表面至梁表面　　　　D. 主筋形心至梁表面

4. 混凝土的耐久性能包括（　　）。（2011年一级建造师考题）

A. 抗冻性　　　　　B. 碳化

C. 抗渗性　　　　　D. 抗侵蚀性

E. 和易性

模块 2

钢筋混凝土结构的设计方法

【模块概述】

最早的房屋建筑是没有设计计算的，完全是靠工匠们的经验建造，随着经济、技术的发展，仅凭经验已经不能保证建筑的可靠运行了，因此就产生了有针对性的设计和计算。我国在 20 世纪 80 年代前，建筑结构设计理论在不同的材料构件设计中采用了不同的设计方法。如砌体结构采用了总安全系数法；钢筋混凝土结构采用了半经验、半统计的单一安全系数法。20 世纪 80 年代后，国际上采用应用概率理论来研究和解决结构可靠度问题，并在统一各种结构基本设计原则方面取得显著进展。我国在学习国外科研成果和总结我国工程实践经验的基础上，于 1984 年颁布实行《建筑结构设计统一标准（GBJ 68—1984）》，经过近二十年的发展，于 2002 年 3 月 1 日起，实施《建筑结构可靠度设计统一标准（GBJ 50068—2001）》，将我国建筑结构可靠度设计提高到一个新的水平。

【知识目标】

1. 了解结构设计的功能要求以及以概率理论为基础的极限状态设计方法；
2. 理解结构上的作用、作用效应、结构抗力及其分布概率；
3. 了解作用的分类、作用的代表值、作用的标准值与设计值；
4. 了解材料强度的标准值、设计值及其在计算中的应用；
5. 理解内力组合的含义。

【技能目标】

1. 能够对一般工程结构上作用的荷载进行正确的分析。

【课时建议】

4 课时

工程导入

　　某市百货商店工程，主体为三层，局部为四层，主体结构采用钢筋混凝土框架结构。框架柱横向开间间距 6.6 m，层高 4.5 m，框架柱采用现浇钢筋混凝土，强度等级为 C30，楼板为预应力圆孔板。当工程主体全部完工，四层外墙已装饰完毕，在屋面铺找平层时，发生大面积倒塌。其中有五根柱子被压酥，八根梁被折断。经复核，原设计计算有严重失误，主要有漏算荷载、框架内力计算有误、计算简化不当等问题。

 # 2.1　结构设计的基本要求

2.1.1　结构的功能要求

　　按照现行国家标准《工程结构可靠性设计统一标准》（GB 50153—2001）的规定，结构的设计、施工和维护应使结构在规定的设计使用年限内以适当的可靠度且经济的方式满足规定的各项功能要求。并且应满足下列功能要求：

　　①能承受在施工和使用期间可能出现的各种作用。

　　②保持良好的使用性能。

　　③具有足够的耐久性能。

　　④当发生火灾时，在规定的时间内可保持足够的承载力。

　　⑤当发生爆炸、撞击、人为错误等偶然事件时，结构能保持必需的整体稳固性，不出现与起因不相称的破坏后果，防止出现结构的连续倒塌（注：1. 对重要的结构，应采取必要的措施，防止出现结构的连续倒塌；对一般的结构，宜采取适当的措施，防止出现结构的连续倒塌。2. 对港口工程结构，"撞击"指非正常撞击）。

2.1.2　结构设计的安全等级和设计使用年限

　　房屋建筑结构的安全等级，应根据结构破坏可能产生的后果的严重性按表 2.1 划分。

表 2.1　房屋建筑结构的安全等级

安全等级	破坏后果	示　例
一级	很严重：对人的生命、经济、社会或环境影响很大	大型的公共建筑等
二级	严重：对人的生命、经济、社会或环境影响较大	普通的住宅和办公楼等
三级	不严重：对人的生命、经济、社会或环境影响较小	小型的或临时性储存建筑等

　　注：房屋建筑结构抗震设计中的甲类建筑和乙类建筑，其安全等级宜规定为一级；丙类建筑，其安全等级宜规定为二级；丁类建筑，其安全等级宜规定为三级。

　　房屋建筑结构的设计基准期为 50 年。房屋建筑结构的设计使用年限，应按表 2.2 采用。

表 2.2　房屋建筑结构的设计使用年限

类别	设计使用年限/年	示　　例
1	5	临时性建筑结构
2	25	易于替换的结构构件
3	50	普通房屋和构筑物
4	100	标志性建筑和特别重要的建筑结构

2.1.3　结构的极限状态

整个结构或结构的一部分超过某一特定状态就不能满足设计规定的某一功能要求，则此状态称为该功能的极限状态。

极限状态可分为承载能力极限状态和正常使用极限状态。

1.承载能力极限状态

承载能力极限状态对应于结构或结构构件达到最大承载能力或不适于继续承载的变形。

当结构或结构构件出现下列状态之一时，应认为超过了承载能力极限状态：

①结构构件或连接因超过材料强度而破坏，或因过度变形而不适于继续承载。

②整个结构或其一部分作为刚体失去平衡（如倾覆等）。

③结构转变为机动体系。

④结构或结构构件丧失稳定（如压屈等）。

⑤结构因局部破坏而发生连续倒塌。

⑥地基丧失承载力而破坏。

⑦结构或结构构件的疲劳破坏。

2.正常使用极限状态

正常使用极限状态对应于结构或结构构件达到正常使用或耐久性能的某项规定限值。

当结构或结构构件出现下列状态之一时，应认为超过了正常使用极限状态：

①影响正常使用或外观的变形。

②影响正常使用或耐久性能的局部损坏（包括裂缝）。

③影响正常使用的振动。

④影响正常使用的其他特定状态。

对结构的各种极限状态，均应规定明确的标志或限值。

结构设计时应对结构的不同极限状态进行计算或验算；当某一极限状态的计算或验算起控制作用时，可仅对该极限状态进行计算或验算。

2.1.4　混凝土结构设计方法

结构设计时，应针对不同的极限状态，根据结构的特点和使用要求给出具体的标志和限值，作为结构设计的依据。这种相应于结构各种功能要求的极限状态，作为结构设计依据的设计方法，就称为极限状态设计法。

为了保证结构的可靠性，以前的设计方法是在荷载及材料性能采用定值的基础上，再考虑一定的安全系数。这种方法没有考虑荷载和材料性能的随机变异性。实际上，各种荷载引起的结构内力与结构的承载力和抵抗变形的能力，均受到各种偶然因素的影响，都是随时间或空间变动的非确定值。在结构设计中考虑这些因素的方法就称为概率设计法，它与其他各种从定值出发的安全系数理论有本质的区别。

我国《建筑结构可靠性设计统一标准》（GB 50068—2001）确定采用以概率极限状态设计法为结构设计的主要方法，并以这种方法为基础，制定了实用设计表达式以方便工程设计，称为极限状态设计表达式。

2.2 结构上的作用、作用效应和结构抗力

2.2.1 结构上的作用

工程结构设计时应考虑结构上可能出现的各种作用（action），包括直接作用（direct action）（也称荷载）及间接作用（indirect action）和环境影响（environmental influence）。当按极限状态设计时，应将其作为基本变量。

结构上的各种作用，当可认为在时间上和空间上相互独立时，则每一种作用可分别作为单个作用；当某些作用密切相关且有可能同时以最大值出现时，也可将这些作用一起作为单个作用。

同时施加在结构上的各单个作用对结构的共同影响，应通过作用组合（荷载组合）来考虑；对不可能同时出现的各种作用，不应考虑其组合。

结构上的作用可按其值随时间的变化进行分类：

（1）永久作用（permanent action）：在结构使用期间，其值不随时间变化，或其变化值与平均值相比可以忽略不计的作用，称为永久作用。如结构自重、土压力、水位不变的水压力、预应力、地基变形、混凝土收缩、钢材焊接变形、引起结构外加变形或约束变形的各种施工因素等。

（2）可变作用（variable action）：在结构使用期间，其值随时间变化，且其变化值与平均值相比不可忽略的作用，称为可变作用。如使用时人员及物件等的荷载、施工时结构的某些自重、安装荷载、车辆荷载、吊车荷载、风荷载、雪荷载、冰荷载、地震作用、撞击、水位变化的水压力、扬压力、波浪力、温度变化等。

（3）偶然作用（accidental action）：在结构使用期间内不一定出现，一旦出现，其值很大且持续时间较短的作用称为偶然作用。如撞击、爆炸、地震作用、龙卷风、火灾、极严重的侵蚀、洪水作用等（地震作用和撞击可认为是规定条件下的可变作用，或可认为是偶然作用）。

此外，还可以按以下方式分类：按其值随空间的变化分类，可分为固定作用和自由作用；按结构的反应特点分类，可分为静态作用和动态作用；按有无限值分类，可分为有界作用和无界作用等。

结构上的作用随时间变化的规律，宜采用随机过程的概率模型来描述，但对不同的问题可采用不同的方法进行简化。

对永久作用（包括预应力作用），在结构可靠性设计中可采用随机变量的概率模型。

对可变作用，在作用组合中可采用简化的随机过程概率模型。在确定可变作用的代表值时可采用将设计基准期内最大值作为随机变量的概率模型。

工程结构按不同极限状态设计时，在相应的作用组合中对可能同时出现的各种作用，应采用不同的作用代表值。对可变作用，其代表值包括标准值、组合值、频遇值和准永久值。组合值、频遇值和准永久值可通过对可变作用标准值的折减来表示，即分别对可变作用的标准值乘以不大于 1 的组合值系数 ψ_c、频遇值系数 ψ_f 和准永久值系数 ψ_q。

对偶然作用，应采用偶然作用的设计值。偶然作用的设计值应根据具体工程情况和偶然作用可能出现的最大值确定，也可根据有关标准的专门规定确定。

当结构上的作用比较复杂且不能直接描述时，可根据作用形成的机理，建立适当的数学模型来

表征作用的大小、位置、方向和持续期等性质。

2.2.2 作用效应 *S*

作用效应（effect of action）就是由作用引起的结构或结构构件的反应，用符号 S 表示。例如，内力、变形和裂缝等。

作用效应（或荷载效应）除了与荷载数值大小、分布的位置、结构尺寸及结构的支承约束条件等有关外，还与作用效应的计算模式有关。而这些因素都具有不确定性，因此它是一个随机变量。

2.2.3 结构抗力 *R*

结构抗力是指整个结构或结构构件承受作用效应（即内力和变形）的能力，用符号 R 表示。如构件的承载能力、刚度等。

结构抗力主要与结构构件的几何尺寸、配筋数量、材料性能以及抗力的计算模式与实际的吻合程度有关，由于这些因素也都是随机变量，因此结构抗力显然也是一个随机变量。

2.3 概率极限状态设计方法

2.3.1 功能函数与极限状态方程

结构的极限状态可采用下列极限状态方程描述：

$$g(X_1, X_2, \cdots, X_n) = 0 \tag{2.1}$$

式中 $g(\cdot)$——结构的功能函数；

   X_i——基本变量（$i = 1, 2, \cdots, n$），指结构上的各种作用和环境影响、材料和岩土的性能及几何参数等；在进行可靠度分析时，基本变量应作为随机变量考虑。

结构按极限状态设计应符合下列要求：

$$g(X_1, X_2, \cdots, X_n) \geqslant 0 \tag{2.2}$$

当采用结构的作用效应和结构的抗力作为综合基本变量时，结构按极限状态设计应符合下列要求：

$$R - S \geqslant 0 \tag{2.3}$$

式中 R——结构的抗力；

   S——结构的作用效应。

结构构件的设计应以规定的可靠度满足公式（2.3）的要求。

结构构件宜根据规定的可靠指标，采用由作用的代表值、材料性能的标准值、几何参数的标准值和各相应的分项系数构成的极限状态设计表达式进行设计。

2.3.2 结构可靠度与失效概率

结构在规定的时间内、在规定的条件下，完成预定功能的能力称为结构的可靠性。结构在规定的时间内、规定的条件下完成预定功能的概率称为结构的可靠度。结构可靠度分析和设计的基本原则和方法，包括可靠指标计算、可靠度校准、基于可靠指标的设计及分项系数和组合值系数确定的基本原则和步骤。

失效概率 P_f（probability of failure）是指结构不能完成预定功能的概率，用符号 P_f 表示。

由于结构抗力 R 与作用效应 S 都是随机变量，所以 $R - S$ 也是随机变量。$R < S$ 的概率，就称

为结构的失效概率。从理论上讲，用失效概率来度量结构的可靠度，比用一个完全由工程经验判定的安全系数更合理，并能比较确切地反映问题的本质。

2.3.3 结构构件的可靠指标 β

可靠指标 β（reliability index）是度量结构可靠度的数值指标，可靠指标 β 与失效概率 P_f 的关系为 $\beta = -\Phi^{-1}(P_f)$，其中 $\Phi^{-1}(\cdot)$ 为标准正态分布函数的反函数。

可靠度水平的设置应根据结构构件的安全等级、失效模式和经济因素等确定。对结构的安全性和适用性可采用不同的可靠度水平。当有充分的统计数据时，结构构件的可靠度宜采用可靠指标 β 度量。结构构件设计时采用的可靠指标，可根据对现有结构构件的可靠度分析，并考虑使用经验和经济因素等确定。各类结构构件的安全等级每相差一级，规定可靠指标的取值宜相差 0.5。

2.3.4 目标可靠指标及安全等级

工程结构设计时，应根据结构破坏可能产生的后果（危及人的生命、造成经济损失、对社会或环境产生影响等）的严重性，采用不同的安全等级。工程结构安全等级的划分应符合表 2.3 的规定。

表 2.3　工程结构的安全等级

安全等级	破坏后果
一级	很严重
二级	严重
三级	不严重

注：对重要的结构，其安全等级应取为一级；对一般的结构，其安全等级宜取为二级；对次要的结构，其安全等级可取为三级。

工程结构中各类结构构件的安全等级，宜与结构的安全等级相同，对其中部分结构构件的安全等级可进行调整，但不得低于三级。可靠度水平的设置应根据结构构件的安全等级、失效模式和经济因素等确定。对结构的安全性和适用性可采用不同的可靠度水平。当有充分的统计数据时，结构构件的可靠度宜采用可靠指标 β 度量（表 2.4）。结构构件设计时采用的可靠指标，可根据对现有结构构件的可靠度分析，并考虑使用经验和经济因素等确定。各类结构构件的安全等级每相差一级，规定可靠指标的取值宜相差 0.5。

表 2.4　房屋建筑结构构件的可靠指标 β

破坏类型	安 全 等 级		
	一级	二级	三级
延性破坏	3.7	3.2	2.7
脆性破坏	4.2	3.7	3.2

2.4　极限状态实用设计表达式

工程结构设计时应区分下列设计状况：

①持久设计状况，适用于结构使用时的正常情况。

②短暂设计状况，适用于结构出现的临时情况，如结构施工和维修时的情况等。

③偶然设计状况，适用于结构出现的异常情况，如结构遭受火灾、爆炸、撞击时的情况等。

④地震设计状况，适用于结构遭受地震时的情况，在抗震设防地区必须考虑地震设计状况。

工程结构设计时，对不同的设计状况，应采用相应的结构体系、可靠度水平、基本变量和作用组合等。

对工程结构的四种设计状况应分别进行下列极限状态设计：

①对四种设计状况，均应进行承载能力极限状态设计。

②对持久设计状况，尚应进行正常使用极限状态设计。

③对短暂设计状况和地震设计状况，可根据需要进行正常使用极限状态设计。

④对偶然设计状况，可不进行正常使用极限状态设计。

2.4.1 承载力极限状态设计表达式

（1）进行承载能力极限状态设计时，应根据不同的设计状况采用下列作用组合：

①基本组合，用于持久设计状况（不包括结构疲劳设计）或短暂设计状况。

②偶然组合，用于偶然设计状况。

③地震组合，用于地震设计状况。

（2）结构或结构构件按承载能力极限状态设计时，应考虑下列状态：

①结构或结构构件（包括基础等）的破坏或过度变形，此时结构的材料强度起控制作用。

②整个结构或其一部分作为刚体失去静力平衡，此时结构材料或地基的强度一般不起控制作用。

③地基的破坏或过度变形，此时岩土的强度起控制作用。

④结构或结构构件的疲劳破坏，此时结构的材料疲劳强度起控制作用。

（3）结构或结构构件按承载能力极限状态设计时，应符合下列要求：

结构或结构构件（包括基础等）的破坏或过度变形的承载能力极限状态设计，应符合下式要求：

$$\gamma_0 S_d \leqslant R_d \tag{2.4}$$

式中 γ_0——结构重要性系数，其值按表 2.5 采用；

S_d——作用组合的效应（如轴力、弯矩或表示几个轴力、弯矩的向量）设计值；

R_d——结构或结构构件的抗力设计值。

$$R_d = R(f_c, f_s, \alpha_k, \cdots) \tag{2.5}$$

式中 $R(f_c, f_s, \alpha_k, \cdots)$——结构构件的承载力函数；

f_c, f_s——分别为混凝土、钢筋强度设计值；

α_k——几何参数标准值，当几何参数的变异性对结构性能有明显的不利影响时，可另增减一个附加值。

表 2.5　房屋建筑的结构重要性系数 γ_0

结构重要性系数	对持久设计状况和短暂设计状况			对偶然设计状况和地震设计状况
	安全等级			
	一级	二级	三级	
γ_0	1.1	1.0	0.9	1.0

（4）结构或结构构件的疲劳破坏的承载能力极限状态设计，可按结构的疲劳可靠性验算规定的方法进行。

（5）承载能力极限状态设计表达式中的作用组合，应符合下列规定：

①作用组合应为可能同时出现的作用的组合。

②每个作用组合中应包括一个主导可变作用或一个偶然作用或一个地震作用。

③当结构中永久作用位置的变异，对静力平衡或类似的极限状态设计结果很敏感时，该永久作用的有利部分和不利部分应分别作为单个作用。

④当一种作用产生的几种效应（例如，自重产生的弯矩和轴力）非全相关时，对产生有利效应的作用，其分项系数的取值应予降低。

⑤对不同的设计状况应采用不同的作用组合。

对持久设计状况和短暂设计状况，应采用作用的基本组合。

（6）作用基本组合的效应设计值可按下式确定：

$$S_d = S\left(\sum_{i \geqslant 1} \gamma_{G_i} G_{ik} + \gamma_P P + \gamma_{Q_1} \gamma_{L1} Q_{1k} + \sum_{j>1} \gamma_{Q_j} \psi_{cj} \gamma_{Lj} Q_{jk} \right) \quad (2.6)$$

式中　$S(\cdot)$——作用组合的效应函数，其中符号"$\sum$"和"$+$"表示组合；

G_{ik}——第 i 个永久作用的标准值；

P——预应力作用的有关代表值；

Q_{1k}——第 1 个可变作用（主导可变作用）的标准值；

Q_{jk}——第 j 个可变作用的标准值；

γ_{G_i}——第 i 个永久作用的分项系数，应按表 2.6 采用；

γ_P——预应力作用的分项系数，应按表 2.6 采用；

γ_{Q_1}——第 1 个可变作用（主导可变作用）的分项系数，应按表 2.6 采用；

γ_{Q_j}——第 j 个可变作用的分项系数，应按表 2.6 采用；

γ_{L1}、γ_{Lj}——第 1 个和第 j 个关于结构设计使用年限的荷载调整系数，应按有关规定采用，对设计使用年限与设计基准期相同的结构，应取 $\gamma_L = 1.0$；

ψ_{cj}——第 j 个可变作用的组合值系数，应按有关规范的规定采用。

注：在作用组合的效应函数 $S(\cdot)$ 中，符号"$\sum$"和"$+$"均表示组合，即同时考虑所有作用对结构的共同影响，而不是代数求和。

表 2.6　房屋建筑结构作用的分项系数

适用情况 作用分项系数	当作用效应对承载力不利时		当作用效应对承载力有利时
	对式（2.6）和式（2.7）	对式（2.11）和式（2.12）	
γ_G	1.2	1.35	$\leqslant 1.0$
γ_P	1.2	1.0	
γ_Q	1.4	0	

（7）当作用与作用效应可按线性关系考虑时，作用基本组合的效应设计值可按下式计算：

$$S_d = \sum_{i \geqslant 1} \gamma_{G_i} S_{G_{ik}} + \gamma_P S_P + \gamma_{Q_1} \gamma_{L1} S_{Q_{1k}} + \sum_{j>1} \gamma_{Q_j} \psi_{cj} \gamma_{Lj} S_{Q_{jk}} \quad (2.7)$$

式中　$S_{G_{ik}}$——第 i 个永久作用标准值的效应；

S_P——预应力作用有关代表值的效应；

$S_{Q_{1k}}$——第 1 个可变作用（主导可变作用）标准值的效应；

$S_{Q_{jk}}$——第 j 个可变作用标准值的效应。

（注：1. 对持久设计状况和短暂设计状况，也可根据需要分别给出作用组合的效应设计值；

2. 可根据需要从作用的分项系数中将反映作用效应模型不定性的系数 γ_{sd} 分离出来。）

（8）对偶然设计状况，应采用作用的偶然组合。

①作用偶然组合的效应设计值可按下式确定：

$$S_d = S\left[\sum_{i \geqslant 1} G_{ik} + P + A_d + (\psi_{f1} \text{ 或 } \psi_{q1}) Q_{1k} + \sum_{j>1} \psi_{qj} Q_{jk} \right] \quad (2.8)$$

式中　A_d——偶然作用的设计值；

ψ_{f1}——第 1 个可变作用的频遇值系数，应按有关规范的规定采用；

ψ_{q1}、ψ_{qj}——第 1 个和第 j 个可变作用的准永久值系数，应按有关规范的规定采用。

②当作用与作用效应可按线性关系考虑时，作用偶然组合的效应设计值可按下式计算：

$$S_d = \sum_{i \geqslant 1} S_{G_{ik}} + S_P + S_{Ad} + (\psi_{f1} \text{ 或 } \psi_{q1}) S_{Q_{1k}} + \sum_{j > 1} \psi_{qj} S_{Q_{jk}} \tag{2.9}$$

式中　S_{Ad}——偶然作用设计值的效应。

（9）对地震设计状况，应采用作用的地震组合。

①作用地震组合的效应设计值，宜根据重现期为 475 年的地震作用（基本烈度）确定，此时作用地震组合的效应设计值应符合下列规定：

a. 作用地震组合的效应设计值宜按下式确定：

$$S_d = S\left(\sum_{i \geqslant 1} G_{ik} + P + \gamma_I A_{Ek} + \sum_{j \geqslant 1} \psi_{qj} Q_{jk} \right) \tag{2.10a}$$

式中　γ_I——地震作用重要性系数，应按有关的抗震设计规范的规定采用；

A_{Ek}——根据重现期为 475 年的地震作用（基本烈度）确定的地震作用的标准值。

b. 当作用与作用效应可按线性关系考虑时，作用地震组合的效应设计值可按下式计算：

$$S_d = \sum_{i \geqslant 1} S_{G_{ik}} + S_P + \gamma_I S_{A_{Ek}} + \sum_{j \geqslant 1} \psi_{qj} S_{Q_{jk}} \tag{2.10b}$$

式中　$S_{A_{Ek}}$——地震作用标准值的效应。

（注：当按线弹性分析计算地震作用效应时，应将计算结果除以结构性能系数以考虑结构延性的影响，结构性能系数应按有关的抗震设计规范的规定采用。）

②作用地震组合的效应设计值，也可根据重现期大于或小于 475 年的地震作用确定，此时作用地震组合的效应设计值应符合有关的抗震设计规范的规定。

当永久作用效应或预应力作用效应对结构构件承载力起有利作用时，式（2.6）中永久作用分项系数 γ_G 和预应力作用分项系数 γ_P 的取值不应大于 1.0。

（10）在承载能力极限状态设计中，对持久设计状况和短暂设计状况，尚应符合下列要求：

①作用组合的效应设计值应按式（2.6）及下式中最不利值确定：

$$S_d = S\left(\sum_{i \geqslant 1} \gamma_{G_i} G_{ik} + \gamma_P P + \gamma_L \sum_{j \geqslant 1} \gamma_{Q_j} \psi_{cj} Q_{jk} \right) \tag{2.11}$$

②当作用与作用效应可按线性关系考虑时，作用组合的效应设计值应按式（2.7）及下式中最不利值计算：

$$S_d = \sum_{i \geqslant 1} \gamma_{G_i} S_{G_{ik}} + \gamma_P S_P + \gamma_L \sum_{j \geqslant 1} \gamma_{Q_j} \psi_{cj} S_{Q_{jk}} \tag{2.12}$$

2.4.2　正常使用极限状态设计表达式

结构或结构构件按正常使用极限状态设计时，应符合下式要求：

$$S_d \leqslant C \tag{2.13}$$

式中　S_d——作用组合的效应（如变形、裂缝等）设计值；

C——设计对变形、裂缝等规定的相应限值，应按有关的结构设计规范的规定采用。

按正常使用极限状态设计时，可根据不同情况采用作用的标准组合、频遇组合或准永久组合。

1. 标准组合

（1）作用标准组合的效应设计值可按下式确定：

$$S_d = S\left(\sum_{i \geqslant 1} G_{ik} + P + Q_{1k} + \sum_{j > 1} \psi_{cj} Q_{jk} \right) \tag{2.14a}$$

（2）当作用与作用效应可按线性关系考虑时，作用标准组合的效应设计值可按下式计算：

$$S_d = \sum_{i \geqslant 1} S_{G_{ik}} + S_P + S_{Q_{1k}} + \sum_{j > 1} \psi_{cj} S_{Q_{jk}} \tag{2.14b}$$

2. 频遇组合

(1) 作用频遇组合的效应设计值可按下式确定：

$$S_d = S(\sum_{i \geqslant 1} G_{ik} + P + \psi_{f1} Q_{1k} + \sum_{j>1} \psi_{qj} Q_{jk}) \qquad (2.15a)$$

(2) 当作用与作用效应可按线性关系考虑时，作用频遇组合的效应设计值可按下式计算：

$$S_d = \sum_{i \geqslant 1} S_{G_{ik}} + S_P + \psi_{f1} S_{Q_{1k}} + \sum_{j>1} \psi_{qj} S_{Q_{jk}} \qquad (2.15b)$$

3. 准永久组合

(1) 作用准永久组合的效应设计值可按下式确定：

$$S_d = S(\sum_{i \geqslant 1} G_{ik} + P + \sum_{j \geqslant 1} \psi_{qj} Q_{jk}) \qquad (2.16a)$$

(2) 当作用与作用效应可按线性关系考虑时，作用准永久组合的效应设计值可按下式计算：

$$S_d = \sum_{i \geqslant 1} S_{G_{ik}} + S_P + \sum_{j \geqslant 1} \psi_{qj} S_{Q_{jk}} \qquad (2.16b)$$

标准组合一般用于不可逆正常使用极限状态；频遇组合一般用于可逆正常使用极限状态；准永久组合一般用在当长期效应是决定性因素时的正常使用极限状态。

对正常使用极限状态，材料性能的分项系数 γ_M 除各种材料的结构设计规范有专门规定外，应取为 1.0。

 # 2.5 结构耐久性的规定

我国《混凝土结构耐久性设计规范》（GB/T 50476—2008），是为保证混凝土结构的耐久性达到规定的设计使用年限，确保工程的合理使用寿命要求而制定的。

耐久性设计要求，应为结构达到设计使用年限并具有必要保证率的最低要求。设计中可根据工程的具体特点、当地的环境条件与实践经验，以及具体的施工条件等适当提高。

根据该规范，混凝土结构的耐久性设计应包括下列内容：

①结构的设计使用年限、环境类别及其作用等级。

②有利于减轻环境作用的结构形式、布置和构造。

③混凝土结构材料的耐久性质量要求。

④钢筋的混凝土保护层厚度。

⑤混凝土裂缝控制要求。

⑥防水、排水等构造措施。

⑦严重环境作用下合理采取防腐蚀附加措施或多重防护策略。

⑧耐久性所需的施工养护制度与保护层厚度的施工质量验收要求。

⑨结构使用阶段的维护、修理与检测要求。

2.5.1 环境类别与作用等级

结构所处环境按其对钢筋和混凝土材料的腐蚀机理可分为五类，并应按表 2.7 确定。

表 2.7　环境类别

一	室内干燥环境；无侵蚀性净水浸没环境
二 a	室内潮湿环境；非严寒和寒冷地区的露天环境；非严寒和寒冷地区与无侵蚀性的水或土壤直接接触的环境；严寒和寒冷地区的冰冻线以下与无侵蚀性的水或土壤直接接触的环境
二 b	干湿交替环境；水位频繁变动环境；严寒和寒冷地区的露天环境；严寒和寒冷地区冰冻线以上与无侵蚀性的水或土壤直接接触的环境
三 a	严寒和寒冷地区冬季水位变动区环境；受除冰盐影响环境；海风环境
三 b	盐渍土环境；受除冰盐作用环境；海岸环境
四	海水环境
五	受人为或自然的侵蚀性物质影响的环境

注：一般环境系指无冻融、氯化物和其他化学腐蚀物质作用。

环境对配筋混凝土结构的作用程度应采用环境作用等级表达，并应符合表 2.8 的规定。

表 2.8　环境作用等级

环境　作用等级	A 轻微	B 轻度	C 中度	D 严重	E 非常严重	F 极端严重
一般环境	Ⅰ－A	Ⅰ－B	Ⅰ－C	—	—	—
冻融环境	—	—	Ⅱ－C	Ⅱ－D	Ⅱ－E	—
海洋氯化物环境	—	—	Ⅲ－C	Ⅲ－D	Ⅲ－E	Ⅲ－F
除冰盐等其他氯化物环境	—	—	Ⅴ－C	Ⅴ－D	Ⅴ－E	—
化学腐蚀环境	—	—	Ⅴ－C	Ⅴ－D	Ⅴ－E	—

当结构构件受到多种环境类别共同作用时，应分别满足每种环境类别单独作用下的耐久性要求。

在长期潮湿或接触水的环境条件下，混凝土结构的耐久性设计应考虑混凝土可能发生的碱—骨料反应、钙矾石延迟反应和软水对混凝土的溶蚀，在设计中采取相应的措施。对混凝土含碱量的限制应根据规范确定。

混凝土结构的耐久性设计尚应考虑高速流水、风沙以及车轮行驶对混凝土表面的冲刷、磨损作用等实际使用条件对耐久性的影响。

2.5.2　材料要求

对重要工程或大型工程，应针对具体的环境类别和作用等级，分别提出抗冻耐久性指数、氯离子在混凝土中的扩散系数等具体量化耐久性指标。

结构构件的混凝土强度等级应同时满足耐久性和承载能力的要求。

配筋混凝土结构满足耐久性要求的混凝土最低强度等级应符合表 2.9 的规定。

表 2.9　满足耐久性要求的混凝土最低强度等级

环境类别与作用等级	设计使用年限		
	100 年	50 年	30 年
Ⅰ－A	C30	C25	C25
Ⅰ－B	C35	C30	C25
Ⅰ－C	C40	C35	C30
Ⅱ－C	C35，C45	C30，C45	C30，C40
Ⅱ－D	G40	Ca35	Ca35
Ⅱ－E	C45	Ca40	Ca40
Ⅲ－C，Ⅳ－C，Ⅴ－C，Ⅲ－D，Ⅳ－D	C45	C40	C40
Ⅴ－D，Ⅲ－E，Ⅳ－E	C50	C45	C45
Ⅴ－E，Ⅲ－F	C55	C50	C50

注：1. 预应力混凝土构件的混凝土最低强度等级不应低于 C40；

　　2. 如能加大钢筋的保护层厚度，大截面受力墩、柱的混凝土强度等级可以低于表中规定的数值，但不应低于素混凝土最低强度等级。

素混凝土结构满足耐久性要求的混凝土最低强度等级，一般环境不应低于 C15；冻融环境、化学腐蚀环境及氯化物环境按规范确定。

直径为 6 mm 的细直径热轧钢筋作为受力主筋，应只限在一般环境（Ⅰ类）中使用，且当环境作用等级为轻微（Ⅰ－A）和轻度（Ⅰ－B）时，构件的设计使用年限不得超过 50 年；当环境作用等级为中度（Ⅰ－C）时，设计使用年限不得超过 30 年。

冷加工钢筋不宜作为预应力筋使用，也不宜作为按塑性理论设计构件的受力主筋。

公称直径不大于 6 mm 的冷加工钢筋应只在Ⅰ－A、Ⅰ－B 等级的环境作用中作为受力钢筋使用，且构件的设计使用年限不得超过 50 年。

预应力筋的公称直径不得小于 5 mm。同一构件中的受力钢筋，宜使用同材质的钢筋。

2.5.3　构造规定

不同环境作用下钢筋主筋、箍筋和分布筋，其混凝土保护层厚度应满足钢筋防锈、耐火以及与混凝土之间黏结力传递的要求，且混凝土保护层厚度设计值不得小于钢筋的公称直径。

具有连续密封套管的后张预应力钢筋，其混凝土保护层厚度可与普通钢筋相同且不应小于孔道直径的 1/2；否则应比普通钢筋增加 10 mm。

先张法构件中预应力钢筋在全预应力状态下的保护层厚度可与普通钢筋相同，否则应比普通钢筋增加 10 mm。

直径大于 16 mm 的热轧预应力钢筋保护层厚度可与普通钢筋相同。

工厂预制的混凝土构件，其普通钢筋和预应力钢筋的混凝土保护层厚度可比现浇构件减少 5 mm。

在荷载作用下配筋混凝土构件的表面裂缝最大宽度计算值不应超过表 2.10 中的限值。对裂缝宽度无特殊外观要求的，当保护层设计厚度超过 30 mm 时，可将厚度取为 30 mm 计算裂缝的最大宽度。

表 2.10　表面裂缝计算宽度限值（mm）

环境作用等级	钢筋混凝土构件	有黏结预应力混凝土构件
A	0.40	0.20
B	0.30	0.20（0.15）
C	0.20	0.10
D	0.20	按二级裂缝控制或按部分预应力 A 类构件控制
E、F	0.15	按一级裂缝控制或按全预应力类构件控制

注：1. 括号中的宽度适用于采用钢丝或钢绞线的先张法预应力构件。

2. 裂缝控制等级为二级或一级时，按现行国家标准《混凝土结构设计规范》（GB 50010—2010）计算裂缝宽度；部分预应力 A 类构件或全预应力构件按现行行业标准《公路钢筋混凝土及预应力混凝土桥涵设计规范》（JTG D62）计算裂缝宽度。

3. 有自防水要求的混凝土构件，其横向弯曲的表面裂缝计算宽度不应超过 0.20 mm。

混凝土结构构件的形状和构造应有效地避免水、汽和有害物质在混凝土表面的积聚，并应采取以下构造措施：

（1）受雨淋或可能积水的露天混凝土构件顶面，宜做成斜面，并应考虑结构挠度和预应力反拱对排水的影响。

（2）受雨淋的室外悬挑构件侧边下沿，应做滴水槽或采取其他防止雨水流向构件底面的构造措施。

（3）屋面、桥面应专门设置排水系统，且不得将水直接排向下部混凝土构件的表面。

（4）在混凝土结构构件与上覆的露天面层之间，应设置可靠的防水层。

当环境作用等级为 D、E、F 级时，应减少混凝土结构构件表面的暴露面积，并应避免表面的凹凸变化；构件的棱角宜做成圆角。

施工缝、伸缩缝等连接缝的设置宜避开局部环境作用不利的部位，否则应采取有效的防护措施。

暴露在混凝土结构构件外的吊环、紧固件、连接件等金属部件，表面应采用可靠的防腐措施；后张法预应力体系应采取多重防护措施。

【重点串联】

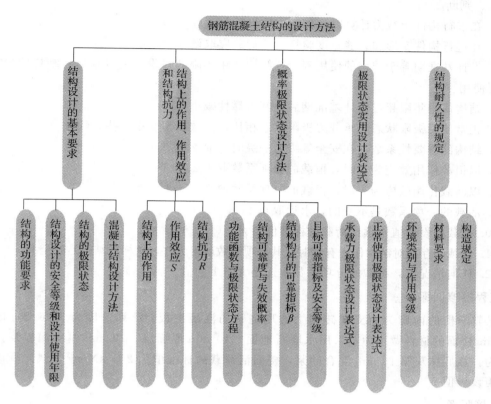

【知识链接】

1. 《建筑结构可靠性设计统一标准》（GB 50068—2001）；
2. 《建筑结构荷载规范》（GB 50009—2012）；
3. 《混凝土结构耐久性设计规范》（GB/T 50476—2008）。

拓展与实训

基础训练

一、填空题

1. 建筑结构的功能是指＿＿＿＿＿＿、＿＿＿＿＿＿、＿＿＿＿＿＿。

2. 我国的结构设计的基准期规定为＿＿＿＿＿＿。

3. 作用在结构上的荷载的类型有：＿＿＿＿＿＿、＿＿＿＿＿＿、＿＿＿＿＿＿三种。

4. 荷载的代表值有：＿＿＿＿＿＿、＿＿＿＿＿＿、＿＿＿＿＿＿、＿＿＿＿＿＿四种。

5. 在荷载的代表值中，＿＿＿＿＿＿是最基本的代表值，其他的值都是以此为基础进行计算的。

6. 荷载的设计值是指＿＿＿＿＿＿。

7. 结构功能的两种极限状态包括＿＿＿＿＿＿＿＿＿和＿＿＿＿＿＿＿＿＿。

二、判断题

1. 在进行构件承载力计算时，荷载应取设计值。（　　）

2. 在进行构件变形和裂缝宽度验算时，荷载应取设计值。（　　）

3. 设计基准期等于结构的使用寿命，结构使用年限超过设计基准期后，结构即告报废，不能再使用。（　　）

4. 结构使用年限超过设计基准期后，其可靠性减小。（　　）

5. 正常使用极限状态与承载力极限状态相比，失效概率要小一些。（　　）

6. 结构的重要性系数，在安全等级为一级时，取 $\gamma_0 = 1.0$。（　　）

7. 以恒载作用效应为主时，恒载的分项系数取 1.2。（　　）

8. 以活载作用效应为主时，恒载的分项系数取 1.35。（　　）

9. 活载的分项系数是不变的，永远取 1.4。（　　）

10. 荷载的设计值永远比荷载的标准值要大。（　　）

11. 恒载的存在对结构作用有利时，其分项系数取得大些，这样对结构是安全的。（　　）

12. 任何情况下，荷载的分项系数永远是大于 1 的值。（　　）

工程模拟训练

某教学楼的内廊为简支在砖墙上的现浇钢筋混凝土板，计算跨度为 2.66 m，板厚为 100 mm。楼面的材料做法为：采用水磨石地面（10 mm 厚面层，20 mm 厚水泥砂浆打底），自重为：板底抹灰厚 15 mm 混合砂浆，楼面活荷载的标准值为 2.5 kN/m²，试计算该楼板的弯矩设计值。

链接职考

1. 工程结构的可靠指标 β 与失效概率 P_f 之间存在下列（　　）关系。（一级建造师模拟题）

A. β 越大，P_f 越大　　　　　　B. β 与 P_f 呈反比

C. β 与 P_f 呈正比　　　　　　D. β 与 P_f 存在一一对应关系，β 越大，P_f 越小

2. 有关荷载分项系数的叙述，不正确的是（　　）。（一级建造师模拟题）

A. γ_G 为恒载分项系数　　　　　B. γ_Q 用于计算活载效应的设计值

C. γ_G 不分场合，均取 1.2　　　　D. γ_Q 取 1.4

模块 3

受弯构件正截面承载力计算

【模块概述】

在常见的结构构件中，最为多见的就是受弯构件，如梁、板等。在本模块中将介绍受弯构件的概念及受弯构件中各种钢筋的作用及构造要求，并计算梁板的配筋以及确定常见截面形式，梁、板的承载力。

【知识目标】

1. 了解钢筋混凝土适筋梁受力破坏过程中三个阶段的特点和各种指标的变化规律；
2. 了解钢筋混凝土梁正截面受弯承载力计算时采用的截面计算图形；
3. 掌握梁、板中构造钢筋设置的要求；
4. 掌握钢筋混凝土单筋矩形截面、双筋矩形截面和单筋 T 形截面正截面受弯承载力设计与强度复核的公式、适用条件、步骤及方法。

【技能目标】

1. 能根据施工图纸和施工实际条件，明确结构施工图中的受弯构件以及受弯构件中各种钢筋的名称、作用，并能正确评价其配筋的合理性。

【课时建议】

16 课时

　　某六层教学楼，钢筋混凝土框架结构，在使用过程中，某根梁在荷载作用下产生挠度不大，受拉区没有明显变形，但受压区混凝土被压碎而导致破坏。经检验，是由于在设计中梁中受拉钢筋配置过多，而发生梁的超筋破坏。

　　受弯构件是指承受弯矩和剪力共同作用的构件。受弯构件是工程中应用最广泛的一类构件，建筑结构的梁和板、工业厂房中的吊车梁是典型的受弯构件。

　　受弯构件在荷载作用下，截面上可能产生弯矩和剪力。试验和理论分析表明，钢筋混凝土受弯构件的破坏有两种可能：一种是由弯矩作用而引起的破坏，破坏截面与梁的纵轴垂直，称为正截面破坏；另一种是由弯矩和剪力共同作用而引起的破坏，破坏面是倾斜的，称为斜截面破坏。在进行受弯构件设计时，既要进行承载力极限状态设计，还要进行正常使用极限状态校核。承载力极限状态设计包括正截面承载力计算和斜截面承载力计算，是为保证构件不发生正截面破坏和斜截面破坏，满足安全性要求；正常使用极限状态校核包括裂缝宽度验算和变形验算，是为满足适用性和耐久性要求。本模块主要介绍受弯构件正截面承载力计算问题。

　　为保证受弯构件正截面具有足够的承载力，除了正确选用材料和截面尺寸外，必须在截面受拉区配置足够数量的纵向受力钢筋，有时还需在截面受压区配置纵向受力钢筋。对仅在截面受拉区配置纵向受力钢筋的受弯构件，称为单筋受弯构件；同时在截面受拉区和受压区配置纵向受力钢筋的受弯构件，称为双筋受弯构件。

3.1　受弯构件正截面配筋的基本构造要求

3.1.1　受弯构件截面的形式和尺寸

1. 板

（1）板的截面形式

现浇板的截面一般为实心矩形，预制板的截面一般为矩形、槽形、空心形等，如图 3.1 所示。

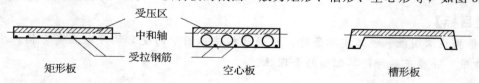

　　　　　　　　　受压区
　　　　　　　　　中和轴
　　　　　　　　　受拉钢筋
　　矩形板　　　　　　　空心板　　　　　　　　槽形板

图 3.1　板常见截面形式

（2）板的类型

板的类型有单向板和双向板。

单向板受力与梁接近，只考虑一个方向弯矩的作用。一般对悬臂板、两边支撑板、三边支撑板以及两方向跨度比＞2 的四边支撑板均按单向板考虑。

双向板考虑两个方向弯矩的作用。一般对两个方向跨度比≤2 的四边支撑板按双向板考虑。

（3）板的厚度

钢筋混凝土板的厚度要满足承载力、刚度、抗裂以及构造要求。按刚度要求，板的厚度应符合表 3.1 的规定；按构造要求，板的厚度应符合表 3.2 的规定。

　　实际工程中，现浇板常用厚度有 80 mm、90 mm、100 mm、110 mm、120 mm，以 10 mm 为

模数，板厚在 250 mm 以上时以 5 mm 为模数，预制板以 5 mm 为模数。

表 3.1　不需做挠度计算的板最小厚度

项　次	构件种类		简　支	连　续	悬　臂
1	平板	单向板	$L_0/35$	$L_0/40$	
		双向板	$L_0/45$	$L_0/50$	$L_0/12$
2	肋形板（包括空心板）		$L_0/20$	$L_0/25$	$L_0/10$
备注	1. L_0 为板的计算跨度（双向板时为短向计算跨度） 2. 如计算跨度 $L_0 \geqslant 9$ m 时，表中数值应乘以 1.2 的系数				

表 3.2　现浇钢筋混凝土板的最小厚度

板的类别		厚　度 / mm
单向板	屋面板	60
	民用建筑楼板	60
	工业建筑楼板	70
	行车道下的楼板	80
	双向板	80
密肋楼盖	面板	50
	肋高	250
悬臂板 （根部）	悬臂长度不大于 500 mm	60
	悬臂长度 1 200 mm	100
	无梁楼板	150
	现浇空心楼盖	200

2. 梁

（1）梁的截面形式

梁的截面形式有矩形、T 形、工字形、箱形、倒 L 形等，桥梁工程一般在中小跨径时，常采用矩形及 T 形截面，大跨径时可采用工字形或箱形截面，如图 3.2 所示。

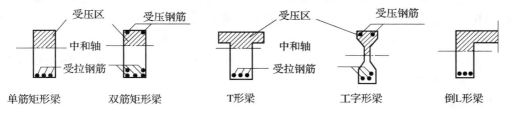

图 3.2　梁常见截面形式

（2）梁的截面尺寸

梁的截面尺寸要满足承载力、刚度和抗裂要求。按刚度要求，梁高应符合表 3.3 的规定。

矩形截面梁的高宽比 h/b 一般取 2～3.5，对于桥梁工程一般取 2.5～3；T 形截面梁高宽比 h/b 一般取 2.5～4。T 形截面梁的高度与跨度、间距及荷载大小有关。桥梁工程中大量采用 T 形简支梁，其梁高与跨径之比为 1/20～1/10。T 形截面梁的上翼缘尺寸，应根据行车道板的受力和构造要求确定。T 形截面梁的腹板（梁肋）宽度与配筋形式有关：当采用焊接骨架配筋时，腹板宽度不应小于 140 mm，一般取 160～220 mm；当采用单根钢筋配筋时，腹板宽度较大，具体尺寸应根据布置钢筋的要求确定。为施工方便，梁的截面尺寸应符合模数要求。常用的梁宽 b 一般取120 mm、

150 mm、180 mm、200 mm、220 mm、250 mm、300 mm，以 50 mm 为一级模数；常用的梁高 h 一般取 150 mm、180 mm、200 mm、240 mm、250 mm、300 mm，以后按 50 mm 为一级模数增加，当梁高超过 800 mm 时，以 100 mm 为一级模数。

表 3.3　不需做挠度计算的梁最小截面高度

项　次	构件种类		简　支	两端连续	悬　臂
1	整体肋形梁	主梁	$l_0/12$	$l_0/15$	$l_0/6$
		次梁	$l_0/15$	$l_0/20$	$l_0/8$
2	独立梁		$l_0/12$	$l_0/15$	$l_0/6$
备　注	1. l_0 为梁的计算跨度 2. 梁的计算跨度 $l_0 \geq 9$ m 时，表中数值应乘以 1.2 的系数				

3.1.2　受弯构件的钢筋

1. 板中钢筋

板所受剪力一般较小，不必配置抗剪钢筋，而只需配置抗弯钢筋和构造钢筋，如图 3.3 所示。

（1）纵向受力钢筋

板中纵向受力钢筋的作用是承受弯矩，沿板跨方向布置在板的受拉侧，钢筋用量需计算确定。受力钢筋的直径通常采用 6～12 mm，直径小，钢筋布置较密，受力均匀。为便于施工，直径种类不宜太多。为了使板受力均匀，保证混凝土的密实性，当板厚 $h < 150$ mm 时，纵向受力钢筋的间距不宜大于 200 mm；当板厚 $h \geq$

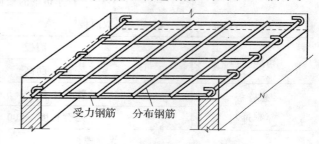

受力钢筋　分布钢筋

图 3.3　简支板中钢筋布置示意图

150 mm 时，纵向受力钢筋的间距不宜大于 $1.5h$，且不宜大于 250 mm。同时，纵向受力钢筋的间距一般不应小于 70 mm。

（2）分布钢筋

板中分布钢筋的作用是将板面上的荷载更均匀地传递给纵向受力钢筋，并承担混凝土收缩及温度变化在垂直板跨方向产生的拉应力，同时在施工中固定受力筋的位置。分布钢筋布置在纵向受力钢筋的内侧并与之垂直，钢筋用量按构造要求确定。其截面面积不应小于单位长度上受力钢筋截面面积的 15%，且不宜小于该方向板截面面积的 0.15%；分布钢筋的间距不宜大于 250 mm，直径不宜小于 6 mm；对集中荷载较大或温度变化较大的情况，应适当增加其用量，并且在所有主钢筋的弯折处均应设置分布钢筋。

（3）构造钢筋

板中构造钢筋的作用是承受负弯矩，布置在板端上侧。对于嵌固在墙内的现浇板及与梁整体浇筑的板，应沿支承周边配置上部构造钢筋，钢筋用量按构造确定，其直径不宜小于 8 mm，间距不宜大于 200 mm。

2. 梁中钢筋

梁中通常配置纵向受力钢筋、箍筋、弯起钢筋、架立钢筋、梁侧构造钢筋，如图 3.4 所示。

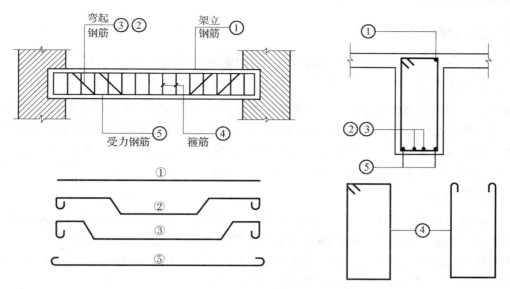

图 3.4　简支梁中钢筋布置示意图

（1）纵向受力钢筋

纵向受力钢筋是沿着梁的纵向配置的起承受纵向拉力作用的钢筋。在单筋梁中它专指配在梁截面受拉区的受拉钢筋，它的作用是和包裹它的混凝土形成整体共同抵抗由梁截面承受的弯矩引起的梁截面的拉力。在双筋梁中纵向受力钢筋一方面包括了配在梁截面的纵向受拉钢筋，另一方面也包括了配置在梁截面受压区的受压钢筋，纵向受压钢筋的作用是和受压区包裹在它周围的混凝土形成整体，共同抵抗由截面受压的弯矩所引起的压力。梁中纵向受力钢筋用量需计算确定，纵向受力钢筋常用直径为 10～25 mm，一般不超过 28 mm，太粗不易加工，且与混凝土黏结力差；太细根数增加，不好布置。

（2）弯起钢筋

弯起钢筋一般由纵向受拉钢筋弯起而成，有时也需要单独设置。梁中弯起钢筋斜段部分的作用是承受剪力，水平段部分的作用是承受支座负弯矩。钢筋用量需抗剪计算确定。其弯起角度一般取 45°，当梁截面高度 $h > 800$ mm 时，取 60°。梁底层角部钢筋不应弯起，顶层角部钢筋不应弯下。

（3）箍筋

梁中箍筋的作用是承受剪力，与其他钢筋一起形成钢筋骨架，固定其位置，便于浇灌混凝土，保证各钢筋共同工作。箍筋用量需计算确定。

（4）架立钢筋

梁中架立钢筋的作用是固定箍筋，与其他钢筋一起形成钢筋骨架，并承受混凝土收缩、温度变化而产生的拉应力。架立钢筋设置在梁受压区的角部，其用量按构造要求确定。当梁中受压区设有受压钢筋时，则不再设架立钢筋。架立钢筋的直径与梁的跨度 l_0 有关。当 $l_0 < 4$ m 时，架立钢筋的直径不宜小于 8 mm；当 $l_0 > 6$ m 时，架立钢筋的直径不宜小于 12 mm；当 4 m $\leq l_0 \leq 6$ m 时，架立筋的直径不宜小于 10 mm。

（5）梁侧构造钢筋

梁中侧向构造钢筋的作用是增加梁的钢骨架的刚性及梁的抗扭能力，承受梁侧向变形。钢筋用量按构造要求确定。当梁腹板高 $h_w \geq 450$ mm 时，在梁的两侧应沿梁高配置直径不小于 10 mm 的侧向构造筋，其截面面积不应小于腹板截面面积的 0.1%，且间距不宜大于 200 mm，并用 S 形 φ6 钢筋固定。对矩形截面梁腹板高度取有效高度，T 形截面梁取有效高度减翼缘高度，工字形截面取腹板净高。

3.1.3 钢筋的保护层

结构构件中钢筋外边缘至构件表面范围用于保护钢筋的混凝土称为保护层。

1. 板的保护层

板中混凝土保护层的最小厚度取决于周围环境和混凝土的强度等级，且不小于纵向受力钢筋的直径。混凝土保护层最小厚度见表3.4。混凝土结构的环境类别见表2.7。板的有效高度 h_0 指受拉筋合力重心到受压边缘混凝土的距离。考虑到混凝土保护层的厚度要求，当板厚 $h < 100$ mm 时，$h_0 = h - 20$ mm；当板厚 $h \geqslant 100$ mm 时，$h_0 = h - 25$ mm。

2. 梁的保护层

梁中纵向受力钢筋的混凝土保护层最小厚度与环境类别、钢筋直径、构件种类和混凝土强度等级等因素有关，混凝土保护层最小厚度见表3.4，且不小于纵向受力钢筋的直径。

梁中箍筋和构造筋的混凝土保护层厚度不应小于15 mm，当梁中纵向受力钢筋的混凝土保护层厚度大于40 mm 时，应对保护层采取有效的防裂构造措施。

梁有效高度 h_0 是指梁纵向受拉筋合力重心到截面受压边缘混凝土的距离，如图3.5所示。当纵向受拉钢筋配置一排时，梁有效高度近似取 $h_0 = h - 35$ mm；当配置两排时，近似取 $h_0 = h - 60$ mm。

表 3.4　混凝土保护层最小厚度（mm）

环境类别	板、墙、壳	梁、柱、杆
一	15	20
二 a	20	25
二 b	25	35
三 a	30	40
三 b	40	50

注：1. 混凝土强度等级不大于 C25 时，表中保护层厚度数值应增加 5 mm；

　　2. 钢筋混凝土基础宜设置混凝土垫层，基础中钢筋的混凝土保护层厚度应从垫层顶面算起，且不应小于 40 mm。

3.1.4 钢筋的间距

1. 钢筋间距

钢筋间距是指同排钢筋之间以及设置多排配筋时上下层钢筋之间的净距。保证钢筋间距的目的一方面在于保证施工时便于人工拌制的混凝土的浇捣，另一方面是确保钢筋周围混凝土能够充分包裹钢筋，使钢筋和混凝土之间具有可靠的黏结力，以确保内力的传递。因此，在板中为了使钢筋受力均匀，钢筋间距又不能超过《混凝土结构设计规范》（GB 50010—2010）规定的最大间距要求。

2. 梁中钢筋的间距

《混凝土结构设计规范》（GB 50010—2010）规定的梁中钢筋净距，梁常规的配筋方式如图3.5（a）、（b）所示；采用并筋配筋方式的如图3.5（c）、（d）所示，为沿截面纵向、横向双并筋时梁截面的有效高度；图3.5（e）、（f）为直径不超过28 mm 的钢筋按"品"字形并筋时梁截面的有效高度。

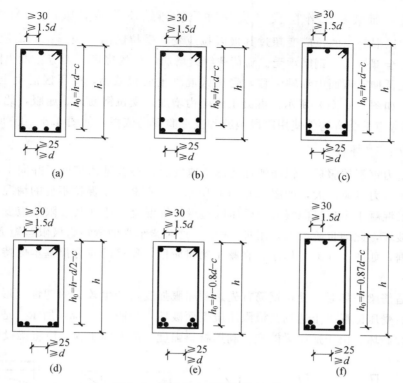

图 3.5 梁中纵向受力钢筋的间距

 # 3.2 梁正截面受弯性能的试验分析

受弯构件正截面破坏特征除与钢筋和混凝土的强度有关外，还主要与纵向受拉钢筋的配筋率有关。受弯构件的配筋率 ρ 是指构件所配置的纵向受力钢筋截面面积 A_s 与截面有效面积 bh_0 的比值，即 $\rho = A_s/(bh_0)$。这里应注意，在验算截面最小配筋率 ρ_{min} 时，截面有效面积 bh_0 应用全截面面积 bh。

试验证明，钢筋混凝土受弯构件的正截面破坏特征与配筋率、钢筋和混凝土强度等级、截面形式等因素有关，但以配筋率对构件正截面破坏特征的影响最为明显。配筋率不同，受弯构件正截面的破坏形态也将不同。以梁为例，根据其正截面破坏特征把梁分为适筋梁、超筋梁和少筋梁。

3.2.1 适筋梁的工作阶段

纵向受力钢筋的配筋率适中的梁称为适筋梁。试验表明，适筋梁从加荷到破坏，其正截面上的应力—应变发展过程可分为三个阶段。

1. 第Ⅰ阶段：弹性工作阶段（梁受拉区出现裂缝前）

当荷载较小时，截面上的弯矩很小，应力与应变成正比，混凝土处于弹性工作阶段。截面的应力分布均为直线，如图 3.6（a）所示。继续加载，受拉区混凝土出现塑性变形，受拉区的应力图形呈曲线。当荷载达到某一数值时，受拉区边缘纤维混凝土达到其极限拉应变时，梁处于将裂未裂的极限状态，而此时受压区边缘纤维应变还很小，故受压区混凝土基本上处于弹性工作阶段，此时钢筋的拉应力仍较低。此即Ⅰ阶段末，用Ⅰ$_a$表示，此时梁承受的弯矩为开裂弯矩，是抗裂度验算的依据。此时，受压区混凝土仍处于弹性工作阶段，如图 3.6（b）所示。

2. 第Ⅱ阶段：带裂缝工作阶段（从截面开裂到纵筋开始屈服）

稍加荷，受拉区混凝土的拉应变超过其极限拉应变，受拉区出现裂缝，截面应力发生重分布，混凝土退出工作，全部拉力由钢筋承受。随荷载继续增加，梁的挠度、裂缝宽度也随之增大，裂缝不断扩展，并向上延伸，截面中和轴上移，受压区混凝土面积减小，受压区混凝土产生塑性变形，应力呈曲线分布，如图 3.6（c）所示。混凝土压应力增加，受拉钢筋开始屈服，此即Ⅱ阶段末，用Ⅱₐ表示，此时的弯矩是受弯构件使用阶段裂缝和变形验算的依据，如图 3.6（d）所示。

3. 第Ⅲ阶段：破坏阶段

受拉区纵向受力钢筋屈服后，钢筋塑性变形急速发展，裂缝迅速扩展，并向上延伸，受压区面积减小，混凝土压应力迅速增大，如图 3.6（e）所示。在荷载几乎保持不变的情况下，裂缝进一步急剧开展，受压区混凝土出现纵向裂缝，受压区边缘纤维混凝土达到其极限拉应变，混凝土被完全压碎，截面发生破坏，此即Ⅲ阶段末，用Ⅲₐ表示，这时梁承受的弯矩为极限弯矩 M_u，是受弯构件承载力计算的依据，如图 3.6（f）所示。在整个第Ⅲ阶段，钢筋的应力都基本保持屈服强度不变直至破坏。

综上所述，适筋梁破坏时，受拉钢筋首先达到屈服强度，产生较大的塑性变形，随之梁的裂缝和变形增大，最后受压区混凝土达到其极限压应变而破坏，如图 3.7（a）所示。适筋梁破坏有明显的预兆，属于塑性破坏。由于适筋梁能充分利用材料强度，故实际工程中应将梁设计成适筋梁。

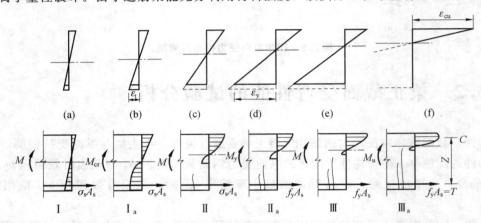

图 3.6　梁在各受力阶段的应力—应变图

3.2.2 钢筋混凝土受弯构件正截面的破坏形式

1. 适筋梁（图 3.7（a））

钢筋混凝土梁内受拉钢筋的量在一个比较合适的范围内的梁，即梁的配筋率在最大配筋率和最小配筋率之间的梁，称为适筋梁。

适筋梁的破坏起始于梁弯矩最大截面的混凝土边缘开裂；随着受力过程的持续，钢筋屈服，受压区高度减少，钢筋拉应力上升直到屈服；混凝土的压应变不断上升，压应力达到强度设计值，塑性发展越来越充分，直到混凝土在达到极限应变后被压碎。

破坏过程的阶段性明显，经历了较长的受力变形的过程，梁中钢筋和混凝土两种材料的力学性能得到了较好发挥，经济性能好，属于延性破坏。

由于破坏经历几个明显的受力阶段，破坏前有明显的征兆，可以为结构的抢修和加固提供必要的时间，所以工程中只允许使用这种梁。

2. 超筋梁（图3.7（b））

纵向受力钢筋的配筋率过大的梁称为超筋梁。由于纵向受力钢筋配置过多，当受压区混凝土边缘应变达到极限压应变时，混凝土被压碎，而此时纵向受拉钢筋的应力尚未达到屈服强度。试验表明，纵向受拉钢筋在梁破坏前仍处于弹性工作阶段，应力较小，应变也较小，梁裂缝开展不宽且延伸不高，挠度尚不大。超筋梁破坏没有明显的预兆，属于脆性破坏，由于超筋梁没有充分利用钢筋强度，浪费材料，故实际工程中应禁止将梁设计成超筋梁，并通过控制梁的最大配筋率来保证。

3. 少筋梁（图3.7（c））

纵向受力钢筋的配筋率过少的梁称为少筋梁。由于纵向受力钢筋配置过少，受拉区混凝土一开裂，受拉钢筋立即达到屈服强度，经过流幅进入强化阶段，梁产生很宽的裂缝和很大的挠度，构件立即发生破坏。少筋梁破坏没有明显的预兆，属于脆性破坏，由于少筋梁没有充分利用混凝土强度，浪费材料，故实际工程中应禁止将梁设计成少筋梁，并通过控制梁的最小配筋率来保证。

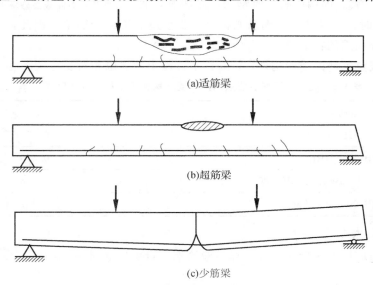

(a)适筋梁

(b)超筋梁

(c)少筋梁

图 3.7　梁的三种破坏形态

3.2.3　适筋梁与超筋梁、少筋梁的界限

1. 界限相对受压区高度 ξ_b

相对受压区高度是指混凝土换算受压区高度 x 与截面有效高度 h_0 的比值，用符号 ξ 表示。

$$\xi = \frac{x}{h_0} \tag{3.1}$$

界限相对受压区高度是指适筋梁界限破坏时，截面换算受压区高度 x 与截面有效高度 h_0 的比值。界限破坏是指受拉钢筋应力达到屈服强度的同时，受压区混凝土边缘达到极限压应变。

界限配筋时，对配置有明显屈服点钢筋的受弯构件，截面破坏时的应变图如图3.8所示，其界限相对受压区高度可按下式计算：

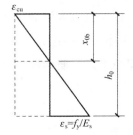

**图 3.8　界限配筋时配有明显屈服点钢筋的
受弯构件截面破坏时的应力一应变图**

$$\xi_b = \frac{x_b}{h_0} = \beta_1 \frac{x}{h_0} = \beta_1 \frac{\varepsilon_{cu}}{\varepsilon_{cu} + \varepsilon_s} = \frac{\beta_1}{1 + \dfrac{f_y}{\varepsilon_{cu} E_s}} \tag{3.2}$$

其中
$$\varepsilon_s = \frac{f_y}{E_s} \qquad (3.3)$$

界限配筋时，对配置无明显屈服点钢筋的受弯构件，截面破坏时的应变图如图 3.9 所示，其界限相对受压区高度可按下式计算：

$$\xi_b = \frac{\beta_1}{1 + \frac{0.002}{\varepsilon_{cu}} + \frac{f_y}{\varepsilon_{cu} E_s}} \qquad (3.4)$$

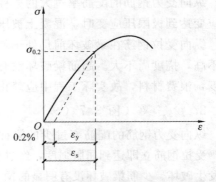

其中
$$\varepsilon_s = 0.002 + \frac{f_y}{E_s} \qquad (3.5)$$

式中　f_y——钢筋抗拉设计强度；

　　　E_s——钢筋弹性模量。

图 3.9　界限配筋时配有无明显屈服点钢筋的受弯构件截面破坏时的应力－应变图

当 $\xi > \xi_b$ 时，$\sigma_s < f_y$，即构件破坏时钢筋不能屈服，属于超筋梁；当 $\xi \leqslant \xi_b$ 时，构件破坏时钢筋能屈服，属于适筋梁或少筋梁。因此，ξ_b 是衡量构件破坏时钢筋强度能否充分利用的特征值。

配置有明显屈服点钢筋的受弯构件，C50 以下混凝土的界限相对受压区高度 ξ_b 见表 3.5。

表 3.5　配置有明显屈服点钢筋的受弯构件界限相对受压区高度 ξ_b

钢筋类别	ξ_b
HPB300	0.576
HRB335、HRBF335	0.550
HRB400、HRBF400、RRB400	0.518
HRB500、HRBF500	0.487

2. 受弯构件最大配筋率 ρ_{max}

最大配筋率是超筋构件与适筋构件的界限配筋率。对矩形截面：

$$\rho_{max} = \frac{A_{smax}}{bh_0} \qquad (3.6)$$

利用基本公式：

$$A_s = \frac{\alpha_1 f_c b x}{f_y}$$

可得

$$\rho = \frac{A_s}{bh_0} = \frac{\alpha_1 f_c x}{f_y h_0} = \xi \frac{f_c}{f_y}$$

则

$$\rho_{max} = \xi_b \frac{f_c}{f_y} \qquad (3.7)$$

式中　A_{smax}——按最大配筋率计算的钢筋面积。

3. 受弯构件最小配筋率 ρ_{min}

最小配筋率是少筋构件与适筋构件的界限配筋率，它是根据受弯构件的开裂弯矩确定的。对矩形截面：

$$\rho_{min} = \frac{A_{smin}}{bh} \qquad (3.8)$$

式中　A_{smin}——按最小配筋率计算的钢筋面积。

受弯构件的最小配筋率见表 3.6，取 $45\% f_t / f_y$ 和 0.2% 中的较大者，f_t 为混凝土轴心抗拉强度设计值。为方便应用，表 3.6 给出了采用不同强度等级混凝土和有屈服点钢筋的受弯构件的最小配筋率。

表 3.6　纵向受力钢筋的最小配筋率（%）

受力构件			最小配筋率
受压构件	全部纵向钢筋	强度等级 500 MPa	0.50
		强度等级 400 MPa	0.55
		强度等级 300 MPa、335 MPa	0.60
	一侧纵向钢筋		0.20
受弯构件、偏心受拉、轴心受拉构件一侧的受拉钢筋			0.20 和 $45 f_{t}/f_{y}$ 中的较大值

注：1. 受压构件全部纵向钢筋最小配筋率，当采用 C60 以上强度等级的混凝土时，应按表中规定增加 0.10%；

　　2. 板类受弯构件（不包括悬臂板）的受拉钢筋，当采用强度等级 400 MPa、500 MPa 的钢筋时，其最小配筋率应允许采用 0.15% 和 $45\% f_{t}/f_{y}$ 中的较大值；

　　3. 偏心受拉构件中的受压钢筋，应按受压构件一侧纵向钢筋考虑；

　　4. 受压构件的全部纵向钢筋和一侧纵向钢筋的配筋率以及轴心受拉构件和小偏心受拉构件一侧受拉钢筋的配筋率均应按构件的全截面面积计算；

　　5. 受弯构件、大偏心受拉构件一侧受拉钢筋的配筋率应按全截面面积扣除受压翼缘面积后的截面面积计算；

　　6. 当钢筋沿构件截面周边布置时，"一侧纵向钢筋"系指沿受力方向两个对边中一边布置的纵向钢筋。

4. 经济配筋率

正常的截面设计，应保证截面的配筋率在 ρ_{max} 和 ρ_{min} 之间，但在满足该条件下仍可选用多种不同的截面尺寸，配置不同数量的钢筋，造价也不尽相同。把构件造价相对较低的配筋率称为经济配筋率。一般建筑结构设计经验表明，当实心板的配筋率为 0.4%～0.8%、矩形截面梁的配筋率为 0.6%～1.5%、T 形截面梁的配筋率为 0.9%～1.8% 时，构件的用钢量和总造价都较低，施工比较方便，受力性能也比较好。上述配筋率即为板、梁的经济配筋率，设计时应将板、梁的配筋率控制在此范围内。

表 3.7　受弯构件的最小配筋率 ρ_{min}（%）

钢筋等级	混凝土的强度等级													
	C15	C20	C25	C30	C35	C40	C45	C50	C55	C60	C65	C70	C75	C80
HPB300	0.200	0.200	0.212	0.238	0.262	0.285	0.300	0.315	0.327	0.340	0.348	0.357	0.363	0.370
HRB335 HRBF335	0.200	0.200	0.200	0.215	0.236	0.257	0.270	0.284	0.294	0.306	0.314	0.321	0.327	0.333
HRB400 HRBF400 RRB400	0.200	0.200	0.200	0.200	0.200	0.214	0.225	0.236	0.245	0.255	0.261	0.268	0.273	0.278
HRB500 HRBF500	0.200	0.200	0.200	0.200	0.200	0.200	0.200	0.203	0.211	0.216	0.221	0.226	0.230

3.3　单筋矩形截面的承载力计算

3.3.1　基本假定

钢筋混凝土受弯构件正截面承载力计算是建立在以下基本假定基础上的：

（1）平截面假定。假定构件发生弯曲变形后，截面平均应变仍保持平面，即平均应变沿截面高度线性分布。平截面假定的引用，为钢筋混凝土构件正截面承载力计算提供了变形协调条件。

（2）不考虑截面受拉区混凝土的抗拉强度。由于混凝土的抗拉强度很小，其所承担的拉力相对于钢筋承担的拉力很小，故可忽略，即全部拉力由钢筋承担。

（3）混凝土受压区的应力—应变曲线简化形式如图 3.10 所示。其表达式可以写成：

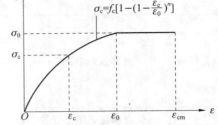

图 3.10 混凝土受压区应力—应变图

当 $0 \leqslant \varepsilon_c \leqslant \varepsilon_0$ 时：$\sigma_c = f_c \left[1 - \left(1 - \dfrac{\varepsilon_c}{\varepsilon_0} \right)^n \right]$ （3.9）

当 $\varepsilon_0 \leqslant \varepsilon_c \leqslant \varepsilon_{cu}$ 时：$\sigma_c = f_c$ （3.10）

其中 $\varepsilon_0 = 0.002 + 0.5 \, (f_{cuk} - 50) \times 10^{-5}$ （3.11）

$\varepsilon_{cu} = 0.003\,3 - (f_{cuk} - 50) \times 10^{-5}$ （3.12）

$n = 2 - (f_{cuk} - 50) / 60$ （3.13）

式中 σ_c——混凝土压应变为 ε_c 时的混凝土压应力；

f_c——混凝土轴心抗压强度设计值；

ε_0——混凝土压应力达到 f_c 时混凝土压应变，当 $\varepsilon_0 < 0.002$ 时，取 0.002；

ε_{cu}——混凝土极限压应变。非均匀受压时，按式（3.11）计算，当 $\varepsilon_{cu} > 0.003\,3$ 时，取 0.003 3；当处于轴心受压时，取 $\varepsilon_{cu} = \varepsilon_0$；

n——系数，当 $n > 2$ 时，取 $n = 2$；

f_{cuk}——混凝土立方体抗压强度标准值。

（4）纵向钢筋的应力取等于钢筋应变与其弹性模量的乘积，但其绝对值不应大于相应的强度设计值。纵向受拉钢筋的极限拉应变取 0.01。

3.3.2 基本公式及其适用条件

1. 受压区混凝土等效矩形应力图形

试验表明：受压区混凝土的应力分布是不断变化的，随着荷载的增加，受压区混凝土的应力图形由三角形分布逐步发展为平缓的曲线，最后发展为较丰满的曲线。由基本假定可得出受弯构件极限状态时的受压区混凝土应力图形，如图 3.11 所示。据此计算混凝土所受的压力仍比较麻烦，为了简化计算，可将受压区混凝土的应力图形简化为一个等效的矩形应力图形。受力性能等效的条件是等效矩形应力图形的面积与原图形的面积相等，即压应力的合力大小不变；等效矩形应力图形形心位置与原图形相同，即合力作用点不变。等效矩形应力图形的应力取为 $\alpha_1 f_c$，α_1 为矩形应力图形的压应力值与混凝土轴心抗压设计强度的比值。等效矩形应力图形的受压区高度（混凝土换算受压区高度）为 x_0。根据等效条件，可求出 $x = \beta_1 x_0$，β_1 为等效矩形应力图形的受压区高度与原图形的受压区高度的比值，x_0 为按平截面假定确定的混凝土受压区高度，如图 3.12 所示。系数 α_1 和 β_1 的取值见表 3.8。

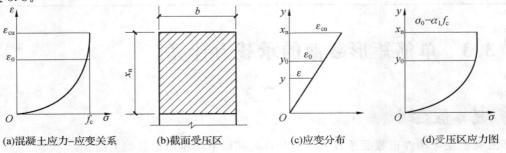

(a)混凝土应力-应变关系 (b)截面受压区 (c)应变分布 (d)受压区应力图

图 3.11 受压区混凝土应力图形

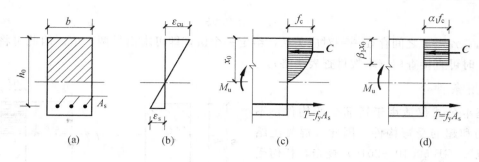

图 3.12 等效矩形应力图形

表 3.8 系数 α_1 和 β_1

系数	≤C50	C55	C60	C65	C70	C75	C80
α_1	1.00	0.99	0.98	0.97	0.96	0.95	0.94
β_1	0.80	0.79	0.78	0.77	0.76	0.75	0.74

2. 基本公式

单筋矩形截面梁正截面承载力计算简图如图 3.13 所示，截面即将破坏时处于静力平衡状态，可建立两个静力平衡方程，一个是所有各力在水平方向的合力为零，另一个是所有各力对截面上任何一点的合力矩为零，即

$$\sum X = 0, \quad \alpha_1 f_c bx = f_y A_s \tag{3.14}$$

当对受拉钢筋的合力作用点取矩时，有

$$\sum M_s = 0, \quad M = \alpha_1 f_c bx \left(h_0 - \frac{x}{2}\right) \tag{3.15}$$

当对受压区混凝土压应力合力作用点取矩时，有

$$\sum M_c = 0, \quad M = f_y A_s \left(h_0 - \frac{x}{2}\right) \tag{3.16}$$

按照承载力极限状态设计应满足 $\qquad M \leqslant M_u$ $\qquad$ (3.17)

$$M_u = \alpha_1 f_c bx \left(h_0 - \frac{x}{2}\right) = f_y A_s \left(h_0 - \frac{x}{2}\right) \tag{3.18}$$

式中 M——荷载产生的弯矩设计值；

M_u——受弯构件正截面抗弯承载力设计值，也叫构件的极限弯矩。

利用基本公式可进行受弯构件的各类承载力计算。但计算过程中有时需要解二元二次方程，比较麻烦。实际计算时，可根据基本公式将有关数据编制成表格，再利用表格进行计算会使计算工作大大简化，下面介绍表格编制及使用方法。

将基本公式改写成：

$$f_y A_s = \alpha_1 f_c bx = \alpha_1 f_c bh_0 \xi \tag{3.19}$$

$$M = M_u = \alpha_1 f_c bx \left(h_0 - \frac{x}{2}\right) = \alpha_1 f_c b\xi h_0 \left(h_0 - \xi \frac{h_0}{2}\right)$$

$$= \alpha_1 f_c bh_0^2 \xi (1 - 0.5\xi)$$

$$= \alpha_s \alpha_1 f_c bh_0^2 \tag{3.20}$$

$$M = M_u = f_y A_s \left(h_0 - \frac{x}{2}\right) = f_y A_s \left(h_0 - \xi \frac{h_0}{2}\right)$$

$$= f_y A_s h_0 (1 - 0.5\xi)$$

$$= \gamma_s f_y A_s h_0 \tag{3.21}$$

其中 $\qquad\qquad\qquad\qquad \alpha_s = \xi (1 - 0.5\xi)$ $\qquad$ (3.22)

$$\gamma_s = 1 - 0.5\xi \tag{3.23}$$

系数 α_s、γ_s 与 ξ 之间存在一一对应关系，给定一个值，即可求出另两个值。因此可将它们制成表格，设计时可直接查用（本教材查表法略）。

3. 适用条件

上述基本公式仅适用于适筋受弯构件，不适用于少筋和超筋受弯构件。因此《混凝土结构设计规范》（GB 50010—2010）规定，任何受弯构件必须满足下列适用条件：

(1) 为防止截面出现超筋破坏，应满足：

$$\xi = \frac{x}{h_0} \leqslant \xi_b \tag{3.24a}$$

$$x \leqslant \xi_b h_0 \tag{3.24b}$$

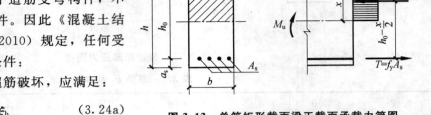

图 3.13　单筋矩形截面梁正截面承载力简图

$$或 \quad \rho = \frac{A_s}{bh_0} \leqslant \rho_{max} \tag{3.24c}$$

式 (3.24a)、(3.24b)、(3.24c) 含义相同。

(2) 为防止截面出现少筋破坏，应满足：

$$\rho \geqslant \rho_{min} \tag{3.25}$$

计算时若 $\rho > \rho_{max}$ 或 $\xi > \xi_b$，则可考虑加大截面尺寸、提高材料强度等级或设计成双筋截面；若 $\rho < \rho_{min}$ 则可取 $\rho = \rho_{min}$，按 $A_s = \rho_{min} bh$ 计算钢筋用量。

3.3.3　截面设计

已知荷载产生的设计弯矩 M，混凝土强度等级，钢筋级别，试确定截面尺寸 $b \times h$，纵向受拉钢筋截面面积 A_s。

按照刚度条件初步确定 h，再按高宽比确定 b，$b \times h$ 应符合模数要求。

1. 利用基本公式法

由基本公式得

$$x = h_0 - \left(h_0^2 - \frac{2M}{\alpha_1 f_c b}\right)^{\frac{1}{2}} \tag{3.26}$$

$$A_s = \alpha_1 f_c bx / f_y$$

验算：

$$\rho \leqslant \rho_{max} \text{ 或 } \xi \leqslant \xi_b \quad \rho \geqslant \rho_{min}$$

2. 利用表格法（本教材只介绍步骤）

由式 (3.20) 得

$$\alpha_s = \frac{M}{\alpha_1 f_c bh_0^2} \tag{3.27}$$

查表可得 ξ、γ_s。或由式 (3.22)、(3.23) 计算得

$$\xi = 1 - (1 - 2\alpha_s)^{\frac{1}{2}} \tag{3.28}$$

$$\gamma_s = \left[1 + (1 - 2\alpha_s)^{\frac{1}{2}}\right] / 2 \tag{3.29}$$

由式 (3.19) 得

$$A_s = \alpha_1 f_c b\xi h_0 / f_y \tag{3.30}$$

或由式 (3.21) 得

$$A_s = \frac{M}{\gamma_s f_y h_0} \tag{3.31}$$

验算：

$$\rho \leqslant \rho_{max} \text{ 或 } \xi \leqslant \xi_b, \quad \rho \geqslant \rho_{min}$$

3.3.4 截面强度复核

已知截面尺寸 $b \times h$，混凝土强度等级，钢筋级别，纵向受拉钢筋截面面积 A_s，荷载产生的设计弯矩 M，试验算截面承载力是否满足要求。

1. 直接计算法

验算配筋率：
$$\rho > \rho_{min}$$

由基本公式得
$$x = \frac{f_y A_s}{\alpha_1 f_c b} < \xi_b h_0 \tag{3.32}$$

$$M_u = \alpha_1 f_c b x \left(h_0 - \frac{x}{2} \right)$$

2. 利用表格法

验算配筋率：
$$\rho > \rho_{min}$$

由式（3.19）得
$$\xi = \frac{f_y A_s}{\alpha_1 f_c b h_0} \leq \xi_b \tag{3.33}$$

查附表得 α_s 或 γ_s。由式（3.20）、（3.21）得
$$M = M_u = \alpha_s \alpha_1 f_c b h_0^2 = \gamma_s f_y A_s h_0$$

若 $M \leq M_u$，则承载力满足要求；若 $M > M_u$，则承载力不满足要求。

【例 3.1】 如图 3.14 所示为某教学楼中的钢筋混凝土矩形截面简支梁，结构安全等级为二级，计算跨度 $l_0 = 6$ m，板传来的永久荷载标准值 $g_k = 16$ kN/m（包括梁自重），板传来的可变荷载标准值 $q_k = 15$ kN/m，采用的混凝土强度等级为 C20，纵向受拉钢筋采用 HRB335 级钢筋，梁的截面尺寸为 $b \times h = 250$ mm $\times$ 500 mm，试计算该梁所需的纵向受拉钢筋面积。

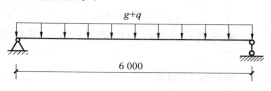

图 3.14 例 3.1 图

解 查表 1.1、1.2 和表 1.6 得
$$f_c = 9.6 \text{ N/mm}^2，f_t = 1.1 \text{ N/mm}^2，\alpha_1 = 1，f_y = 300 \text{ N/mm}^2，\xi_b = 0.55，\gamma_0 = 1.0$$

梁跨中弯矩标准值：
$$M_{Gk} = \frac{g_k l_0^2}{8} = \frac{16 \times 6^2}{8} \text{ kN} \cdot \text{m} = 72 \text{ kN} \cdot \text{m}$$

$$M_{Q1k} = \frac{q_k l_0^2}{8} = \frac{15 \times 6^2}{8} \text{ kN} \cdot \text{m} = 67.5 \text{ kN} \cdot \text{m}$$

（1）由可变荷载效应控制的组合

梁跨中弯矩设计值为
$$\begin{aligned} M &= 1.2 M_{Gk} + 1.4 M_{Q1k} \\ &= (1.2 \times 72 + 1.4 \times 67.5) \text{ kN} \cdot \text{m} \\ &= 180.9 \text{ kN} \cdot \text{m} \end{aligned}$$

（2）由永久荷载效应控制的组合

梁跨中弯矩设计值为
$$\begin{aligned} M &= 1.35 M_{Gk} + 1.4 \times 0.7 \times M_{Q1k} \\ &= (1.35 \times 72 + 1.4 \times 0.7 \times 67.5) \text{ kN} \cdot \text{m} \\ &= 163.35 \text{ kN} \cdot \text{m} \end{aligned}$$

取上述两种情况计算值较大者，梁跨中弯矩设计值 $M = 180.9$ kN·m。

梁的有效高度按纵向钢筋放置一排考虑：
$$h_0 = (500 - 35) \text{ mm} = 465 \text{ mm}$$

由基本公式：

$$x = h_0 - (h_0^2 - \frac{2M}{\alpha_1 f_c b})^{\frac{1}{2}}$$

$$= \left[465 - (465^2 - \frac{2 \times 180.9 \times 10^6}{1 \times 9.6 \times 250})^{\frac{1}{2}}\right] mm$$

$$= 209.1 \ mm < \xi_b h_0 = (0.55 \times 465) \ mm = 255.8 \ mm$$

受拉钢筋截面积：

$$A_s = \frac{\alpha_1 f_c b x}{f_y} = (1 \times 9.6 \times 250 \times 209.1/300) \ mm^2 = 1\ 673 \ mm^2$$

最小配筋率： $45\% \frac{f_t}{f_y} = 45\% \times \frac{1.1}{300} = 0.165\% < 0.2\%$，取 $\rho_{min} = 0.2\%$

$$\rho_{min} bh = (0.002 \times 250 \times 500) \ mm^2 = 250 \ mm^2 < 1\ 673 \ mm^2$$

由以上验算可知，截面符合适筋条件。

选配钢筋： $2 \Phi 25 + 1 \Phi 22$，$A_s = 1\ 742 \ mm^2 > 1\ 673 \ mm^2$

一排钢筋所需的最小宽度为：

$$b_{min} = (4 \times 25 + 2 \times 25 + 1 \times 22) \ mm = 172 \ mm < b = 250 \ mm，纵向钢筋放置一排满足要求。$$

【例 3.2】 已知单筋矩形截面梁 $b \times h = 250 \ mm \times 500 \ mm$，配有 $3 \Phi 20$ 的 HRB335 级纵向受拉钢筋，混凝土强度等级采用 C20，承受的弯矩设计值为 $110 \ kN \cdot m$，试验算该梁是否安全。

解 查表 1.1、1.2 和表 1.6 得

$$f_c = 9.6 \ N/mm^2, \ f_t = 1.1 \ N/mm^2, \ \alpha_1 = 1, \ f_y = 300 \ N/mm^2, \ \xi_b = 0.55$$

梁的有效高度按纵向钢筋放置一排考虑：

$$h_0 = (500 - 35) \ mm = 465 \ mm$$

纵向受拉钢筋： $A_s = 941 \ mm^2$

最小配筋率： $\rho_{min} = 45\% \frac{f_t}{f_y} = 45 \times \frac{1.1}{300}\% = 0.165\% < 0.2\%$，取 $\rho_{min} = 0.2\%$

实际配筋率： $\rho = \frac{A_s}{bh_0} = \frac{941}{250 \times 465} = 0.809\% > \rho_{min}$

由基本公式： $x = \frac{f_y A_s}{\alpha_1 f_c b} = \frac{300 \times 941}{1 \times 9.6 \times 250} \ mm = 117.6 \ mm < \xi_b h_0$

$$M_u = \alpha_1 f_c b x (h_0 - \frac{x}{2})$$

$$= \left[1 \times 9.6 \times 250 \times 117.6 \times (465 - \frac{117.6}{2})\right] N \cdot mm$$

$$= 114.6 \ kN \cdot m$$

$M_u > M$ 说明该梁安全。

3.4 双筋矩形截面的承载力计算

双筋截面受弯构件的用钢量比单筋截面多，一般情况下是不经济的，因此应尽量少用。一般只在以下三种情况下采用：

（1）当截面承受的弯矩较大，而截面尺寸受到使用条件限制，材料强度等也不宜改变时，若设计成单筋截面，会使梁的 $\xi > \xi_b$，成为超筋截面梁，这时需设计成双筋梁；

（2）当构件在不同的荷载组合作用下，同一截面承受正负弯矩作用，需在梁的上部和下部分别配置钢筋，成为双筋梁；

（3）构造要求或因某种原因在截面的受压区已配置了纵向受力钢筋，如抗震结构中，为提高构

件的延性，而在受压区配置一定数量的钢筋，成为双筋梁。

双筋矩形截面梁破坏时，受拉钢筋的拉应力能达到屈服强度，受压区混凝土的压应变达到极限压应变，当梁内配置一定数量的封闭箍筋，能防止受压钢筋过早地压屈时，受压钢筋就能与受压区混凝土共同变形，只要混凝土受压区高度满足一定的条件，受压钢筋就能和受压混凝土同时达到各自的极限压应变值，这时混凝土被压碎，受压钢筋屈服。受压钢筋的应力取决于它的应变，对于HPB300、HRB335、HRB400 和 RRB400 级钢，应变为 0.002 时，钢筋应力均可达到强度设计值。当受压筋采用高强钢筋时，在受压区混凝土压碎时，钢筋应力只能达到 $0.002E_s' = (0.002 \times 2 \times 10^5)$ N/mm² $= 400$ N/mm²，因此《混凝土结构设计规范规定》（GB 50010—2010），钢筋抗压强度设计值最大取 400 N/mm²。如果混凝土受压区高度太小，在截面破坏时，受压钢筋的应变就达不到0.002，那么受压钢筋就不能屈服，因此，《混凝土结构设计规范》（GB 50010—2010）规定，混凝土受压区高度必须满足：$x \geqslant 2a_s'$。

3.4.1 基本公式及其适用条件

1. 基本公式

双筋矩形截面梁正截面承载力计算简图如图 3.15 所示，截面即将破坏时处于静力平衡状态，同单筋矩形截面一样列出两个静力平衡方程：

$$\sum X = 0, \ \alpha_1 f_c bx + f_y' A_s' = f_y A_s \tag{3.34}$$

$$\sum M = 0, \ M = f_y' A_s'(h_0 - a_s') + \alpha_1 f_c bx \left(h_0 - \frac{x}{2}\right) \tag{3.35}$$

按照承载力极限状态设计应满足：

$$M \leqslant M_u \tag{3.36}$$

$$M_u = f_y' A_s'(h_0 - a_s') + \alpha_1 f_c bx \left(h_0 - \frac{x}{2}\right) \tag{3.37}$$

式中　A_s'——纵向受压钢筋截面面积；

　　　f_y'——受压钢筋的强度设计值；

　　　a_s'——受压钢筋的合力作用点到截面受压边缘的距离。

2. 适用条件

（1）为防止截面出现超筋破坏，应满足：

$$\rho \leqslant \rho_{max} \ 或 \ \xi \leqslant \xi_b \tag{3.38}$$

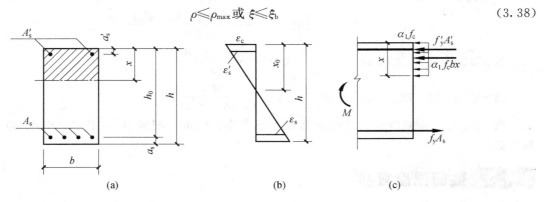

图 3.15　双筋矩形截面梁正截面承载力简图

（2）为保证受压钢筋在梁破坏时达到抗压设计强度，应满足：

$$x \geqslant 2a'_s \tag{3.39}$$

计算时若 $\xi > \xi_b$，可适当增加受压钢筋用量或加大截面尺寸、提高材料强度等级；若 $x < 2a'_s$，可取 $x = 2a'_s$，各力对受压钢筋合力点取矩，得

$$M = f_y A_s (h_0 - a'_s) \tag{3.40}$$

双筋截面中的受拉钢筋常常配置较多，一般均能满足最小配筋率的要求，不必进行验算。

3.4.2　截面设计

已知荷载产生的设计弯矩 M，混凝土强度等级，钢筋级别，试确定截面尺寸 $b \times h$，纵向受力钢筋截面面积。

验算是否采用双筋截面梁：

单筋截面梁所能承受的最大弯矩为

$$M_{max} = \alpha_1 f_c b h_0^2 \xi_b (1 - 0.5\xi_b) \tag{3.41}$$

当 $M \leqslant M_{max}$ 时应设计成单筋截面梁，当 $M > M_{max}$ 时应设计成双筋截面梁。

若为单筋截面梁，可按上节所讲方法计算，若为双筋截面梁，则按以下方法计算。

1. 受拉区、受压区钢筋面积均未知

利用基本公式，两个方程，三个未知数，无法求解，需要补充一个方程。

为充分利用混凝土的抗压强度，节约钢材，令 $x = \xi_b h_0$，则

$$\begin{aligned} M &= f'_y A'_s (h_0 - a'_s) + \alpha_1 f_c b x \left(h_0 - \frac{x}{2}\right) \\ &= f'_y A'_s (h_0 - a'_s) + \alpha_1 f_c b h_0^2 \xi_b (1 - 0.5\xi_b) \end{aligned} \tag{3.42}$$

$$A'_s = \frac{M - \alpha_1 f_c b h_0^2 \xi_b (1 - 0.5\xi_b)}{f'_y (h_0 - a'_s)} \tag{3.43}$$

$$A_s = \frac{\alpha_1 f_c b h_0 \xi_b + f'_y A'_s}{f_y} \tag{3.44}$$

适用条件均满足，不必验算。

2. 已知受压区钢筋面积

可直接利用基本公式求解，不需补充方程。

由公式（3.35）得

$$x = h_0 - \left\{ h_0^2 - \frac{2[M - f'_y A'_s (h_0 - a'_s)]}{\alpha_1 f_c b} \right\}^{\frac{1}{2}} \tag{3.45}$$

当 $x \geqslant 2a'_s$ 且 $x \leqslant \xi_b h_0$ 时：

$$A_s = \frac{\alpha_1 f_c b x + f'_y A'_s}{f_y} \tag{3.46}$$

当 $x \leqslant 2a'_s$ 时，取 $x = 2a'_s$，则

$$A_s = \frac{M}{f_y (h_0 - a'_s)} \tag{3.47}$$

当 $x > \xi_b h_0$，说明给定的受压钢筋截面积太小，应重新配置 A'_s，按 A'_s 和 A_s 均未知情况重新计算。

3.4.3　截面强度复核

已知截面尺寸 $b \times h$，混凝土强度等级，钢筋级别，纵向受拉钢筋截面面积 A_s，纵向受压钢筋截面面积 A'_s，荷载产生的设计弯矩 M，试验算截面承载力是否满足要求。

利用基本公式：

$$x = \frac{f_y A_s - f'_y A'_s}{\alpha_1 f_c b}$$

当 $x \geqslant 2a'_s$ 且 $x \leqslant \xi_b h_0$ 时：

$$M_u = f'_y A'_s (h_0 - a'_s) + \alpha_1 f_c bx (h_0 - \frac{x}{2})$$

当 $x \leqslant 2a'_s$ 时，取 $x = 2a'_s$，则

$$M_u = f_y A_s (h_0 - a'_s)$$

当 $x > \xi_b h_0$ 时，只能取 $x = \xi_b h_0$，则

$$M_u = \alpha_1 f_c b h_0^2 \xi_b (1 - 0.5\xi_b)$$

若 $M \leqslant M_u$，则承载力满足要求；若 $M > M_u$，则承载力不满足要求。

【例 3.3】 已知某教学楼一钢筋混凝土矩形截面楼面大梁截面尺寸为 $b \times h = 250 \text{ mm} \times 500 \text{ mm}$，承受的弯矩设计值为 300 kN·m，混凝土强度等级采用 C25，纵向受力钢筋采用 HRB400 级钢筋。求此梁所需配置的纵向钢筋。

解 查表 1.1、1.2 和表 1.6 得

$$f_c = 11.9 \text{ N/mm}^2, \quad f_t = 1.27 \text{ N/mm}^2, \quad \alpha_1 = 1, \quad f_y = 360 \text{ N/mm}^2, \quad \xi_b = 0.518$$

验算是否需要设计成双筋截面梁：

因弯矩较大，截面较小，预计受拉钢筋布置两排：

$$h_0 = (500 - 60) \text{ mm} = 440 \text{ mm}$$

单筋矩形截面梁所能承担的最大弯矩为：

$$\begin{aligned} M_{umax} &= \alpha_1 f_c b h_0^2 \xi_b (1 - 0.5\xi_b) \\ &= [1 \times 11.9 \times 250 \times 440^2 \times 0.518 (1 - 0.5 \times 0.518)] \text{N·mm} \\ &= 221\,075\,334.5 \text{N·mm} = 221.1 \text{ kN·m} < M \end{aligned}$$

说明需要设计成双筋截面梁。

为使钢筋总量最小，令 $\xi = \xi_b$；受压钢筋布置一排：$a'_s = 35 \text{ mm}$。

由基本公式：

$$\begin{aligned} A'_s &= \frac{M - \alpha_1 f_c b h_0^2 \xi_b (1 - 0.5\xi_b)}{f'_y (h_0 - a'_s)} \\ &= \frac{300 \times 10^6 - 221.1 \times 10^6}{360 \times (440 - 35)} \text{mm}^2 = 541.2 \text{ mm}^2 \end{aligned}$$

$$\begin{aligned} A_s &= \frac{\alpha_1 f_c b h_0 \xi_b + f'_y A'_s}{f_y} \\ &= \frac{1 \times 11.9 \times 250 \times 440 \times 0.518 + 360 \times 541.2}{360} \text{mm}^2 = 2\,424.7 \text{ mm}^2 \end{aligned}$$

实际选用钢筋：受压钢筋：3⏀16（$A_s = 603 \text{ mm}^2$）

受拉钢筋：5⏀25（$A_s = 2\,454 \text{ mm}^2$）

【例 3.4】 已知条件同上，但已在受压区配置了 2⏀20 的纵向受压钢筋，求所需纵向受拉钢筋截面面积。

解 查表 1.1、1.2 和表 1.6 得

$$f_c = 11.9 \text{ N/mm}^2, \quad f_t = 1.27 \text{ N/mm}^2, \quad \alpha_1 = 1, \quad f_y = 360 \text{ N/mm}^2, \quad \xi_b = 0.518$$

受拉钢筋布置两排：$h_0 = 500 - 60 = 440 \text{ mm}$；受压钢筋布置一排：$a_s' = 35 \text{ mm}$。

受压钢筋截面面积 $A_s' = 628 \text{ mm}^2$。

由基本公式：

$$\begin{aligned} x &= h_0 - \left\{ \frac{h_0^2 - 2[M - f'_y A'_s (h_0 - a'_s)]}{\alpha_1 f_c b} \right\}^{\frac{1}{2}} \\ &= 440 \text{ mm} - \left\{ \frac{440^2 - 2[300 \times 10^6 - 360 \times 628 (440 - 35)]}{1 \times 11.9 \times 250} \right\}^{1/2} \text{mm} \\ &= 208.8 \text{ mm} \geqslant 2a'_s = 70 \text{ mm} \end{aligned}$$

$$x < \xi_b h_0 = 0.518 \times 440 \text{ mm} = 227.9 \text{ mm}$$

$$A_s = \frac{\alpha_1 f_c b x + f'_y A'_s}{f_y}$$

$$= \frac{1 \times 11.9 \times 250 \times 208.8 + 360 \times 628}{360} \text{mm}^2 = 2\,353.5\ \text{mm}^2$$

本设计总用钢量为 $(628 + 2\,353.5)\ \text{mm}^2 = 2\,981.5\ \text{mm}^2$

上题总用钢量为 $(541.2 + 2\,424.7)\ \text{mm}^2 = 2\,965.9\ \text{mm}^2$，比较结果，本设计不经济，因为没有充分利用混凝土的强度，使得总用钢量增加。

【例 3.5】 已知某办公楼钢筋混凝土矩形截面梁截面尺寸为 $b \times h = 200\ \text{mm} \times 500\ \text{mm}$，已配有 $3\Phi25$ 的纵向受拉钢筋，面积 $A_s = 1\,473\ \text{mm}^2$，$2\Phi16$ 的纵向受压钢筋，面积 $A'_s = 402\ \text{mm}^2$，混凝土强度等级采用 C25，纵向受力钢筋采用 HRB335 级钢筋，求梁所能承受的最大设计弯矩。

解 查表 1.1、1.2 和表 1.6 得：

$$f_c = 11.9\ \text{N/mm}^2,\ f_t = 1.27\ \text{N/mm}^2,\ \alpha_1 = 1,\ f_y = 300\ \text{N/mm}^2,\ \xi_b = 0.55$$

受拉钢筋布置一排：$h_0 = (500 - 35)\ \text{mm} = 465\ \text{mm}$；受压钢筋布置一排：$a'_s = 35\ \text{mm}$

由基本公式：$x = \dfrac{f_y A_s - f_y A'_s}{\alpha_1 f_c b} = \dfrac{300 \times 1\,473 - 300 \times 402}{1 \times 11.9 \times 200}\ \text{mm} = 135\ \text{mm} > 70\ \text{mm}$

$$x < \xi_b h_0 = 0.55 \times 465\ \text{mm} = 255.75\ \text{mm}$$

$$M_u = f'_y A_s (h_0 - a'_s) + \alpha_1 f_c b x \left(h_0 - \frac{x}{2}\right)$$

$$= [300 \times 402 \times (465 - 35) + 1 \times 11.9 \times 200 \times 135 \times (465 - 135/2)] \text{N} \cdot \text{mm}$$

$$= 179.6\ \text{kN} \cdot \text{m}$$

3.5 单筋 T 形截面的承载力计算

矩形截面受弯构件虽然具有构造简单、施工方便等优点，但正截面承载力计算不考虑混凝土抗拉作用，因此，对于截面尺寸较大的矩形截面受弯构件，为节省混凝土，减轻构件自重，可挖去受拉区两侧的混凝土，将纵向受拉钢筋集中布置在肋部，形成如图 3.16 所示的 T 形截面，它和原来的矩形截面所能承担的弯矩是相同的。T 形截面梁一般设计成单筋截面。

T 形截面伸出的部分称为翼缘，翼缘宽度为 b'_f，厚度为 h'_f；中间部分称为梁肋或腹板，肋宽为 b，截面总高为 h。倒 T 形截面和工字形截面由于不考虑受拉区混凝土受力，因此倒 T 形截面按宽为 b 的矩形截面计算，工字形截面按 T 形截面计算。

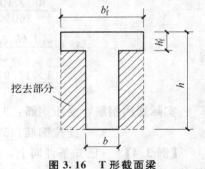

图 3.16　T 形截面梁

在实际工程中，T 形截面受弯构件应用十分广泛，如现浇肋形楼盖中的主梁和次梁、厂房中的吊车梁等。对工字形截面位于受拉区的翼缘不参与受力，也按 T 形截面计算。箱形梁、槽形板、空心板等截面也按 T 形截面计算。

试验与理论研究表明，T 形截面受弯构件受弯后，翼缘的纵向压应力沿翼缘宽度方向分布是不均匀的，靠近肋部压应力较大，离肋部越远压应力越小，如图 3.17 所示。因此，受压翼缘的计算宽度 b'_f 应加以限制。

《混凝土结构设计规范》（GB 50010—2010）规定的翼缘宽度按表 3.9 中有关规定的最小值取用，在规定的翼缘宽度范围内认为压应力均匀分布。

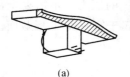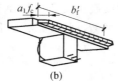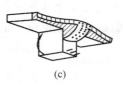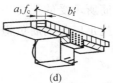

(a)   (b)   (c)   (d)

图 3.17　T 形截面翼缘的应力分布和计算宽度

表 3.9　T 形、倒 L 形截面受弯构件翼缘计算宽度 b_f'

	情况	T 形、工字形截面	倒 L 形截面	
		肋形梁（板）	独立梁	肋形梁（板）
1	按计算跨度 l_0 考虑	$l_0/3$	$l_0/3$	$l_0/6$
2	按梁（肋）净距 s_n 考虑	$b+s_n$	—	$b+s_n/2$
3	按翼缘高度 h_f' 考虑	$b+12h_f'$	b	$b+5h_f'$

注：1. 表中 b 为梁的腹板宽度；

2. 肋形梁在梁跨内设有间距小于纵肋间距的横肋时，则可不考虑表中情况 3 的规定；

3 对有加腋的 T 形和倒 L 形截面，当受压区加腋的高度 $h_h > h_f'$ 且加腋的宽度 $b_h < 3h_h$ 时，则其翼缘计算宽度可按表列第 3 种情况规定分别增加 $2b_h$（T 形截面）和 b_h（倒 L 形截面）；

4. 独立梁受压区的翼缘板在荷载作用下，经验算沿纵肋方向可能产生裂缝时，则计算宽度取用腹板宽度 b。

3.5.1　基本计算公式

1. 两类 T 形截面的判别

T 形截面受弯构件，按破坏时中和轴位置的不同分为两类，如图 3.18 所示。

第一类 T 形截面：中和轴在翼缘内，即 $x \leqslant h_f'$；

第二类 T 形截面：中和轴在腹板内，即 $x > h_f'$。

当中和轴通过翼缘底面，即 $x = h_f'$ 时，为两类 T 形截面的界限情况，如图 3.19 所示。此情况下破坏时，其受力状态与截面尺寸为 $b_f' \times h$ 的单筋矩形截面相同，列出两个静力平衡方程：

$$\sum X = 0, \quad \alpha_1 f_c b_f' h_f' = f_y A_s \tag{3.48}$$

$$\sum M = 0, \quad M = \alpha_1 f_c b_f' h_f' \left(h_0 - \frac{h_f'}{2}\right) \tag{3.49}$$

若

$$f_y A_s \leqslant \alpha_1 f_c b_f' h_f' \tag{3.50}$$

或

$$M \leqslant \alpha_1 f_c b_f' h_f' \left(h_0 - \frac{h_f'}{2}\right) \tag{3.51}$$

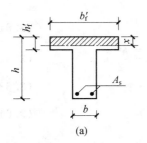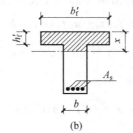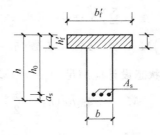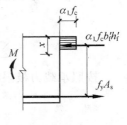

(a)   (b)

图 3.18　两类 T 形截面   **图 3.19　两类 T 形截面的界限**

即钢筋所承受的拉力小于或等于全部翼缘高度混凝土受压时所承担的压力,不需要全部翼缘混凝土受压就足以与钢筋负担的拉力或弯矩设计值相平衡,故 $x \leqslant h_f'$,属于第一类 T 形截面。

若

$$f_y A_s > \alpha_1 f_c b_f' h_f' \tag{3.52}$$

或

$$M > \alpha_1 f_c b_f' h_f' \left(h_0 - \frac{h_f'}{2}\right) \tag{3.53}$$

说明仅仅翼缘高度内的混凝土受压尚不足以与钢筋负担的拉力或弯矩设计值相平衡,中和轴将下移,即 $x > h_f'$,属于第二类 T 形截面。

截面设计时,用式 (3.51) 和式 (3.53) 判别 T 形截面类型;截面校核时,用式 (3.50) 和式 (3.52) 判别 T 形截面类型。

2. 第一类 T 形截面的基本计算公式及适用条件

(1) 基本计算公式

第一类 T 形截面受力情况如图 3.20 所示,中和轴在翼缘内,受压区面积仍是宽为 b_f' 的矩形,而受拉区形状与截面受弯承载力无关。故这种类型可按截面为 $b_f' \times h$ 的矩形截面进行承载力计算,计算时只需将单筋矩形截面公式中的梁宽 b 用 b_f' 代替。

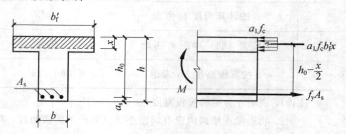

图 3.20 第一类 T 形截面计算简图

$$f_y A_s = \alpha_1 f_c b_f' x \tag{3.54}$$

$$M = \alpha_1 f_c b_f' x \left(h_0 - \frac{x}{2}\right) \tag{3.55}$$

按照承载力极限状态设计应满足:

$$M \leqslant M_u \tag{3.56}$$

$$M_u = \alpha_1 f_c b_f' x \left(h_0 - \frac{x}{2}\right) \tag{3.57}$$

(2) 适用条件

为防止截面出现超筋破坏,应满足:

$$\rho \leqslant \rho_{max} \text{ 或 } \xi \leqslant \xi_b \tag{3.58}$$

对于第一类 T 形截面,$x \leqslant h_f'$,由于 h_f'/h_0 一般都较小,因而 ξ 值较小,所以均满足此条件,不必验算。

为防止截面出现少筋破坏,应满足:

$$\rho \geqslant \rho_{min} \tag{3.59}$$

其中

$$\rho = \frac{A_s}{bh_0} \tag{3.60}$$

3. 第二类 T 形截面的基本计算公式及适用条件

(1) 基本计算公式

第二类 T 形截面受力情况如图 3.21 所示,列出两个静力平衡方程:

$$\sum X = 0, \ f_y A_s = \alpha_1 f_c bx + \alpha_1 f_c (b_f' - b) h_f' \tag{3.61}$$

$$\sum M = 0, \ M = \alpha_1 f_c bx \left(h_0 - \frac{x}{2}\right) + \alpha_1 f_c (b_f' - b) h_f' \left(h_0 - \frac{h_f'}{2}\right) \tag{3.62}$$

按照承载力极限状态设计应满足:

$$M \leqslant M_u \tag{3.63}$$

$$M_u = \alpha_1 f_c bx \left(h_0 - \frac{x}{2}\right) + \alpha_1 f_c (b_f' - b) h_f' \left(h_0 - \frac{h_f'}{2}\right) \tag{3.64}$$

(2) 适用条件

为防止截面出现超筋破坏,应满足:

$$\rho \leqslant \rho_{max} \text{ 或 } \xi \leqslant \xi_b \tag{3.65}$$

为防止截面出现少筋破坏，应满足：

$$\rho \geqslant \rho_{\min} \tag{3.66}$$

第二类 T 形截面由于受压区已进入肋部，相应的受拉钢筋配置较多，配筋率一般均能满足最小配筋率要求，不必验算。

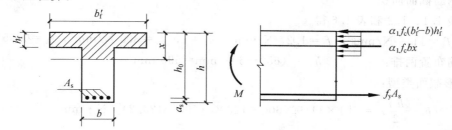

图 3.21 第二类 T 形截面计算简图

3.5.2 截面设计

已知荷载产生的设计弯矩 M，混凝土强度等级，钢筋级别，T 形截面尺寸，试求纵向受拉钢筋截面面积。

判断 T 形截面类型：

当 $M \leqslant \alpha_1 f_c b'_f h'_f \left(h_0 - \dfrac{h'_f}{2}\right)$ 时，为第一类 T 形截面；

当 $M > \alpha_1 f_c b'_f h'_f \left(h_0 - \dfrac{h'_f}{2}\right)$ 时，为第二类 T 形截面。

若为第一类 T 形截面，即按 $b_f' \times h$ 的矩形截面受弯构件计算；

若为第二类 T 形截面，则按第二类 T 形截面基本公式解方程直接求解，即

$$x = h_0 - \left[h_0^2 - \frac{2\left[M - \alpha_1 f_c \left(b'_f - b\right) h'_f \left(h_0 - \dfrac{h'_f}{2}\right)\right]}{\alpha_1 f_c b} \right]^{\frac{1}{2}} \tag{3.67}$$

当 $x \leqslant \xi_b h_0$ 时，$A_s = \dfrac{\alpha_1 f_c b x + \alpha_1 f_c \left(b'_f - b\right) h'_f}{f_y}$；

当 $x > \xi_b h_0$ 时，须重新进行截面设计。

3.5.3 截面强度复核

已知 T 形截面尺寸，混凝土强度等级，钢筋级别，纵向受拉钢筋截面面积 A_s，荷载产生的设计弯矩 M，试验算截面承载力是否满足要求。

判断 T 形截面类型：

当 $f_y A_s \leqslant \alpha_1 f_c b'_f h'_f$ 时，为第一类 T 形截面；

当 $f_y A_s > \alpha_1 f_c b'_f h'_f$ 时，为第二类 T 形截面。

若为第一类 T 形截面，按 $b'_f \times h$ 的矩形截面受弯构件计算；

若为第二类 T 形截面，则按第二类 T 形截面基本公式解方程直接求解，即

$$x = \frac{f_y A_s - \alpha_1 f_c \left(b'_f - b\right) h'_f}{\alpha_1 f_c b} \tag{3.68}$$

当 $x \leqslant \xi_b h_0$ 时：

$$M_u = \alpha_1 f_c b x \left(h_0 - \frac{x}{2}\right) + \alpha_1 f_c \left(b'_f - b\right) h'_f \left(h_0 - \frac{h'_f}{2}\right)$$

当 $x > \xi_b h_0$ 时：只能取 $x = \xi_b h_0$，则

$$M_u = \alpha_1 f_c b \xi_b h_0^2 \left(1 - 0.5\xi_b\right) + \alpha_1 f_c \left(b'_f - b\right) h'_f \left(h_0 - \frac{h'_f}{2}\right) \tag{3.69}$$

若 $M \leqslant M_u$，则承载力满足要求；若 $M > M_u$，则承载力不满足要求。

【例 3.6】 已知 T 形截面梁截面尺寸 $b_f' = 600$ mm、$h_f' = 120$ mm、$b = 250$ mm、$h = 650$ mm，混凝土强度等级采用 C25，纵向受拉钢筋采用 HRB335 级钢筋，承受的弯矩设计值为 540 kN·m，求纵向受拉钢筋截面面积。

解 查表 1.1、1.2 和表 1.6 得

$$f_c = 11.9 \text{ N/mm}^2, \quad f_t = 1.27 \text{ N/mm}^2, \quad \alpha_1 = 1, \quad f_y = 300 \text{ N/mm}^2, \quad \xi_b = 0.55$$

受拉钢筋布置两排： $h_0 = (650 - 60)$ mm $= 590$ mm

判断 T 形截面类型：

$$\alpha_1 f_c b_f' h_f' \left(h_0 - \frac{h_f'}{2}\right) = [1 \times 11.9 \times 600 \times 120 \times (590 - 120/2)] \text{ N·mm}$$

$$= 454.1 \text{ kN·m} < M \text{（属于第二类 T 形截面）}$$

$$x = h_0 - \left\{ h_0^2 - \frac{2\left[M - \alpha_1 f_c (b_f' - b) h_f' \left(h_0 - \frac{h_f'}{2}\right)\right]}{\alpha_1 f_c b} \right\}^{\frac{1}{2}}$$

$$= 590 - \left\{ \frac{590^2 - 2[540 \times 10^6 - 1 \times 11.9 \times (600 - 250) \times 120 \times (590 - 120/2)]}{1 \times 11.9 \times 250} \right\}^{1/2} \text{ mm}$$

$$= 186 \text{ mm} < \xi_b h_0 = 0.55 \times 590 \text{ mm} = 324.5 \text{ mm}$$

$$A_s = \frac{\alpha_1 f_c b x + \alpha_1 f_c (b_f' - b) h_f'}{f_y}$$

$$= \frac{1 \times 11.9 \times 250 \times 186 + 1 \times 11.9 \times (600 - 250) \times 120}{300} \text{ mm}^2$$

$$= 3510.5 \text{ mm}^2$$

实际选用受拉钢筋：4Φ22＋4Φ25（$A_s = (1\ 520 + 1\ 964)$ mm$^2 = 3\ 484$ mm^2，差值在 5% 以内）。

【例 3.7】 现浇肋形楼盖中的次梁，跨度为 6 m，间距为 2.4 m，截面尺寸如图 3.22 所示。跨中截面的最大弯矩设计值 $M = 120$ kN·m。混凝土强度等级采用 C20，纵向受拉筋采用 HRB335 级钢筋，试计算次梁的纵向受拉钢筋面积。

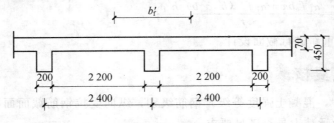

图 3.22 例 3.9 图

解 查表 1.1、1.2 和表 1.6 得

$$f_c = 9.6 \text{ N/mm}^2, \quad f_t = 1.1 \text{ N/mm}^2, \quad \alpha_1 = 1, \quad f_y = 300 \text{ N/mm}^2, \quad \xi_b = 0.55$$

受拉钢筋布置一排： $h_0 = (450 - 35)$ mm $= 415$ mm

（1）确定翼缘宽度（根据表 3.9）

按梁跨度考虑：$b_f' = \dfrac{l_0}{3} = \dfrac{6\ 000}{3}$ mm $= 2\ 000$ mm

按梁间距考虑：$b_f' = b + s_n = (200 + 2\ 200)$ mm $= 2\ 400$ mm

按翼缘高度考虑：$h_0 = (450 - 35)$ mm $= 415$ mm，$h_f'/h_0 = 70/415 > 0.1$，故翼缘宽度不受 h_f' 限制。

翼缘的计算宽度取前两项结果中的较小值，即 $b_f' = 2\ 000$ mm。

（2）判断 T 形截面类型

$$\alpha_1 f_c b'_f h'_f \left(h_0 - \frac{h'_f}{2}\right) = [1 \times 9.6 \times 2\,000 \times 70 \times (415 - 70/2)] \text{ N} \cdot \text{mm}$$

$$= 583.68 \text{ kN} \cdot \text{m} > M \text{（属于第一类 T 形截面）}$$

（3）配筋计算

按截面为 $b'_f \times b$ 的矩形截面计算：

$$a_s = \frac{M}{\alpha_1 f_c b'_f h_0^2} = \frac{120 \times 10^6}{1 \times 9.6 \times 2\,000 \times 415^2} = 0.036$$

查表：
$$\xi = 0.036 < \xi_b$$

$$A_s = \frac{\alpha_1 f_c b'_f \xi h_0}{f_y} = \frac{1 \times 9.6 \times 2\,000 \times 0.036 \times 415}{300} \text{ mm}^2 = 956.2 \text{ mm}^2$$

$$\rho = \frac{A_s}{bh_0} = \frac{956.2}{200 \times 415} = 1.152\%$$

$$\rho_{min} = 45\% \frac{f_t}{f_y} = 45\% \times 1.1/300 = 0.165\% < 0.2\%，\text{ 取 } \rho_{min} = 0.2\%$$

$$\rho > \rho_{min}$$

实际选用受拉钢筋：4Φ18（$A_s = 1\,017 \text{ mm}^2$）。

【例 3.8】 已知 T 形截面梁截面尺寸 $b'_f = 700$ mm、$h'_f = 120$ mm、$b = 250$ mm、$h = 700$ mm，混凝土强度等级采用 C25，纵向受拉筋采用 HRB400 级钢筋，已配有 8Φ22 的纵向受拉钢筋，面积 $A_s = 3\,041 \text{ mm}^2$，承受的弯矩设计值为 586 kN·m，试验算该梁是否安全。

解 查表 1.1、1.2 和表 1.6 得

$$f_c = 11.9 \text{ N/mm}^2，f_t = 1.27 \text{ N/mm}^2，\alpha_1 = 1，f_y = 360 \text{ N/mm}^2，\xi_b = 0.518$$

受拉钢筋布置两排：
$$h_0 = (700 - 60) \text{ mm} = 640 \text{ mm}$$

判断 T 形截面类型：

$$\alpha_1 f_c b'_f h'_f = (1 \times 11.9 \times 700 \times 120) \text{ N} = 999.6 \text{ kN}$$

$$f_y A_s = (360 \times 3\,041) \text{ N} = 1\,094.76 \text{ kN}$$

$$f_y A_s > \alpha_1 f_c b'_f h'_f \text{（属于第二类 T 形截面）}$$

$$x = \frac{f_y A_s - \alpha_1 f_c (b'_f - b) h'_f}{\alpha_1 f_c b}$$

$$= \frac{360 \times 3\,041 - 1 \times 11.9 \times (700 - 250) \times 120}{1 \times 11.9 \times 250} \text{ mm}$$

$$= 152 \text{ mm}$$

$$M_u = \alpha_1 f_c b x \left(h_0 - \frac{x}{2}\right) + \alpha_1 f_c (b'_f - b) h'_f \left(h_0 - \frac{h'_f}{2}\right)$$

$$= [1 \times 11.9 \times 250 \times 152 \times (640 - 152/2) + 1 \times 11.9 \times (700 - 250) \times 120 \times (640 - 120/2)] \text{ N} \cdot \text{mm}$$

$$= 627.8 \text{ N} \cdot \text{mm}$$

$M_u > M$ 说明该梁安全。

【重点串联】

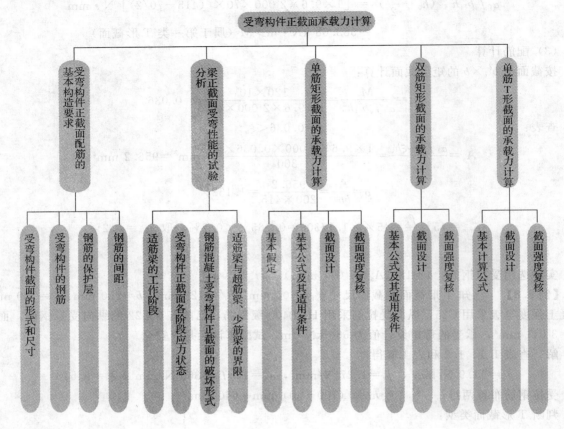

【知识链接】

1. 《混凝土结构设计规范》（GB 50010—2010）。

拓展与实训

基础训练

一、选择题

1. 在混凝土单向板中受力钢筋沿（　　）布置。

    A. 短边方向　　　　　　　　　　B. 长边方向　　　　　　　　　　C. 任意布置

2. 钢筋混凝土梁属于（　　）。

    A. 受压构件　　　　　　　　　　B. 受扭构件　　　　　　　　　　C. 受弯构件

3. 钢筋混凝土适筋梁破坏时（　　）。

    A. 混凝土受压破坏先于受拉钢筋屈服

    B. 受拉钢筋先屈服，然后混凝土压坏

    C. 受拉钢筋先屈服，受压混凝土未压坏

4. 提高受弯构件正截面承载力的最有效方法是（　　）。

    A. 提高混凝土强度等级　　　　　B. 提高钢筋强度等级　　　　　　C. 增加截面高度

5. 梁腹板高度在下列哪种情况下应在两侧设置侧向构造钢筋（　　）。

　　A. $h_w \geqslant 400$ mm　　　　　　B. $h_w \geqslant 450$ mm　　　　　　C. $h_w \geqslant 500$ mm

二、简答题

1. 钢筋混凝土梁中应配置哪些钢筋？各钢筋主要起什么作用？

2. 矩形截面受弯构件在什么情况下采用双筋截面？

3. 钢筋混凝土梁正截面破坏形式有几种？其特点是什么？

4. 等效应力图形的确定原则是什么？

工程模拟训练

1. 根据该梁的平法标注（图 3.23），画出此梁跨中处截面的剖面图，并分析梁中每种钢筋的作用。

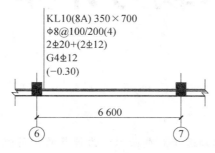

图 3.23　工程模拟训练题图

2. 某教学楼钢筋混凝土简支梁，矩形截面梁 $b \times h = 250$ mm $\times 500$ mm，承受的弯矩设计值为 120 kN·m，混凝土强度等级采用 C20（$f_c = 9.6$ N/mm^2，$f_t = 1.1$ N/mm^2），纵向受拉筋采用 HRB335 级钢筋（$f_y = 300$ N/mm^2），求纵向受拉钢筋截面面积。

3. 某办公楼钢筋混凝土简支梁，单筋矩形截面 $b \times h = 250$ mm $\times 600$ mm，配有 5⏀20 的 HRB335 级纵向受拉筋（$f_y = 300$ N/mm^2），混凝土强度等级采用 C25（$f_c = 11.9$ N/mm^2，$f_t = 1.27$ N/mm^2），求梁所能承受的最大设计弯矩。

4. 已知双筋截面梁截面 $b \times h = 250 \times 500$ mm，已配有 3⏀22 的纵向受拉筋，面积 $A_s = 1140$ mm^2，2⏀22 的纵向受压筋，面积 $A_s' = 760$ mm^2，混凝土强度等级采用 C25（$f_c = 11.9$ N/mm^2，$f_t = 1.27$ N/mm^2），纵筋采用 HRB335 级钢筋（$f_y = 300$ N/mm^2），该梁承受的最大设计弯矩 $M = 150$ kN·m。试验算该梁是否安全。

链接职考

2005 年一级结构师试题：

1. 受弯构件中配置一定数量的箍筋，对箍筋的作用描述不正确的是（　　）。

　　A. 提高斜截面抗剪承载力　　　　　　B. 形成稳定的钢筋骨架

　　C. 固定纵筋的位置　　　　　　　　　D. 防止发生斜截面抗弯不足

2. 设计中初定梁的截面尺寸，梁高与（　　）关系不大。

　　A. 梁的支撑条件　　　　　　　　　　B. 梁的跨度

　　C. 钢筋等级及混凝土强度等级　　　　D. 所受荷载的大小

3. 梁中受力纵筋的保护层厚度主要由（　　）确定。

　　A. 纵筋的级别　　　　　　　　　　　B. 纵筋的直径大小

　　C. 环境类别和混凝土的强度等级　　　D. 箍筋的直径大小

模块 4

受弯构件斜截面承载力计算

【模块概述】

在上一模块的学习中，我们知道了正截面承载力计算的钢筋配置情况及其作用。根据受弯构件的内力情况，受弯构件受到的剪力该如何解决呢？在这一部分我们要学习解决受弯构件抗剪的基本设计计算和构造要求。

【知识目标】

1. 掌握有腹筋梁斜截面受剪承载力的计算公式及其适用条件；
2. 掌握材料抵抗图的做法；
3. 掌握钢筋弯起和截断位置；
4. 掌握纵向受拉（受压）钢筋与箍筋的构造要求。

【技能目标】

1. 能根据施工图纸和施工实际条件，明确结构施工图中的受弯构件内部中各种钢筋的名称、作用、布置方式以及钢筋具体细部尺寸。

【课时建议】

10 课时

工程导入

　　许多试验研究和工程实践都表明，在钢筋混凝土受弯构件中某些区段常常产生斜裂缝，并可能沿斜截面（斜裂缝）发生破坏。斜截面破坏往往带有脆性破坏的性质，缺乏明显的预兆，因此在实际工程中应当避免，在设计时必须进行斜截面承载力计算。

4.1　受弯构件斜截面的受力研究

　　钢筋混凝土受弯构件除了承受弯矩 M 的作用之外，一般还同时承受剪力 V 的作用。在弯矩为主的区段内将产生垂直裂缝，发生正截面破坏，应进行正截面承载力计算。在弯矩和剪力共同作用以剪力为主的区段内将产生斜裂缝，会发生斜截面破坏，这种破坏带有脆性性质，无明显预兆，必须进行斜截面承载力计算。

　　为了防止受弯构件发生斜截面破坏，应使构件有一个合理的截面尺寸，并配置必要的箍筋，箍筋与梁底纵筋和架力钢筋绑扎或焊在一起，形成钢筋骨架，使各种钢筋得以在施工时维持在正确的位置上。当构件承受的剪力较大时，还可设置斜钢筋，斜钢筋一般利用梁内的纵筋弯起而形成，称为弯起钢筋。箍筋和弯起钢筋（或斜筋）又统称为腹筋。我们把配有纵向受力钢筋和腹筋的梁称为有腹筋梁（图 4.1）；而把仅有纵向受力钢筋而不设腹筋的梁称为无腹筋梁。

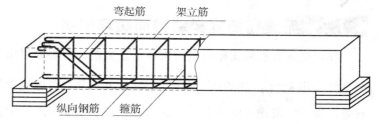

图 4.1　箍筋和弯起钢筋

4.1.1　无腹筋简支梁斜截面受力状态

　　在对受弯构件斜截面受力分析中，为了便于探讨剪切破坏的特性，常以无腹筋梁为基础，再引申到有腹筋梁。

　　图 4.2 为一无腹筋简支梁，作用有两个对称的集中荷载。CD 段称为纯弯段；AC 段和 DB 段内的截面上既有弯矩 M 又有剪力 V，故称为剪弯段。

　　当梁上荷载较小时，裂缝尚未出现，钢筋和混凝土的应力—应变关系都处在弹性阶段，所以，把梁近似看作匀质弹性体，可用材料力学方法来分析它的应力状态。

　　在剪弯区段截面上任一点都有剪应力和正应力存在，由单元体应力状态可知，它们的共同作用将产生主拉应力 σ_{tp} 和主压应力 σ_{cp}，图 4.2（a）即为这种情况下无腹筋简支梁的主应力轨迹线。实线表示主拉应力迹线，虚线表示主压应力迹线，主应力迹线上任一点的切线就是该点的主应力方向。

　　在纯弯段，$\tau=0$，最大主拉应力发生在截面的下边缘，$\sigma_{tp}=\sigma$，$\alpha=0°$，当主拉应力 σ_{tp} 超过 f_t 时，就会出现垂直裂缝；在弯剪段，截面下边缘主拉应力是水平方向，截面的腹部主拉应力是倾斜方向，所以在开裂时裂缝首先垂直于截面的下边缘，然后向腹部延伸成为弯斜的裂缝。若荷载继续增加，斜裂缝将不断伸长和加宽，上方指向荷载加载点。

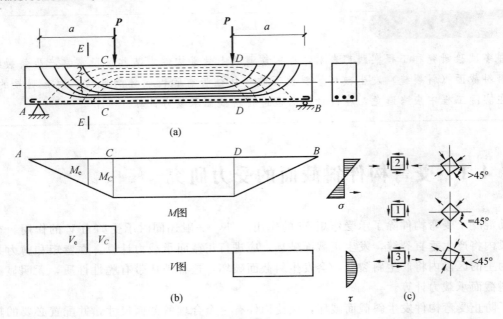

图 4.2　斜裂缝出现前的应力状态

<h3>4.1.2　无腹筋简支梁斜截面破坏形态</h3>

在讨论无腹筋简支梁斜截面破坏形态之前，有必要引出"剪跨比"的概念。剪跨比是一个无量纲常数，用 $\lambda=\dfrac{M}{Vh_0}$ 来表示，此处 M 和 V 分别为剪弯区段中某个竖直截面的弯矩和剪力，h_0 为截面有效高度。一般把 λ 的这个表达式称为"广义剪跨比"。对于集中荷载作用下的简支梁，则可用更为简便的形式来表达，例如图 4.2 中 CC' 截面的剪跨比 $\lambda=\dfrac{M_C}{V_Ch_0}=\dfrac{V_Ca}{V_Ch_0}=\dfrac{a}{h_0}$，其中 a 为集中力作用点至简支梁最近的支座之间的距离，称为"剪跨"。有时称 $\lambda=\dfrac{a}{h_0}$ 为"狭义剪跨比"。

试验研究表明，随着剪跨比 λ 的变化，无腹筋简支梁沿斜截面破坏的主要形态有以下三种。

1. 斜拉破坏〔图 4.3（a）〕

在荷载作用下，梁的剪跨段产生由梁底竖向的裂缝沿主压应力轨迹线向上延伸发展而成的斜裂缝。其中有一条主要斜裂缝（又称临界斜裂缝）很快形成，并迅速伸展至荷载垫板边缘而使梁体混凝土裂通，梁被撕裂成两部分而丧失承载力，同时，沿纵向钢筋往往伴随产生水平撕裂裂缝。这种破坏称为斜拉破坏。这种破坏发生突然，破坏荷载等于或略高于主要斜裂缝出现时的荷载，破坏面较整齐，无混凝土压碎现象。

这种破坏往往发生于剪跨比较大（$\lambda>3$）时。

2. 剪压破坏〔图 4.3（b）〕

梁在剪弯区段内出现斜裂缝。随着荷载的增大，陆续出现几条斜裂缝，其中一条发展成为临界斜裂缝。临界斜裂缝出现后，梁还能继续被增加荷载，而斜裂缝伸展至荷载垫板下，直到斜裂缝顶端（剪压区）的混凝土在正应力 σ_x、剪应力 τ 及荷载引起的竖向局部压应力 σ_y 的共同作用下被压酥而破坏。破坏处可见到很多平行的斜向短裂缝和混凝土碎渣。这种破坏称为剪压破坏。

这种破坏多见于剪跨比为 $1\leqslant\lambda\leqslant3$ 的情况中。

3. 斜压破坏〔图 4.3（c）〕

当剪跨比较小（$\lambda<1$）时，首先是荷载作用点和支座之间出现一条斜裂缝，然后出现若干条大

体相平行的斜裂缝,梁腹被分割成若干个倾斜的小柱体。随着荷载增大,梁腹发生类似混凝土棱柱体被压坏的情况。破坏时斜裂缝多而密,但没有主裂缝,故称为斜压破坏。

总的来看,不同剪跨比无腹筋简支梁的破坏形态虽有不同,但荷载达到峰值时梁的跨中挠度都不大,而且破坏较突然,均属于脆性破坏,而其中斜拉破坏最为明显。

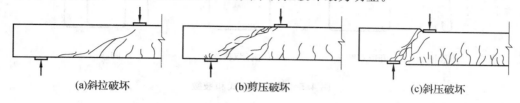

(a)斜拉破坏   (b)剪压破坏   (c)斜压破坏

图4.3 斜截面破坏形态

 # 4.2 有腹筋梁斜截面受剪承载力计算

4.2.1 腹筋的作用与构造要求

1. 箍筋

(1)箍筋的作用

梁内箍筋主要用来承受由弯矩和剪力在梁内引起的主拉应力,同时还可固定纵向钢筋的位置,并和其他钢筋一起形成空间骨架。箍筋的数量应根据计算以及构造来确定。按计算不需要箍筋的梁,当梁截面高度 $h > 300$ mm 时,应沿梁全长按构造配置箍筋;当 $h = 150 \sim 300$ mm 时,可仅在梁的端部各 1/4 跨度范围内按构造设置箍筋,但当梁的中部 1/2 跨度范围内有集中荷载作用时,仍应沿梁全长配置箍筋;若 $h < 150$ mm,可不设箍筋。

(2)箍筋的构造要求

支承在砌体结构上的钢筋混凝土独立梁,在纵向受力钢筋的锚固长度 l_{as} 范围内应设置不少于两道的箍筋,当梁与混凝土梁或柱整体连接时,支座内可不设置箍筋,如图4.4所示。

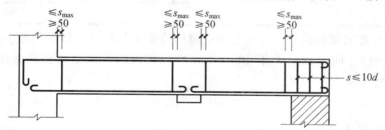

图4.4 梁内箍筋布置示意

箍筋的形式有封闭式和开口式两种,一般情况下均采用封闭箍筋。为使箍筋更好地发挥作用,应将其端部锚固在受压区内,且端头应做成135°弯钩,弯钩端部平直段的长度不应小于 5d (d 为箍筋直径)和 50 mm。

箍筋的肢数一般有单肢、双肢和四肢,如图4.5所示。通常采用双肢箍筋。当梁宽 $b \leqslant 150$ mm 时,可采用单肢箍筋;当 $b \leqslant 400$ mm 且一层内纵向受压钢筋不多于 4 根时,可采用双肢箍筋;当 $b \geqslant 400$ mm 且一层内纵向受压钢筋多于 3 根时,或当 $b \leqslant 400$ mm 但一层内纵向受压钢筋多于 4 根时,宜采用四肢箍筋。

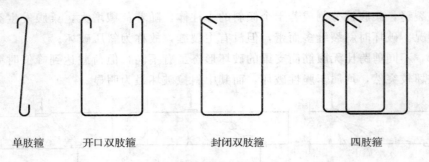

| 单肢箍 | 开口双肢箍 | 封闭双肢箍 | 四肢箍 |

图 4.5 箍筋的形式和肢数

①箍筋的最小直径

箍筋除了承受剪力外，还起着固定纵筋与之形成钢骨架的作用。为了保证钢骨架有足够的刚度，需要限制箍筋的最小直径。梁中箍筋最小直径见表 5.3。梁中配有计算需要的纵向受压钢筋时，箍筋直径尚不应小于 $d/4$（d 为纵向受压钢筋的较大直径）。为了便于钢筋加工，箍筋直径一般不宜大于 12 mm。

表 4.1 箍筋的最小直径（mm）

梁宽 h	箍筋直径
$h>800$	8
$h\leqslant800$	6

②箍筋最大间距

为了保证每一个斜裂缝内都有必要数量的箍筋与之相交，发挥箍筋的作用，对箍筋的最大间距有限制要求。梁中纵向钢筋搭接长度范围内的箍筋最大间距宜符合表 4.2 的规定。

表 4.2 梁中箍筋的最大间距 s_{max}（mm）

梁高 h	$V\geqslant0.7f_tbh_0$	$V<0.7f_tbh_0$
$150<h\leqslant300$	150	200
$300<h\leqslant500$	200	300
$500<h\leqslant800$	250	350
$h>800$	300	400

当梁中配有按计算需要的纵向受压钢筋时，箍筋应做成封闭式。箍筋间距不应大于 $15d$（d 为受压钢筋的最小直径），同时不应大于 400 mm；当一层内的纵向受压钢筋多于 5 根且直径大于 18 mm 时，箍筋间距不应大于 $10d$。

2. 弯起钢筋

(1) 弯起钢筋的作用

弯起钢筋是由纵向受力钢筋弯起而成。其作用除在跨中承受由弯矩产生的拉力外，在靠近支座的弯起段用来承受弯矩和剪力共同产生的主拉应力，即作为受剪钢筋的一部分，如图 4.6 所示。在钢筋混凝土梁中，应优先选择箍筋作为受剪钢筋。

图 4.6 弯起钢筋各段受力情况

(2) 弯起钢筋的构造要求

弯起钢筋的数量、位置由计算确定，弯起角度宜取 45°或 60°。第一排弯起钢筋的上弯点与支座边缘的水平距离，以及相邻弯起钢筋之间上弯点到下弯点的距离，都不得大于箍筋的最大间距 s_{max}，靠近梁端的第一根弯起钢筋的上弯点到支座边缘的距离不小于 50 mm；在弯终点外应留有平行于梁轴线方向的锚固长度，在受拉区不应小于 $20d$ （d 为弯起钢筋直径），在受压区不应小于 $10d$，如图 4.7 所示。对于光面钢筋，其末端应设置标准弯钩。

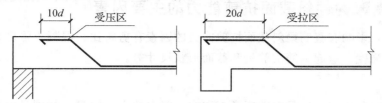

图 4.7　弯起钢筋的锚固

钢筋弯起的顺序一般是先内层后外层、先内侧后外侧，梁底层钢筋中的角部钢筋不应弯起，顶层钢筋中的角部钢筋不应弯下。

4.2.2 有腹筋梁的破坏形态

工程中的梁，一般情况下均配置有腹筋。在斜裂缝发生之前，由于受混凝土变形协调的影响，腹筋的应力很低，对阻止斜裂缝的出现几乎没有什么作用，受力性能与无腹筋梁基本相近。但是当斜裂缝出现之后，和斜裂缝相交的腹筋能与梁纵筋和开裂后的混凝土块体Ⅰ、Ⅱ、Ⅲ拟成一个平面桁架，如图 4.8 所示。

箍筋作为桁架受拉腹杆，直接负担了斜截面上的部分剪力、参与了斜截面的抗弯，传递块体Ⅱ、Ⅲ等传来的压力，相对地可以认为增加了压区的高度，减轻了块体Ⅰ斜裂缝顶端混凝土承担的压力，从而提高了梁的抗剪能力。随着荷载的增加，腹筋的应力增大，斜裂缝才能继续开展和延伸。

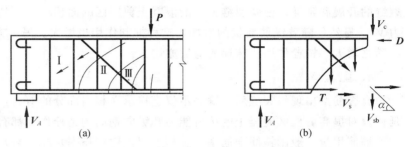

图 4.8　有腹筋简支梁的斜截面受剪承载力计算简图

当腹筋配置适当时，随着荷载的增加，梁中与斜裂缝相交的箍筋应力达到屈服强度，最后剪压区混凝土压碎而破坏，属剪压破坏，梁破坏前有明显预兆。

当箍筋配置的数量过多时，箍筋应力较小，斜裂缝发展缓慢，在箍筋应力未达到屈服强度前，斜裂缝之间的混凝土会发生斜向压碎而破坏。破坏时斜裂缝较小，混凝土压碎发生突然，有脆性性质，属斜压破坏。

当箍筋配置的数量过少时，斜裂缝一出现，与斜裂缝相交的箍筋承受的拉力突然增大很多，很快会达到屈服强度，箍筋不能有效地抑制斜裂缝的开展和发展，此时，梁发生与无腹筋梁相类似的斜拉破坏。其破坏带有突然性，无明显预兆。

所以有腹筋梁的破坏类型与无腹筋梁相类似，均有三种情况：斜拉破坏、剪压破坏、斜压破坏。斜拉破坏、斜压破坏有脆性性质，破坏带有突然性，无明显预兆，在工程中应避免。《混凝土结构设计规范》（GB 50010—2010）通过限制截面最小尺寸来防止斜压破坏；通过控制箍筋的最小配筋率来防止斜拉破坏；对剪压破坏，则通过受剪承载力的计算配置箍筋及弯起钢筋来防止。

弯起钢筋一般是将纵向受拉钢筋在接近支座区段弯起，斜筋几乎与斜裂缝相垂直，其受力方向和梁的主拉应力走向接近，传力直接，能有效发挥作用。但由于直径较粗，根数较少，受力不很均匀。箍筋由于分布均匀，抗剪作用优于弯起钢筋，且箍筋施工难度小。因此，在剪力不太大的一般梁和薄腹梁中，基本上仅配置箍筋而不必专门设置弯起钢筋。所以在配置腹筋时，一般总是先配以一定数量的箍筋，需要时再加配适当的斜筋。

4.2.3 影响受弯构件斜截面抗剪能力的主要因素

试验研究表明，影响有腹筋梁斜截面抗剪能力的因素有剪跨比、混凝土强度、纵向受拉钢筋配筋率和箍筋数量及强度、弯起钢筋配筋量和截面形状尺寸等。

1. 剪跨比

剪跨比 λ 是影响受弯构件斜截面破坏形态和抗剪能力的主要因素，特别是对以承受集中荷载为主的独立梁影响更大。试验证明，随着剪跨比 λ 的加大，破坏形态按斜压、剪压和斜拉的顺序演变，而抗剪能力逐步降低。当 $\lambda>3$ 后，斜截面抗剪能力趋于稳定，剪跨比的影响不再明显了。

2. 混凝土抗压强度 f_{cu}

梁的斜截面破坏是由于混凝土达到相应受力状态下的极限强度而发生的。因此，混凝土的抗压强度对梁的抗剪能力影响很大。试验表明，梁的抗剪能力随混凝土抗压强度的提高而提高，其影响大致按线性规律变化。

3. 纵向钢筋配筋率 ρ

试验表明，梁的抗剪能力随纵向钢筋配筋率 ρ 的提高而增大。一方面，因为纵向钢筋能抑制斜裂缝的开展和延伸，使斜裂缝上端的混凝土剪压区的面积增大，从而提高了剪压区混凝土承受的剪力 V_c。显然，随着纵筋数量的增加，这种抑制作用也增大。另一方面，纵筋数量的增加，其销栓作用随之增大，销栓作用所传递的剪力亦增大。

4. 配箍率

有腹筋梁出现斜裂缝后，箍筋不仅直接承受相当部分的剪力，而且有效地抑制斜裂缝的开展和延伸，对提高剪压区混凝土的抗剪能力和纵向钢筋的销栓作用都有着积极的影响。

箍筋用量一般用箍筋配筋率（工程上习惯称配箍率）ρ_{sv}（%）表示，即

$$\rho_{sv}=\frac{A_{sv}}{bs}=\frac{nA_{sv1}}{bs} \tag{4.1}$$

式中 A_{sv}——配置在同一截面内的箍筋各肢总截面面积，$A_{sv}=nA_{sv1}$；

       A_{sv1}——单肢箍筋的截面面积；

       n——在同一截面内箍筋的肢数；

       b——截面宽度，对 T 形截面梁取 b 为肋宽；

       s——沿梁长度方向箍筋的间距。

试验表明，若箍筋的配置数量过多，则在箍筋尚未屈服时，斜裂缝间混凝土即因主压应力过大而发生斜压破坏。此时梁的抗剪能力取决于构件的截面尺寸和混凝土强度，并与无腹筋梁斜压破坏时的抗剪能力相接近。

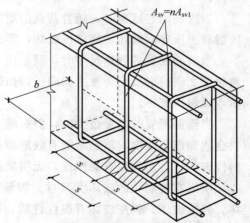

图 4.9 梁内箍筋配置示意图

若箍筋的配置数量适当，则斜裂缝出现后，原来由混凝土承受的拉力转由与斜裂缝相交的箍筋承受，在箍筋尚未屈服时，由于箍筋的作用，延缓和限制了斜裂缝的开展和延伸，承载力尚能有较大的增长。当箍筋屈服后，其变形迅速增大，不再能有效地抑制斜裂缝的开展和延伸，最后，斜裂缝上端的混凝土在剪、压复合应力作用下达到极限强度，发生剪压破坏。

若箍筋配置数量过少，则斜裂缝一出现，截面即发生急剧的应力重分布，原来由混凝土承受的拉力转由箍筋承受，使箍筋很快达到屈服，变形剧增，不能抑制斜裂缝的开展，此时梁的破坏形态

与无腹筋梁相似。当剪跨比较大时，也将产生脆性的斜拉破坏。

由于梁斜截面破坏属于脆性破坏，为了提高斜截面延性，不宜采用高强钢筋作箍筋。

5. 弯起钢筋

与斜裂缝相交处的弯起钢筋也能承担一部分剪力，弯起钢筋的截面面积越大，强度越高，梁的抗剪承载力也就越高。但由于弯起钢筋一般是由纵向钢筋弯起而成，其直径较粗，根数较少，承受的拉力比较大而集中，受力很不均匀；箍筋虽然不与斜裂缝正交，但分布均匀，对抑制斜裂缝开展的效果比弯起钢筋好，所以工程设计，应优先选用箍筋。

6. 截面形状和尺寸效应

T 形、工字形截面由于存在受压翼缘，增加了剪压区的面积，使斜拉破坏和剪压破坏的受剪承载力比相同梁宽的矩形截面大约提高 20%；但受压翼缘对于梁腹混凝土被压碎的斜压破坏的受剪承载力并没有提高作用。

试验表明，随截面高度的增加，斜裂缝宽度增大，骨料咬合力作用削弱，导致梁的受剪承载力降低。对于无腹筋梁，梁的相对受剪承载力随截面高度的增大而逐渐降低。但对于有腹筋梁，尺寸效应的影响会减小。

4.2.4 受弯构件的斜截面抗剪承载力计算公式

如前所述，钢筋混凝土梁沿斜截面的主要破坏形态有斜压破坏、斜拉破坏和剪压破坏等。在设计时，对于斜压和斜拉破坏，一般是采用截面限制条件和一定的构造措施予以避免。对于常见的剪压破坏形态，梁的斜截面抗剪力变化幅度较大，故必须进行斜截面抗剪承载力的计算。有腹筋梁斜截面抗剪承载力的基本公式就是针对剪压破坏形态的受力特征而建立的。

1. 斜截面抗剪承载力计算的基本公式

图 4.10 为一配置箍筋和弯起钢筋的简支梁发生斜截面剪压破坏时斜裂缝到支座之间的一段隔离体，由图中可以看出，当发生剪压破坏时，其抗剪承载力 V_u 是由剪压区混凝土抗剪力 V_c，箍筋所能承受的剪力 V_{sv} 和弯起钢筋所能承受的剪力 V_{sb} 所组成（图 4.10），即

$$V_u = V_c + V_{sv} + V_{sb} \tag{4.2}$$

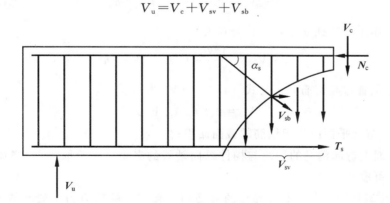

图 4.10　斜截面抗剪承载力计算简图

在有腹筋梁中，箍筋的存在抑制了斜裂缝的开展，使剪压区面积增大，导致了剪压区混凝土抗剪能力的提高，其提高程度与箍筋的抗拉强度和配箍率有关。因而，式（4.2）中的 V_c 与 V_{sv} 是紧密相关的，但两者目前尚无法分别予以精确定量，而只能用 V_{cs} 来表达混凝土和箍筋的综合抗剪承载力，即

$$V_u = V_{cs} + V_{sb} \tag{4.3}$$

式中　V_{cs}——斜截面上混凝土和箍筋的受剪承载力设计值；

V_{sb}——与斜裂缝相交的弯起钢筋受剪承载力设计值；

V_c——剪压区混凝土的受剪承载力设计值；

V_{sv}——与斜裂缝相交的箍筋受剪承载力设计值。

（1）仅配置箍筋的梁

矩形、T 形和工字形截面的一般受弯构件，斜截面受剪承载力计算公式为

$$V \leqslant V_{cs} = \alpha_{cv} f_t b h_0 + f_{yv} \frac{A_{sv}}{s} h_0 \tag{4.4}$$

式中　V——构件斜截面上的最大剪力设计值；

α_{cv}——截面混凝土受剪承载力系数，对一般受弯构件取 0.7；对集中荷载作用下（包括作用有多种荷载，其中集中荷载对支座截面或节点边缘所产生的剪力值占总剪力值的 75% 以上的情况）的独立梁，取 $\alpha_{cv} = \dfrac{1.75}{\lambda + 1.0}$。$\lambda$ 为计算剪跨比，当 $\lambda < 1.5$ 时，取 $\lambda = 1.5$；当 $\lambda > 3$ 时，取 $\lambda = 3$；

f_t——混凝土抗拉强度设计值；

f_{yv}——箍筋的抗拉强度设计值，一般取 $f_{yv} = f_y$，但当 $f_y > 360$ N/mm² （如 500 MPa 级钢筋）时，应取 $f_{yv} = 360$ N/mm²；

A_{sv}——配置在同一截面内箍筋各肢的全部截面面积，$A_{sv} = n A_{sv1}$；

n——在同一截面内箍筋的肢数；

A_{sv1}——单肢箍筋的截面面积；

s——箍筋的间距；

b——构件的截面宽度，T 形和工字形截面取腹板宽度；

h_0——截面的有效高度。

分别考虑一般受弯构件和集中荷载作用下的独立梁的不同情况时：

①对一般受弯构件，计算公式为

$$V \leqslant V_{cs} = 0.7 f_t b h_0 + f_{yv} \frac{A_{sv}}{s} h_0 \tag{4.5}$$

②对集中荷载作用下的独立梁，计算公式为

$$V \leqslant V_{cs} = \frac{1.75}{\lambda + 1.0} f_t b h_0 + f_{yv} \frac{A_{sv}}{s} h_0 \tag{4.6}$$

（2）当梁内还配置弯起钢筋时，公式（4.2）中 V_{sb} 为

$$V_{sb} = 0.8 f_{yv} A_{sb} \sin \alpha_s \tag{4.7}$$

式中　A_{sb}——同一弯起平面内弯起钢筋的截面面积；

α_s——斜截面上弯起钢筋的切线与构件纵向轴线的夹角，一般取 45°，当梁较高 $h > 800$ mm 时，可取 60°；

0.8——剪压破坏时，与斜裂缝相交的箍筋和弯起钢筋的拉应力一般都能达到屈服强度，但是拉应力可能不均匀。为此，在弯起钢筋中考虑了应力不均匀系数，取为 0.8。

综上，当梁上同时配备箍筋和弯起钢筋时，梁的斜截面受剪承载力计算式可表示如下：

对一般受弯构件，计算公式为

$$V \leqslant V_u = 0.7 f_t b h_0 + f_{yv} \frac{A_{sv}}{s} h_0 + 0.8 f_{yv} A_{sb} \sin \alpha_s \tag{4.8}$$

对集中荷载作用下的独立梁，计算公式为

$$V \leqslant V_u = \frac{1.75}{\lambda + 1.0} f_t b h_0 + f_{yv} \frac{A_{sv}}{s} h_0 + 0.8 f_{yv} A_{sb} \sin \alpha_s \tag{4.9}$$

2. 计算公式的适用条件

（1）截面限制条件

当配箍特征值过大时，箍筋的抗拉强度不能发挥，梁的斜截面破坏将由剪压破坏转为斜压破坏，此时，梁沿斜截面的抗剪能力主要由混凝土的截面尺寸及混凝土的强度等级决定，而与配筋率无关。所以，为了防止斜压破坏和限制使用阶段的斜裂缝宽度，构件的截面尺寸不应过小，配置的腹筋也不应过多。为此，《混凝土结构设计规范》（GB 50010—2010）规定了斜截面受剪能力计算公式的上限值，即，截面限制条件。

当 $\frac{h_w}{b} \leqslant 4$ 时，截面应满足：

$$V \leqslant 0.25\beta_c f_c b h_0 \tag{4.10}$$

当 $\frac{h_w}{b} \geqslant 6$ 时，截面应满足：

$$V \leqslant 0.20\beta_c f_c b h_0 \tag{4.11}$$

当 $4 < \frac{h_w}{b} < 6$ 时，按线性内插法求得。

以上各式中，h_w 为截面的腹板高度，矩形截面取有效高度 h_0；T 形截面取有效高度减去上翼缘高度；工字形截面取腹板净高。

设计中如果不满足式（4.10）或式（4.11）要求，应加大截面尺寸或提高混凝土强度等级。同时，考虑到高强混凝土的抗剪性能，引入了混凝土强度影响系数 β_c，当混凝土强度等级小于 C50 时，β_c 取 1.0；当混凝土强度等级为 C80 时，β_c 取 0.8，其间按线性内插法取用。

（2）最小箍筋配筋率

试验表明，若箍筋配筋率过小或箍筋间距过大，一旦出现斜裂缝，箍筋可能迅速达到屈服强度，斜裂缝急剧开展，导致斜拉破坏。为此，《混凝土结构设计规范》（GB 50010—2010）规定了在需要按计算配置箍筋时的最小箍筋配筋率，即配箍率 ρ_{sv} 的下限值为

$$\rho_{sv,min} = 0.24\frac{f_t}{f_{yv}} \tag{4.12}$$

为了充分发挥箍筋的作用，除满足上式最小配箍率的条件外，尚需对箍筋最小直径 d 和最大间距 s 加以限制。因为箍筋间距过大，有可能斜裂缝在箍筋间出现，箍筋不能有效地限制斜裂缝的开展。

（3）构造配箍要求

在斜截面受剪承载力的计算中，当设计剪力符合下列要求时，均可以不需要通过斜截面受剪承载力计算来配置箍筋，仅需按构造配置箍筋即可。

$$V \leqslant \alpha_{cv} f_t b h_0 \tag{4.13}$$

即对一般受弯构件符合 $V \leqslant 0.7 f_t b h_0$，对集中荷载作用独立梁符合 $V \leqslant \dfrac{1.75}{\lambda + 1.0} f_t b h_0$ 时仅按照构造配箍即可。

需要注意的是，即使不需要按计算配置箍筋，也必须按最小箍筋用量的要求配置构造箍筋，即应满足箍筋最大间距和箍筋最小直径的构造要求。

3. 计算截面位置与剪力设计值的取值

在进行斜截面受剪承载力设计时，计算截面位置应为斜截面受剪承载力较薄弱的截面。如图 4.11 所示，计算截面位置按下列规定采用：

①支座边缘处的斜截面（图 4.11 的截面 1—1）；

②受拉区弯起钢筋弯起点处的斜截面（图 4.11 的截面 2—2）；

③箍筋截面面积和间距改变处的斜截面（图 4.11 的截面 3—3）；

④腹板宽度改变处的斜截面（图 4.11 的截面 4—4）。

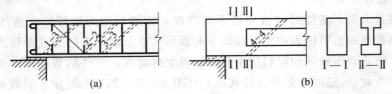

图 4.11　斜截面受剪承载力的计算截面位置

同时，箍筋间距以及弯起钢筋前一排（对支座而言）的弯起点至后一排弯起终点的距离应符合箍筋最大间距的要求，同时，箍筋也应满足最小直径的要求。

计算截面的剪力设计值应取其相应截面上的最大剪力值。

在计算弯起钢筋时，其计算截面的剪力设计值通常按如下方法取用：计算第一排（对支座而言）弯起钢筋时，取支座边缘处的剪力值；计算以后的每一排弯起钢筋时，取前一排弯起钢筋弯起点处的剪力值；同时，箍筋间距及前一排弯起钢筋的弯起点至后一排弯起钢筋的弯终点的距离 s 均应符合箍筋的最大间距 s_{max} 要求，而且靠近支座的第一排弯起钢筋的弯终点距支座边缘的距离也应满足 $s \leqslant s_{max}$，且 $\geqslant 50$ mm，一般可取 50 mm，如图 4.12 所示。

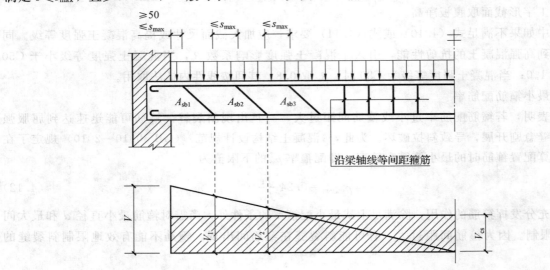

图 4.12　弯起钢筋承担剪力的位置要求

4. 设计步骤

梁的斜截面受剪承载力设计计算包括截面设计和截面复核两类问题。

（1）截面设计

已知：截面尺寸（b、h_0）、材料强度（f_c、f_t、f_y、f_{yv}、β_c）和纵向钢筋，进行斜截面受剪承载力的设计计算。

①仅配箍筋梁的截面设计

第一步，绘制剪力图，按计算截面位置采用剪力设计值（图 4.11）；

第二步，构件的截面尺寸和纵筋由正截面承载力计算已初步选定，所以进行斜截面受剪承载力计算时应首先复核是否满足截面限制条件，如不满足应加大截面或提高混凝土强度等级。

当 $\dfrac{h_w}{b} \leqslant 4$ 时，应满足：$V \leqslant 0.25\beta_c f_c b h_0$；

当 $\dfrac{h_w}{b} \geqslant 6$ 时，应满足：$V \leqslant 0.20\beta_c f_c b h_0$；

当 $4 < \dfrac{h_w}{b} < 6$ 时，按线性内插法求得。

第三步，判定是否需要按照计算配置箍筋，当不需要按计算配置箍筋时，应按照构造满足最小箍筋用量的要求：

$$V \leqslant 0.7 f_t b h_0 \text{ 或 } V \leqslant \dfrac{1.75}{\lambda + 1.0} f_t b h_0$$

当满足上式时，可仅按照构造配置箍筋；否则，应按照计算配置箍筋。

第四步，按计算确定箍筋用量：

对于一般受弯构件：

$$\dfrac{A_{sv}}{s} = \dfrac{n \cdot A_{sv1}}{s} = \dfrac{V - 0.7 f_t b h_0}{f_{yv} h_0}$$

对于集中荷载作用下的独立梁（包括作用多种荷载，且其中集中荷载对支座截面或节点边缘所产生的剪力值占总剪力值的 75% 以上的情况）：

$$\dfrac{A_{sv}}{s} = \dfrac{n A_{sv1}}{s} = \dfrac{V - \dfrac{1.75}{\lambda + 1.0} f_t b h_0}{f_{yv} h_0}$$

根据 $\dfrac{A_{sv}}{s}$ 值可按照构造确定箍筋的直径 d、肢数 n 和间距 s。通常先按照构造确定箍筋直径 d 和肢数 n，然后计算箍筋间距 s。选择箍筋直径和间距时应满足最大箍筋间距、最小箍筋直径和最小配箍率 $\rho_{sv,min}$ 的要求。

②同时配置箍筋和弯起钢筋梁的设计

当梁承受的剪力较大时，可以考虑将纵筋在支座截面弯起参与斜截面抗剪，通常的方法有两种：

第一步，先根据经验和构造要求配置箍筋，确定 V_{cs}，对剪力 $V > V_{cs}$ 部分，考虑由弯起钢筋承担，所需弯起钢筋的面积按下式计算确定：

$$A_{sb} = \dfrac{V - V_{cs}}{0.8 f_{yv} \sin \alpha_s}$$

式中，剪力设计值 V 应根据弯起钢筋计算斜截面位置确定：计算第一排弯起钢筋（对支座而言）时，取支座边缘的剪力；计算以后每排弯起钢筋时，取前一排弯起钢筋弯起点处的剪力；两排弯起钢筋的间距应小于箍筋的最大间距。对图 4.12 所示配置多排弯起钢筋的情况：

第一排弯起钢筋的截面面积为

$$A_{sb1} = \dfrac{V - V_{cs}}{0.8 f_{yv} \sin \alpha_s}$$

第二排弯起钢筋的截面面积为

$$A_{sb2} = \dfrac{V_1 - V_{cs}}{0.8 f_{yv} \sin \alpha_s}$$

第二步，根据受弯正截面承载力的计算要求，先根据纵筋确定弯起钢筋的面积 A_{sb}，再计算所需箍筋。此时，按下式计算所需箍筋：

对一般受弯构件，计算式为

$$\dfrac{A_{sv}}{s} = \dfrac{V - 0.7 f_t b h_0 - 0.8 f_{yv} A_{sb} \sin \alpha_s}{f_{yv} h_0}$$

对集中荷载作用下的独立梁，计算式为

$$\dfrac{A_{sv}}{s} = \dfrac{V - \dfrac{1.75}{\lambda + 1.0} f_t b h_0 - 0.8 f_{yv} A_{sb} \sin \alpha_s}{f_{yv} h_0}$$

根据 $\dfrac{A_{sv}}{s}$ 值可按照构造确定箍筋的直径 d、肢数 n 和间距 s。选择箍筋时应满足最大箍筋间距、最小箍筋直径和最小配箍率 $\rho_{sv,\min}$ 的要求。

（2）截面复核

已知：材料强度设计值 f_c、f_t、f_y、f_{yv}、β_c；截面尺寸 b、h_0；配箍量 n、A_{sv1}、s 等，复核斜截面所能承受的剪力 V_u，求证：$V \leqslant V_u$。

①验算截面限制条件是否满足，如不满足，应修改原始条件。

②验算最小配箍率要求，如不满足，应修改原始条件。

③计算受剪承载力 V_u：

矩形、T 形和工字形截面的一般受弯构件，矩形、T 形和工字形截面的一般受弯构件，只配箍筋而不用弯起钢筋。

$$V \leqslant V_{cs} = 0.7 f_t b h_0 + f_{yv} \frac{A_{sv}}{s} h_0 + 0.8 f_{yv} A_{sb} \sin \alpha_s$$

集中荷载作用下的独立梁（包括作用多种荷载，且其中集中荷载对支座截面或节点边缘所产生的剪力值占总剪力值的 75% 以上的情况），只配箍筋而不用弯起钢筋。

$$V \leqslant V_{cs} = \frac{1.75}{\lambda + 1.0} f_t b h_0 + f_{yv} \frac{A_{sv}}{s} h_0 + 0.8 f_{yv} A_{sb} \sin \alpha_s$$

④复核承载力，验算 $V \leqslant V_u$。若满足，则截面不会发生剪切破坏；否则，受剪承载力不足，应提高腹筋配筋量。

【例 4.1】 已知：简支梁 $b \times h = 200\ \text{mm} \times 500\ \text{mm}$，$V = 140\ \text{kN}$（均布荷载下的设计值），C30，箍筋采用 HPB300，$a_s = 35\ \text{mm}$，一类环境。若仅配置箍筋抗剪，求所需箍筋直径和间距？

【解题思路】 受弯构件抗剪承载力设计题，只要求箍筋抗剪，可以直接应用仅配置箍筋梁的相关公式直接解题。

解 确定设计参数：$f_c = 14.3\ \text{N/mm}^2$，$f_t = 1.43\ \text{N/mm}^2$，$f_{yv} = 270\ \text{N/mm}^2$，$\beta_c = 1.0$。

（1）复核截面尺寸

$$h_w = h_0 = h - a_s = (500 - 35)\ \text{mm} = 465\ \text{mm}$$

$$\frac{h_w}{b} = \frac{465}{200} = 2.325 \leqslant 4$$

$$0.25 \beta_c f_c b h_0 = (0.25 \times 1.0 \times 14.3 \times 200 \times 465)\ \text{N} = 332.475\ \text{kN} \geqslant V = 140\ \text{kN}$$

截面尺寸满足受剪承载力要求。

（2）验算是否进行配置腹筋计算

$$0.7 f_t b h_0 = (0.7 \times 1.43 \times 200 \times 465)\ \text{N} = 93.093\ \text{kN} < V = 140\ \text{kN}$$

故需要计算配箍。

（3）箍筋计算

$$\frac{n A_{sv1}}{s} \geqslant \frac{V - 0.7 f_t b h_0}{f_{yv} h_0} = \frac{(140 - 93.093) \times 10^3}{270 \times 465}\ \text{mm}^2/\text{mm} = 0.374\ \text{mm}^2/\text{mm}$$

选用 $2\phi6$ 时，则有

$$s \leqslant \frac{2 \times 28.3}{0.374}\ \text{mm} = 151\ \text{mm}，\ \text{取}\ s = 150\ \text{mm}$$

（4）验算最小配箍率

$$\rho_{sv,\min} = 0.24\% \frac{f_t}{f_{yv}} = 0.24\% \times \frac{1.43}{270} = 0.127\%$$

$$\rho_{sv} = \frac{n A_{sv1}}{bs} = \frac{2 \times 28.3}{200 \times 150} = 0.189\% > \rho_{sv,\min}$$

配箍率满足要求，箍筋选用 2ϕ6@150，沿梁全长均匀配置。

【**例 4.2**】 一钢筋混凝土简支梁如图 4.13 所示，混凝土强度等级为 C25（$f_t = 1.27$ N/mm^2、$f_c = 11.9$ N/mm^2），纵筋为 HRB400 级钢筋（$f_y = 360$ N/mm^2），箍筋为 HRB300 级钢筋（$f_{yv} = 270$ N/mm^2），环境类别为一类，$a_s = 40$ mm。如果忽略梁自重及架立钢筋的作用，试求此梁所能承受的最大荷载设计值 P。

【**解题思路**】 截面承载力计算题，需要分别计算斜截面抗剪承载力和正截面抗弯承载力，比较两者，选择较小值作为梁的最大荷载设计值。注意计算时要进行公式适用性验算。

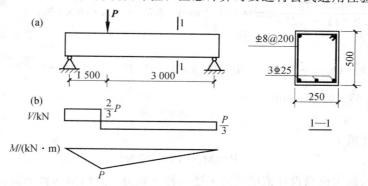

图 4.13 例 4.2 图

解 （1）确定基本数据

查表 3.8 和表 3.5 得 $\alpha_1 = 1.0$，$\xi_b = 0.518$。

再根据表 1.1、表 1.2、表 1.6 查得，C25 混凝土：$f_t = 1.27$ N/mm^2、$f_c = 11.9$ N/mm^2；HRB400 级钢筋：$f_y = 360$ N/mm^2；HRB300 级钢筋：$f_{yv} = 270$ N/mm^2。

$A_s = 1473$ mm^2，$A_{sv1} = 50.3$ mm^2；取 $\beta_c = 1.0$。

（2）剪力图和弯矩图如图 4.13（b）所示。

（3）按斜截面受剪承载力计算

①计算受剪承载力

$$\lambda = \frac{a}{h_0} = \frac{1\,500}{500-40} = 3.26 > 3，\text{取 } \lambda = 3$$

$$
\begin{aligned}
V_u &= \frac{1.75}{\lambda+1} f_t b h_0 + f_{yv} \frac{A_{sv}}{s} h_0 \\
&= \left(\frac{1.75}{3+1} \times 1.27 \times 250 \times 460 + 270 \times \frac{50.3 \times 2}{200} \times 460 \right) \text{N} \\
&= 126\,369.5\text{N}
\end{aligned}
$$

②验算适用性

a. 截面尺寸条件：

$$\frac{h_w}{b} = \frac{h_0}{b} = \frac{460}{250} = 1.84 < 4$$

$$V_u = 126\,369.5 \text{ N} < 0.25\beta_c f_c b h_0 = (0.25 \times 1 \times 11.9 \times 250 \times 460) \text{ N} = 342\,125 \text{ N}$$

截面满足要求。

b. 最小配箍率验算：

$$\rho_{sv} = \frac{nA_{sv1}}{bs} = \frac{2 \times 50.3}{250 \times 200} = 0.002\,013 > \rho_{sv,\min} = 0.24 \frac{f_t}{f_{sv}} = 0.24 \times \frac{1.27}{270} = 0.001\,13$$

最小配箍率满足要求。

③计算荷载设计值 P

由 $\frac{2}{3}P=V_u$ 得

$$P=\frac{3}{2}V_u=\frac{3}{2}\times126\ 368.5\ \text{N}=189.6\ \text{kN}$$

（4）按正截面受弯承载力计算

①计算受弯承载力 M_u

$$x=\frac{f_yA_s}{\alpha_1f_cb}=\frac{360\times173}{1.0\times11.9\times250}\text{mm}=178.2\ \text{mm}<\xi_bh_0=（0.518\times460）\text{mm}=238.28\ \text{mm}$$

满足要求。

$$M_u=\alpha_1f_cbx\left(h_0-\frac{x}{2}\right)=\left[1.0\times11.9\times250\times178.2\times\left(460-\frac{178.2}{2}\right)\right]\text{N}\cdot\text{mm}$$

$$=196.6\times10^6\ \text{N}\cdot\text{mm}$$

$$=196.6\ \text{kN}\cdot\text{m}$$

②计算荷载设计值 P

$$P=M_u=196.6\ \text{kN}$$

该梁所能承受的最大荷载设计值应该为上述两种承载力计算结果的较小值，故 $P=189.6\ \text{kN}$。

【例 4.3】 某矩形截面简支梁承受荷载设计值如图 4.14 所示。采用 C25 混凝土，配有纵筋 $4\oplus25$，箍筋为 HPB300 级钢筋，梁的截面尺寸为 $b\times h=250\times600\ \text{mm}$，环境类别为一类，取 $a_s=40\ \text{mm}$，试计算箍筋数量。

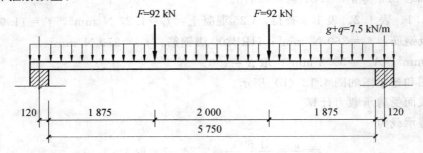

图 4.14　题 4.3 附图

【解题思路】　受弯构件斜截面抗剪承载力设计题，承受即有均布荷载，又有集中荷载，要确定集中荷载产生的剪力在计算截面上与该截面总剪力的比值的大小，看是否需要考虑剪跨比 λ 的影响，以便确定采用哪一个抗剪承载公式进行计算，同时设计中尚应注意 λ 的取值范围。

解　（1）确定设计参数：$f_c=11.9\ \text{N/mm}^2$，$f_t=1.27\ \text{N/mm}^2$，$f_{yv}=270\ \text{N/mm}^2$，$h_0=（600-40）\text{mm}=560\ \text{mm}$

内力计算：

由均布荷载在支座边缘处产生的剪力设计值为

$$V_{g+q}=\frac{1}{2}ql_n=\left(\frac{1}{2}\times7.5\times5.75\right)\text{kN}=21.56\ \text{kN}$$

集中荷载在支座边缘处产生的剪力设计值为：$V_F=92\ \text{kN}$

支座边缘处截面的总剪力设计值为：$V=（21.56+92）\text{kN}=113.56\ \text{kN}$

由于 $\dfrac{V_F}{V}=\dfrac{92}{113.56}=81\%>75\%$，故对该矩形截面简支梁应考虑剪跨比 λ 的影响：

$$\lambda=\frac{a}{h_0}=\frac{1.875+0.12}{0.56}=3.56>3，取\ \lambda=3$$

（2）验算截面尺寸是否满足要求

$$\frac{h_w}{b}=\frac{560}{250}=2.24\leqslant 4$$

$$0.25\beta_c f_c bh_0=（0.25\times 1.0\times 11.9\times 250\times 560）\text{N}=416.5\text{ kN}>V=113.56\text{ kN}$$

截面尺寸满足要求。

（3）验算是否需要按计算配置箍筋

$$\frac{1.75}{\lambda+1.0}f_t bh_0=（\frac{1.75}{3+1.0}\times 1.27\times 250\times 560）\text{N}=77.79\text{ kN}<V=113.56\text{ kN}$$

所以，应按计算配置箍筋。

（4）箍筋计算

按仅配置箍筋方案。

①计算单位长度上的箍筋面积

由

$$V\leqslant V_u=\frac{1.75}{\lambda+1.0}f_t bh_0+f_{yv}\frac{A_{sv}}{s}h_0$$

得

$$\frac{A_{sv}}{s}=\frac{V-\frac{1.75}{\lambda+1.0}f_t bh_0}{f_{yv}h_0}=\frac{113\,560-77\,790}{270\times 560}=0.237$$

②箍筋直径及间距的确定

选用 $\phi 8$ 箍筋（$A_{sv1}=50.3\text{ mm}^2$），双肢箍，$n=2$，则

$$s=\frac{A_{sv}}{0.237}=\frac{2\times 50.3}{0.237}\text{mm}=424.5\text{ mm}$$

$$s=424.5\text{ mm}>s_{max}=250\text{ mm}（满足构造要求）$$

故配置箍筋为 $\phi 8@250$。

（5）验算配箍率

$$\rho_{sv}=\frac{A_{sv}}{bs}=\frac{nA_{sv1}}{bs}=\frac{2\times 50.3}{250\times 250}=0.161\%>\rho_{sv,min}=0.24\frac{f_t}{f_{yv}}=0.24\times \frac{1.27}{270}=0.113\%（满足要求）$$

箍筋沿梁全长均匀配置，梁配筋图如图 4.15 所示。

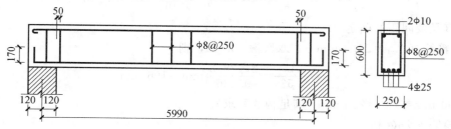

图 4.15 例 4.3 配筋图

【例 4.4】 如图 4.16 所示，某矩形截面简支梁，截面尺寸为 250 mm×500 mm，承受均布荷载设计值为 90 kN/m（包括梁自重），C25 混凝土，箍筋为 HRB335 级钢筋，纵筋为 HRB400 级钢筋。$2\Phi 25+2\Phi 18$（$A_s=982\text{ mm}^2+509\text{ mm}^2=1\,491\text{ mm}^2$），环境类别为一类，$a_s=35\text{ mm}$。试计算：

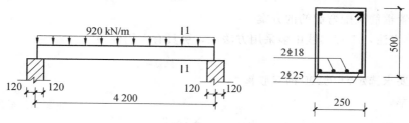

图 4.16 例 4.4 附图

（1）当仅配箍筋时，计算箍筋数量；

（2）当既配箍筋又配弯起筋时，计算腹筋数量；

（3）将以上两种方案进行配筋比较。

【解题思路】 受弯构件斜截面抗剪承载力设计题，承受均布荷载，采用抗剪承载力的一般公式计算，有两种方案可供选择，即仅配箍筋的方案和既配箍筋又配弯起筋的方案。从设计和施工方便角度考虑，采用前者，从经济角度考虑，则采用后者。

解 $f_c=11.9\ \text{N/mm}^2$，$f_t=1.27\ \text{N/mm}^2$，$f_y=360\ \text{N/mm}^2$，$f_{yv}=300\ \text{N/mm}^2$，$h_0=(500-35)\ \text{mm}=465\ \text{mm}$。

1. 内力计算

支座边缘处截面的剪力设计值为

$$V=\frac{1}{2}ql_n=\left[\frac{1}{2}\times90\times(4.2-0.24)\right]\text{kN}=178.2\ \text{kN}$$

2. 验算截面尺寸是否满足要求

$$\frac{h_w}{b}=\frac{465}{250}=1.86\leqslant4$$

$$0.25\beta_cf_cbh_0=(0.25\times1.0\times11.9\times250\times465)\text{N}=345.84\ \text{kN}>V=178.2\ \text{kN}$$

截面尺寸满足要求。

3. 验算是否需要按计算配置箍筋

$$0.7f_tbh_0=(0.7\times1.27\times250\times465)\text{N}=103.35\ \text{kN}<V=178.2\ \text{kN}$$

所以应按计算配置箍筋。

4. 箍筋计算

（1）按仅配置箍筋方案

①计算单位长度上的箍筋面积

由

$$V\leqslant V_u=0.7f_tbh_0+f_{yv}\frac{A_{sv}}{s}h_0$$

得

$$\frac{A_{sv}}{s}=\frac{V-0.7f_tbh_0}{f_{yv}h_0}=\frac{178\ 200-103\ 350}{300\times465}=0.536$$

②箍筋直径及间距的确定

选用 $\phi6$ 箍筋（$A_{sv1}=28.3\ \text{mm}^2$），双肢箍，$n=2$，则

$$s=\frac{A_{sv}}{0.536}=\frac{2\times28.3}{0.536}\ \text{mm}=106\ \text{mm}$$

取 $s=100\ \text{mm}<s_{max}=200\ \text{mm}$（满足构造要求）。

即所配箍筋为 $\phi6@100$。

③验算配箍率

$$\rho_{sv}=\frac{A_{sv}}{bs}=\frac{nA_{sv1}}{bs}=\frac{2\times28.3}{250\times100}=0.23\%>$$

$$\rho_{sv,min}=0.24\%\times\frac{f_t}{f_{yv}}=0.24\%\times\frac{1.27}{300}=0.10\%（满足要求）$$

（2）按既配置箍筋又配弯起筋的方案

（有两种计算方法，工程实践中多采用方法二，更具有实用性。）

方法一：

①先按构造要求选定 $\phi6@200$ 的双肢箍

②验算配箍率

$$\rho_{sv}=\frac{A_{sv}}{bs}=\frac{nA_{sv1}}{bs}=\frac{2\times28.3}{250\times200}=0.11\%>$$

$$\rho_{sv,min}=0.24\% \times \frac{f_t}{f_{yv}}=0.24\% \times \frac{1.27}{300}=0.10\% \text{（满足要求）}$$

③计算弯起筋的面积 A_{sb}

由

$$V \leqslant V_u=0.7f_t bh_0+f_{yv}\frac{A_{sv}}{s}h_0+0.8A_{sb}f_y \sin \alpha_s$$

得

$$A_{sb}=\frac{V-0.7f_t bh_0-f_{yv}\dfrac{A_{sv}}{s}h_0}{0.8f_y \sin \alpha_s}$$

$$=\frac{178\,200-103\,350-300\times \dfrac{2\times 28.3}{200}\times 465}{0.8\times 360\times \sin 45°}\ mm^2$$

$$=174\ mm^2$$

根据已有的正截面配筋，可将中间 $1\oplus18$ 弯起 $45°$ 角，则 $A_{sb}=254.5\ mm^2$，弯起位置如图 4.12 所示。

④验算是否需弯起第二排钢筋

按构造要求，设第一排弯起筋的弯起点距支座边缘为 $50\ mm$（$s<s_{max}=200\ mm$），则第一排弯起筋在受拉区弯起点距支座边缘的水平距离为

$$(50+500-25-25)\ mm=500\ mm$$

该处的剪力设计值为

$$V_1=\left(\frac{1\,980-500}{1\,980}\times 178.20\right)N=133.20\ kN$$

该截面的抗剪承载力为

$$V_{cs}=0.7f_t bh_0+f_{yv}\frac{A_{sv}}{s}h_0$$

$$=\left(103\,350+300\times \frac{2\times 28.3}{200}\times 465\right)N=142.82\ kN>V_1=133.20\ kN$$

由以上验算，说明第一排弯起钢筋的弯起点处所受的剪力已完全由混凝土和箍筋所承担，不需要弯起第二排钢筋。

方法二：

根据已有的正截面配筋，可将中间 $1\oplus18$ 弯起，则 $A_{sb}=254.5\ mm^2$，弯起 $45°$ 角。

①计算单位长度上箍筋的面积

由

$$V \leqslant V_u=0.7f_t bh_0+f_{yv}\frac{A_{sv}}{s}h_0+0.8A_{sb}f_y \sin \alpha$$

得

$$\frac{A_{sv}}{s}=\frac{V-0.7f_t bh_0-0.8f_y A_{sb}\sin \alpha_s}{f_{yv}h_0}$$

$$=\frac{178\,200-103\,350-0.8\times 360\times 254.5\times \sin 45°}{300\times 465}$$

$$=0.165$$

②箍筋直径及间距确定

选用 $\phi6$ 箍筋（$A_{sv1}=28.3\ mm^2$），双肢箍，$n=2$，则

$$s=\frac{A_{sv}}{0.165}=\frac{2\times 28.3}{0.165}\ mm=343\ mm>s_{max}=200\ mm$$

取

$$s=s_{max}\doteq 200\ mm$$

即所配箍筋为 $\phi6@200$。

③验算配箍率

$$\rho_{sv}=\frac{A_{sv}}{bs}=\frac{nA_{sv1}}{bs}=\frac{2\times28.3}{250\times200}=0.11\%>$$

$$\rho_{sv,min}=0.24\%\times\frac{f_t}{f_{yv}}=0.24\%\times\frac{1.27}{300}=0.10\%\text{（满足要求）}$$

④验算是否需弯起第二排钢筋

具体验算过程同方法一步骤④，不需要弯起第二排钢筋。

（5）配筋比较

经过上述两个方案的计算可见，配置弯起钢筋后，箍筋的用量减少了，而纵向受拉钢筋并未增加，而是得到充分的利用，故采用即配箍筋又配弯起筋的方案经济，但设计和施工麻烦。

4.3 保证斜截面受弯承载力的构造要求

在受弯构件正截面受弯承载力和斜截面受剪承载力的计算中，钢筋强度的充分发挥应建立在可靠的配筋构造基础上。因此，在钢筋混凝土结构的设计中，钢筋的构造与设计计算同等重要。

通常为节约钢材，在受弯构件设计中，可根据设计弯矩图的变化将钢筋截断或弯起作受剪钢筋。但将钢筋截断或弯起时，应确保构件的受弯承载力、受剪承载力不出现问题。

4.3.1 抵抗弯矩图

通常根据构件支承条件和荷载作用形式，由力学方法求出所得弯矩，并沿构件轴线方向绘出的分布图形，称为设计弯矩图，如图4.17中的M图。

而按受弯构件各截面纵向受拉钢筋实际配置情况计算所能承受的弯矩值，并沿构件轴线方向绘出的弯矩图形，称为抵抗弯矩图（或材料图），如图4.17中的M_u图。

图4.17所示为某承受均布荷载作用的钢筋混凝土单筋矩形截面简支梁。其设计弯矩图（M图）为抛物线，按跨中截面最大设计弯矩M_{max}计算，梁下部需配置纵筋2ϕ25＋2ϕ22纵向受拉钢筋。如将2ϕ25＋2ϕ22钢筋沿梁长贯通至两端支座并可靠锚固，因钢筋面积A_s值沿梁跨度方向不变，抵抗弯矩M_u沿梁跨度也保持不变，故抵抗弯矩M_u图为一矩形框，如图4.17中$acdb$，且任何截面均能保证$M\leqslant M_u$。如果实配钢筋总面积等于计算钢筋面积，则抵抗弯矩图的外包线正好与设计弯矩图上的弯矩最大点相切，如图4.17中的1点处；如果实配钢筋的总面积略大于计算钢筋面积，则可根据实际配筋量计算出抵抗弯矩M_u图的外围水平线位置。

比较M图与M_u图可以看出，钢筋沿梁通长布置的方式显然满足受弯承载力的要求，但仅在跨中截面受弯承载力M_u与设计弯矩M相接近，全部钢筋得到充分利用；而在靠近支座附近截面M_u远大于M，纵筋的强度不能被充分利用。为使钢筋的强度充分利用且节约钢材，在保证受弯承载力的前提条件下，可根据设计弯矩M图的变化将一部分钢筋截断或弯起。

当梁的截面尺寸、材料强度及钢筋截面面积确定后，由基本公式$x=\dfrac{f_yA_s}{\alpha_1f_cb}$代入下式：

$$M\leqslant M_u=f_yA_s\left(h_0-\frac{x}{2}\right)$$

则其截面总抵抗弯矩值M_u为

$$M_u=f_yA_s\left(h_0-\frac{f_yA_s}{2\alpha_1f_cb}\right)=f_yA_sh_0\left(1-\frac{f_y}{2\alpha_1f_c}\rho\right) \tag{4.14}$$

由式（4.14）可知，当ρ一定时，抵抗弯矩M_u与钢筋面积A_s成正比关系。每根钢筋所承担的抵抗弯矩M_{ui}可近似地按该根钢筋截面面积A_{si}与钢筋总截面面积A_s的比值关系求得：

$$M_{ui} = \frac{A_{si}}{A_s} M_u \tag{4.15}$$

按每根钢筋承担的抵抗弯矩值 M_{ui} 绘出水平线，如图4.17中，①号钢筋 $1\Phi 25$ 的抵抗弯矩表示为 M_{u1}，②号钢筋 $1\Phi 25$ 的抵抗弯矩表示为 M_{u2}，③号钢筋 $1\Phi 22$ 的抵抗弯矩表示为 M_{u3}，④号钢筋 $1\Phi 22$ 的抵抗弯矩表示为 M_{u4}。梁跨跨中1点处的抵抗弯矩 $M_u = M_{u1} + M_{u2} + M_{u3} + M_{u4}$，由于1点处 $M_u = M_{max}$，即1点处①、②、③、④号钢筋强度充分利用；在2点处抵抗弯矩 $M_u = M_{u1} + M_{u2} + M_{u3}$，即①、②、③号钢筋强度充分利用，并已足以抵抗荷载在2点所在截面所产生的弯矩，④号钢筋在此截面显然已不再需要；在3点处抵抗弯矩 $M_u = M_{u1} + M_{u2}$，①、②号钢筋强度充分利用已足够，③号钢筋在3点截面以外也已不再需要；在4点处抵抗弯矩 $M_u = M_{u1}$，①号钢筋强度充分利用也已足够，②号钢筋在4点截面以外也已不再需要。因此，可将1、2、3、4四点分别称为④、③、②、①号钢筋的"充分利用点"，而将2、3、4、a三点分别称为④、③、②、①号钢筋的"不需要点"或"理论断点"。

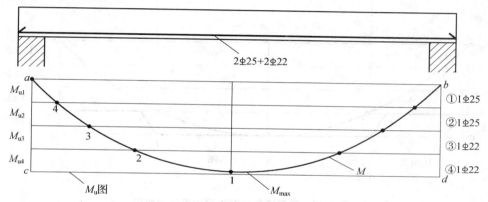

图 4.17 纵筋不弯起、不截断时简支梁的抵抗弯矩图

抵抗弯矩图的作用主要体现在三个方面：

（1）抵抗弯矩图可反映构件中材料的利用程度。M_u 图与 M 图反映了"需要"与"可能"的关系，为了保证正截面的受弯承载力，抵抗弯矩 M_u 不应小于设计弯矩 M，即 M_u 图必须将 M 图包纳在内。M_u 图越贴近 M 图，表明钢筋的利用越充分，构件设计越经济。

（2）确定弯起筋的弯起位置。为节约钢筋，可将一部分纵筋在受弯承载力不需要处予以弯起，用于斜截面抗剪和抵抗支座负弯矩。

（3）确定纵筋的截断位置。可在受弯承载力不需要处考虑将纵筋截断，从而确定纵筋的实际截断位置。

4.3.2 纵向受力钢筋的弯起

1. 钢筋弯起在 M_u 图上的表示方法

在图4.18中，如将④号 $1\Phi 22$ 钢筋在临近支座处弯起，由于弯起钢筋在弯起后正截面抗弯内力臂逐渐减小，该钢筋承担的正截面抵抗弯矩相应逐渐减小，故反映在 M_u 图上 eg、fh 是斜线，形成的抵抗弯矩图即为图中所示的 $aigefhjb$ 所围成的图形。图中 e、f 点分别垂直对应于弯起点 E、F，g、h 分别垂直对应于弯起钢筋与梁轴线的交点 G、H。

2. 纵向受力钢筋弯起点的规定

对于梁正弯矩区段内的纵向受拉钢筋，可采用弯向支座（用来抗剪或承受负弯矩）的方式将多余钢筋弯起。纵向钢筋弯起的位置和数量必须同时满足以下三方面的要求：

（1）满足正截面受弯承载力的要求。必须使纵筋弯起点的位置在该钢筋的充分利用点以外，使梁的抵抗弯矩图不小于相应的设计弯矩图，也就是 M_u 图必须包络 M 图（即 $M_u \geqslant M$）。

（2）满足斜截面受剪承载力的要求。当混凝土和箍筋的受剪承载力 $V_{cs} < V$ 时，需要弯起纵筋承担剪力。纵筋弯起的数量要通过斜截面受剪承载力计算确定。

（3）满足斜截面受弯承载力的要求。④号钢筋弯起后，考虑支座附近可能出现斜裂缝，为保证斜截面的抗弯承载力，④号钢筋弯起后与弯起前的受弯承载力不应降低。为此《混凝土结构设计规范》（GB 50010—2010）规定：弯起钢筋弯起点可设在按正截面受弯承载力计算不需要该钢筋的截面之前，但弯起钢筋与梁中心线的交点应位于不需要该钢筋的截面之外，同时，弯起点与该钢筋的充分利用点之间的水平距离 s 不应小于 $h_0/2$，如图 4.18 所示。

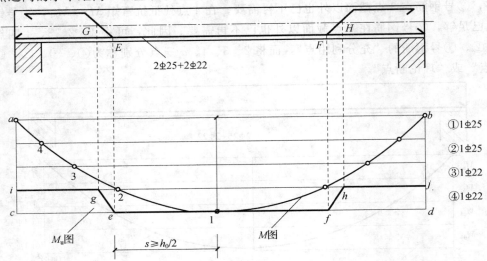

图 4.18　纵筋弯起时简支梁的抵抗弯矩图

4.3.3　纵向受力钢筋的截断

1. 钢筋截断在 M_u 图上的表示方法

在图 4.19 中，b 点为①号钢筋的"理论断点"，如将①号钢筋在 b 点处进行截断处理，反映在 M_u 图上呈台阶形变化，表明该处抵抗弯矩发生突变。

2. 纵向钢筋截断点的规定

（1）梁跨中承受正弯矩的纵筋不宜在受拉区截断，可将其中一部分弯起，将另一部分伸入支座内。

（2）连续梁和框架梁中承受支座负弯矩的纵向受拉钢筋，可根据弯矩图的变化将计算不需要的纵筋分批截断，但其截断点的位置必须保证纵筋截断后的斜截面抗弯承载力以及黏结锚固性能。为此，《混凝土结构设计规范》（GB 50010—2010）对钢筋的实际截断点做出以下规定：钢筋截断点应从该钢筋的"充分利用点"截面向外延伸的长度不小于 l_{d1}；从其"理论断点"截面向外延伸的长度不小于 l_{d2}，l_{d1} 和 l_{d2} 的取值见表 4.3，设计时钢筋实际截断点的位置应取 l_{d1} 和 l_{d2} 中外伸长度较远者确定。

表 4.3　负弯矩钢筋实际截断点的延伸长度（mm）

截面条件	l_{d1}	l_{d2}
$V \leqslant 0.7 f_t b h_0$	$\geqslant 1.2 l_a$	$\geqslant 20d$
$V > 0.7 f_t b h_0$	$\geqslant 1.2 l_a + h_0$	$\geqslant h_0$，且 $\geqslant 20d$
$V > 0.7 f_t b h_0$，且断点仍在负弯矩受拉区内	$\geqslant 1.2 l_a + 1.7 h_0$	$\geqslant 1.3 h_0$，且 $\geqslant 20d$

　注：1. 表中 l_{d1}、l_{d2} 均为《混凝土结构设计规范》（GB 50010—2010）规定的最小值。

　　　2. l_a 为纵向受拉钢筋的最小锚固，d 为被截断钢筋的直径。

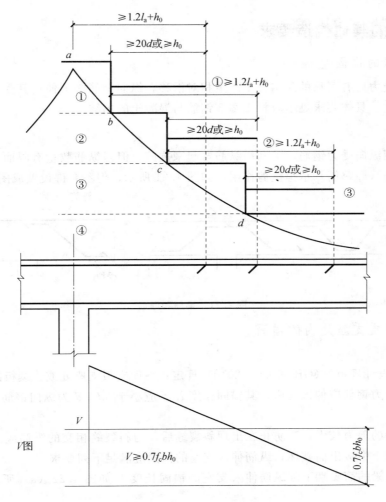

图 4.19 $V \geqslant 0.7 f_c b h_0$ 时的纵筋截断

图 4.19 为某连续梁支座附近的弯矩及剪力（$V > 0.7 f_t b h_0$）分布情况，图中 b、c、d 点分别为①、②、③号纵筋的理论截断点，a、b、c 点则分别为相应纵向钢筋强度充分利用截面。纵筋的实际截断位置应在理论截断点以外延伸一段距离（$\geqslant h_0$，且$\geqslant 20d$）；还应在充分利用点截面以外一段距离（$\geqslant 1.2 l_a + h_0$）。

（3）悬臂梁中的受拉钢筋，应有不少于 2 根上部钢筋伸至悬臂梁外端，并向下弯折不小于 $12d$；其余钢筋不应在梁的上部截断，可按纵向钢筋弯起点的规定将部分纵筋向下弯折，且弯终点以外应留有平行于轴线方向的锚固长度，在受压区不应小于 $10d$，在受拉区不应小于 $20d$，如图 4.20 所示。

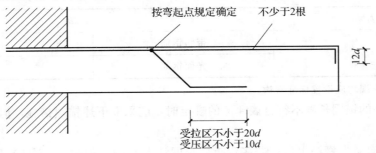

图 4.20 悬臂梁纵筋构造

4.3.4 钢筋的其他构造要求

1. 纵向钢筋的锚固

为保证钢筋受力后有可靠的黏结，不产生相对滑移，纵向钢筋必须伸过其受力截面在混凝土中有足够的埋入长度。具体要求见本教材 1.2.3 钢筋与混凝土的黏结。

2. 鸭筋

为了充分利用纵向受力钢筋，可利用纵筋弯起来抗剪，但当纵筋数量有限而不能弯起时，可以单独设置抗剪弯筋（即鸭筋）承担抗剪作用，如图 4.21 所示，但不允许设置成图中的浮筋。

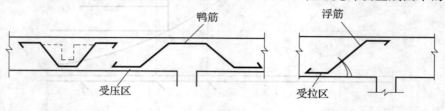

图 4.21 鸭筋和浮筋

3. 纵筋在简支支座处内的锚固

（1）板端

《混凝土结构设计规范》（GB 50010—2010）规定：在简支板支座处或连续板的端支座及中间支座处，下部纵向受力钢筋应伸入支座，其锚固长度 l_{as} 不应小于 $5d$（d 为纵向钢筋直径）。

（2）梁端

由于支座附近的剪力较大，为防止在出现斜裂缝后，与斜裂缝相交的纵筋应力突然增大，产生滑移甚至被从混凝土中拔出而破坏，纵筋伸入支座的锚固应满足下列要求。

简支梁和连续梁的简支端下部纵筋伸入支座的锚固长度 l_{as} 如图 4.22（a）所示，应满足表 4.4 的规定。

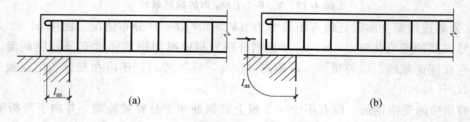

图 4.22 纵筋在简支支座的锚固长度 l_{as}

表 4.4 简支梁纵筋锚固长度表 l_{as}

$V \leqslant 0.7 f_t b h_0$		$\geqslant 5d$
$V > 0.7 f_t b h_0$	带肋钢筋	$\geqslant 12d$
	光面钢筋	$\geqslant 15d$

注：光圆钢筋锚固的末端均应设置标准弯钩。

当纵筋伸入支座的锚固长度不符合表 4.7 的规定时，应采取下述锚固措施，但伸入支座的水平长度不应小于 $5d$。

①在梁端将纵向受力钢筋上弯，并将弯折后长度计入 l_{as} 内，如图 4.22（b）所示。

②在纵筋端部加焊横向钢筋或锚固钢板，如图 4.23 所示。

③将钢筋端部焊接在梁端的预埋件上。

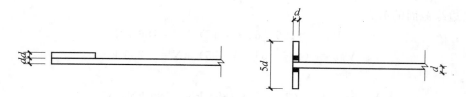

图 4.23 钢筋机械锚固的形式

支承在砌体结构上的钢筋混凝土独立梁，在纵筋的锚固长度 l_{as} 范围内应配置不少于 2 道箍筋，其直径不宜小于纵筋最大直径的 0.25 倍，间距不宜大于纵筋最小直径的 10 倍。当采用机械锚固时，箍筋间距尚不宜大于纵筋最小直径的 5 倍。

连续梁在中间支座处，上部纵筋受拉应贯穿支座；而下部纵筋一般受压，但由于斜裂缝出现和黏结裂缝的发生会使下部纵筋也承受拉力，故下部纵筋伸入支座内的锚固长度 l_{as} 也应满足表 4.7 的要求。

4. 箍筋的锚固

箍筋是受拉钢筋，必须有良好的锚固。通常箍筋都采用封闭式，箍筋末端常用 135° 弯钩。弯钩端头直线段长度不小于 50 mm 或 5 倍箍筋直径。如果采用 90° 弯钩，则箍筋受拉时弯钩会翘起，从而导致混凝土保护层崩裂。若梁两侧有楼板与梁整浇时，也可采用 90° 弯钩，但弯钩端头直线段长度不小于 10 倍箍筋直径。

4.3.5 外伸梁设计实例

某钢筋混凝土外伸梁，混凝土 C20，纵向钢筋 HRB335 级，箍筋 HPB300 级，截面尺寸如图 4.24所示，构件处于一类环境，安全等级为二级。作用在梁上的均布荷载设计（包括梁自重）为 $q_1 = 64$ kN/ m，$q_2 = 104$ kN/m。试设计此梁，并绘制梁的施工详图。

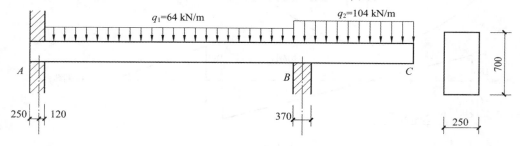

图 4.24 外伸梁设计实例

解 （1）确定计算简图

①计算跨度

AB 跨净跨　　　　　　$l_n = (7.00 - 0.37/2 - 0.12)$ m $= 6.695$ m

计算跨度　　　　$l_{ab} = 1.025 l_n + b/2 = (1.025 \times 6.695 + 0.37/2)$ m $= 7.05$ m

BC 跨净跨　　　　　$l_{n1} = (2.00 - 0.5 \times 0.37)$ m $= 1.815$ m

计算跨度　　　　　　　　　　$l_{bc} = 2.0$ m

②计算简图：如图 4.25（a）所示。

（2）内力计算

①梁端反力

$$R_B = \frac{\dfrac{1}{2} \times 64 \times 7.05^2 + 104 \times 2 \times (1 + 7.05)}{7.05} \text{ kN} = 463 \text{ kN}$$

$$R_A = (64 \times 7.05 + 104 \times 2 - 463) \text{ kN} = 196 \text{ kN}$$

② 支座边缘截面的剪力

AB 跨：
$$V_A = (196 - 64 \times 0.17) \text{ kN} = 186 \text{ kN}$$
$$V_{B左} = (186 - 64 \times 6.695) \text{ kN} = -233 \text{ kN}$$

BC 跨：
$$V_{B右} = 104 \times (2.00 - 0.185) \text{ kN} = 189 \text{ kN}, \quad V_C = 0$$

③ 弯矩

AB 跨跨中最大弯矩值：

根据剪力为零条件计算，即
$$V_x = R_A - q_1 x = 196 - 64x = 0$$

求得最大弯矩截面距支座 A 的距离为
$$x = (196/64) \text{ m} = 3.06 \text{ m}$$

则
$$M_{\max} = \left(196.1 \times 3.06 - \frac{1}{2} \times 64 \times 3.06^2\right) \text{ kN} \cdot \text{m} = 300 \text{ kN} \cdot \text{m}$$

BC 跨悬臂端弯矩值：
$$M_B = \left(\frac{1}{2} \times 104 \times 2^2\right) \text{ kN} \cdot \text{m} = 208 \text{ kN} \cdot \text{m}, \quad M_C = 0$$

M、V 图分别如图 4.25（b）、（c）所示。

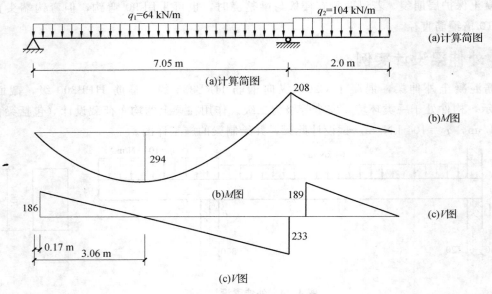

图 4.25　计算简图及内力图

（3）正截面承载能力计算

① AB 跨跨中最大弯矩处截面

假设纵筋按两排放置，截面有效高度为 $h_0 = (700 - 70) \text{ mm} = 630 \text{ mm}$。
$$\alpha_s = \frac{M}{\alpha_1 f_c b h_0^2} = \frac{300 \times 10^6}{1.0 \times 9.6 \times 250 \times 630^2} = 0.315$$

查表得，$\xi = 0.39 < \xi_b = 0.550$，$\gamma_s = 0.805$。
$$A_s = \frac{M_B}{f_y \gamma_s h_0} = \frac{300 \times 10^6}{300 \times 0.805 \times 630} \text{ mm}^2 = 1\,972 \text{ mm}^2$$

选用 $2 \oplus 22 + 4 \oplus 20$（$A_s = 2\,016 \text{ mm}^2$），在跨中按两排放置，与假设相符。

② B 支座截面

假设纵筋按一排放置，截面有效高度为 $h_0 = (700 - 45) \text{ mm} = 655 \text{ mm}$
$$\alpha_s = \frac{M}{\alpha_1 f_c b h_0^2} = \frac{208 \times 10^6}{1.0 \times 9.6 \times 250 \times 655^2} = 0.202$$

查表得，$\xi = 0.23 < \xi_b = 0.550$，$\gamma_s = 0.805$

$$A_s = \frac{M_B}{f_y \gamma_s h_0} = \frac{208 \times 10^6}{300 \times 0.885 \times 655} \ \text{mm}^2 = 1\,196 \ \text{mm}^2$$

选用 $2\,\Phi\,22 + 2\,\Phi\,20$（$A_s = 1\,388 \ \text{mm}^2$），在支座按一排放置，与假设相符。

（4）斜截面承载能力计算

截面尺寸验算：

$$0.25\beta_c f_c b h_0 = (0.25 \times 1.0 \times 9.6 \times 250 \times 630) \ \text{N} = 378 \times 10^3 \ \text{N} > V_{max} = 233 \times 10^3 \ \text{N}$$

截面尺寸符合要求。

确定是否需计算腹筋：

$$0.7 f_t b h_0 = (0.7 \times 1.1 \times 250 \times 630) \ \text{N} = 121 \times 10^3 \ \text{N} < V_{min} = 186 \times 10^3 \ \text{N}$$

需按计算配置腹筋。

①AB 跨

$$V_{Bmax} = V_{B左} = 243 \ \text{kN}, \ h_0 = 630 \ \text{mm}$$

$$\frac{A_{sv}}{s} = \frac{V_{B左} - 0.7 f_t b h_0}{f_{yv} h_0} = \frac{233 \times 10^3 - 121 \times 10^3}{270 \times 630} = 0.66$$

选用双肢箍 $\Phi\,8$，$A_{sv} = 2 \times 50.3 \ \text{mm}^2 = 100.6 \ \text{mm}^2$。

则：$s \leqslant (100.6/0.66) \ \text{mm} = 152 \ \text{mm}^2 < s_{max} = 250 \ \text{mm}^2$，取用双肢 $\Phi\,8@150$。

②BC 跨

$V_{B右} = 189 \ \text{kN}$，$h_0 = 655 \ \text{mm}$，则

$$\frac{A_{sv}}{s} = \frac{V_{B右} - 0.7 f_t b h_0}{f_{yv} h_0} = \frac{189 \times 10^3 - 121 \times 10^3}{270 \times 655} = 0.385$$

选用双肢箍 $\Phi\,6$，$A_{sv} = 2 \times 28.3 \ \text{mm} = 56.6 \ \text{mm}$。

则：$s \leqslant (56.6/0.385) \ \text{mm} = 147 \ \text{mm} < s_{max} = 250 \ \text{mm}$，取用双肢 $\Phi\,6@140$。

（5）配置构造钢筋，并绘制梁结构详图。

①架立钢筋

AB 跨 $l_0 = 7 \ \text{m} > 6 \ \text{m}$，$d_{max} = 12 \ \text{m}$，选 $2\,\Phi\,14$；

BC 跨 $l_0 = 2 \ \text{m}$，$d_{min} = 8 \ \text{m}$，选 $2\,\Phi\,14$（宜减少钢筋类型）。

②腰筋

$h_w = h_0 = 655 \ \text{mm} > 450 \ \text{mm}$，每侧设 $2\,\Phi\,14$，则

$A_s = 308 \ \text{mm}^2 > 0.1\% b h_w = (0.1\% \times 250 \times 660) \ \text{mm}^2 = 165 \ \text{mm}^2$（满足要求）

③拉结筋

AB 跨 $\Phi\,8@300$，BC 跨 $\Phi\,6@280$。

④绘制梁结构详图，如图 4.26 所示。

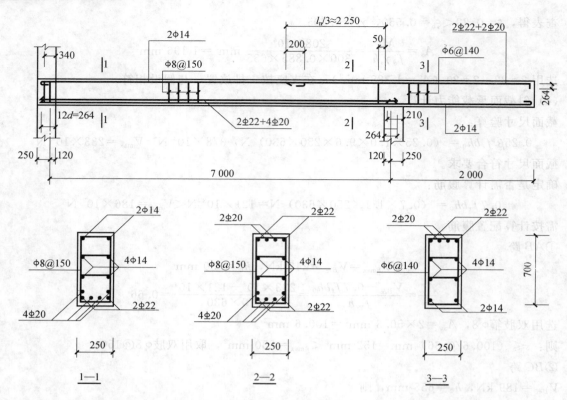

图 4.26 外伸梁配筋图

【重点串联】

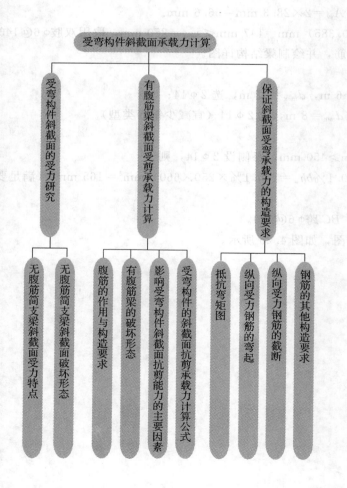

拓展与实训

基础训练

一、填空题

1. 钢筋混凝土梁内设置的_____、_____统称为腹筋。我们把配有腹筋的梁称为_____，把仅配有纵向受力钢筋而不设置腹筋的梁称为_____。

2. 试验研究表明，随着剪跨比的变化，无腹筋简支梁沿斜截面破坏的主要形态有：_____、_____、_____三种。三种破坏虽然破坏形态不同，但破坏都很突然，属于_____。

3. 在应用斜截面抗剪承载力计算公式时，为防止发生斜拉破坏和斜压破坏，需验算_____、_____两项适用条件。

二、问答题

1. 集中荷载作用下的无腹筋梁有哪几种破坏形态？其形成的条件及破坏原因是什么？

2. 有腹筋梁斜截面受剪承载力计算公式是由哪种破坏形式建立起来的？为何要对公式施加限制条件？

3. 影响斜截面受剪承载力的主要因素有哪些？

4. 简支梁下部纵筋伸入支座的锚固长度 l_{as} 有何要求？不满足要求时，应采取什么措施？

5. 简述抵抗弯矩图的作用？

三、计算题

一钢筋混凝土矩形截面简支梁，截面尺寸 250 mm×500 mm，混凝土强度等级为 C20（$f_t = 1.1$ N/mm²、$f_c = 9.6$ N/mm²），箍筋为热轧 HPB300 级钢筋（$f_{yv} = 270$ N/mm²），纵筋为 3ϕ25 的 HRB335 级钢筋（$f_y = 300$ N/mm²），支座处截面的剪力最大值为 180 kN。求：箍筋和弯起钢筋的数量。

工程模拟训练

从课外查阅工程结构施工图，根据所学知识，判断结构施工图中哪些钢筋是抗剪钢筋，分析各钢筋的数量和细部尺寸。

链接职考

1. 关于非抗震设计的框架结构，不同部位震害程度的说法，正确的有（_____）。（2010年一级建造师考题）

A. 柱的震害轻于梁

B. 柱顶的震害轻于柱底

C. 角柱的震害轻于内柱

D. 短柱的震害重于一般柱

E. 填充墙处是震害发生的严重部位之一

模块 5

钢筋混凝土受扭构件

【模块概述】

我们在工程力学的学习中，学习过扭矩的求解，在工程中同样存在受扭构件。我们已经学过受弯构件，钢筋混凝土雨篷梁既受弯矩、剪力的共同作用，而且还受到扭矩的作用，和受弯构件相比，受扭构件在构造上有着与受弯构件不同的要求。

凡是在构件截面中有扭矩作用的构件，都称为受扭构件。扭转是构件受力的基本形式之一，也是钢筋混凝土结构中常见的构件形式，例如钢筋混凝土雨篷、平面曲梁或折梁、现浇框架边梁、吊车梁、螺旋楼梯等结构。

【知识目标】

1. 掌握受扭构件的概念及特点；
2. 了解矩形截面纯扭构件的受力特点及受扭构件的配筋构造；
3. 了解矩形截面弯剪扭构件承载力的计算要点；
4. 掌握矩形截面弯剪扭构件的受力特点及受扭构件的配筋构造。

【技能目标】

1. 能根据施工图纸和施工实际条件，明确结构施工图中的受扭构件以及受扭构件中各种钢筋的名称、作用；
2. 能正确评价其配筋的合理性。

【课时建议】

6 课时

　　某公司承建32层建筑，钢筋混凝土框剪结构体系，施工到了17层时，发现框架边梁拆除模板后不久就出现与水平方向成45°角的裂缝，经检验，其原因是由于施工时，施工人员将置于截面周边的抗扭钢筋集中布置在了梁的下部，导致抗扭钢筋不足产生裂缝。

　　扭转是结构构件受力的基本形式之一，凡是在构件截面中有扭矩作用的构件，都称为受扭构件。钢筋混凝土结构中经常出现承受扭矩作用的构件，如图5.1所示的雨篷梁、现浇框架边梁、吊车梁等均属于受扭构件。在实际结构中很少有单独受扭的纯扭构件，大多都是处于弯矩、剪力、扭矩共同作用的复合受力情况。按照构件截面上存在的内力情况，受扭构件可分为纯扭、剪扭、弯扭、弯剪扭和拉弯剪扭等多种受力情况，其中以弯、剪、扭复合受力情况最为常见。

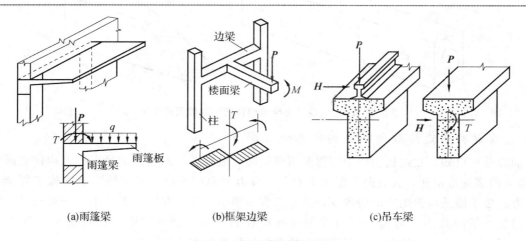

(a)雨篷梁　　　　　　　(b)框架边梁　　　　　　　(c)吊车梁

图5.1　常见受扭构件示例

 # 5.1　受扭构件的受力特点及配筋构造

5.1.1　受扭构件的受力特点

　　钢筋混凝土受扭构件中矩形截面居多，并且纯扭构件的受力性能是其他复合受力分析的基础，现以矩形截面纯扭构件为例讨论受扭构件的受力特点。

　　1.素混凝土矩形截面纯扭构件的试验分析

　　由材料力学可知，匀质弹性材料的矩形截面构件在扭矩 T 作用下，截面上各点只产生剪应力 τ，而没有正应力 σ，最大剪应力 τ_{max} 发生在截面长边中点，截面剪应力分布如图5.2所示。剪应力 τ_{max} 在构件侧面产生与剪应力方向成45°的主拉应力 σ_{tp} 和主压应力 σ_{cp}，其大小为 $\sigma_{tp} = \sigma_{cp} = \tau_{max}$。

　　由试验可知，素混凝土矩形截面构件在纯扭矩作用下，当主拉应力 σ_{tp} 值超过混凝土的抗拉强度时，混凝土将在矩形截面的长边中点处，沿垂直于主拉应力的方向出现斜裂缝。在纯扭构件中，构件的裂缝方向总是与轴线成45°角。斜裂缝出现后，迅速向相邻两边延伸，最后形成三面开裂一面受压的空间扭曲面（图5.3），使构件立即破坏，其特征是没有明显预兆的脆性破坏。

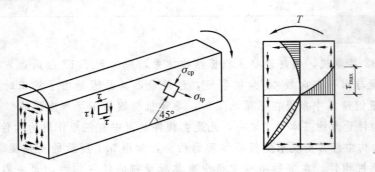

图 5.2　纯扭构件的弹性应力分布

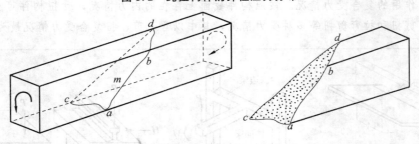

图 5.3　素混凝土纯扭构件破坏的截面形式

2．钢筋混凝土矩形截面纯扭构件的破坏形态

由前面分析可知，在纯扭构件中配置受扭钢筋时，最合理的配筋方式是在靠近构件表面处设置呈 45°走向的螺旋形钢筋，其方向与混凝土的主拉应力方向相平行。但螺旋形钢筋施工复杂，且这种配筋方法也不能适应扭矩方向的改变，实际工程中很少采用。在实际工程中，一般是采用靠近构件表面设置的横向箍筋和沿构件周边均匀对称布置的纵向钢筋共同组成的抗扭钢筋骨架，如图 5.4（a）所示，它恰好与构件中抗弯钢筋和抗剪钢筋的配置方式相协调。

试验研究表明，钢筋混凝土矩形截面构件在纯扭矩作用下，也会在矩形截面的长边中点处，沿垂直于主拉应力的方向首先出现斜裂缝，配置受扭钢筋对提高受扭构件的抗裂性能作用不大。但当斜裂缝出现后，斜截面上的拉应力将由钢筋承担，因而能使构件的受扭承载力大大提高。受扭钢筋的数量，尤其是箍筋的数量及间距对受扭构件的破坏形态影响很大，钢筋混凝土纯扭构件根据配筋量的不同可分为以下四种类型的破坏形态：

（1）少筋破坏

当受扭箍筋和纵筋配置过少时，构件在一个长边表面上的斜裂缝一出现，混凝土便卸荷给钢筋，钢筋应力很快达到屈服，导致斜裂缝迅速发展，使构件立即破坏，其破坏特点与素混凝土受扭构件相类似。少筋破坏过程迅速而突然，属于脆性破坏。设计时应避免少筋破坏的发生。

（2）适筋破坏

当受扭箍筋和纵筋配置都适量时，构件开裂后并不会立即破坏，随着扭矩的增加，构件将出现多条大体连续、倾角接近于 45°的螺旋状裂缝（图 5.4（b）），此时裂缝处原混凝土承担的拉力改由与裂缝相交的钢筋承担。多条螺旋形裂缝形成后的钢筋混凝土构件可以看成如图 5.4（c）所示的空间桁架，其中纵向钢筋相当于受拉弦杆，箍筋相当于受拉的竖向腹杆，而裂缝之间靠近表面一定厚度的混凝土则形成受压的斜腹杆。直到与临界斜裂缝相交的纵筋及箍筋均达到屈服强度后，裂缝迅速向相邻面扩展，形成三面开裂一面受压的空间扭曲破坏面，进而受压边混凝土被压碎，构件达到破坏。因整个破坏过程有明显预兆，故属于延性破坏。设计时应尽可能把受扭构件设计为适筋受扭构件。

（3）部分超筋破坏

当受扭箍筋或纵筋两者中有一种配置过量时，构件破坏时配置适量的钢筋先屈服，之后混凝土被压碎使构件破坏，此时配置过量的钢筋仍未屈服，破坏尚具有一定的延性。设计时还允许采用这类构件。

完全超筋破坏当受扭箍筋和纵筋均配置过量，在两者都未达到屈服强度时，构件裂缝之间的混凝土被压碎而突然破坏，属于脆性破坏。这类构件的受扭承载力取决于截面尺寸和混凝土抗压强度。设计时应避免这种破坏的发生。

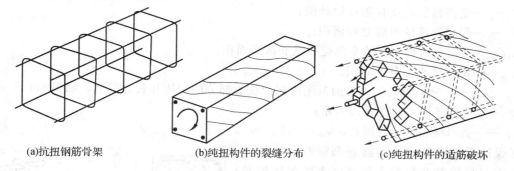

(a)抗扭钢筋骨架   (b)纯扭构件的裂缝分布   (c)纯扭构件的适筋破坏

图 5.4　钢筋混凝土纯扭构件的适筋破坏

5.1.2　受扭构件的配筋构造要求

受扭钢筋由受扭纵筋和封闭箍筋两部分组成，其配筋构造要求如下：

1. 受扭纵筋

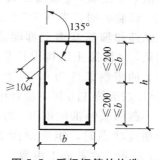

受扭纵筋的根数和直径按受扭承载力计算确定，受扭纵筋应沿构件截面周边均匀对称布置，且在截面四角必须设置受扭纵筋。受扭纵筋的间距不应大于 200 mm 和截面短边尺寸（图 5.5）。受扭纵筋的接头与锚固均应按受拉钢筋的构造要求处理。梁内的梁侧纵向构造钢筋和架立钢筋也可作为受扭纵筋来利用。

图 5.5　受扭钢筋的构造

2. 受扭箍筋

在受扭构件中，抗扭箍筋应做成封闭式，且应沿截面周边布置，当采用复合箍筋时，位于截面内部的箍筋不应计入受扭计算所需的箍筋面积。当采用绑扎骨架时，箍筋末端应做成135°弯钩，弯钩端头平直段长度不应小于 $10d$（d 为箍筋直径），如图 5.5 所示。抗扭箍筋的直径和最大箍筋间距均应满足模块 3 受弯构件中对箍筋的有关构造规定。

 ## 5.2　受扭构件承载力计算要点

5.2.1　矩形截面纯扭构件承载力计算公式

1. 计算公式

目前，《混凝土结构设计规范》（GB 50010—2010）根据国内试验研究的统计分析，并考虑结构的可靠度要求后，给出了钢筋混凝土矩形截面纯扭构件的承载力计算公式，该公式是根据适筋破坏形式而建立的，由混凝土的受扭承载力和受扭钢筋的受扭承载力两部分组成，即

$$T \leqslant T_c + T_s = 0.35 f_t W_t + 1.2 \sqrt{\zeta} f_{yv} \frac{A_{st1} A_{cor}}{s} \tag{5.1}$$

$$\zeta = \frac{f_y A_{stl} s}{f_{yv} A_{st1} u_{cor}} \tag{5.2}$$

式中　T——扭矩设计值；

　　　ζ——受扭的纵向钢筋与箍筋的配筋强度的比值；

　　　W_t——截面受扭塑性抵抗矩，矩形截面可由公式（5.4）确定；

　　　f_y——受扭纵向钢筋的抗拉强度设计值；

　　　f_{yv}——受扭箍筋的抗拉强度设计值；

　　　A_{stl}——受扭箍筋的单肢截面面积；

　　　A_{stl}——截面中对称布置的全部受扭纵筋截面面积；

　　　A_{cor}——截面核心部分的面积，$A_{cor}=b_{cor}\times h_{cor}$；

　　　b_{cor}、h_{cor}——分别为箍筋内表面范围内截面核心部分的短边和长边尺寸，如图5.6所示；

　　　s——沿构件长度方向的箍筋间距；

　　　u_{cor}——截面核心部分的周长，$u_{cor}=2(b_{cor}+h_{cor})$。

为了保证受扭纵筋和受扭箍筋都能有效地发挥作用，应将两种钢筋在数量上和强度上的配比控制在一定的范围内，《混凝土结构设计规范》（GB 50010—2010）采用受扭纵向钢筋与箍筋的配筋强度比值 ζ 来控制，ζ 值按公式（5.2）计算（图5.6）。

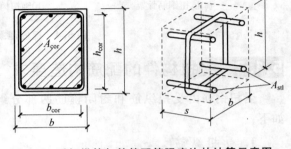

图5.6　受扭纵筋与箍筋配筋强度比的计算示意图

试验表明，当 $0.5\leqslant\zeta\leqslant2.0$ 时，构件破坏时其受扭纵筋和箍筋基本上都能达到屈服强度。为了安全起见，《混凝土结构设计规范》（GB 50010—2010）取 ζ 的限制条件为 $0.6\leqslant\zeta\leqslant1.7$，当 $\zeta>1.7$ 时，取 $\zeta=1.7$。为施工方便，设计中通常取 $\zeta=1.0\sim1.2$。

截面塑性抵抗矩 W_t 的取值是假定截面进入全塑性状态时，矩形截面上剪应力的分布如图5.7所示。在截面上由数值相等的剪应力形成剪力流，将剪力流对矩形截面扭转中心取矩可得

$$T=\frac{b^2}{6}(3h-b)\tau_t=W_t\tau_t \qquad (5.3)$$

$$W_t=\frac{b^2}{6}(3h-b) \qquad (5.4)$$

式中　b、h——分别为矩形截面的短边和长边尺寸。

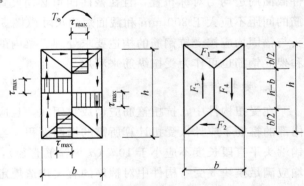

图5.7　矩形截面塑性状态的剪应力分布

2. 计算公式的适用条件

（1）上限条件

为了防止超筋破坏，受扭构件的截面尺寸不能太小，《混凝土结构设计规范》（GB 50010—2010）规定受扭截面应符合下列条件，否则应加大截面尺寸。

当 $h_w/b\leqslant4$ 时：
$$\frac{T}{0.8W_t}\leqslant0.25\beta_c f_c \qquad (5.5)$$

当 $h_w/b=6$ 时：
$$\frac{T}{0.8W_t}\leqslant0.2\beta_c f_c \qquad (5.6)$$

当 $4<h_w/b<6$ 时，按线性内插法确定。

式中　β_c——混凝土强度影响系数，其取值与斜截面受剪承载力计算相同；

　　　f_c——混凝土抗压强度设计值。

（2）下限条件

为了防止少筋破坏，《混凝土结构设计规范》（GB 50010—2010）规定受扭纵筋和箍筋的配筋率

应满足下列要求：

①受扭纵筋最小配筋率

$$\rho_{tl} = \frac{A_{stl}}{bh} \geqslant \rho_{tl,min} = 0.6\sqrt{\frac{T}{Vb}}\frac{f_t}{f_y} \tag{5.7}$$

式中　T——扭矩设计值；

　　　V——剪力设计值，对纯扭构件 $V=1.0$；

　　　ρ_{tl}——抗扭纵筋配筋率。

在式（5.7）中，当 $\frac{T}{Vb} > 2.0$ 时，取 $\frac{T}{Vb} = 2.0$。

②受扭构件最小配箍率

$$\rho_{sv} = \frac{nA_{st1}}{bs} \geqslant \rho_{sv,min} = 0.28\frac{f_t}{f_{yv}} \tag{5.8}$$

当符合下式要求时，表明混凝土可抵抗该扭矩，可以不进行受扭承载力计算，仅需按受扭纵筋最小配筋率来配置抗扭钢筋。

$$T \leqslant 0.7f_t W_t \tag{5.9}$$

5.2.2　扭矩对受弯、受剪构件承载力的影响

1. 弯剪扭承载力之间的相关性

实际工程中，受扭构件一般随着扭矩作用的同时还伴有弯矩和剪力的作用。当构件处于弯矩、剪力、扭矩共同作用的复合应力状态时，其受力情况比较复杂。试验表明，扭矩与弯矩或剪力同时作用于构件时，会使原来单独内力作用时的承载力降低。例如：受弯构件同时受到扭矩作用时，扭矩的存在使构件的受弯承载力降低，这是因为扭矩的作用使纵筋产生拉应力，加重了受弯构件纵向受拉钢筋的负担，使其应力提前达到屈服，因而降低了受弯承载力；同时受到剪力和扭矩作用的构件，其承载力也低于剪力和扭矩单独作用时的承载力。这种现象称为构件承担的各种承载力之间的相关性。

2. 承载力计算公式

（1）剪扭构件混凝土受扭承载力降低系数 β_t 由于弯剪扭三者之间的相关性过于复杂，完全按照其相互之间的相关关系对承载力进行计算是很困难的。实用计算方法是，将受弯所需纵筋与受扭所需纵筋分别计算然后进行叠加；箍筋按受扭承载力和受剪承载力分别计算其用量，然后进行叠加；这是一种简单而且偏于安全的设计方法。

对于剪扭构件，由于混凝土部分在受扭和受剪承载力计算中被重复利用，过高地估计了其抗力作用，目前《混凝土结构设计规范》（GB 50010—2010）采用剪扭构件混凝土受扭承载力降低系数 β_t 来考虑剪扭共同作用的影响。

一般剪扭构件，β_t 的计算公式为

$$\beta_t = \frac{1.5}{1+0.5\dfrac{VW_t}{Tbh_0}} \tag{5.10}$$

对于集中荷载作用下的独立剪扭构件，承载力降低系数 β_t 为

$$\beta_t = \frac{1.5}{1+0.2(\lambda+1)\dfrac{VW_t}{Tbh_0}} \tag{5.11}$$

式中　λ——计算截面的剪跨比，当 $\lambda<1.5$ 时，取 $\lambda=1.5$，当 $\lambda>3$ 时，取 $\lambda=3$；

　　　β_t——剪扭构件混凝土受扭承载力降低系数，当 $\beta_t<0.5$ 时，取 $\beta_t=0.5$，$\beta_t>1$ 时，取 $\beta_t=1$。

（2）弯剪扭构件承载力计算公式

在考虑了承载力降低系数 β_t 后,矩形截面弯剪扭构件承载力计算公式分别为:

① 受扭承载力

$$T \leqslant T_u = 0.35\beta_t f_t W_t + 1.2\sqrt{\zeta} f_{yv} \frac{A_{st1} A_{cor}}{s} \tag{5.12}$$

② 受剪承载力

$$V \leqslant V_u = 0.7(1.5-\beta_t) f_t b h_0 + 1.25 f_{yv} \frac{A_{sv}}{s} h_0 \tag{5.13}$$

对于集中荷载作用下的独立剪扭构件,式(5.13)改为

$$V \leqslant V_u = (1.5-\beta_t) \frac{1.75}{\lambda+1} f_t b h_0 + f_{yv} \frac{A_{sv}}{s} h_0 \tag{5.14}$$

对于纵筋,先按受弯计算抗弯纵筋,再按式(5.12)计算出抗扭纵筋,然后叠加可得到全部所需的纵向钢筋用量。

对于箍筋,根据式(5.12)、式(5.13)或(5.14)求得单侧抗扭箍筋用量 A_{st1}/s 和抗剪箍筋用量 A_{sv1}/s 后,叠加后得到剪扭构件所需的单肢箍筋总用量 A_{svt1}/s,即

$$\frac{A_{svt1}}{s} = \frac{A_{st1}}{s} + \frac{A_{sv1}}{s} \tag{5.15}$$

再根据 A_{svt1}/s 选用所需箍筋的直径和间距。

(3)计算公式的适用条件

①为避免超筋破坏,构件截面尺寸应满足式(5.16)或式(5.17)的要求,否则应增大截面尺寸或提高混凝土强度等级。

当 $h_w/b \leqslant 4$ 时:

$$\frac{V}{bh_0} + \frac{T}{0.8W_t} \leqslant 0.25\beta_c f_c \tag{5.16}$$

当 $h_w/b = 6$ 时:

$$\frac{V}{bh_0} + \frac{T}{0.8W_t} \leqslant 0.2\beta_c f_c \tag{5.17}$$

当 $4 < h_w/b < 6$ 时,按线性内插法确定。

②为避免少筋破坏,同样需满足式(5.7)和式(5.8)的要求。

当满足式(5.18)要求时,可不进行构件剪扭承载力计算,仅按构造要求配置箍筋和抗扭纵筋。

$$\frac{V}{bh_0} + \frac{T}{W_t} \leqslant 0.7 f_t \tag{5.18}$$

当符合式(5.19)或式(5.20)条件时,可不考虑抗剪承载力,仅按受弯构件的正截面受弯承载力和纯扭构件的受扭承载力分别进行计算:

$$V \leqslant 0.35 f_t b h_0 \tag{5.19}$$

$$V \leqslant \frac{0.875}{\lambda+1} f_t b h_0 \tag{5.20}$$

当符合式(5.21)要求时,可不考虑抗扭承载力,仅按受弯和受剪承载力分别进行计算:

$$T \leqslant 0.175 f_t W_t \tag{5.21}$$

5.2.3 矩形截面弯剪扭构件承载力计算

钢筋混凝土矩形截面弯剪扭构件承载力计算,根据已知及未知条件的不同分为两类问题,即截面设计和截面复核,这里主要介绍截面设计问题。

截面设计时,已知截面的内力 M、V、T,材料的强度等级,截面尺寸;求纵向钢筋和箍筋的截面面积。

其计算步骤如下:

(1)验算构件截面尺寸

①由公式(5.4)求 W_t;

②验算构件截面尺寸。构件截面尺寸不满足式(5.16)或式(5.17)时,应增大截面尺寸或提

高混凝土强度等级后再验算，直至满足要求。

（2）确定是否需按计算配置钢筋

①满足式（5.18）要求时，按构造要求配置箍筋和抗扭纵筋，否则按计算配置箍筋和受扭纵筋。

②当符合式（5.19）或式（5.20）条件时，可不考虑剪力，仅按受弯构件的正截面受弯承载力和纯扭构件的受扭承载力分别进行计算。

③当符合式（5.21）条件时，可仅按受弯和受剪承载力分别进行计算。

（3）确定纵筋用置

①计算受弯纵筋截面面积 A_s，并验算最小配筋率；

②计算受扭纵筋截面面积 A_{stl}，并验算最小配筋率；

③弯扭纵筋用量叠加。叠加原则：受扭纵筋截面面积 A_{stl} 沿截面周边均匀对称布置，受弯纵筋截面面积 A_s 布置在受弯时的受拉边，位于截面受拉边的全部纵向钢筋按受扭纵筋与受弯纵筋相叠加后的钢筋面积选配。

（4）确定箍筋用置

①计算剪扭构件混凝土受扭承载力降低系数 β_t；

②计算抗扭所需的箍筋单肢截面用量 A_{st1}/s；

③计算抗剪所需的箍筋单肢截面用量 A_{svl}/s；

④计算剪扭箍筋的单肢截面总用量 $A_{st1}/s + A_{svl}/s$，并验算箍筋的最小配筋率，且选配箍筋。

【例 5.1】 均布荷载作用下的钢筋混凝土矩形截面构件，其截面尺寸为 $h \times b = 600 \text{ mm} \times 250 \text{ mm}$，纵向钢筋的混凝土保护层厚度 $c = 25 \text{ mm}$，承受弯矩设计值 $M = 175 \text{ kN·m}$，剪力设计值 $V = 155 \text{ kN}$，扭矩设计值 $T = 13.95 \text{ kN·m}$。混凝土强度等级为 C30，纵向钢筋用 HRB335 级钢筋，箍筋用 HPB300 级钢筋配筋。试计算其配筋。

解 （1）验算构件截面尺寸

$$h_0 = (600 - 35) \text{ mm} = 565 \text{ mm}$$

$$W_t = \frac{b^2}{6}(3h - b) = \left[\frac{250^2}{6} \times (3 \times 600 - 250)\right] \text{mm}^3 = 16.15 \times 10^6 \text{ mm}^3$$

$$\frac{V}{bh_0} + \frac{T}{0.8W_t} = \left(\frac{115 \times 10^3}{250 \times 565} + \frac{13.95 \times 10^6}{0.8 \times 16.15 \times 10^6}\right) \text{N/mm}^2$$

$$= 2.18 \text{ N/mm}^2 < 0.25\beta_c f_c = (0.25 \times 1.0 \times 14.3) \text{ N/mm}^2$$

$$= 3.58 \text{ N/mm}^2 \text{（满足要求）}$$

（2）抗弯纵向钢筋

$$\alpha_s = \frac{M}{\alpha_1 f_c bh_0^2} = \frac{175 \times 10^6}{1.0 \times 14.3 \times 250 \times 565^2} = 0.153$$

由 $\gamma_s = [1 + (1 - 2\alpha_s)^{\frac{1}{2}}]/2$，得 $\gamma_s = 0.916$，则

$$A_s = \frac{M}{\gamma_s h_0 f_y} = \frac{175 \times 10^6}{0.916 \times 565 \times 300} \text{ mm}^2 = 1127 \text{ mm}^2$$

（3）抗剪箍筋

$$\beta_t = \frac{1.5}{1 + 0.5\dfrac{VW_t}{Tbh_0}} = \frac{1.5}{1 + 0.5 \times \dfrac{155 \times 10^3}{13.95 \times 10^6} \times \dfrac{16.15 \times 10^6}{250 \times 565}} = 0.917$$

$$\frac{A_{sv}}{s} = \frac{V - 0.7(1.5 - \beta_t)f_t bh_0}{1.25 f_{yv} h_0}$$

$$= \frac{155 \times 10^3 - 0.7(1.5 - 0.917) \times 1.43 \times 250 \times 565}{1.25 \times 270 \times 565} \text{ mm}^2/\text{mm}$$

$$= 0.381 \text{ mm}^2/\text{mm}$$

（4）抗扭钢筋

$$b_{cor} = (250 - 50) \text{ mm} = 200 \text{ mm}, \quad h_{cor} = (600 - 50) \text{ mm} = 550 \text{ mm}$$

$$u_{cor} = 2 \times (200 + 550) \text{ mm} = 1500 \text{ mm}, \quad A_{cor} = (200 \times 550) \text{ mm}^2 = 110 \times 10^3 \text{ mm}^2$$

取 $\xi = 1.3$，则

$$\frac{A_{stl}}{s} = \frac{T - 0.35\beta_t f_t W_t}{1.2\sqrt{\xi} f_{yv} A_{cor}}$$

$$= \frac{13.95 \times 10^6 - 0.35 \times 0.917 \times 1.43 \times 16.15 \times 10^6}{1.2\sqrt{1.3 \times 270 \times 110 \times 10^3}} \text{ mm}^2/\text{mm} = 0.207 \text{ mm}^2/\text{mm}$$

$$A_{stl} = \xi \frac{A_{stl}}{s} \cdot \frac{f_{yv}}{f_y} u_{cor} = \left(1.3 \times 0.207 \times \frac{270}{300} \times 1\,500\right) \text{ mm}^2 = 283 \text{ mm}^2$$

（5）钢筋配置

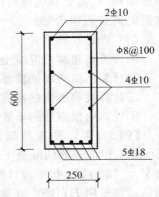

受拉区配置纵筋截面面积 $A_{s,sum} = A_s + \frac{1}{4}A_{stl} = \left(1\,127 + \frac{1}{4} \times 283\right) \text{ mm}^2 = 1198 \text{ mm}^2$，选用 $5\,\Phi\,18$（$A_{s,sum} = 1\,272 \text{ mm}^2$）。

受压区配置纵筋截面面积为 $A'_{s,sum} = \frac{1}{4}A_{stl} = \frac{1}{4} \times 283 \text{ mm}^2 = 70.75 \text{ mm}^2$；

腹部配置纵筋截面面积为 $\frac{1}{2}A_{stl} = \frac{1}{2} \times 283 \text{ mm}^2 = 142 \text{ mm}^2$。

腹部构造纵筋最小截面面积应为 $\left(\frac{0.1}{100} \times 250 \times 600\right) \text{ mm}^2 = 150 \text{ mm}^2$。

受压区和腹部分别选用 $2\,\Phi\,10$（157 mm^2）和 $4\,\Phi\,10$（314 mm^2）。

箍筋单肢总用量 $\frac{A_{sv,sum}}{s} = \frac{A_{stl}}{s} + \frac{1}{2}\frac{A_{sv}}{s} = \left(0.207 + \frac{1}{2} \times 0.489\right) \text{ mm} = 0.457 \text{ mm}$，取用箍筋直径为 $\Phi\,8$，单肢箍筋截面面积 $A_{sv,sum} = 50.3 \text{ mm}^2$，则 $s = \frac{50.3}{0.452} = 111 \text{ mm}$，取用 $s = 100 \text{ mm}$。

图 5.8　钢筋布置图

钢筋布置如图 5.8 所示。

【重点串联】

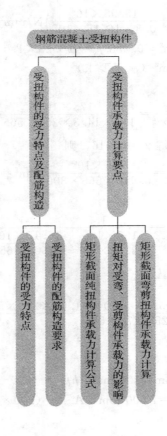

拓展与实训

基础训练

一、选择题

1. 钢筋混凝土受扭构件，受扭纵筋和箍筋的配筋强度比 $0.6<\zeta<1.7$ 说明，当构件破坏时，（　　）。

    A. 纵筋和箍筋都能达到屈服　　　　　　B. 仅箍筋达到屈服

    C. 仅纵筋达到屈服　　　　　　　　　　D. 纵筋和箍筋都不能达到屈服

2. 在钢筋混凝土受扭构件设计时，《混凝土结构设计规范》（GB 50010—2010）要求，受扭纵筋和箍筋的配筋强度比应（　　）。

    A. 不受限制　　　　　　　　　　　　　B. $1.0<\zeta<2.0$

    C. $0.5<\zeta<1.0$　　　　　　　　　　D. $0.6<\zeta<1.7$

3. 《混凝土结构设计规范》（GB 50010—2010）对于剪扭构件承载力计算采用的计算模式是（　　）。

    A. 混凝土和钢筋均考虑相关关系

    B. 混凝土和钢筋均不考虑相关关系

    C. 混凝土不考虑相关关系，钢筋考虑相关关系

    D. 混凝土考虑相关关系，钢筋不考虑相关关系

二、简答题

1. 钢筋混凝土纯扭构件有几种破坏形式？各有什么特点？计算中如何避免少筋破坏和完全超筋破坏？

2. 简述素混凝土纯扭构件的破坏特征。

3. 在抗扭计算中有两个限值，$0.7f_t$ 和 $0.25\beta_c f_c$，它们起什么作用？

4. 《混凝土结构设计规范》是如何考虑弯矩、剪力和扭矩共同作用的？β_t 的意义是什么？起什么作用？上下限是多少？

5. 从课外查阅工程结构施工图，根据所学知识，判断结构施工图中，哪些构件中的哪些钢筋可以用来承受扭矩。

三、计算题

已知矩形截面梁，截面尺寸 300 mm×400 mm，混凝土强度等级 C20（$f_c=9.6$ N/mm²，$f_t=1.1$ N/mm²），箍筋 HPB300（$f_{yv}=270$ N/mm²），纵筋 HRB335（$f_y=300$ N/mm²）。经计算，梁弯矩设计值 $M=14$ kN·m，剪力设计值 $V=16$ kN，扭矩设计值 $T=3.8$ kN·m，试确定梁的配筋。

工程模拟训练

某梁的配筋情况如图 5.9 所示，试分析梁中所配钢筋的作用。

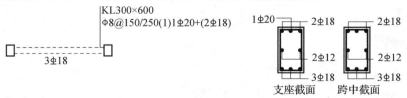

图 5.9 梁的配筋图

链接职考

1. 大跨度混凝土拱式结构建（构）筑物，主要利用了混凝土良好的（　　）。（2010 年一级建造师考题）

    A. 抗剪性能　　　　B. 抗弯性能　　　　C. 抗拉性能　　　　D. 抗压性能

模块 6

受压构件承载力计算

【模块概述】

我们已经学过受弯构件,那么受压构件的设计有什么不同呢?

以承受轴向压力为主的构件称为受压构件。钢筋混凝土受压构件在工业与民用建筑中的应用非常广泛。例如,框架结构房屋和工业厂房中的柱、桁架的受压腹杆和受压弦杆以及高层建筑的剪力墙等均为受压构件。

【知识目标】

1. 掌握配有普通箍筋和螺旋箍筋轴心受压柱的破坏特征和设计方法;
2. 理解大、小偏心受压构件的破坏特征及其判别方法;
3. 熟练掌握矩形截面对称配筋、非对称配筋的截面设计方法;
4. 了解工字形截面对称配筋截面设计;
5. 了解偏心受压构件斜截面计算特点;
6. 掌握受压构件的基本构造要求。

【技能目标】

1. 能根据施工图纸和施工实际条件,明确结构施工图中的受压构件以及受压构件中各种钢筋的名称、作用,并能正确评价其配筋的合理性。

【课时建议】

8 课时

经 5·12 汶川地震灾区考察发现：钢筋混凝土框架结构房屋的倒塌几乎都和柱子的破坏有关。柱子的破坏主要包括：柱子顶端和底部水平破裂、柱子主筋压屈与压弯、外部保护层剥落、柱体剪切破坏等等。柱梁之间的节点尤其容易破坏。遭到破坏的钢筋混凝土柱子往往是：柱子里钢筋太少太细、箍筋间距过大，发生地震时正截面受压承载力不足和斜截面受剪承载力不足、搭接长度不足、横向接头钢筋过少等等。柱子是房屋的"脊梁"，主要的竖向承重构件，"软骨头"的房屋一震就塌。

钢筋混凝土受压构件可以分为轴心受压构件和偏心受压构件。当轴向压力作用线与截面形心重合（截面上只有轴向压力）时，称为轴心受压构件，如图 6.1（a）所示。当轴向压力作用线与截面形心不重合（截面上既有压力，又有弯矩）时，称为偏心受压构件。如果轴向力只在一个方向具有偏心，这种构件称为单向偏心受压构件，如图 6.1（b）所示；如果轴向力在两个方向具有偏心，则称为双向偏心受压构件，如图 6.1（c）所示。例如，单层厂房柱，多层框架边柱、角柱和某些中间柱，拱、刚架及某些屋架的上弦杆等都是偏心受压构件。

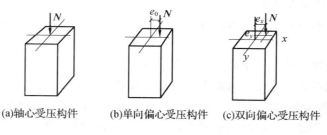

(a)轴心受压构件　　(b)单向偏心受压构件　　(c)双向偏心受压构件

图 6.1　轴心受压与偏心受压构件

6.1　轴心受压构件承载力计算

在实际工程中，由于施工时钢筋位置和截面几何尺寸的误差、混凝土本身的不均匀性、荷载实际位置的偏差等原因，理想的轴心受压构件是不存在的。但在结构设计中，为简化计算，对承受节点荷载的屋架受压腹杆及受压弦杆、以恒载作用为主的多层房屋的内柱等构件，可近似按轴心受压构件计算。

钢筋混凝土轴心受压柱由纵向受力钢筋和箍筋经绑扎或焊接形成骨架。根据箍筋的功能和配置方式的不同，轴心受压柱分为两种情况：普通箍筋柱和螺旋箍筋柱或焊接环式箍筋柱（间接钢筋柱），如图 6.2 所示。实际工程中最常采用的是普通箍筋柱，但当柱所受压力很大且柱截面尺寸又受到限制时，可以考虑采用间接钢筋柱。

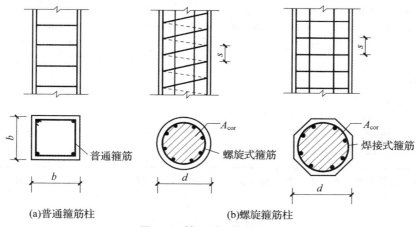

(a)普通箍筋柱　　　　　　　　　(b)螺旋箍筋柱

图 6.2　轴心受压柱的形式

6.1.1 普通箍筋柱的承载力计算

1. 普通箍筋柱的试验研究

根据构件的长细比的不同，轴心受压柱可分为短柱和长柱。

（1）短柱（对矩形截面 $l_0/b \leqslant 8$，b 为截面短边尺寸）的试验研究

由试验可知，在轴心压力 N 较小时，混凝土处于弹性阶段，轴向力在截面内产生的压应力由混凝土和钢筋共同承担。随着 N 的增加，混凝土塑性变形发展，混凝土应力增加缓慢，而钢筋应力增加较快。短柱破坏时，一般是纵向受力钢筋先达到屈服强度，然后应力基本保持不变，构件仍可继续承受荷载，当混凝土达到极限压应变时，构件表面出现纵向裂缝，混凝土保护层剥落，箍筋之间的纵向钢筋向外鼓出，混凝土被压碎，整个柱子破坏。

（2）长柱（$l_0/b > 8$）的试验研究

从试验结果发现，长柱在轴心压力作用下，不仅发生压缩变形，同时还产生横向挠度，出现弯曲现象，产生弯曲的原因是多方面的：

①柱子的几何尺寸不一定精确，构件材料不均匀，钢筋位置在施工中移动，使截面物理中心与其几何中心偏离；

②加载作用线与柱轴线并非完全保持绝对重合等。

对于长柱，在荷载不大时，柱全截面受压，由于有弯曲的影响，截面一侧（凹侧）的压应力大于另外一侧（凸侧），随荷载增大，这种应力差更大，同时，横向挠度增加更快，以致凹侧混凝土首先压碎，并产生纵向裂缝，钢筋被压屈向外突出，而另外一侧混凝土可能由受压转为受拉，出现水平裂缝，钢筋受拉屈服，最终柱发生破坏。

试验结果还表明：对长细比较大的长柱，由于纵向弯曲的影响，其承载力低于条件完全相同的短柱。当构件长细比过大时还会发生失稳破坏。《混凝土结构设计规范》（GB 50010—2010）采用稳定系数 φ 来表示长柱承载力降低的程度，φ 值见表 6.1。从表 6.1 可以看出，长细比 l_0/b 越大，φ 值越小，而对短柱，可不考虑纵向弯曲的影响，取 $\varphi = 1$。

表 6.1 钢筋混凝土轴心受压构件的稳定系数 φ

l_0/b	$\leqslant 8$	10	12	14	16	18	20	22	24	26	28
l_0/d	$\leqslant 7$	8.5	10.5	12	14	15.5	17	19	21	22.5	24
l_0/i	$\leqslant 28$	35	42	48	55	62	69	76	83	90	97
φ	1.00	0.98	0.95	0.92	0.87	0.81	0.75	0.70	0.65	0.60	0.56
l_0/b	30	32	34	36	38	40	42	44	46	48	50
l_0/d	26	28	29.5	31	33	34.5	36.5	38	40	41.5	43
l_0/i	104	111	118	125	132	139	146	153	160	167	174
φ	0.52	0.48	0.44	0.40	0.36	0.32	0.29	0.26	0.23	0.21	0.19

注：l_0 为构件的计算长度；b 为矩形截面的短边尺寸；d 为圆形截面的直径；i 为截面的最小回转半径。

表 6.2　框架结构各层柱的计算长度

楼盖类型	柱的类别	计算长度 l_0
现浇楼盖	底层柱	$1.0H$
	其余各层柱	$1.25H$
装配式楼盖	底层柱	$1.25H$
	其余各层柱	$1.5H$

注：H 对底层柱为从基础顶面到一层楼盖顶面的高度；对其余各层柱为上、下两层楼盖顶面之间的高度。

表 6.3　刚性屋盖单层房屋排架柱、露天吊车柱和栈桥柱的计算长度

柱的类别		l_0		
		排架方向	垂直排架方向	
			有间支撑	无柱间支撑
无吊车房屋柱	单跨	$1.5H$	$1.0H$	$1.2H$
	两跨及多跨	$1.25H$	$1.0H$	$1.2H$
有吊车房屋柱	上柱	$2.0H_u$	$1.25H_u$	$1.5H_u$
	下柱	$1.0H_l$	$0.8H_l$	$1.0H_l$
露天吊车柱和栈桥柱		$2.0H_l$	$1.0H_l$	—

注：1. H 为从基础顶面算起的柱子全高；H_1 为从基础顶面至装配式吊车梁底面或现浇式吊车梁顶面的柱子下部高度；H_u 为从装配式吊车梁底面或从现浇式吊车梁顶面算起的柱子上部高度。

2. 有吊车房屋排架柱的计算长度，当计算中不考虑吊车荷载时，可按无吊车房屋柱的计算长度采用，但上柱的计算长度仍可按有吊车房屋采用。

3. 有吊车房屋排架柱的上柱在排架方向的计算长度仅适用于 $H_u/H_l \geqslant 0.3$ 的情况；当 $H_u/H_l < 0.3$ 时，计算长度宜采用 $2.5H_u$。

2. 普通箍筋柱正截面承载力计算公式

《混凝土结构设计规范》（GB 50010—2010）给出普通箍筋柱的正截面承载力计算公式为

$$N \leqslant N_u = 0.9\varphi \ (f_c A + f'_y A'_s) \tag{6.1}$$

式中　N——轴向压力设计值；

　　　0.9——可靠度调整系数；

　　　φ——钢筋混凝土构件的稳定系数，按表 6.1 取用；

　　　A——构件截面面积，当纵向钢筋配筋率 $\rho' = \dfrac{A'_s}{A} > 3\%$ 时，式（6.1）中的 A 用 A_c 代替，

　　　　　$A_c = A - A'_s$；

　　　f'_y——纵向钢筋的抗压强度设计值；

　　　A'_s——全部纵向钢筋的截面面积。

【例 6.1】　钢筋混凝土框架结构的首层中柱，按轴心受压构件计算。柱的截面尺寸为 400 mm ×400 mm。轴向力设计值 $N = 1\,640$ kN（包括自重），柱的计算长度 $l_0 = 5.6$ m，采用混凝土强度等级 C20（$f_c = 9.6$ N/mm²），钢筋 HRB400 级（$f'_y = 360$ N/mm²）。求柱的纵向钢筋配筋量。

　　解　柱的长细比 $l_0/b = 5\,600/400 = 14$，由表 6.1 查得稳定系数 $\varphi = 0.92$。

　　由式（6.1）可得受压钢筋面积为

$$A'_s = \frac{\dfrac{N}{0.9\varphi} - f_c A}{f'_y} = \frac{\dfrac{1\,640 \times 10^3}{0.9 \times 0.92} - 9.6 \times 400 \times 400}{360} \ \text{mm}^2 = 1\,235 \ \text{mm}^2$$

选用 4 Φ 20（$A'_s = 1\ 256\ \text{mm}^2$）纵向钢筋的配筋率为

$$\rho' = \frac{A'_s}{400 \times 400} = \frac{1\ 256}{160\ 000} = 0.785\% \begin{cases} > \rho'_{\min} = 0.55\% \\ < \rho'_{\max} = 5\% \\ \text{且} < 3\% \end{cases}$$

6.1.2 螺旋箍筋柱

当轴心受压构件承受很大的轴向压力，而截面尺寸又受到建筑上或使用上的限制，若用普通箍筋柱，即使提高了混凝土强度等级，增加了纵向受力钢筋用量也不足以承受该轴向压力时，可考虑采用螺旋箍筋柱（注：螺旋式箍筋柱和焊接环式钢筋柱性能相同，以下叙述不再区分）来提高轴心受压构件的承载力，如图 6.3 所示。

试验表明：在螺旋式钢筋柱中，螺旋筋就像环箍一样，有效地阻止了核心混凝土的横向变形，使核心混凝土处于三向受压状态，提高了混凝土的抗压强度，从而间接提高了柱子的承载力。在荷载作用下，螺旋式钢筋中产生拉应力，当螺旋式钢筋应力达到屈服强度后，就不能再约束混凝土的横向变形了，柱即压碎。此外，螺旋式钢筋柱的混凝土保护层，在螺旋式钢筋拉应力较大时便开裂脱落，因此，在计算中不考虑保护层的作用。

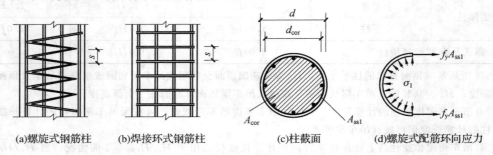

(a)螺旋式钢筋柱　(b)焊接环式钢筋柱　(c)柱截面　(d)螺旋式配筋环向应力

图 6.3　配置螺旋式或焊接环式间接钢筋柱

1. 螺旋箍筋柱正截面承载力计算公式

当采用螺旋箍筋柱时，钢筋混凝土轴心受压构件正截面受压承载力按如下公式计算：

$$N \leqslant N_u = 0.9\ (f_c A_{cor} + f'_y A'_s + 2\alpha f_{yv} A_{ss0}) \tag{6.2}$$

式中　A_{cor}——构件的核心截面面积，间接钢筋内表面范围内的混凝土面积，$A_{cor} = \dfrac{\pi d_{cor}^2}{4}$；

d_{cor}——构件的核心截面直径，取间接钢筋内表面之间的距离；

f_{yv}——间接钢筋的抗拉强度设计值；

f'_y——纵向钢筋的抗压强度设计值；

A'_s——纵向钢筋的截面面积；

A_{ss0}——螺旋式或焊接环式间接钢筋的换算截面面积，$A_{ss0} = \dfrac{\pi d_{cor} A_{ss1}}{s}$；

A_{ss1}——螺旋式或焊接环式单根间接钢筋的截面面积；

s——间接钢筋沿构件轴线方向的间距；

α——间接钢筋对混凝土约束的折减系数：当混凝土强度等级不超过 C50 时，取 1.0，当混凝土强度等级为 C80 时，取 0.85，其间按线性内插法确定。

2. 公式的适用条件

① 为了保证间接钢筋外混凝土保护层在使用荷载作用下不过早剥落，《混凝土结构设计规范》（GB 50010—2010）要求按式（6.2）算出的 N_u 值不应大于按式（6.1）算出的 N_u 值的 1.5 倍。

② 当遇到下列任意一种情况时，不考虑间接钢筋的影响，而应按式（6.1）计算：$l_0/d > 12$

时，因长细比较大，可能由于初始偏心和附加弯矩的影响使构件的承载力降低，造成间接钢筋不能发挥作用；按式（6.2）算出的 N_u 小于式（6.1）算出的 N_u 时；当间接钢筋的换算截面面积 A_{ss0} 小于纵向钢筋的全部截面面积的 25% 时，则认为间接钢筋配置太少，对核芯混凝土约束效果不明显。

【例 6.2】 某建筑门厅现浇的圆形钢筋混凝土柱直径为 400 mm，承受轴向压力设计值 $N=3\ 500$ kN，从基础顶面到一层楼盖顶面的距离 $H=4.2$ m，混凝土强度等级为 C30，柱中纵向钢筋及箍筋均采用 HRB400 级钢筋，采用螺旋箍筋配筋形式，试设计该柱配筋。

解 （1）设计参数

C30 混凝土：$f_c=14.3$ N/mm²；HRB400 级钢筋：$f_y=f'_y=360$ N/mm²；

柱的计算长度：$l_0=1.0H=4\ 200$ mm，$\dfrac{l_0}{d}=\dfrac{4\ 200}{400}=10.5<12$，说明适合采用螺旋箍筋柱。

（2）按螺旋箍筋柱计算

室内正常环境（一类环境）时，柱混凝土保护层厚度取 20 mm。初选螺旋箍筋直径为 10 mm，则有 $A_{ss1}=78.5$ mm²。又

$$d_{cor}=（400-2\times20-2\times10）\text{mm}=340\text{ mm}$$

则有

$$A_{cor}=\frac{\pi d_{cor}^2}{4}=\frac{\pi\times340^2}{4}\text{ mm}^2=90\ 792\text{ mm}^2$$

设 $\rho'=3\%$，则

$$A'_s=0.03\times A=0.03\times\frac{\pi\times400^2}{4}\text{mm}^2=3\ 769\text{ mm}^2$$

选 10 Φ 22，实配 $A'_s=3\ 801$ mm²，则由公式（6.2）得

$$A_{ss0}=\frac{\dfrac{N}{0.9}-（f_cA_{cor}+f'_yA'_s）}{2\alpha f_{yv}}$$

$$=\frac{\dfrac{3\ 500\times10^3}{0.9}-（14.3\times90\ 792+360\times3\ 801）}{2\times1.0\times360}\text{ mm}^2$$

$$=1\ 697.5\text{ mm}^2>0.25A'_s=950.3\text{ mm}^2$$

满足要求。又

$$s=\frac{\pi d_{cor}A_{ss1}}{A_{ss0}}=\frac{\pi\times340\times78.5}{1\ 697.5}\text{ mm}=49\text{ mm}$$

取 $s=45$ mm，符合 40 mm$\leqslant s\leqslant$80 mm 及 $s\leqslant0.2d_{cor}=68$ mm。

（3）复核承载力，验算保护层是否过早脱落

$$A_{ss0}=\frac{\pi d_{cor}A_{ss1}}{s}=\frac{\pi\times340\times78.5}{45}\text{mm}^2=1\ 863.3\text{ mm}^2$$

代入公式（6.2）有

$$N_u=0.9（f_cA_{cor}+f'_yA'_s+2\alpha f_{yv}A_{ss0}）$$

$$=0.9\times（14.3\times90\ 792+360\times3\ 801+2\times1.0\times360\times1\ 863.3）\text{N}$$

$$=3\ 607\text{ kN}>N=3\ 500\text{ kN}$$

按普通箍筋柱计算，由 $\dfrac{l_0}{d}=\dfrac{4\ 200}{400}=10.5$，查表 6.1 有 $\varphi=0.95$，则由公式（6.1）得

$$N_u'=0.9\varphi（f_cA+f_yA_s'）$$

$$=0.9\times0.95\times（14.3\times125\ 663.7+360\times3\ 801）\text{N}$$

$$=2\ 706.4\text{ kN}<N_u=3\ 607\text{ kN}$$

由于 $1.5N_u'=1.5\times2\ 706.4$ kN$=4\ 059.6$ kN$>N_u=3\ 607$ kN，说明柱保护层不会过早剥落，所设计的螺旋箍筋柱符合要求。

6.2 偏心受压构件正截面承载力计算

6.2.1 偏心受压构件的破坏特征

由试验研究可知，偏心受压构件的破坏特征与轴向力的偏心距和配筋量有关，其破坏形态介于受弯破坏与轴心受压破坏之间。大量试验表明，偏心受压构件的最终破坏都是由于混凝土的压碎而造成的。但是，由于轴向力的偏心距大小及纵向钢筋配筋率的变化，偏心受压构件的破坏特征也不同。归纳起来，有两种破坏特征：即大偏心受压破坏和小偏心受压破坏。

1. 大偏心受压破坏

当轴向力偏心距 e_0 较大且距轴向力 N 较远一侧的钢筋 A_s 配筋适量时，发生大偏心受压破坏。其破坏特征与适筋双筋梁类似，在轴向力 N 作用下，离轴向力较远一侧截面受拉，离轴向力较近一侧的截面受压。随荷载增加，受拉区混凝土首先产生横向裂缝，继续加载，裂缝不断开展延伸，受拉区钢筋首先达到屈服强度 f_y，混凝土受压区高度迅速减小，应变急剧增加，当受压区边缘混凝土的压应变达到其极限值时，受压区混凝土压碎而构件破坏，此时受压钢筋达到受压屈服强度 f'_y。这种破坏的过程和特征与适筋的双筋截面梁正截面破坏类似，破坏时，有明显预兆，为延性破坏，如图 6.4 所示。

2. 小偏心受压破坏

小偏心受压破坏发生在偏心距较小，或偏心距较大，但截面距轴向力较远一侧钢筋配置 A_s 过多时。

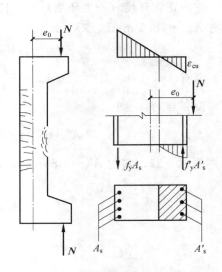

图 6.4　大偏心受压破坏形态

小偏心受压破坏有三种破坏情形：

（1）偏心距 e_0 较小时，构件截面大部分受压，小部分受拉，随着荷载的增加，受拉区虽有裂缝产生但开展缓慢，受拉钢筋 A_s 达不到屈服，构件破坏时受压钢筋 A_s' 达到屈服，受压区混凝土被压碎，如图 6.5（a）所示。

（2）偏心距 e_0 很小时，构件截面全部受压。荷载逐渐增加时，压应力也逐渐增大，当靠近偏心力一侧的混凝土达到极限压应变 ε_{cu} 时，混凝土被压碎，同时，该侧的受压钢筋 A_s' 也达到屈服；但破坏时，另一侧的混凝土和钢筋的应力都很小，钢筋 A_s 达不到屈服，如图 6.5（b）所示。

（3）当偏心距 e_0 较大但距偏心力 N 较远一侧的受拉钢筋 A_s 配筋量过多时，受拉区的裂缝开展比较缓慢，受拉钢筋的应力增长也非常缓慢，受拉钢筋 A_s 达不到屈服。构件的破坏也是由于受压区混凝土的压碎而引起的，破坏时，受压钢筋 A_s' 能达到屈服，如图 6.5（c）所示。

综上所述，小偏心受压构件的破坏都是由受压区混凝土压碎引起的，离偏心力较近一侧的钢筋能达到屈服，而另一侧的钢筋无论是受压还是受拉，均达不到屈服。与大偏心受压破坏相比，其破坏没有明显预兆，为脆性破坏。

由于大偏心受压的破坏特征类似于适筋双筋梁，因此，在大小偏心受压的界限状态下，截面的界限相对受压区高度 ξ_b 和受弯构件的 ξ_b 完全相同。所以可用 ξ_b 来判别两种不同的偏心受压状态，即

当 $\xi \leq \xi_b$ 时，为大偏心受压构件；

当 $\xi > \xi_b$ 时，为小偏心受压构件。

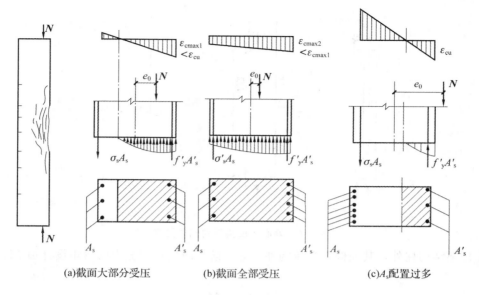

$$(a)截面大部分受压 \qquad (b)截面全部受压 \qquad (c)A_s配置过多$$

图 6.5　小偏心受压破坏形态

6.2.2　附加偏心距

由于工程中实际存在着荷载作用位置的不定性、混凝土质量的不均匀性、配筋的不对称及施工的偏差等因素，都可能产生附加偏心距。《混凝土结构设计规范》（GB 50010—2010）规定：在偏心受压构件的正截面承载力计算中，应计入轴向压力在偏心方向存在的附加偏心矩 e_a，其值应取 20 mm 和偏心方向截面最大尺寸的 1/30 两者中的较大值。

考虑附加偏心距后，在计算偏心受压构件正截面承载力时，应将轴向力对截面重心的偏心距取为 e_i，称为初始偏心距，即：$e_i = e_0 + e_a$。

6.2.3　考虑二阶效应后的弯矩设计值

钢筋混凝土偏心受压构件在偏心力 N 的作用下，将产生侧向挠度 y，对于长细比较小的短柱，侧向挠度很小，对构件的承载力影响不大。对长细比较大的长柱如图 6.6 所示，由于侧向挠度的影响，各截面所受的弯矩将由 Ne_i 增加到 $N(e_i + y)$，在柱高度中点处，侧向挠度最大为 a_f，此截面上的弯矩为 $N(e_i + a_f)$。由于 a_f 随着 N 的增大而不断增大，所以此截面的弯矩比 N 增加的速度快。其中，Ne_i 称为一阶弯矩，Ny 或 Na_f 称为二阶弯矩或附加弯矩。

《混凝土结构设计规范》（GB 50010—2010）规定：弯矩作用平面内截面对称的偏心受压构件，当同一主轴方向的杆端弯矩比 $\dfrac{M_1}{M_2}$ 不大于 0.9 且轴压比 $\dfrac{N}{f_cA}$ 不大于 0.9 时，若构件的长细比满足下列公式的要求时，可不考虑轴向压力在该方向挠曲杆件中产生的附加弯矩影响：

$$\frac{l_0}{i} \leqslant 34 - 12\frac{M_1}{M_2} \tag{6.3}$$

式中　M_1、M_2——分别为已考虑侧移影响的偏心受压构件两端截面按结构弹性分析确定的对同一主轴的组合弯矩设计值，绝对值较大端为 M_2，绝对值较小端为 M_1，当构件按单曲率弯曲时，M_1/M_2 取正值，否则取负值；

l_0——构件的计算长度，可近似取偏心受压构件相应主轴方向上下支承点之间的距离；

i——偏心方向的截面回转半径。

当不满足式（6.3）时，附加弯矩的影响不可忽略，需按截面的两个主轴方向分别考虑轴向压力在挠曲杆件中产生的附加弯矩的影响。

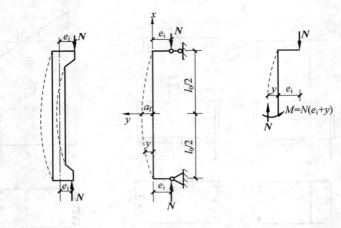

图 6.6 偏心受压构件的侧向挠度

（1）除排架结构柱外，其他偏心受压构件考虑二阶效应后控制截面的弯矩设计值 M，应按下列公式计算：

$$M = C_m \eta_{ns} M_2 \tag{6.4}$$

$$C_m = 0.7 + 0.3 \frac{M_1}{M_2} \tag{6.5}$$

$$\eta_{ns} = \frac{1}{1\,300 \left(\frac{M_2}{N} + e_a \right) / h_0} \left(\frac{l_0}{h} \right)^2 \zeta_c \tag{6.6}$$

$$\zeta_c = 0.5 \frac{f_c A}{N} \tag{6.7}$$

式中　C_m——构件端截面偏心距调节系数，当小于 0.7 时取 0.7；

　　　η_{ns}——弯矩增大系数；

　　　N——与弯矩设计值 M_2 相应的轴向压力设计值；

　　　ζ_c——截面曲率修正系数，当 $\zeta_c > 1.0$ 时，取 $\zeta_c = 1.0$；

　　　e_a——附加偏心距；

　　　h、h_0——分别为所考虑弯曲方向柱的高度和截面有效高度；

　　　A——构件的截面面积。

当 $C_m \eta_{ns}$ 小于 1.0 时取 1.0，对剪力墙及核心筒墙，可取 $C_m \eta_{ns}$ 等于 1.0。

（2）对排架结构柱，考虑二阶效应的弯矩设计值 M 可按下列公式计算：

$$M = \eta_s M_0 \tag{6.8}$$

$$\eta_s = 1 + \frac{1}{1\,500 e_i / h_0} \left(\frac{l_0}{h} \right)^2 \zeta_c \tag{6.9}$$

$$e_i = e_0 + e_a \tag{6.10}$$

式中　M_0——一阶弹性分析柱端弯矩设计值；

　　　e_i——初始偏心距；

　　　e_0——轴向压力对截面重心的偏心距，$e_0 = M_0 / N$；

　　　l_0——排架柱的计算长度，按表 6.3 取值；

　　　A——柱的截面面积，对于工字形截面取 $A = bh + 2(b_f - b) h'_f$。

其余符号同前。

6.2.4 矩形截面偏心受压构件正截面承载力计算

1. 矩形截面偏心受压构件正截面承载力计算公式及适用条件

（1）偏心受压构件的基本假定

与受弯构件类似，偏心受压构件正截面承载力计算采用下列基本假定：

① 截面应变符合平截面假定；

② 不考虑受拉区混凝土参加工作；

③ 混凝土的极限压应变 $\varepsilon_{cu}=0.0033$；

④ 受压区混凝土采用等效矩形应力图。

（2）大偏心受压构件（$\xi \leqslant \xi_b$）

图 6.7（a）为矩形截面大偏心受压构件破坏时的应力图形，其等效矩形应力图形如图 6.7（b）所示，根据轴力平衡和对受拉钢筋合力中心取矩的平衡条件可列出矩形截面大偏心受压构件的基本计算公式为

$$N \leqslant \alpha_1 f_c bx + f'_y A'_s - f_y A_s \tag{6.11}$$

$$Ne \leqslant \alpha_1 f_c bx \left(h_0 - \frac{x}{2}\right) + f'_y A'_s (h_0 - a'_s) \tag{6.12}$$

$$e_0 = \frac{M}{N}$$

$$e = e_i + \frac{h}{2} - a_s$$

式中　e_0——轴向压力对截面重心的偏心距；

　　　e_i——初始偏心距，$e_i = e_0 + e_a$；

　　　e_a——附加偏心距；

　　　e——轴向力作用点至受拉钢筋的合力点的距离。

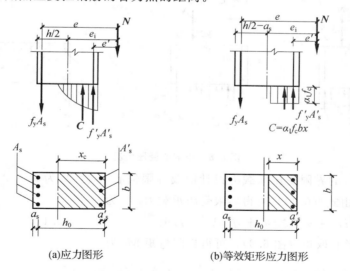

图 6.7　大偏心受压情况

式（6.11）和式（6.12）的适用条件为 $\xi \leqslant \xi_b$ 和 $x \geqslant 2a'_s$。

当 $x < 2a'_s$ 时，受压钢筋不能屈服，与双筋截面受弯构件类似，偏于安全地取 $x = 2a'_s$，并对受压钢筋合力点取矩（图 6.7）得

$$Ne' = f_y A_s (h_0 - a'_s) \tag{6.13}$$

则有
$$A_s = \frac{Ne'}{f_y(h_0 - a'_s)}$$

式中 e'——轴向力作用点至受压钢筋的合力作用点的距离，$e' = e_i - \dfrac{h}{2} + a'_s$。

（3）小偏心受压构件（$\xi > \xi_b$）

根据试验研究可知，小偏心受压构件离偏心力较远一侧的钢筋（用 A_s 表示）无论是受压还是受拉，都没有达到屈服强度，其应力值 σ_s 将随相对受压区高度 ξ 的变化而变化。《混凝土结构设计规范》（GB 50010—2010）规定 σ_s 按下式计算：

$$\sigma_s = \frac{f_y}{\xi_b - \beta_1}(\xi - \beta_1) \tag{6.14}$$

同时 σ_s 还应符合如下条件：

$$-f'_y \leqslant \sigma_s \leqslant f_y$$

图 6.8 为小偏心受压构件破坏时的应力图形，根据轴力平衡和对 A_s 合力中心取矩的平衡条件可列出其基本公式为

$$N \leqslant \alpha_1 f_c bx + f'_y A'_s - \sigma_s A_s \tag{6.15}$$

$$Ne \leqslant \alpha_1 f_c bx \left(h_0 - \frac{x}{2}\right) + f'_y A'_s (h_0 - a'_s) \tag{6.16}$$

其中
$$e = e_i + \frac{h}{2} - a_s$$

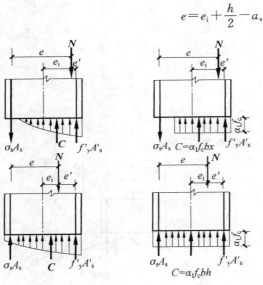

图 6.8 小偏心受压情况

（4）偏心受压构件的界限受压承载力设计值及界限偏心距 $\xi = \xi_b$ 为大小偏心受压的界限，由式（6.11）可得界限受压承载力 N_b 为

$$N_b = \alpha_1 f_c \xi_b b h_0 + f'_y A'_s - f_y A_s \tag{6.17}$$

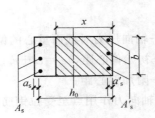

当 $\xi = \xi_b$ 对截面形心取矩（图 6.9），可得界限弯矩 M_b 为

$$M_b = \frac{1}{2}\left[\alpha_1 f_c \xi_b b h_0(h - \xi_b h_0) + (f'_y A'_s + f_y A_s)(h_0 - a'_s)\right] \tag{6.18}$$

图 6.9 偏心受压构件界限受压情况

设界限偏心距为 e_{ib}，则 $M_b = N_b e_{ib}$。由此可得出界限偏心距 e_{ib} 为

$$e_{ib} = \frac{M_b}{N_b} = \frac{\dfrac{1}{2}\left[\alpha_1 f_c \xi_b b h_0(h - \xi_b h_0) + (f'_y A'_s + f_y A_s)(h_0 - a'_s)\right]}{\alpha_1 f_c \xi_b b h_0 + f'_y A'_s - f_y A_s} \tag{6.19}$$

根据式（6.17）、式（6.18）及式（6.19）可知，当截面尺寸、材料强度给定时，界限破坏荷

载 N_b、界限弯矩 M_b、界限偏心距 e_{ib} 并不是常数，它们随着截面配筋的变化而变化。当截面尺寸、材料强度及截面配筋情况已知时，N_b、M_b、e_{ib} 均为定值，并能通过公式求出。

构件承受的轴向力设计值 $N>N_b$ 时，截面处于小偏心受压状态；当 $N<N_b$ 且偏心距较大时，截面处于大偏心受压状态；同样，当计算的初始偏心距 $e_i<e_{ib}$ 时，截面处于小偏心受压状态；当 $e_i>e_{ib}$ 时，截面处于大偏心受压状态。

当式（6.19）中的截面尺寸给定，当 $A_s=\rho_{min}A$ 和 $A_s'=\rho_{min}'A$（其中 ρ_{min} 和 ρ_{min}' 分别为受拉钢筋和受压钢筋的最小配筋率，$\rho_{min}=\rho_{min}'=0.2\%$；$A$ 为构件截面面积）时，近似可取最小的界限偏心距 $e_{ib,min}=0.3h_0$。

2. 矩形截面偏心受压构件非对称配筋的计算方法

（1）截面设计

在进行偏心受压构件的截面设计时，通常已知荷载产生的轴向力设计值 N 弯矩设计值 M 或偏心距 e_0、材料强度 f_c、f_y、f_y'、截面尺寸 $b\times h$ 以及弯矩作用平面内构件的计算长度 l_0，要求计算构件所需配置的纵向钢筋用量 A_s 和 A_s'。

① 大、小偏心受压的判别

根据已知条件，在钢筋用量未知的情况下，无法按照 ξ 值进行大、小偏心受压的判别。

为了简化计算，可用下面的方法判别两类偏心受压情况。

当 $e_i\leqslant 0.3h_0$ 时，可按小偏心受压情况计算；

当 $e_i>0.3h_0$ 时，可按大偏心受压情况计算。

这种判别的方法，只适用于矩形截面偏心受压构件。

② 大偏心受压构件的配筋计算

情况一：钢筋面积 A_s 和 A_s' 均未知。由基本公式（6.11）和式（6.12）可知，有三个未知数即 A_s、A_s' 和 x，不能求得唯一解，必须补充设计条件即增加一个使 A_s+A_s' 的用量最小的条件。与双筋梁类似，为充分利用混凝土的抗压能力，同时使 A_s+A_s' 用量最少，取 $\xi=\xi_b$。

由式（6.12）可得受压钢筋的截面面积为

$$A_s'=\frac{Ne-\alpha_1 f_c bh_0^2(1-0.5\xi_b)\xi_b}{f_y'(h_0-a_s')}\geqslant 0.002bh \qquad (6.20)$$

若计算得到的 $A_s'<0.002bh$，取 $A_s'=0.002bh$，按 A_s' 为已知的情况计算 A_s。

将求得的 A_s' 代入式（6.11），可得受拉钢筋的截面面积为

$$A_s=\frac{\alpha_1 f_c\xi_b bh_0+f_y'A_s'-N}{f_y}\geqslant 0.002bh \qquad (6.21)$$

若计算得到的 $A_s<0.002bh$ 时，取 $A_s=0.002bh$。

验算全部纵向受力钢筋的配筋率，并满足表 3.6 中关于最小配筋率的要求。

情况二：已知 A_s'，求 A_s。当 A_s' 已知时，基本公式（6.11）和式（6.12）的未知数只有 x 和 A_s 两个，通过式（6.11）和式（6.12）即可直接求出 A_s。当 $x<2a_s'$ 时，按式（6.13）求 A_s。

【例 6.3】 处于一类环境中的多层房屋边柱，其截面尺寸 $b\times h=400\ mm\times 500\ mm$，计算长度为 $l_0=6\ m$，承受轴向压力设计值 $N=610\ kN$，柱两端弯矩设计值分别为：$M_1=281\ kN\cdot m$，$M_2=305\ kN\cdot m$，且为单曲率。混凝土选用 C25（$f_c=11.9\ N/mm^2$），钢筋选用 HRB400（$f_y=f_y'=360\ N/mm^2$）。若采用非对称配筋，试计算截面所需配置的纵向钢筋用量 A_s 和 A_s'。

解 （1）验算是否需考虑附加弯矩

$$\frac{M_1}{M_2}=\frac{281}{305}=0.92$$

$$I=\frac{400\times 500^3}{12}\ mm^4=4.17\times 10^9\ mm^4$$

$$i=\sqrt{\frac{I}{A}}=\sqrt{\frac{4.17\times10^9}{400\times500}}\ \mathrm{mm}=144.3\ \mathrm{mm}$$

$$\frac{l_0}{i}=\frac{6\ 000}{144.3}=41.6>34-12\times\frac{281}{305}=23$$

因此，需考虑附加弯矩的影响。

（2）计算考虑二阶效应的弯矩设计值

$$\zeta_c=\frac{0.5f_cA}{N}=\frac{0.5\times11.9\times400\times500}{610\times10^3}=1.95>1.0\ ,\ \text{取}\ \zeta_c=1.0$$

$$C_m=0.7+0.3\frac{M_1}{M_2}=0.7+0.3\times0.92=0.98$$

$$a_s=a'_s=45\ \mathrm{mm}$$

$$h_0=h-a_s=(500-45)\ \mathrm{mm}=455\ \mathrm{mm}$$

e_a 取 $h/30=500\mathrm{mm}/30=16.7\ \mathrm{mm}$ 或 20 mm 中的较大值，即取 $e_a=20\ \mathrm{mm}$

$$\eta_{ns}=1+\frac{1}{1\ 300\times\left(\dfrac{303\times10^6}{610\times10^3}+20\right)/455}\times\left(\frac{6\ 000}{500}\right)^2\times1.0=1.097$$

$$M=(0.98\times1.097\times305\times10^6)\ \mathrm{N\cdot mm}=329.7\ \mathrm{kN\cdot m}$$

（3）判别大小偏心

$$e_0=\frac{M}{N}=\frac{327.9\times10^6}{610\times10^3}\ \mathrm{mm}=537.5\ \mathrm{mm}$$

$$e_i=e_0+e_a=(537.5+20)\ \mathrm{mm}=557.5\ \mathrm{mm}>0.3h_0=136.5\ \mathrm{mm}$$

所以，可先按大偏心受压情况计算。

（4）计算钢筋用量 A'_s

取 $x=\xi_bh_0$，其中 $\xi_b=0.518$

$$e=e_i+\frac{h}{2}-a_s=\left(557.5+\frac{500}{2}-45\right)\ \mathrm{mm}=762.5\ \mathrm{mm}$$

由式（6.20）可得

$$A'_s=\frac{610\times10^3\times762.5-1.0\times11.9\times400\times455^2\times(1-0.5\times0.518)\times0.518}{360\times(455-45)}\ \mathrm{mm}^2$$

$$=588.6\ \mathrm{mm}^2>0.002bh=(0.002\times400\times500)\ \mathrm{mm}^2=400\ \mathrm{mm}^2$$

受压钢筋选用 3 Φ 16（$A'_s=603\ \mathrm{mm}^2$）。

（5）计算钢筋用量 A_s

由式（6.21）可得

$$A_s=(\alpha_1f_cbh_0\xi_b+f'_yA'_s-N)/f_y$$

$$=[(1.0\times11.9\times0.518\times400\times\times455+360\times588.6-610\times10^3)/360]\ \mathrm{mm}^2$$

$$=2024\ \mathrm{mm}^2>0.002bh=(0.002\times400\times500)\ \mathrm{mm}^2=400\ \mathrm{mm}^2$$

受拉钢筋选用 5 Φ 25（$A_s=2454\ \mathrm{mm}^2$）。

全部纵向钢筋的配筋率：

$$\rho=\frac{A_s+A'_s}{A}=\frac{603+2\ 454}{400\times500}=1.53\%>0.55\%,$$

满足要求。

（6）画配筋图。如图 6.10 所示，箍筋按构造要求选用 $\Phi8@250$。

【例 6.4】 处于一类环境中的现浇钢筋混凝土柱的截面尺寸为 $b\times h=400\ \mathrm{mm}\times500\ \mathrm{mm}$，计算长度 $l_0=6\ \mathrm{m}$，承

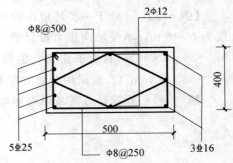

图 6.10 例 6.3 配筋图

受轴向压力设计值 $N = 500$ kN，柱两端弯矩设计值 $M_1 = M_2 = 250$ kN·m，混凝土选用 C25（$f_c = 11.9$ N/mm²），钢筋选用 HRB400（$f_y = f'_y = 360$ N/mm²）。已选定受压钢筋为 4Φ18（$A'_s = 1\ 017$ mm²），试计算截面所需配置的纵向受拉钢筋用量 A_s。

解 （1）～（3）的计算过程与例 6.2 相同，计算得 $a_s = a'_s = 45$ mm，$h_0 = 455$ mm，$M = 329.7$ kN·m，$e_i = 568.5$ mm $> 0.3 h_0 = 136.5$ mm，可按大偏心受压计算。

（4）计算受压区高度 x

$$e = e_i + \frac{h}{2} - a'_s = \left(568.5 + \frac{500}{2} - 45\right) \text{ mm} = 773.5 \text{ mm}$$

由式（6.11）和式（6.12）可得

$$x = h_0 - h_0 \sqrt{1 - \frac{Ne - f'_y A'_s (h_0 - a'_s)}{0.5 \alpha_1 f_c b h_0^2}}$$

$$= 455 \text{ mm} - 455 \sqrt{1 - \frac{500 \times 10^3 \times 773.5 - 360 \times 1\ 017 \times (455 - 45)}{0.5 \times 1.0 \times 11.9 \times 400 \times 455^2}} \text{ mm}$$

$$= 127 \text{ mm} < \xi_b h_0 = 0.518 \times 455 \text{ mm} = 235.7 \text{ mm}$$

$$x > 2 a'_s = 2 \times 45 \text{ mm} = 90 \text{ mm}$$

（5）计算受拉钢筋用量 A_s

由式（6.11）可得

$$A_s = (\alpha_1 f_c b x + f'_y A'_s - N) / f_y$$

$$= [(1.0 \times 11.9 \times 400 \times 127 + 360 \times 1\ 017 - 500\ 000) / 360] \text{ mm}^2$$

$$= 1\ 307 \text{ mm}^2 > 0.002 bh = (0.002 \times 400 \times 500) \text{ mm}^2 = 400 \text{ mm}^2$$

受拉钢筋选用 3Φ25（$A_s = 1473$ mm²）。经计算，全部纵向受力钢筋的配筋率满足要求。

（6）画配筋图

如图 6.11 所示，箍筋按构造要求选用 Φ8@250。

③ 小偏心受压构件的配筋计算

将式（6.14）代入式（6.15）和式（6.16）中，并取 $x = \xi h_0$，对常用混凝土，则有

$$N = \alpha_1 f_c b \xi h_0 + f'_y A'_s - \frac{f_y A_s (\xi - 0.8)}{\xi_b - 0.8} \tag{6.22}$$

$$Ne = \alpha_1 f_c b h_0^2 \xi (1 - 0.5 \xi) + f'_y A'_s (h_0 - a'_s) \tag{6.23}$$

情况一：钢筋面积 A_s 和 A'_s 均未知。由式（6.22）和式（6.23）可知，两个计算公式有三个未知数 A_s、A'_s 和 ξ，不能求得唯一解，采用与大偏心受压构件类似的方法，以总用钢量 $A_s + A'_s$ 最小作为补充条件。

对于小偏心受压构件，由于离偏心力较远一侧的钢筋 A_s，无论是受压还是受拉均达不到屈服，所以 A_s 可按最小配筋率计算钢筋面积，即取 $A_s = 0.002 bh$，这样得到的总用钢量最少。

当小偏心受压构件的轴向力 $N > f_c bh$ 时，离偏心力较远一侧的纵向钢筋有可能达到受压屈服强度，如图 6.12 所示，此时受压破坏可能发生在 A_s 一侧。为了防止 A_s 达到屈服而使构件产生受压破坏，《混凝土结构设计规范》（GB 50010—2010）规定，对矩形截面非对称配筋的小偏心受压构件，尚应按下列公式进行验算：

$$Ne' \leq f_c bh (h'_0 - h/2) + f'_y A_s (h'_0 - a_s) \tag{6.24}$$

$$e' = h/2 - a'_s - (e_0 - e_a)$$

$$h'_0 = h - a'_s$$

式中 e'——轴向压力作用点至 A'_s 的合力作用点之间的距离，此时，轴向力作用点靠近截面重心，考虑对 A_s 最不利的情况，初始偏心距取 $e_i = e_0 - e_a$；

h_0'——纵向受压钢筋合力点至截面远边的距离。

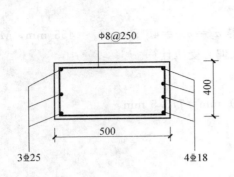

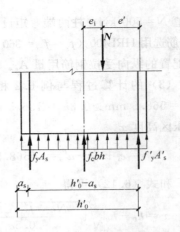

图 6.11　例 6.4 配筋图　　　　图 6.12　小偏心受压破坏发生在 A_s 一侧的情况

从上述分析可以看出，在小偏心受压情况下，可通过公式 $A_s=0.002bh$ 和式（6.24）计算出 A_s 的用量，并取两者之中的较大值。计算表明，只有当轴向力 $N>f_cbh$ 时，A_s 的配筋率才有可能大于《混凝土结构设计规范》（GB 50010—2010)规定的最小配筋率；当 $N \leqslant f_cbh$ 时，按式（6.24）计算出的 A_s 将小于 $0.002bh$，此时可取 $A_s=0.002bh$。

将 A_s 的计算结果代入式（6.22）和式（6.23）中，解方程可求得 A'_s。但解方程比较繁琐，可以采用下列方法解得 ξ，如图 6.13 所示，对受压钢筋合力点取矩，可得

$$Ne'=\alpha_1 f_cbh_0^2(0.5\xi-a'_s/h_0)-\frac{f_yA_s(\xi-0.8)}{\xi_b-0.8}$$

其中
$$e'=h/2-a'_s-e_i$$

整理并解方程得

$$\xi=\left(\frac{a'_s}{h_0}-\frac{B}{D}\right)+\sqrt{\left(\frac{a'_s}{h_0}-\frac{B}{D}\right)^2+\frac{(0.8-\xi_b)}{0.5D}Ne'+1.6\frac{B}{D}}$$

$$(6.25)$$

其中
$$B=f_yA_s(h_0-a'_s)$$
$$D=\alpha_1 f_cbh_0^2(0.8-\xi_b)$$

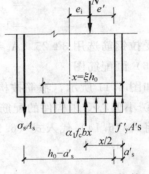

图 6.13　小偏心受压构件
和均未知时的简化计算图

将 ξ 代入式（6.22）或式（6.23）即可求得 A'_s，$A'_s \geqslant 0.002bh$。

应当注意，当按式（6.25）计算出的 $\xi>\xi_b$ 但 $\xi<h/h_0$（即 $x<h$）时，表明此小偏心受压构件属于部分受压、部分受拉的情况；当 $\xi \geqslant h/h_0$（即 $x \geqslant h$）时，表明此小偏心受压构件属于全截面受压的情况，应取 $\xi=h/h_0$。

情况二：已知 A'_s，求 A_s 或已知 A_s，求 A'_s。无论是已知 A'_s 求 A_s，还是已知 A_s，求 A'_s，对于公式来说，只有两个未知数，可直接通过解方程式（6.22）和式（6.23）求得 ξ 和 A_s 或 A'_s，且 $A_s \geqslant 0.002bh$，$A'_s \geqslant 0.002bh$，同时当 $\xi>h/h_0$ 时，应取 $\xi=h/h_0$。

对小偏心受压构件，同样要求全部纵向受力钢筋的配筋率满足最小配筋率的要求。

【例 6.5】　处于一类环境中的钢筋混凝土偏心受压柱的截面尺寸 $b \times h=400\ mm \times 600\ mm$，承受轴向压力设计值 $N=2\ 500\ kN$，弯矩设计值 $M=250\ kN \cdot m$，两端弯矩相等，且为单曲率弯曲，计算长度 $l_0=6\ m$，混凝土强度等级 C25（$f_c=11.9\ N/mm^2$)，钢筋采用 HRB400 级（$f_y=f'_y=360\ N/mm^2$，$\xi_b=0.518$)，$a_s=a'_s=45\ mm$，试进行配筋设计。

解　（1）～（3）的计算过程与【例 6.2】相同，计算得 $h_0=555\ mm$，$M=300\ kN \cdot m$，$e_i=140\ mm<$
$0.3h_0=166.5\ mm$，可按小偏心受压计算。

（4）计算钢筋用量 A_s

$$f_cbh=(11.9 \times 400 \times 600)\ N=2\ 856\ kN>N=2\ 500\ kN$$

所以 $A_s = 0.002bh = (0.002 \times 400 \times 600) \text{ mm}^2 = 480 \text{ mm}^2$

可选用 $2\Phi18$（$A_s = 509 \text{ mm}^2$）。

（5）计算 ξ

$$B = f_y A_s (h_0 - a'_s) = [360 \times 509 \times (555 - 45)] \text{ N} \cdot \text{mm} = 93.5 \text{ kN} \cdot \text{m}$$

$$D = \alpha_1 f_c b h_0^2 (0.8 - \xi_b)$$
$$= 1.0 \times 11.9 \times 400 \times 555^2 \times (0.8 - 0.518) \text{ N} \cdot \text{mm}$$
$$= 413.5 \text{ kN} \cdot \text{m}$$

$$\frac{B}{D} = 93.5/413.5 = 0.226, \quad \frac{a'_s}{h_0} = \frac{45}{555} = 0.08$$

$$\frac{a'_s}{h_0} - \frac{B}{D} = 0.08 - 0.226 = -0.146$$

$$e' = h/2 - a'_s - e_i = (600/2 - 45 - 140) \text{ mm} = 115 \text{ mm}$$

由式（6.25）可得

$$\xi = -0.146 + \sqrt{(-0.146)^2 + \frac{0.8 - 0.518}{0.5 \times 413.5 \times 10^6} \times 2\,500 \times 10^3 \times 115 + 1.6 \times 0.226}$$
$$= 0.73 < h/h_0 = 600/555 = 1.08$$

（6）计算 A'_s

$$e = e_i + h/2 - a_s = (140 + 600/2 - 45) \text{ mm} = 395 \text{ mm}$$

$$A'_s = \frac{2\,500 \times 10^3 \times 395 - 1.0 \times 11.9 \times 400 \times 555^2 \times 0.73 \ (1 - 0.5 \times 0.73)}{360 \times (555 - 45)} \text{ mm}^2$$
$$= 1\,677 \text{ mm}^2 > 0.002bh = (0.002 \times 400 \times 600) \text{ mm}^2 = 480 \text{ mm}^2$$

选 $4\Phi25$（$A'_s = 1\,964 \text{ mm}^2$）。全部纵向受力钢筋的配筋率满足要求。箍筋按构造要求选用 $\Phi8@250$，截面配筋如图 6.14 所示。

（7）验算垂直于弯矩作用平面的承载力。

$\dfrac{l_0}{b} = \dfrac{6\,000}{400} = 15$，通过表 6.1 可查得稳定系数 $\varphi = 0.895$。

由式（6.1）计算：

$$0.9\varphi (f_c A + f'_y A'_s) = 0.9 \times 0.895 [11.9 \times 400 \times 600 + 360 \times (509 + 1\,964)] \text{ N}$$
$$= 3\,018 \text{ kN} > N = 2\,500 \text{ kN}$$

满足要求。

（2）截面复核

截面承载力复核时，一般已知构件的截面尺寸、材料强度、配筋量及计算长度等，具体分为如下两种情况：已知轴向力设计值，求弯矩作用平面内的弯矩设计值或偏心距；或者已知弯矩作用平面内的弯矩设计值或偏心距，求轴向力设计值。

情况一，已知轴向力设计值，求弯矩作用平面内的弯矩设计值或偏心距

①判别大、小偏心受压情况。

根据式（6.17）计算 N_b，当 $N \leqslant N_b$ 时，可按大偏心受压进行截面复核；当 $N > N_b$ 时，可按小偏心受压进行截面复核。

②大偏心受压截面复核。

第一步，根据式（6.11）计算 x。

第二步，当 $\xi_b h_0 \geqslant x \geqslant 2a'_s$ 时，将 x 代入式（6.12）中计算 e，根据 $e = e_i + h/2 - a_s$ 可计算得

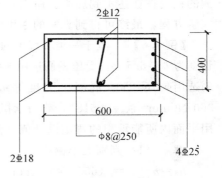

图 6.14 例 6.5 配筋图

e_i，进而由 $e_i = e_0 + e_a$ 即可求得 e_0，此时的 e_a 根据规范规定取值。

当 $x < 2a'_s$ 时，根据式（6.13）计算出 e'，再由 $e' = e_i - h/2 + a'_s$ 计算 e_i，同样根据 $e_i = e_0 + e_a$ 计算得 e_0。

第三步，根据 $M = Ne_0$ 即可计算得 M。

③小偏心受压截面复核。

第一步，根据式（6.14）和式（6.15）计算 x，当 $x \geqslant h$ 时取 $x = h$。

第二步，将计算出的 x 代入式（6.16）中计算 e，再由 $e = e_i + h/2 - a_s$ 计算 e_i，同样根据 $e_i = e_0 + e_a$ 计算得 e_0。

第三步，根据 $M = Ne_0$ 即可计算出 M。

情况二，已知弯矩作用平面内的弯矩设计值或偏心距，求轴向力设计值

①判别大、小偏心受压情况。

可先假设为大偏心受压。由图 6.7 中截面上各纵向力对外力作用点 N 的力矩平衡条件，并取 $x = \xi h_0$，可得

$$\alpha_1 f_c b \xi h_0 \left[e - (h_0 - 0.5\xi h_0) \right] = f_y A_s e - f'_y A'_s e' \tag{6.26}$$

式（6.26）为关于 ξ 的一元二次方程，解此方程可得 ξ，即可根据 $\xi \leqslant \xi_b$ 或 $\xi > \xi_b$ 判别大、小偏心受压。

②大偏心受压截面复核。

当 $\dfrac{2a'_s}{h_0} \leqslant \xi \leqslant \xi_b$ 时，将 $x = \xi h_0$ 代入式（6.11）中即可求得承载力 N。

当 $\xi \leqslant \dfrac{2a'_s}{h_0}$ 时，可先通过式（6.13）计算承载力 N_1，另外，按不考虑受压钢筋作用，即取 $A'_s = 0$，重新通过式（6.11）和式（6.12）计算截面受压区高度 x 和相应的承载力 N_2，最终承载力 N 应取 N_1 和 N_2 中的较大值。其意义为如果考虑部分受压钢筋 A'_s 作用所确定的截面承载力 N_1，比完全不考虑受压钢筋 A'_s 作用时所确定的截面承载力 N_2 还小，应按不计受压钢筋 A'_s 作用时的截面承载力来复核截面。

③小偏心受压截面复核。

通过式（6.26）解得的 $\xi > \xi_b$ 时，此柱即为小偏心受压柱。但通过式（6.26）解得的 ξ 与小偏心受压构件计算式（6.22）和式（6.23）中的 ξ 不符，因为在小偏心受压情况下，离偏心力较远一侧的钢筋往往达不到屈服。所以，对小偏心受压构件的截面复核须通过式（6.22）和式（6.23）联立解方程，最终可得到真实的 ξ 和相应的承载力 N_u。

【例 6.6】 处于一类环境中的钢筋混凝土偏心受压柱的截面尺寸 $b \times h = 400 \text{ mm} \times 600 \text{ mm}$，计算长度为 $l_0 = 6.5 \text{ m}$，受压钢筋选用 3 ⌀ 18（$A'_s = 763 \text{ mm}^2$），受拉钢筋选用 5 ⌀ 20（$A_s = 1\,570 \text{ mm}^2$），箍筋选用 ⌀ 8@250。混凝土强度等级 C25（$f_c = 11.9 \text{ N/mm}^2$），钢筋采用 HRB400 级（$f_y = f'_y = 360 \text{ N/mm}^2$，$\xi_b = 0.518$），截面承担的轴向力设计值 $N = 920 \text{ kN}$，取 $a_s = a'_s = 45 \text{ mm}$，试求弯矩作用平面内所能承担的弯矩设计值（假设柱两端所承担的弯矩相等）。

解 （1）判别大小偏心

$h_0 = h - a_s = (600 - 45) \text{ mm} = 555 \text{ mm}$，由式（6.17）计算得

$N_b = (1.0 \times 11.9 \times 0.518 \times 400 \times 555 + 360 \times 763 - 360 \times 1\,570) \text{ N} = 1\,078 \text{ kN} > N = 920 \text{ kN}$

（2）计算受压区高度 x

将各已知值代入式（6.11）中，可计算出（计算过程略）：

$x = 254.2 \text{ mm} > 2a'_s = 90 \text{ mm}$，且 $x \leqslant \xi_b h_0 = 287.5 \text{ mm}$。

（3）计算 e_0

将已知值 $x = 254.2 \text{ mm}$ 代入式（6.12）中，可计算出（计算过程略）$e = 715 \text{ mm}$。由 $e = e_i +$

$h/2-a_s$ 即可计算出 $e_i=460$ mm，取 $e_a=20$ mm，则根据 $e_i=e_0+e_a$ 算得 $e_0=440$ mm。

（4）计算 M

根据 $M=Ne_0$，即可计算出 $M=404.8$ kN·m。

【例 6.7】 处于一类环境中的钢筋混凝土柱的截面尺寸为 $b\times h=400$ mm$\times 500$ mm，计算长度 $l_0=6.8$ m，采用 C25 混凝土（$f_c=11.9$ N/mm^2），HRB400 级钢筋（$f_y=f'_y=360$ N/mm^2，$\xi_b=0.518$），受压钢筋选用 3$\underline{\Phi}$18（$A'_s=763$ mm^2），受拉钢筋选用 2$\underline{\Phi}$18（$A_s=509$ mm^2），箍筋选用中 $\Phi 8@250$，当 $e_0=90$ mm 时，试计算轴向力设计值。

解 （1）判别大小偏心

取 $a_s=a'_s=45$ mm，$h_0=h-a_s=(500-45)$ mm$=455$ mm；e_a 取 $h/30=500$mm$/30=16.7$ mm 或 20 mm 中的较大值，即取 $e_a=20$ mm，则 $e_i=e_0+e_a=110$ mm。于是有 $e'=e_i-h/2+a_s'=-95$ mm，$e=e_i+h/2-a_s=315$ mm

将各已知值代入式（6.26）中解一元二次方程（计算过程略），可得 $\xi=0.82>\xi_b=0.518$，由此判断出此柱为小偏心受压构件。

（2）计算小偏心受压构件实际的 x 和 N

将各已知值代入式（6.22）和式（6.23）中联立解方程，可得（计算过程略）$x=374$ mm，$N=1\ 803$ kN。

（3）验算垂直于弯矩作用平面的承载力

$l_0/b=6800/400=17$，通过表 6.1 可查得稳定系数 $\varphi=0.84$，由式（6.1）计算得

$$0.9\varphi(f_cA+f'_yA'_s)=0.9\times 0.84\times [11.9\times 400\times 500+300\times (509+763)]\text{ N}$$
$$=2\ 088\text{ kN}>1\ 803\text{ kN}$$

该柱可承担轴向力设计值 1 803 kN。

2. 矩形截面偏心受压构件对称配筋的计算方法

在实际工程中，单层厂房柱、多层框架柱等偏心受压构件，由于其控制截面在不同的荷载组合作用下，可能产生相反方向的弯矩（即截面在一种荷载组合情况下为受拉的部位，在另一种荷载组合下却为受压），当其数值相差不大时，或即使相反方向弯矩相差较大，但按对称配筋设计求得的纵筋总量，与按非对称配筋设计求得的纵筋总量相比

增加不多时，为便于设计和施工，常采用对称配筋，$f_yA_s=f'_yA'_s$。

对称配筋是 $A_s=A'_s$，$f_y=f'_y$，$a_s=a'_s$。由于受力情况与前述的非对称配筋情况相同，所以仍可依据前述基本式（6.11）和式（6.16）进行计算。

（1）截面设计

① 大小偏心受压的判断

截面设计时，可先假设为大偏心受压。由于对称配筋取 $f_yA_s=f'_yA'_s$，则由式（6.17）可得

$$N_b=\alpha_1 f_cbh_0\xi_b \tag{6.27}$$

故当轴向力设计值 $N>N_b$ 时，按小偏心受压构件设计；$N\leqslant N_b$ 时，按大偏心受压构件设计。

同理，由式（6.11）也可得

$$\xi=\frac{N}{\alpha_1 f_cbh_0} \tag{6.28}$$

故也可用 ξ 判断大小偏心受压类型。

② 大偏心受压构件的计算

当 $\dfrac{2a'_s}{h_0}\leqslant\xi\leqslant\xi_b$ 时，取 $x=\xi h_0$，由式（6.12）可求得

$$A_s=A'_s=\frac{Ne-\alpha_1 f_cbx(h_0-x/2)}{f'_y(h_0-a'_s)}\geqslant 0.002bh \tag{6.29}$$

其中
$$e = e_i + h/2 - a_s$$

当 $x < 2a'_s$ 时，取 $x = 2a'_s$，由式（6.13）可求得

$$A_s = A'_s = \frac{Ne'}{f'_y (h_0 - a'_s)} \geq 0.002bh \tag{6.30}$$

其中
$$e' = e_i - h/2 + a'_s$$

【例 6.8】 条件同例 6.2，但采用对称配筋。

解 通过例 6.2 已知：$b \times h = 400$ mm $\times 500$ mm，$N = 610$ kN，$e = 762.5$ mm，$f_y = f'_y = 360$ N/mm²，$f_c = 11.9$ N/mm²，$a_s = a'_s = 45$ mm，$h_0 = 455$ mm。

（1）大小偏心的判别

由式（6.28）可得

$$\xi = \frac{N}{\alpha_1 f_c b h_0} = \frac{610 \times 10^3}{1.0 \times 11.9 \times 400 \times 455} = 0.282 < \xi_b = 0.518 \text{（为大偏心受压构件）}$$

$$\xi > \frac{2a'_s}{h_0} = \frac{2 \times 45}{455} = 0.198$$

（2）计算钢筋面积

$$x = \xi h_0 = (0.282 \times 455) \text{ mm} = 128 \text{ mm}$$

由式（6.29）可得

$$A_s = A'_s = \frac{Ne - \alpha_1 f_c bx (h_0 - x/2)}{f'_y (h_0 - a'_s)}$$

$$= \frac{610 \times 10^3 \times 762.5 - 1.0 \times 11.9 \times 400 \times 128 \times \left(455 - \dfrac{128}{2}\right)}{360 \times (455 - 45)} \text{ mm}^2$$

$$= 1\,539 \text{ mm}^2 \geq 0.002bh = (0.002 \times 400 \times 500) \text{ mm}^2 = 400 \text{ mm}^2$$

选用 5Φ20（$A_s = A'_s = 1\,570$ mm²），全部纵向受力钢筋的配筋满足要求。箍筋按构造要求选用 Φ8@250。

③ 小偏心受压构件的计算

当按式（6.28）求得 $\xi > \xi_b$ 时，按小偏心受压来计算。由于小偏心受压构件 A_s 达不到屈服，所以须重新计算 ξ，进而计算 A'_s、A_s。

将 $f_y A_s = f'_y A'_s$ 代入式（6.22）和式（6.23）中，可得

$$N = \alpha_1 f_c b \xi h_0 + f'_y A'_s - \frac{f'_y A'_s (\xi - \beta_1)}{\xi_b - \beta_1} \tag{6.31}$$

$$Ne = \alpha_1 f_c b h_0^2 \xi (1 - 0.5\xi) + f'_y A'_s (h_0 - a'_s) \tag{6.32}$$

由式（6.31）得

$$f'_y A'_s = \frac{N - \alpha_1 f_c b \xi h_0}{\dfrac{\beta_b - \xi}{\beta_b - \beta_1}}$$

将上式代入式（6.32）并经整理后得

$$Ne \left(\frac{\beta_b - \xi}{\beta_b - \beta_1}\right) = \alpha_1 f_c b h_0^2 \xi (1 - 0.5\xi) \left(\frac{\beta_b - \xi}{\beta_b - \beta_1}\right) + (N - \alpha_1 f_c b h_0 \xi)(h_0 - a'_s)$$

上式为一个关于 ξ 的一元三次方程，直接求解 ξ 非常不便，为此，我们介绍一种简化方法。在小偏心受压构件中，对于常用材料强度，可近似取

$$\xi = \frac{N - \xi_b \alpha_1 f_c b h_0}{\dfrac{Ne - 0.43 \alpha_1 f_c b h_0^2}{(0.8 - \xi_b)(h_0 - a'_s)} + \alpha_1 f_c b h_0} + \xi_b \tag{6.33}$$

将式（6.33）代入式（6.32）中，可得

$$A'_s = A_s = \frac{Ne - \xi(1-0.5\xi)\alpha_1 f_c b h_0^2}{f'_y(h_0 - a'_s)} \geqslant 0.002bh \tag{6.34}$$

当求得 $A'_s + A_s > 0.005bh$ 时，宜加大截面尺寸。

【例 6.9】 处于一类环境中的钢筋混凝土柱截面尺寸 $b \times h = 400 \text{ mm} \times 500 \text{ mm}$，计算长度 $l_0 = 6.5 \text{ m}$，采用 C25 混凝土（$f_c = 11.9 \text{ N/mm}^2$），HRB400 级钢筋（$f_y = f'_y = 360 \text{ N/mm}^2$，$\xi_b = 0.518$），承受轴向力设计值 $N = 1400 \text{ kN}$，柱两端承担的弯矩相等即 $M_1 = M_2 = 80 \text{ kN} \cdot \text{m}$，截面采用对称配筋，取 $a_s = a'_s = 45 \text{ mm}$，试计算配筋量 A'_s、A_s。

解 （1）判断大小偏心受压

$$h_0 = h - a_s = (500 - 45) \text{ mm} = 455 \text{ mm}$$

$$\xi = \frac{N}{\alpha_1 f_c b h_0} = \frac{1\,400\,000}{1.0 \times 11.9 \times 400 \times 455} = 0.646 > 0.518$$

属于小偏心受压构件。

（2）计算 e_i

采用与前述例题同样的方法可得 $e_i = 114.3 \text{ mm}$。

（3）计算小偏心受压构件实际的 ξ

$$e = e_i + h/2 - a'_s = (114.3 + 500/2 - 45) \text{ mm} = 319.3 \text{ mm}$$

由式（6.33）可得

$$\xi = \frac{1\,400\,000 - 0.518 \times 1.0 \times 11.9 \times 400 \times 455}{\dfrac{1\,400\,000 \times 319.3 - 0.43 \times 1.0 \times 11.9 \times 400 \times 455^2}{(0.8 - 0.518)(455 - 45)} + 1.0 \times 11.9 \times 400 \times 455} + 0.518$$

$$= 0.635 > \xi_b = 0.518$$

（4）计算配筋量 A'_s、A_s

由式（6.34）可得

$$A'_s = A_s = \frac{1\,400\,000 \times 319.3 - 0.635 \times (1.0 - 0.5 \times 0.635) \times 1.0 \times 11.9 \times 400 \times 455^2}{300 \times (455 - 45)} \text{ mm}^2$$

$$= 135 \text{ mm}^2 < 0.002bh = (0.002 \times 400 \times 500) \text{ mm}^2 = 400 \text{ mm}^2$$

每边选用纵向受力钢筋 $2 \oplus 20$（$A'_s = A_s = 628 \text{ mm}^2$），全部纵向钢筋的配筋率满足要求。箍筋按构造要求选用 $\phi 8@250$。

（5）验算垂直于弯矩作用平面的承载力

$$\frac{l_0}{b} = \frac{6\,500}{400} = 16.25，由表 6.1 查得稳定系数 \varphi = 0.860，由式（6.1）计算$$

$$0.9\varphi(f_c A + f'_y A'_s) = 0.9 \times 0.860 \times (11.9 \times 400 \times 500 + 360 \times 2 \times 628) \text{ N}$$

$$= 2\,192 \text{ kN} > 1\,400 \text{ kN}$$

满足要求。

（2）截面复核

对称配筋偏心受压构件的截面复核，与非对称配筋偏心受压构件的计算方法相同，只要在相关计算中取 $A_s = A'_s$，$f_y = f'_y$ 即可。

【例 6.10】 处于一类环境中的钢筋混凝土偏心受压矩形截面柱，截面尺寸 $b \times h = 300 \text{ mm} \times 500 \text{ mm}$，计算长度 $l_0 = 6.0 \text{ m}$，采用 C25 混凝土（$f_c = 11.9 \text{ N/mm}^2$），HRB400 级钢筋（$f_y = f'_y = 360 \text{ N/mm}^2$，$\xi_b = 0.518$），每侧配有钢筋 $3 \oplus 18$（$A_s = A'_s = 763 \text{ mm}^2$），箍筋采用 $\phi 8@250$，取 $a_s = a'_s = 45 \text{ mm}$，当 $e_0 = 85 \text{ mm}$ 时，试求截面所能承担的轴向力设计值。

解 （1）判别大小偏心

$$h_0 = h - a_s = (500 - 45) \text{ mm} = 455 \text{ mm}$$

e_a 取 $h/30 = 500 \text{ mm}/30 = 16.7 \text{ mm}$ 或 20 mm 中的较大值，$e_i = e_0 + e_a = 105 \text{ mm}$。于是有 $e' =$

$e_i - h/2 + a_s' = -100$ mm，$e = e_i + h/2 - a_s = 310$ mm

将各已知值代入公式（6.26）中解一元二次方程（计算过程略），可得 $\xi = 0.63 > \xi_b = 0.518$，由此判断出此柱为小偏心受压构件。

（2）计算小偏心受压构件实际的 x 和 N

将各已知值代入式（6.22）和式（6.23）中联立解方程，可得（计算过程略）

$$\xi = 0.525 > \xi_b = 0.518，N = 860 \text{ kN}$$

（3）垂直于弯矩作用平面的复核

$\dfrac{l_0}{b} = \dfrac{6\,000}{300} = 20$，由表 6.1 查得稳定系数 $\varphi = 0.75$，由式（6.1）计算得

$$0.9\varphi\,(f_c A + f'_y A'_s) = 0.9 \times 0.75 \times (11.9 \times 300 \times 500 + 360 \times 2 \times 763) \text{ N}$$
$$= 1\,575 \text{ kN} > 860 \text{ kN}$$

柱可承担的轴向力设计值为 860 kN。

6.2.5 工字形截面偏心受压构件的正截面承载力计算

1. 工字形截面偏心受压构件非对称配筋的计算公式

（1）大偏心受压（$\xi \leqslant \xi_b$）

与受弯构件 T 形截面类似，按受压区高度 x 的不同（或中和轴位置的不同），大偏心受压构件可分为混凝土受压区在翼缘内（$x \leqslant h'_f$）和混凝土受压区进入腹板（$x > h'_f$）两种情况，如图 6.15 所示。

① 当 $x \leqslant h'_f$ 时，应按宽度为 b'_f（受压翼缘计算宽度）的矩形截面计算。在矩形截面大偏心受压式（6.11）和式（6.12）中，只要将 b 代换为 b'_f 即可，公式如下：

$$N \leqslant \alpha_1 f_c b'_f x + f'_y A'_s - f_y A_s \tag{6.35}$$
$$Ne \leqslant \alpha_1 f_c b'_f x\,(h_0 - x/2) + f'_y A'_s\,(h_0 - a'_s) \tag{6.36}$$

当 $x \leqslant 2a'_s$ 时，应按式（6.13）进行计算。

② 当 $h'_f < x \leqslant \xi_b h_0$ 时，应按下列公式计算：

$$N = \alpha_1 f_c\,[bx + (b'_f - b)\,h'_f] + f'_y A'_s - f_y A_s \tag{6.37}$$
$$Ne = \alpha_1 f_c\,[bx\,(h_0 - x/2) + (b'_f - b)\,h'_f\,(h_0 - h'_f/2)] + f'_y A'_s\,(h_0 - a'_s) \tag{6.38}$$

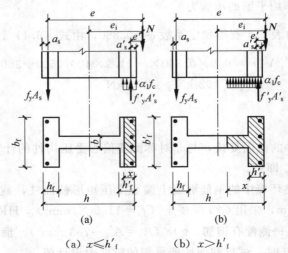

(a) $x \leqslant h'_f$　　　(b) $x > h'_f$

图 6.15　工字形截面大偏心受压正截面承载力计算

（2）小偏心受压（$\xi > \xi_b$）

当 $\xi_b h_0 < x \leqslant h_0 - h_f$ 时，中和轴位于腹板内，如图 6.16（a）所示；当 $(h_0 - h_f) < x \leqslant h$ 时，中和轴位于受压较小（或受拉）一侧翼缘内，如图 6.16（b）所示。

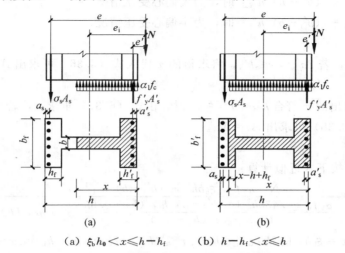

（a）$\xi_b h_0 < x \leqslant h - h_f$ （b）$h - h_f < x \leqslant h$

图 6.16 工字形截面小偏心受压正截面承载力计算

① 当 $\xi_b h_0 < x \leqslant h_0 - h_f$ 时，由图 6.16（a）可得以下计算公式：

$$N = \alpha_1 f_c [bx + (b'_f - b) h'_f] + f'_y A'_s - \sigma_s A_s \tag{6.39}$$

$$Ne = \alpha_1 f_c [bx (h_0 - x/2) + (b'_f - b) h'_f (h_0 - h'_f/2)] + f'_y A'_s (h_0 - a'_s) \tag{6.40}$$

② 当 $h_0 - h_f < x \leqslant h$ 时，由图 6.16（b）可得以下计算公式：

$$N = \alpha_1 f_c [bx + (b'_f - b) h'_f + (b_f - b)(x - h + h_f)] + f'_y A'_s - \sigma_s A_s \tag{6.41}$$

$$Ne = \alpha_1 f_c [bx (h_0 - x/2) + (b'_f - b) h'_f (h_0 - h'_f/2) + $$
$$(b_f - b)(x - h + h_f)(h_f - a_s - \frac{x - h + h_f}{2})] + f'_y A'_s (h_0 - a'_s) \tag{6.42}$$

③ 当 $x > h$ 时，取 $x = h$，按全截面受压计算，在式（6.41）和式（6.42）中取 $x = h$ 即可。

在式（6.39）和式（6.41）中 σ_s 按下式计算：

$$\sigma_s = \frac{f_y (\xi - 0.8)}{\xi_b - 0.8}$$

对工字形截面非对称配筋的小偏心受压构件，当轴向力 $N > f_c A$ 时，离偏心力较远一侧的纵向钢筋 A_s 有可能达到受压屈服强度（与矩形截面相同），《混凝土结构设计规范》（GB 50010—2010）规定，对工字形截面非对称配筋的小偏心受压构件，尚应按下列公式进行验算：

$$Ne' \leqslant f_c [bh (h_0' - h/2) + (b_f - b) h_f (h_0' - h_f/2) + $$
$$(b_f' - b) h_f' (h_f'/2 - a_s')] + f_y' A_s (h_0 - a_s') \tag{6.43}$$

$$e' = y' - a'_s - (e_0 - e_a)$$

式中 y'——截面重心至轴向压力较近一侧受压边的距离，当截面对称时，取 $y' = \dfrac{h}{2}$。

注：对仅在离轴向压力较近一侧有翼缘的 T 形截面，可取 $b_f = b$；对仅在离轴向压力较远一侧有翼缘的倒 T 形截面，可取 $b_f' = b$。

2. 工字形截面偏心受压构件对称配筋的计算公式

对于工字形截面对称配筋的偏心受压构件，由于受力情况与前述的非对称配筋情况相同，所以仍可依据前述基本公式（6.35）~式（6.43）进行计算（公式中 $A_s = A'_s$、$f_y = f'_y$）。

不论是非对称配筋还是对称配筋，A_s 和 A_s' 均应满足不小于 $0.002A$ 的要求，其中 A 为构件的全截面面积，$A = bh + (b'_f - b)h'_f + (b_f - b)h_f$。

3. 工字形截面偏心受压构件对称配筋的计算方法

① 大、小偏压的判别

若 $N \leqslant \alpha_1 f_c [\xi_b b h_0 + (b'_f - b) h'_f]$ 时，为大偏心受压情况；

若 $N > \alpha_1 f_c [\xi_b b h_0 + (b'_f - b) h'_f]$ 时，为小偏心受压情况。

② 大偏心受压

由式（6.35）求 x，若 $2a'_s \leqslant x \leqslant h'_f$，将求得的 x 代入式（6.36）可求出 $A_s = A'_s$。若 $x < 2a'_s$，则按式（6.6）求出 $A_s = A'_s$。

若按式（6.36）求出的 x 符合 $h'_f < x \leqslant \xi_b h_0$ 时，由式（6.37）重求 x，若按式（6.37）计算出的 $x \leqslant \xi_b h_0$，代入式（6.38）可求出 $A_s = A'_s$。

③ 小偏心受压

小偏心受压的 ξ 可按下式近似计算：

$$\xi = \frac{N - \alpha_1 f_c [\xi_b b h_0 + (b'_f - b) h'_f]}{\dfrac{Ne - \alpha_1 f_c [0.43 b h_0^2 + (b'_f - b) h'_f (h_0 - 0.5 h'_f)]}{(0.8 - \xi_b) (h_0 - a'_s)} + \alpha_1 f_c b h_0} + \xi_b \tag{6.44}$$

求出 ξ 后，根据 $x = \xi_b h_0$ 的情况 $[\xi_b h_0 < x \leqslant (h_0 - h_f)$ 或 $(h_0 - h_f) < x \leqslant h$ 或 $x > h]$ 代入式（6.40）或式（6.42）可求出 $A_s = A'_s$。

对称配筋的工字形截面除进行弯矩作用平面内的计算外，在垂直于弯矩作用平面也应按轴心受压构件进行验算，此时，应按 l_0/i 查出 φ 值。

【例 6.11】 处于一类环境中的单层厂房工字形偏心受压截面柱，截面尺寸如图 6.17 所示，柱的计算长度 $l_0 = 6.0$ m，采用 C25 混凝土（$f_c = 11.9$ N/mm²），HRB400 级钢筋（$f_y = f'_y = 360$ N/mm²，$\xi_b = 0.518$），柱承受轴向力设计值 $N = 1\,845$ kN，弯矩设计值 $M_1 = M_2 = 280$ kN·m，根据工程实际要求采用对称配筋，试计算钢筋面积 $A_s = A'_s$。

解 （1）判别大小偏心

取

$$a_s = a'_s = 45 \text{ mm}$$

$$h_0 = h - a_s = (1\,000 - 45) \text{ mm} = 955 \text{ mm}$$

$$\alpha_1 f_c [bx + (b'_f - b) h'_f] = 1.0 \times 11.9 \times [0.518 \times 100 \times 955 + (500 - 100) \times 120] \text{ N}$$
$$= 1\,160 \text{ kN} < N = 1\,845 \text{ kN （为小偏心受压）}$$

（2）计算 ξ

经计算，柱截面面积 $A = 196\,000$ mm²，柱截面惯性矩 $I = 2.563 \times 10^9$ mm⁴。此柱为排架柱，考虑二阶效应的弯矩设计值 M 按公式（6.8）计算。一阶弯矩 $M_0 = M_1 = M_2 = 280$ kN·m，其产生的偏心距 $e_{01} = \dfrac{M_0}{N} = 151.7$ mm。e_a 取

$\dfrac{h}{30} = \dfrac{1\,000}{30}$ mm = 33.3 mm 或 20 mm 中的较大值，即取 $e_a =$

33.3 mm，$e_{i1} = e_{01} + e_a = 185$ mm。

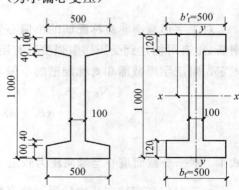

图 6.17 例 6.11 截面尺寸图

$$\xi_c = \frac{0.5 \times 11.9 \times 196\,000}{1\,845 \times 10^3} = 0.632$$

$$\eta_s = 1 + \frac{1}{1\,500 e_{i1}/h_0} \left(\frac{l_0}{h}\right)^2 \xi_c$$

$$= 1 + \frac{1}{1\,500 \times 185/955} \times \left(\frac{6\,000}{1\,000}\right)^2 \times 0.632 = 1.079$$

$$M = \eta_s M_0 = 302.12 \text{ kN·m}$$

由 M 产生的偏心距 $e_{02} = M/N = 163.8$ mm。

$$e_{i2} = e_{02} + e_a = (163.8 + 33.3)\ mm = 197\ mm$$

$$e = e_i + h/2 - a_s = 652.2\ mm$$

将各已知值代入式（6.44）中得（计算过程从略）

$$\xi = 0.858 > \xi_b$$

（3）计算 $A_s = A'_s$

$$x = \xi h_0 = (0.858 \times 955)\ mm = 819\ mm < (h - h_f) = (1\ 000 - 12)\ mm = 880\ mm$$

由式（6.40）可得

$$A_s = A'_s$$

$$= \frac{1\ 845 \times 10^3 \times 652.2 - 1.0 \times 11.9 \times [100 \times 819 \times (955 - 819/2) + (500 - 100) \times 120 \times (955 - 120/2)]}{360 \times (955 - 45)}\ mm^2$$

$$= 490\ mm^2 > 0.002A = 0.002 \times [100 \times 1\ 000 + 2 \times (500 - 100) \times 120]\ mm^2 = 392\ mm^2$$

选用 4$\underline{\Phi}$16（$A_s = A'_s = 804\ mm^2$）（偏心受压厂房柱纵筋直径一般不宜小于 16 mm），配筋图如图 6.18 所示。

（4）验算垂直于弯矩作用平面的轴心受压承载力

经计算得柱截面面积 $A = 196\ 000\ mm^2$，柱截面惯性矩 $I = 2.563 \times 10^9\ mm^4$，回转半径 $i = \sqrt{\dfrac{I}{A}} = \sqrt{\dfrac{2.563 \times 10^9}{196\ 000}}\ mm = 114\ mm$，$\dfrac{l_0}{i} = \dfrac{6\ 000}{114} = 52.6$，查表得 $\varphi = 0.89$。由式（6.1）计算得

$$0.9\varphi\ (f_c A + f'_y A'_s) = 0.9 \times 0.89 \times (11.9 \times 196\ 000 + 360 \times 2 \times 804)\ N$$
$$= 2\ 332\ kN > 1\ 845\ kN$$

满足要求。

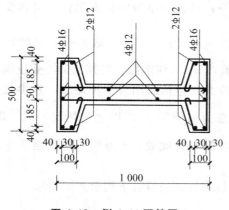

图 6.18 例 6.11 配筋图

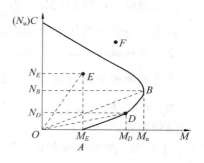

图 6.19 $N_u - M_u$ 相关曲线

6.2.6 截面承载能力 N_u 与 M_u 的相关曲线

对给定材料、截面尺寸和配筋的偏心受压构件，在达到极限承载力时，截面承受的弯矩 M_u 和轴力 N_u 具有相关性，可用 $N_u - M_u$ 相关曲线来表示，如图 6.19 所示。

在图 6.19 中，A 点表示轴向力 N 为 0 时的受弯构件承载力；B 点代表大、小偏心受压的界限状态，此时构件承受的弯矩最大；C 点表示 M 为 0 时的轴心受压构件承载力。AB 段表示大偏心受压时的相关曲线，可见，在 AB 段，随着轴向压力的增大，截面承受的弯矩也相应提高。BC 段则表示小偏心受压时的相关曲线，可见，BC 段随着轴向压力的增大，截面承受的弯矩反而降低。

由于 $N_u - M_u$ 相关曲线上的各点反映了构件处于承载能力极限状态时的 N_u 和 M_u，如 D 点的坐标就代表着承载能力极限状态的 N_u 和 M_u 的一种组合。所以，当 N 和 M 的实际组合在曲线 ABC 以内时（如 E 点），表明截面在给出的 N 和 M 组合下没有超过承载能力极限状态，构件不会破坏；反之，当 N 和 M 的实际组合在曲线以外时（如 F 点），表明截面在给出的 N 和 M 组合下超

过了承载能力极限状态，构件将要破坏。

当偏心受压构件承受多种内力组合时，可根据 N_u—M_u 相关曲线的规律选定最不利内力组合，作为承载力计算的依据。

 ## 6.3　偏心受压构件斜截面受剪承载力计算

在偏心受压构件中，除作用有轴向力和弯矩外，一般还作用有剪力，因此，偏心受压构件还需要进行斜截面承载力计算。试验表明，在压力和剪力共同作用下，当压应力不超过一定范围时，轴向压力对构件受剪承载力有提高的作用。这是由于轴向压力的存在，能阻止或减缓斜裂缝的出现和开展，增加混凝土剪压区高度，从而提高混凝土的抗剪能力。

《混凝土结构设计规范》（GB 50010—2010）规定：

①矩形、T 形和工字形截面的钢筋混凝土偏心受压构件，其最小截面尺寸条件见模块 4 受弯构件斜截面承载力计算。

②矩形、T 形和工字形截面的钢筋混凝土偏心受压构件，其斜截面受剪承载力应符合下列规定：

$$V \leqslant \frac{1.75}{\lambda+1} f_t b h_0 + f_{yv} \frac{A_{sv}}{s} h_0 + 0.07N \tag{6.45}$$

式中　N——与剪力设计值相应的轴向压力设计值，当 $N > 0.3 f_c A$ 时，取 $N = 0.3 f_c A$，此处，A 为构件的截面面积。

λ——偏心受压构件计算截面剪跨比，取 $\lambda = \dfrac{M}{V h_0}$；对框架结构中的框架柱，当其反弯点在层高范围时，可取 $\lambda = \dfrac{H_n}{2 h_0}$；当 $\lambda < 1$ 时，取 $\lambda = 1$；当 $\lambda > 3$ 时，取 $\lambda = 3$；此处，M 为计算截面上与剪力设计值 V 相应的弯矩设计值，H_n 为柱净高。对其他偏心受压构件，当承受均布荷载时，取 $\lambda = 1.5$；当承受集中荷载（包括作用有多种荷载，其中集中荷载对支座截面或节点边缘所产生的剪力值占总剪力值的 75% 以上的情况）时，取 $\lambda = \dfrac{a}{h_0}$，当 $\lambda < 1.5$ 时，取 $\lambda = 1.5$；当 $\lambda > 3$ 时，取 $\lambda = 3$；此处，a 为集中荷载至支座或节点边缘的距离。

③矩形、T 形和工字形截面的钢筋混凝土偏心受压构件，当符合下列公式的要求：

$$V \leqslant \frac{1.75}{\lambda+1} f_t b h_0 + 0.07N \tag{6.46}$$

可不进行斜截面受剪承载力的计算，仅需按下节所述的构造要求配置箍筋即可。

 ## 6.4　偏心受压构件构造要求

1. 截面形式与尺寸

轴心受压柱的截面一般采用正方形或矩形，根据需要也可采用圆形或多边形截面；偏心受压构件一般采用正方形、矩形、T 形或工字形截面。截面的最小边长不宜小于 250 mm。为了施工支模方便，边长在 800 mm 以下时，取 50 mm 的倍数；边长在 800 mm 以上时，取 100 mm 的倍数。

2. 纵向钢筋

① 纵向受力钢筋的直径不宜小于 12 mm，且宜采用大直径的钢筋。考虑到配筋过多的柱在混

凝土长期受压发生徐变后突然卸载时，钢筋弹性回复会造成混凝土受拉甚至开裂，故要求全部纵向钢筋的配筋率不宜大于 5%。

② 柱中纵向钢筋的净间距不应小于 50 mm，且不宜大于 300 mm。水平浇筑的预制柱，其纵向钢筋的最小净间距可按关于梁的有关规定取用。

③ 偏心受压柱的截面高度不小于 600 mm 时，在柱的侧面上应设置直径不小于 10 mm 的纵向构造钢筋，并相应设置复合箍筋或拉筋。

④ 圆柱中纵向钢筋不宜少于 8 根，不应少于 6 根，且宜沿周边均匀布置。

⑤ 在偏心受压柱中，垂直于弯矩作用平面的侧面上的纵向受力钢筋以及轴心受压柱中各边的纵向受力钢筋，其中距不宜大于 300 mm。

⑥ 全部纵向受力钢筋的配筋率：当钢筋的强度等级为 500 MPa 时不应小于 0.5%，强度等级为 400 MPa 时不应小于 0.55%，强度等级为 300 MPa、335 MPa 时不应小于 0.5%。一侧纵向受力钢筋的配筋率不应小于 0.20%。全部或一侧纵向受力钢筋的配筋率均按构件的全截面面积计算。

3. 箍筋

① 箍筋直径不应小于 $d/4$，且不应小于 6 mm，d 为纵向受力钢筋的最大直径。

② 箍筋间距不应大于 400 mm 及构件截面的短边尺寸，且不应大于 15d，d 为纵向受力钢筋的最小直径。

③ 柱及其他受压构件中的周边箍筋应做成封闭式；对圆柱中的箍筋，搭接长度不应小于规范规定的锚固长度，且末端应做成 135°弯钩，弯钩末端平直段长度不应小于 5d，d 为箍筋直径。

④ 当柱截面短边尺寸大于 400 mm 且各边纵向钢筋多于 3 根时，或当柱截面短边尺寸不大于 400 mm 但各边纵向受力钢筋多于 4 根时，应设置复合箍筋，复合箍筋的直径和间距与普通箍筋要求相同，如图 6.20 所示。

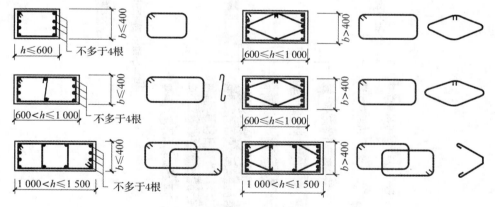

图 6.20 箍筋的配置

⑤ 柱中全部纵向受力钢筋的配筋率大于 3% 时，箍筋直径不应小于 8 mm，间距不应大于 10d，且不应大于 200 mm。箍筋末端应做成 135°弯钩，且弯钩末端平直段长度不应小于 10d，d 为纵向受力钢筋的最小直径。

⑥ 在配有螺旋式或焊接环式箍筋的柱中，如在正截面受压承载力计算中考虑间接钢筋的作用时，箍筋间距不应大于 80 mm 及 $d_{cor}/5$，且不宜小于 40 mm，d_{cor} 为按箍筋内表面确定的核心截面直径。

4. 工字形截面柱

工字形截面柱除满足上述要求外，还需满足以下要求：

工字形截面柱的翼缘厚度不宜小于 120 mm，腹板厚度不宜小于 100 mm。当腹板开孔时，宜在孔洞周边每边设置 2~3 根直径不小于 8 mm 的补强钢筋，每个方向补强钢筋的截面面积不宜小于该方向被截断钢筋的截面面积。

腹板开孔的工字形截面柱，当孔的横向尺寸小于柱截面高度的一半，孔的竖向尺寸小于相邻两孔之间的净间距时，柱的刚度可按实腹工字形截面柱计算。但在计算承载力时应扣除孔洞的削弱部分。当开孔尺寸超过上述规定时，柱的刚度和承载力应按双肢柱计算。

工字形截面柱的箍筋设置如图 6.21 所示。

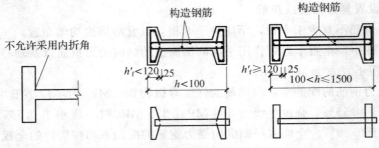

图 6.21 工字形截面柱的箍筋设置

【重点串联】

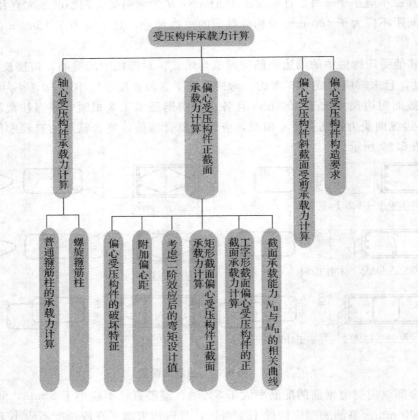

【知识链接】

1.《混凝土结构设计规范》（GB 50010—2010）。

拓展与实训

基础训练

一、简答题

1. 轴心受压构件中的纵向受力钢筋和箍筋各起什么作用？

2. 轴心受压短柱有哪些受力特征？

3. 轴心受压构件的稳定系数 φ 具有什么意义？影响 φ 的主要因素有哪些？

4. 配置螺旋箍筋为什么能提高柱的承载力？

5. 大小偏心破坏有什么本质的区别？判别大小偏心破坏的条件有哪些？

6. 为什么要考虑弯矩增大系数 η_{ns}？

7. 在何种情形下偏心受压构件需采用对称配筋？为什么说对称配筋偏心受压构件是结构工程中最常采用的配筋形式？

8. 按中和轴位置的不同，工字形截面偏心受压柱分为哪几种情况？

工程技能训练

1. 正方形截面轴心受压柱的截面尺寸 $b \times h = 400 \text{ mm} \times 400 \text{ mm}$，计算长度 $l_0 = 6.5 \text{ m}$，承受轴向力设计值 $N = 1\,450 \text{ kN}$，混凝土强度等级为 C25，钢筋采用 HRB400，试计算纵筋的面积。

2. 钢筋混凝土偏心受压柱，截面尺寸为 $b \times h = 300 \text{ mm} \times 400 \text{ mm}$，计算长度 $l_0 = 4 \text{ m}$，承受轴向力设计值 $N = 250 \text{ kN}$，弯矩设计值 $M_1 = 158 \text{ kN} \cdot \text{m}$，$M_2 = 142 \text{ kN} \cdot \text{m}$，采用 C30 混凝土，HRB400 纵筋。试计算钢筋面积 A_s 和 A'_s。

3. 已知条件同上题 2，但截面受压区已配置 3Φ25 纵筋（$A'_s = 1473 \text{ mm}^2$），试计算 A_s。

4. 钢筋混凝土偏心受压构件的截面尺寸 $b \times h = 400 \text{ mm} \times 600 \text{ mm}$，$a_s = a'_s = 45 \text{ mm}$，计算长度 $l_0 = 5 \text{ m}$，作用在构件上的轴向力设计值 $N = 1\,650 \text{ kN}$，弯矩设计值从 $M_1 = M_2 = 150 \text{ kN} \cdot \text{m}$，混凝土采用 C25，钢筋采用 HRB400，求所需钢筋截面面积。

5. 条件同上题 4，但作用在构件上的轴向力设计值为 $2\,145 \text{ kN}$，弯矩为 $195 \text{ kN} \cdot \text{m}$，离偏心力较近一侧已配有 5$\Phi$22 的钢筋（$A'_s = 1\,900 \text{ mm}^2$），试计算另一侧的钢筋面积 A_s。

6. 已知矩形截面偏心受压柱的截面尺寸 $b \times h = 400 \text{ mm} \times 500 \text{ mm}$，计算长度 $l_0 = 5.1 \text{ m}$，$a_s = a'_s = 40 \text{ mm}$，混凝土采用 C30，纵筋采用 HRB400 级，承受轴向力设计值 $N = 2\,850 \text{ kN}$，弯矩设计值 $M = 80 \text{ kN} \cdot \text{m}$，试求非对称配筋时纵筋的用量。

7. 钢筋混凝土偏心受压构件的截面尺寸 $b \times h = 400 \text{ mm} \times 500 \text{ mm}$，计算长度 $l_0 = 6.5 \text{ m}$，采用 C25 混凝土，HRB400 级钢筋，已知受压钢筋为 3Φ20（$A'_s = 941 \text{ mm}^2$），受拉钢筋为 5Φ22（$A_s = 1\,900 \text{ mm}^2$）。若 $e_0 = 600 \text{ mm}$，试计算截面所能承担的轴向压力设计值。

8. 某钢筋混凝土柱截面尺寸 $b \times h = 400 \text{ mm} \times 500 \text{ mm}$，计算长度 $l_0 = 7.5 \text{ m}$，混凝土强度等级 C25，纵筋采用 HRB400 级，构件配筋已知，其中受压区配有 4Φ22（$A'_s = 1\,520 \text{ mm}^2$），受拉区配有 2$\Phi$16（$A_s = 402 \text{ mm}^2$），若作用在构件上的轴向力设计值 $N = 2\,500 \text{ kN}$，试求弯矩作用平面内所能承担的弯矩设计值（假设柱两端所承担的弯矩相等）。

链接职考

1. 关于非抗震设计的框架结构，不同部位震害程度的说法，正确的有（　　　）。（2010年一级建造师考题）

    A. 柱的震害轻于梁   B. 柱顶的震害轻于柱底

    C. 角柱的震害重于内柱   D. 短柱的震害重于一般柱

    E. 填充墙处是震害发生的严重部位之一

模块 **7**

受拉构件承载力计算

【模块概述】

我们已经学过受弯、受压构件，在工程结构中还有受拉构件，在这一部分内容中，我们将学习受拉构件的设计。

【知识目标】

1. 理解轴心受拉、大偏心受拉和小偏心受拉构件承载力计算原理；
2. 了解偏心受拉构件斜截面承载力计算方法。

【技能目标】

1. 能熟练进行混凝土受拉构件的设计计算。

【课时建议】

4 课时

　　混凝土结构工程中受拉构件并不多见，如承受节点荷载的桁架或托架的受拉弦杆和其他受拉腹杆、拱的拉杆、圆形贮水池的池壁等构件都可以按受拉构件来计算，由于混凝土的抗拉强度很低，受拉构件在荷载很小时就出现裂缝，影响结构的耐久性，所以受拉构件多采用预应力混凝土，延迟结构的开裂，提高结构刚度、抗裂性及耐久性。

　　钢筋混凝土受拉构件可分为轴心受拉构件和偏心受拉构件。当轴向拉力作用点与截面形心重合时，此构件称为轴心受拉构件；当轴向拉力作用点与截面形心不重合或构件同时承受轴向拉力、弯矩和剪力作用时，此构件即为偏心受拉构件。在实际工程中，理想的轴心受拉构件是不存在的，但在设计中为简便起见，可将有些构件近似地当作轴心受拉构件。例如，承受节点荷载的桁架或托架的受拉弦杆和其他受拉腹杆、拱的拉杆、圆形贮水池的池壁等构件；而承受节间荷载的桁架或托架的受拉弦杆、矩形储水池的池壁、工业厂房中的双肢柱、受地震作用的框架边柱等，均属于偏心受拉构件。

7.1　轴心受拉构件正截面承载力计算

1. 轴心受拉构件的受力特点及承载力计算公式

　　由于混凝土的抗拉强度很低，轴心受拉构件在荷载很小时就出现裂缝，裂缝处混凝土退出工作，拉力全部由钢筋承受。当轴向拉力使裂缝截面处的钢筋应力达到屈服强度时，构件即将破坏，如图7.1所示。

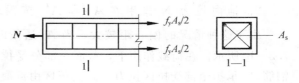

图 7.1　轴心受拉构件的受力状态

　　所以，轴心受拉构件的正截面受拉承载力计算公式为

$$N \leqslant f_y A_s \tag{7.1}$$

式中　N——轴向拉力设计值；

　　　A_s——受拉钢筋的全部截面面积；

　　　f_y——钢筋抗拉强度设计值。

2. 构造要求

（1）纵向受力钢筋

① 轴心受拉构件和小偏心受拉构件的受力钢筋不得采用绑扎搭接接头，搭接而不加焊的受拉钢筋接头仅允许用在圆形池壁或管中，其接头位置应相互错开，搭接长度应不小于 $1.2l_a$ 和 300 mm。

② 轴心受拉构件和偏心受拉构件一侧的受拉钢筋的最小配筋率不应小于 0.2% 与 $(45f_t/f_y)\%$ 中的较大值；而偏心受拉构件中的受压钢筋，其最小配筋率不应小于 0.2%。

　　注意：轴心受拉构件和小偏心受拉构件一侧受拉钢筋的配筋率应按构件的全截面面积计算；大偏心受拉构件一侧受拉钢筋的配筋率应按全截面面积扣除受压翼缘面积 $(b'_f-b)h'_f$ 后的截面面积计算。

③ 轴心受拉构件的受力钢筋沿截面周边均匀对称布置，并宜优先选用直径较小的钢筋。

（2）箍筋

在轴心受拉构件中，为与纵筋形成骨架，固定纵筋在截面中的位置，应考虑设置箍筋等横向钢筋。箍筋的直径应不小于 6 mm，间距一般为 150～200 mm，对屋架的腹杆不宜超过 150 mm。

7.2 偏心受拉构件正截面承载力计算

7.2.1 偏心受拉构件的破坏形态

试验表明，按照轴向拉力的作用位置不同，偏心受拉构件可分为以下两种破坏形态。

1. 轴向拉力 N 作用在 A_s 和 A'_s 之间的小偏心受拉破坏

设离偏心拉力较近的一侧钢筋为 A_s，离偏心拉力较远的一侧钢筋为 A'_s，如图 7.2（a）所示。当偏心距 e_0 较小时，轴向拉力将使全截面受拉，其破坏特征接近于轴心受拉构件。当偏心距 e_0 较大时，混凝土开裂前，截面一部分受拉，另一部分受压；混凝土受拉区开裂后，混凝土退出工作，拉力由钢筋 A_s 承担；随着荷载的增加，裂缝贯穿全截面，这时 A'_s 也受拉（即全截面受拉），最终也是由于钢筋达到受拉屈服强度而使构件破坏。

因此，只要轴向拉力作用在 A_s 和 A'_s 之间，构件破坏时均为全截面受拉，构件的承载力取决于钢筋的屈服强度。此时偏心距 $e_0 \leqslant \dfrac{h}{2} - a_s$。

2. 轴向拉力 N 作用在 A_s 和 A'_s 范围之外的大偏心受拉破坏

由于这种情况的偏心距较大，当 A_s 适量时，其破坏形态与大偏心受压构件基本相似，如图7.2（b）所示。在荷载作用下，截面一部分受拉，另一部分受压，随着受拉区混凝土的开裂，受拉钢筋 A_s 承担全部受拉区拉力，而受压区由混凝土和钢筋 A'_s 承担全部压力。即将破坏时，受拉区钢筋 A_s 首先达到屈服强度，然后受压区混凝土被压碎，同时受压区钢筋 A'_s 也达到屈服强度。此时偏心距 $e_0 > \dfrac{h}{2} - a_s$。

需要说明的是，当 A_s 过多时，其破坏形态类似于小偏心受压破坏；另外，当 $x < 2a'_s$ 时，A'_s 也不会达到屈服。

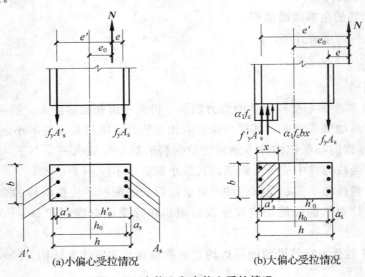

图 7.2 小偏心和大偏心受拉情况

7.2.2 偏心受拉构件承载力计算

1. 矩形截面非对称配筋偏心受拉构件正截面承载力计算

（1）小偏心受拉构件

如图 7.2（a）所示，分别对 A_s 和 A'_s 形心取矩，可得承载力计算公式：

$$Ne \leqslant f_y A'_s (h_0 - a'_s) \tag{7.2}$$

$$Ne' \leqslant f_y A_s (h'_0 - a_s) \tag{7.3}$$

$$e = h/2 - a_s + e_0$$

$$e' = h/2 - a'_s + e_0$$

$$e_0 = M/N$$

式中 e——轴向拉力作用点至 A_s 合力点的距离；

e'——轴向拉力作用点至 A'_s 合力点的距离；

e_0——轴向拉力对截面重心的偏心距。

根据式（7.2）和式（7.3）可求得 A'_s 和 A_s。

截面复核时，将各已知值代入式（7.2）和式（7.3）中，取两式计算结果的较小值作为截面受拉承载力 N_u。

（2）大偏心受拉构件

如图 7.2（b）所示，当 A_s 适量时，由平衡条件可得承载力计算公式：

$$N \leqslant f_y A_s - f'_y A'_s - \alpha_1 f_c bx \tag{7.4}$$

$$Ne \leqslant \alpha_1 f_c bx (h_0 - x/2) + f'_y A'_s (h_0 - a'_s) \tag{7.5}$$

其中 $e = e_0 - h/2 + a_s$

式（7.4）和式（7.5）应满足条件：

$$x \leqslant \xi_b h_0 \text{ 和 } x \geqslant 2a'_s$$

当不满足 $x \geqslant 2a'_s$ 的条件时，取 $x = 2a'_s$ 按式（7.3）计算配筋；其他情况的计算与大偏心受压构件计算类似，所不同的是 N 为拉力，因此，在这里就不再重复介绍。

【例 7.1】 处于一类环境中的偏心受拉构件的截面尺寸 $b \times h = 400 \text{ mm} \times 500 \text{ mm}$，混凝土采用 C30，钢筋采用 HRB335 级，承受轴向力设计值 $N = 800 \text{ kN}$，弯矩设计值 $M = 86.4 \text{ kN} \cdot \text{m}$，取 $a_s = a'_s = 40 \text{ mm}$，试计算钢筋面积 A'_s 和 A_s。

解 $e_0 = M/N = (86\,400/800) \text{ mm} = 108 \text{ mm} < \dfrac{h}{2} - a_s = 185 \text{ mm}$（为小偏心受拉情况）

$$e = h/2 - a_s - e_0 = (450/2 - 40 - 108) \text{ mm} = 77 \text{ mm}$$

$$e' = h/2 - a'_s + e_0 = (450/2 - 40 + 108) \text{ mm} = 293 \text{ mm}$$

由式（7.2）和式（7.3）可得

$$A_s \geqslant \frac{Ne'}{f_y (h'_0 - a'_s)} = \frac{800 \times 10^3 \times 293}{300 \times (410 - 40)} \text{ mm}^2 = 2\,112 \text{ mm}^2，选用 3 \oplus 22 + 2 \oplus 25 (A_s = 2\,122 \text{ mm}^2)$$

$$A'_s \geqslant \frac{Ne}{f_y (h_0 - a_s)} = \frac{800 \times 10^3 \times 77}{300 \times (410 - 40)} = 555 \text{ mm}^2，选用 2 \oplus 22 (A'_s = 760 \text{ mm}^2)$$

一侧钢筋的最小配筋面积为

$$0.002bh = (0.002 \times 300 \times 450) \text{ mm}^2 = 270 \text{ mm}^2$$

$$bh (45f_t/f_y)/100 = 300 \times 450 \times (45 \times 1.43/300) \text{ mm}^2/100 = 290 \text{ mm}^2$$

A_s 和 A'_s 的配筋面积远大于最小配筋面积，所以满足要求。

【例 7.2】 钢筋混凝土矩形截面水池壁厚 $h = 250 \text{ mm}$，根据内力计算可知：沿池壁 1 m 高度的垂直截面上（取 $b = 1 \text{ m}$）作用的轴向拉力设计值 $N = 210 \text{ kN}$（轴心拉力），弯矩设计值 $M = 84 \text{ kN} \cdot \text{m}$（池外侧受拉），若混凝土采用 C30，钢筋采用 HRB335 级，试确定该 1 m 高的垂直截面中池壁内外所需的水平受力钢筋。

解 池壁水平钢筋一般位于竖向钢筋内侧，故取 $a_s = a'_s = 40 \text{ mm}$，则

$$e_0 = M/N = \frac{84 \times 10^6}{210 \times 10^3} \text{ mm} = 400 \text{ mm} < \frac{h}{2} - a_s = 85 \text{ mm （属于大偏心受拉情况）}$$

$$e = e_0 - h/2 + a_s = (400 - 250/2 + 40) \text{ mm} = 315 \text{ mm}$$

因为 A_s 和 A'_s 均未知，考虑充分发挥混凝土的抗压作用，使 $(A_s + A'_s)$ 总用量最少，所以取

$$x = \xi_b h_0 = 0.550 \times (250 - 40) \text{ mm} = 115.5 \text{ mm}$$

将 x 代入式（7.5）中可得

$$A'_s = \frac{Ne - \alpha_1 f_c bx (h_0 - x/2)}{f'_y (h_0 - a'_s)}$$

$$= \frac{210 \times 10^3 \times 315 - 1.0 \times 14.3 \times 1000 \times 115.5 \times (210 - 115.5/2)}{300 \times (210 - 40)} < 0$$

按构造要求配筋，即 $A'_s = 0.002bh = 0.002 \times 1000 \times 250 = 500 \text{ mm}^2$，所以，水池内侧所需的水平受力钢筋选配 $\Phi 12@200$（$A_s = 565 \text{ mm}^2$）。

由于 A'_s 按构造要求确定，计算 A_s 可以采用下面的任一种方法：①按已知 A'_s 求 A_s 的方法。②取 $A'_s = 0$，由式（7.5）重新计算 x，然后将 x 代入式（7.4），可求得 A_s。下面采用第①种方法计算 A_s，将 $A_s = 565 \text{ mm}^2$ 代入式（7.5）中可得

$$x = h_0 - h_0 \sqrt{1 - \frac{Ne - f'_y A'_s (h_0 - a'_s)}{0.5\alpha_1 f_c bh_0^2}}$$

$$= 210 \text{ mm} - 210 \sqrt{1 - \frac{210 \times 10^3 \times 315 - 300 \times 565 \times (210 - 40)}{0.5 \times 1.0 \times 14.3 \times 1000 \times 210^2}} \text{ mm}$$

$$= 12.8 \text{ mm} < 2a'_s = 80 \text{ mm}$$

所以 A_s 应按式（7.3）计算，其中

$$e' = e_0 + h/2 - a'_s = (400 + 250/2) \text{ mm} = 485 \text{ mm}$$

$$A_s = \frac{Ne'}{f_y (h_0' - a_s)} = \frac{210 \times 10^3 \times 485}{300 \times (210 - 40)} \text{ mm}^2 = 1997 \text{ mm}^2$$

配筋面积远大于最小配筋量，所以，水池外侧所需的水平受力钢筋选配 $\Phi 16@100$（$A_s = 2\,011 \text{ mm}^2$）。

2. 矩形截面对称配筋偏心受拉构件正截面承载力计算

《混凝土结构设计规范》（GB 50010—2010）规定，对称配筋的矩形截面偏心受拉构件，不论大、小偏心受拉情况，均可按式（7.3）计算，即

$$A_s = A'_s \geqslant \frac{Ne'}{f'_y (h'_0 - a_s)} \tag{7.6}$$

7.3 偏心受拉构件斜截面承载力计算

在偏心受拉构件中，除作用有轴向拉力和弯矩外，一般还作用有剪力，因此，偏心受拉构件还需要进行斜截面承载力计算。由于轴向拉力的存在，斜裂缝可能会贯穿全截面，使构件的受剪承载力明显降低。

《混凝土结构设计规范》（GB 50010—2010）规定：

①矩形截面的钢筋混凝土偏心受拉构件，其最小截面尺寸条件见模块 4 受弯构件斜截面承载力计算。

②矩形截面的钢筋混凝土偏心受拉构件，其斜截面受剪承载力计算公式为

$$V \leqslant \frac{1.75}{\lambda + 1} f_t bh_0 + f_{yv} \frac{A_{sv}}{s} h_0 - 0.2N \tag{7.7}$$

式中　N——与剪力设计值相应的轴向拉力设计值；

　　　λ——计算截面的剪跨比。

当式（7.7）右边的计算值小于 $f_{yv} \frac{A_{sv}}{s} h_0$ 时，应取等于 $f_{yv} \frac{A_{sv}}{s} h_0$，且 $f_{yv} \frac{A_{sv}}{s} h_0$ 值不得小于 $0.36 f_t bh_0$。

【重点串联】

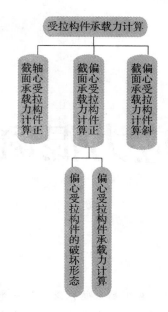

【知识链接】

1.《混凝土结构设计规范》(GB 50010—2010)。

拓展与实训

基础训练

一、简答题

1. 在结构工程中,哪些构件可按轴心受拉构件计算?试举例说明钢筋混凝土轴心受拉构件有哪些受力特征。

2. 如何判别大、小偏心受拉构件?大、小偏心受拉构件的受力特点和破坏特征有何不同?

工程技能训练

1. 某承受节点荷载的钢筋混凝土屋架的受拉腹杆,矩形截面尺寸 $b \times h = 160$ mm $\times$ 160 mm,承受轴心拉力 $N = 270$ kN,采用混凝土强度 C25,受力钢筋采用 HRB335 级。试进行该构件的配筋计算。

2. 某桁架受拉弦杆采用矩形截面,其截面尺寸 $b \times h = 300$ mm $\times 250$ mm,截面承受的轴向拉力设计值 $N = 540$ kN,弯矩设计值 $M = 41$ kN·m,若混凝土强度等级采用 C30,钢筋采用 HRB335 级,按一类环境计算所需钢筋面积。

3. 已知处于一类环境中的矩形截面偏心受拉构件,截面尺寸 $b \times h = 250$ mm $\times 350$ mm,承受轴向拉力设计值 $N = 225$ kN,弯矩设计值 $M = 152$ kN·m,选用 C30 混凝土,HRB400 级钢筋。取 $a_s = a'_s = 40$ mm,试计算其受拉和受压钢筋面积。

链接职考

1. 偏心受拉构件破坏时,( )。(一级建造师模拟题)

A. 远边钢筋屈服 B. 近边钢筋屈服 C. 远边、近边都屈服 D. 无法判定

2. 在受拉构件中,由于纵向拉力的存在,构件的抗剪能力将( )。(一级建造师模拟题)

A. 提高 B. 降低 C. 不变 D. 难以测定

模块 8

预应力混凝土构件

【模块概述】

预应力混凝土结构在实际工程中的应用越来越广泛，这一部分我们将了解到预应力混凝土结构与普通混凝土结构在设计和施工上有哪些不同，具体的要求有哪些。

【知识目标】

1. 深入理解预应力混凝土的基本概念及优缺点，了解抗裂等级的分类；

2. 了解预应力混凝土所使用的材料和锚夹具，先张法和后张法构件的不同，张拉控制应力的概念，各项预应力损失及组合。

【技能目标】

1. 能进行预应力混凝土材料的选取；

2. 能进行预应力混凝土结构的预加应力施工；

3. 能识读预应力混凝土结构施工图，计算钢筋用量；

4. 能熟练设计预应力混凝土梁。

【课时建议】

6 课时

上海某体育中心体育馆，由于建筑上的要求，屋面梁的跨度达到了 41 m，用普通的混凝土结构根本无法充分利用高强度的钢筋和混凝土，裂缝宽度和挠度将无法控制，所以只能采用预应力混凝土结构甚至是钢结构。

8.1 预应力混凝土的基本概念

8.1.1 概述

普通钢筋混凝土结构或构件，由于混凝土的抗拉强度及极限拉应变很小（其极限拉应变约为 $1.0 \times 10^{-4} \sim 1.5 \times 10^{-4}$），所以在使用荷载作用下，一般均带裂缝工作。对使用上不允许开裂的构件，其受拉钢筋的最大应力仅为 $20 \sim 30$ N/mm²；对于允许开裂的构件，当裂缝宽度为 $0.2 \sim 0.3$ mm 时，钢筋拉应力也只达到 $150 \sim 250$ N/mm²。

由于混凝土的过早开裂，使钢筋混凝土构件存在难以克服的缺点：一是裂缝的开展使高强度材料无法充分利用。从结构耐久性方面考虑，必须限制裂缝开展宽度，这就使高强度钢筋无法发挥作用，相应地也不可能充分发挥高级别混凝土的作用；二是过早开裂导致构件刚度降低，为了满足变形控制的要求，需加大构件截面尺寸。这样做既不经济，又增加了构件自重，特别是随着跨度的增大，自重所占的比例也增大，使钢筋混凝土结构的应用范围受到很多限制。因此，要解决这些问题，只有采用预应力混凝土结构。

8.1.2 预应力混凝土的基本概念

为了避免普通钢筋混凝土结构过早出现裂缝，并充分利用高强度材料，在结构构件受外荷载作用之前，可通过一定方法预先对由外荷载引起的混凝土受拉区施加压力，用由此产生的预压应力来减小或抵消将来外荷载所引起的混凝土拉应力。这样，在外荷载施加之后，裂缝就可延缓或不发生。即使发生了，裂缝也不会开展过宽，可满足适用要求。这种构件受外荷载以前预先对混凝土受拉区施加压应力的结构就称为预应力混凝土结构。

下面以图 8.1 的简支梁为例，进一步说明预应力混凝土的基本原理。

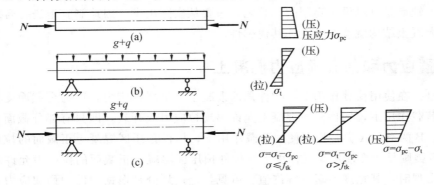

图 8.1 预应力混凝土的基本原理

在构件承受外荷载前，预先在梁的受拉区施加大小相等、方向相反的一对集中力（即预压力）N，梁各截面的弯曲应力如图 8.1（a）所示，这时，梁截面下边缘混凝土产生预压应力为 σ_{pc}；当外荷载 q 及自重 g 共同作用时，梁各截面的弯曲应力如图 8.1（b）所示，这时，梁截面下边缘混凝土

将产生拉应力 σ_t，在 N、q 及 g 共同作用时，梁各截面的弯曲应力分布应为以上两种情况的叠加，如图 8.1（c）所示，这时，梁截面下边缘混凝土的应力可能是数值很小的拉应力，也可能是压应力甚至应力为零。由此可见，由于预压应力 σ_{pc} 的作用，可部分或全部抵消外荷载引起的拉应力 σ_t，因而推迟了裂缝的出现，甚至可避免出现裂缝。这就是预应力混凝土的基本原理。其实，预应力的原理在日常生活中早已有所应用，例如在建筑工地用砖钳移动砖块，被钳住的一叠水平砖块不会掉下来；搬动一摞书时，用两手将书挤紧，书就不会散落；用铁箍箍紧木桶，桶盛水后就不会漏等，这些都是应用预应力基本原理的事例。

由上述简支梁的应力变化情况可以看出，预压力要根据使用要求和外荷载作用下产生的应力情况来施加。

8.1.3 预应力混凝土结构的优缺点

预应力混凝土结构与普通钢筋混凝土结构相比，具有下列主要优点：

（1）提高了混凝土构件的抗裂性和刚度。在使用荷载作用下，预应力混凝土构件不出现裂缝或裂缝出现大大推迟，因而构件的刚度提高、使用性能改善，结构的耐久性增强。

（2）可以节省材料，减少自重。预应力混凝土由于采用高强度材料，因而可以减少钢筋用量和减小构件截面尺寸，节省钢材和混凝土用量，从而降低结构物自重。对自重占总荷载比例很大的大跨公路桥梁来说，采用预应力混凝土有着显著的优越性。大跨度或重荷载结构，采用预应力混凝土一般是经济合理的。

（3）可以减小混凝土受弯构件的剪力和主拉应力。预应力混凝土受弯构件采用曲线布置钢筋，可使构件承受的剪力减小。又由于混凝土截面上预压应力的存在，也使主拉应力相应减小。这有利于减薄混凝土构件腹部的横向厚度，使自重进一步减小。

此外，预应力混凝土还能提高结构的耐疲劳性能。因为全截面或基本全截面参加工作的预应力混凝土构件，在使用阶段因加载或卸载所产生的应力变化幅度很小，因而引起疲劳破坏的可能性也小。这对于承受动荷载的桥梁结构来说是很有利的。

预应力混凝土结构也存在着一些缺点：

（1）工艺较复杂，施工质量要求高，因而需要配备一支技术较熟练的专业队伍。

（2）需要专门的施工设备，如张拉机具、灌浆设备等。

（3）预应力引起的反拱不易控制。它将随混凝土徐变的增加而加大，可能影响结构使用效果。如桥梁反拱过大，将影响行车舒适性。

（4）预应力混凝土结构的开工费用较大，对于跨径小、构件数量少的工程，成本较高。

但是，以上缺点是可以设法克服的。总之，只要从实际出发，因地制宜地进行合理设计和妥善安排，预应力混凝土结构就能充分发挥其优越性。

8.1.4 全预应力和部分预应力混凝土

全预应力是指在使用荷载作用下，构件截面混凝土不出现拉应力，即为全截面受压。部分预应力是指在使用荷载作用下，构件截面混凝土允许出现拉应力或开裂，即只有部分截面受压。部分预应力又分为 A、B 两类，A 类是指在使用荷载作用下，构件预压区混凝土正截面的拉应力不超过规定的容许值；B 类则是指在使用荷载作用下，构件预压区混凝土正截面的拉应力允许超过规定的限值，但当裂缝出现时，其宽度不超过容许值。可见，上述划分是根据构件中预加应力大小的程度来确定的。

8.1.5 预应力混凝土结构的应用

预应力混凝土由于具有许多优点，所以目前在国内外应用非常广泛，特别是在大跨度或承受动力荷载的结构以及不允许开裂的结构中得到了广泛的应用。在房屋建筑工程中，预应力混凝土不仅用于屋架、吊车梁、空心板以及檩条等预制构件，而且在大跨度、高层房屋的现浇结构中也得到了应用。预应力混凝土结构还广泛地应用于公路、铁路、桥梁、立交桥、飞机跑道、蓄液池、压力管道、预应力混凝土船体结构以及原子能反应堆容器和海洋工程结构等方面。

8.2 施加预应力的方法和锚具

8.2.1 先张法

先张法是指先张拉预应力筋后浇筑混凝土的方法。其主要施工工艺过程如下：①将预应力筋一端通过夹具临时锚固在台座的钢梁上（图8.2），将另一端通过张拉夹具与张拉机械相连；②用张拉机械张拉预应力筋，当张拉到规定的应力（张拉控制应力）后，用夹具将预应力筋锚固在钢梁上，卸去张拉机械；③绑扎普通钢筋、支模、浇捣混凝土并进行养护；④当混凝土达到一定的强度或达到强度设计值时，可切断预应力筋（放张），由于预应力筋与混凝土已经具有黏结力，通过预应力筋的弹性回缩，挤压混凝土而使构件建立预压应力。

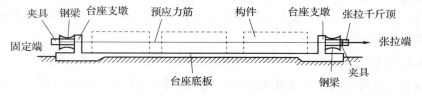

图 8.2 张拉台座设备图

8.2.2 后张法

后张法是指先浇筑混凝土构件，然后在构件上张拉预应力筋的一种施工方法。其主要施工工艺如下：①浇筑混凝土构件，并在构件中预留穿入预应力筋的孔道（或设套管）和灌浆孔（图8.3）；②当混凝土达到一定的强度或达到强度设计值时，将预应力筋穿入孔道，并在锚固端用锚具将预应力筋锚固在构件的端部，然后在构件的另一端用张拉机械张拉预应力筋，在张拉的同时挤压混凝土，当预应力筋张拉到控制应力后，用锚具将预应力筋锚固在构件上，卸去张拉机械；③为了使预应力筋与混凝土牢固结合并共同工作，应通过灌浆孔用高压泵将水泥浆灌入构件孔道内，为了保证灌浆密实，在远离灌浆孔的适当部位应预留出气孔。

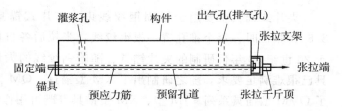

图 8.3 后张法张拉设备

从后张法施工工艺可以看出，后张法预应力混凝土构件需要预留孔道、穿钢筋、灌浆等施工工序（这种做法的预应力混凝土称为有黏结预应力混凝土），而预留孔道（特别是曲线形孔道）和灌浆都比较麻烦，灌浆不密实还易造成事故隐患。采用后张法无黏结预应力技术可以克服上述缺点。后张法无黏结预应力混凝土的施工工艺：①在单根或多根高强度钢丝、钢绞线外表沿全长涂以专用防腐油脂或其他防腐材料（其作用是减少摩擦力，并能防锈），外套套管或缠绕防水塑料纸袋，使之与周围混凝土不建立黏结力（这种钢筋称为无黏结预应力筋）；②将无黏结预应力筋像普通钢筋一样按设计位置敷设在钢筋骨架内，并与普通钢筋一起绑扎形成骨架，然后浇筑混凝土；③当混凝土强度达到预期强度后，利用构件本身作为台座对无黏结预应力筋进行张拉和锚固，张拉时无黏结预应力筋可沿纵向相对滑动，使混凝土建立预压应力。

8.2.3 夹具和锚具

在制作预应力混凝土构件的过程中，锚固预应力筋的工具通常分为夹具和锚具两种类型。构件制作完工后能够取下重复使用的工具，称为夹具，也称工具锚，如在先张法中使用的即为夹具。另一种长期锚固在构件上，不能取下重复使用的工具，称为锚具，也称工作锚，如后张法中使用的即为锚具。

无论是夹具还是锚具，都是保证预应力混凝土施工安全、结构可靠的关键性设备。因此，对于锚具和夹具的一般要求为：受力性能可靠；具有足够的强度和刚度；预应力损失小；构造简单，制作方便，节约钢材；张拉锚固方便、迅速等。

锚具的种类很多，《混凝土结构设计规范》（GB 50010—2010）根据锚固原理的不同，将锚具分为支承式和夹片式。支承式锚具有钢丝束墩头锚具、精轧螺纹钢筋锚具等；夹片式锚具有 JM 型锚具、XM 型锚具、QM 型锚具及 OVM 锚具等。现将几种国内常用锚具简要介绍如下。

1. 钢丝束墩头锚具

钢丝束墩头锚具用于锚固任意根数 φ5 钢丝束，分 DM5 A 型和 DM5 B 型。DMSA 型用于张拉端，由锚环和螺帽（锚圈）组成；DMSB 型用于固定端，仅有一块锚板（图 8.4）。张拉时，张拉螺丝杆一端与锚环内丝扣连接，另一端与张拉设备连接，当张拉到控制应力时，锚环被拉出，拧紧锚环外丝扣上的螺帽加以锚固。

2. 精轧螺纹钢筋锚具

精轧螺纹钢筋锚具用于锚固高强粗钢筋束。锚具由螺帽与钢垫板组成（图 8.5）。通常作为后张法构件的锚具，借助粗钢筋两端的螺纹，在钢筋张拉后直接拧上螺帽进行锚固，钢筋的回缩力由螺帽经钢垫板承压传递给构件而获得预应力。

3. 夹片式锚具

夹片式锚具主要用于锚固钢绞线束。夹片式锚具由带锥孔的锚板、夹片和锚垫板组成（图 8.6）。张拉时，每个锥孔置一根钢绞线，张拉后各自用夹片将钢绞线抱夹锚固。JM 型锚具是我国于 20 世纪 60 年代研制的夹片锚具。随着钢绞线的大量使用和钢绞线强度的大幅度提高，JM 型锚具已很难满足要求，随之研制出了 XM 型锚具、QM 型锚具系列，在 QM 型锚具的基础上又研制出了 OVM 型锚具系列。JM 型、XM 型锚具等既可用作工作锚，又可用作工具锚。

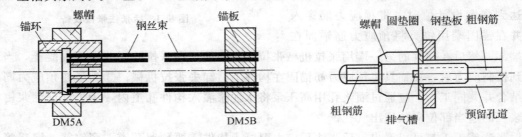

图 8.4 墩头锚具　　　　　　　图 8.5 精轧螺纹钢筋锚具

无黏结预应力筋锚具的选用，应根据无黏结预应力筋的品种、张拉吨位以及工程使用情况选定。对常用的直径为 15 mm，12 mm 单根钢绞线和 7 φ5 钢丝束无黏结预应力筋的锚具可按表 8.1 选用。

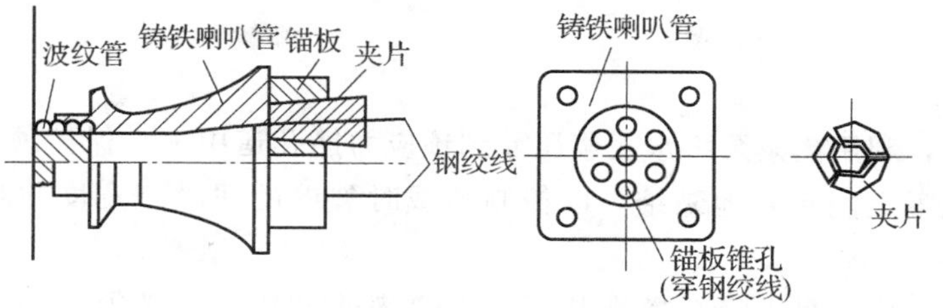

图 8.6　夹片式锚具

表 8.1　锚具选用表

无黏结预应力筋品种	张拉端	固定端
$d=15$（$7\phi5$） 或 $d=12$（$7\phi4$） $7\phi5$ 钢丝束	夹片锚具、 镦头锚具、 夹片锚具	挤压锚具、压花锚具、 焊板夹片锚具、 镦头锚具

8.2.4　制孔器和灌浆

1. 制孔器

孔道留设是后张法有黏结预应力施工中的关键工作之一。预留孔道的规格、数量、位置和形状应符合设计要求；预留孔道的定位应牢固，浇筑混凝土时不应出现位移和变形；孔道应平顺，端部的预埋锚垫板应垂直于孔道中心线。制作预应力筋孔道所用的制孔器目前主要有 3 种，即波纹管、钢管和橡胶管。

（1）预埋波纹管留孔

预埋波纹管成孔时，波纹管直接埋在构件或结构中不再取出，这种方法特别适用于留设曲线孔道。按材料不同，波纹管分为金属波纹管和塑料波纹管。金属波纹管又称螺旋管，是用冷轧钢带或镀锌钢带在卷管机上压波后螺旋咬合而成。按照截面形状不同可分为圆形和扁形两种；按照钢带表面状况可分为镀锌和不镀锌两种。预应力混凝土用金属波纹管应满足径向刚度、抗渗漏、外观等要求。

金属波纹管的连接，采用大一号的同型波纹管。接头管的长度为 200～300 mm，其两端用密封胶带或塑料热塑管封口。

波纹管的安装，应事先按设计图中预应力筋的曲线坐标在箍筋上定出曲线位置。波纹管的固定应采用钢筋支托，支托钢筋间距为 0.8～1.2 m。支托钢筋应焊在箍筋上，箍筋底部应垫实。波纹管固定后，必须用铁丝扎牢，以防止浇筑混凝土时波纹管上浮而引起严重的质量事故。

（2）钢管抽芯法

制作后张法预应力混凝土构件时，在预应力筋位置预先埋设钢管，待混凝土初凝后再将钢管旋转抽出的留孔方法。为防止在浇筑混凝土时钢管产生位移，每隔 1.0 m 用钢筋井字架固定牢靠。钢管接头处可用长度为 300～400 mm 的铁皮套管连接。在混凝土浇筑后，每隔一定时间慢慢同向转动钢管，使之不与混凝土黏结；待混凝土初凝后、终凝前抽出钢管，即形成孔道。钢管抽芯法仅适用于留设直线孔道。

（3）胶管抽芯法

制作后张法预应力混凝土构件时，在预应力筋的位置处预先埋设胶管，待混凝土结硬后再将胶管抽出的留孔方法。采用 5～7 层帆布胶管。为防止在浇筑混凝土时胶管产生位移，直线段每隔 600 mm 用钢筋井字架固定牢靠，曲线段应适当加密。胶管两端应有密封装置。在浇筑混凝土前，胶管内充入压力为 0.6～0.8 MPa 的压缩空气或压力水，管径增大约 3 mm，待浇筑的混凝土初凝后，放出压缩空气或压力水，管径缩小，混凝土脱开，随即拔出胶管。胶管抽芯法适用于留设直线与曲线孔道。

2. 灌浆

预应力筋张拉后，利用灌浆泵将水泥浆压灌到预应力筋孔道中去，保护预应力筋，防止锈蚀并使预应力筋与构件混凝土能有效地黏结，以控制超载时裂缝的间距与宽度并减轻梁端锚具的负荷状况。

预应力筋张拉后，应尽早进行孔道灌浆。对孔道灌浆的质量，必须重视。孔道内水泥浆应饱满、密实，应采用强度等级不低于 32.5 级的普通硅酸盐水泥配制水泥浆，其水灰比不应大于 0.45；搅拌后 3 h 泌水率不宜大于 2%，且不应大于 3%。泌水应能在 24 h 内全部重新被水泥浆吸收。为改善水泥浆性能，可掺缓凝减水剂。水泥浆应采用机械搅拌，以确保拌和均匀。搅拌好的水泥浆必须过滤（网眼不大于 5 mm）置于贮浆桶内，并不断搅拌以防水沉淀。

灌浆设备包括：砂浆搅拌机、消浆泵、贮浆桶、过滤网、橡胶管和喷浆嘴等。灌浆泵应根据灌浆高度、长度、形态等选用，并配备计量校检合格的压力表。灌浆前应全面检查构件孔道及灌浆孔、泌水孔、排气孔是否畅通。对抽拔管成孔，可采用压力水冲洗孔道；对预埋波纹管成孔，必要时可采用压缩空气清孔。宜先灌下层孔道，后灌上层孔道。灌浆工作应缓慢均匀地进行，不得中断，并应排气通顺，在出浆口出浓浆并封闭排气孔后，宜再继续加压至 0.5～0.7 N/mm²，稳压 2 min，再封闭灌浆孔。当孔道直径较大且水泥浆不掺微膨胀剂或减水剂进行灌浆时，可采取二次压浆法或重力补浆法。超长孔道、大曲率孔道、扁管孔道、腐蚀环境的孔道等可采用真空辅助灌浆。灌浆用水泥浆的配合比应通过试验确定，施工中不得任意更改。灌浆试块标准养护 28 d 的抗压强度不应低于 30 N/mm²。移动构件或拆除底模时，水泥浆试块强度不应低于 15 N/mm²。孔道灌浆后，应检查孔道上凸部位灌浆密实性，如有空隙，应采取人工补浆措施。对孔道阻塞或孔道灌浆密实情况有疑问时，可局部凿开或钻孔检查，但以不损坏结构为前提，否则应采取加固措施。

8.3 预应力混凝土材料

8.3.1 预应力钢筋

预应力筋宜采用预应力钢丝、钢绞线，也可采用预应力螺纹钢筋。

预应力混凝土构件对预应力筋的基本要求如下：

（1）高强度。在预应力构件中，从构件制作到构件承受荷载达到破坏，预应力筋始终处于高应力状态；另外，为了减少预应力损失，使构件内部建立较高的预压应力，因此必须采用强度较高的预应力筋。

（2）较好的塑性。为避免构件产生脆性破坏，同时为保证构件在低温或冲击荷载作用下可靠地工作，预应力筋应具有足够的塑性性能。《混凝土结构设计规范》（GB 50010—2010）规定，预应力筋在最大力下的总伸长率不应小于 3.5%。

（3）良好的加工性能。为保证预应力筋的加工质量，应具有良好的可焊性和墩头等加工性能。

（4）应力松弛损失要低。

（5）较好的黏结性能。先张法是靠预应力筋与混凝土之间的黏结力来建立预应力的，为了提高混凝土所建立的预压应力，用作先张法的预应力筋，要求具有良好的黏结性能。

8.3.2 混凝土

预应力混凝土结构对混凝土的基本要求如下：

（1）高强度。采用较高强度等级的混凝土，才能承受较高的预应力，并可有效地减小构件截面尺寸。因此，《混凝土结构设计规范》（GB 50010—2010）规定，预应力混凝土结构的混凝土强度等级不宜低于 C40，且不应低于 C30。

（2）收缩、徐变小。预应力混凝土构件除了混凝土在结硬的过程中会产生收缩变形外，由于混凝土长期承受着预压应力，还要产生徐变变形。混凝土的收缩与徐变，使预应力混凝土构件缩短，因此将引起预应力筋的预拉应力下降，此现象称为预应力损失。显然，预应力筋的预应力损失也相应地使混凝土中的预压应力减小，因此，在预应力混凝土结构的设计、施工中，应尽量减小混凝土的收缩和徐变。

（3）快硬、早强。为了提高台座、模板、夹具等设备的周转率，以便能及早施加预应力，加快施工速度，降低费用，预应力混凝土需要掺加外加剂以使混凝土快硬、早强。

8.4 张拉控制应力和预应力损失

8.4.1 张拉控制应力 σ_{con}

张拉控制应力是指张拉预应力筋时，张拉设备（如千斤顶上油压表）所控制的总张拉力除以预应力筋截面面积求得的应力值，用 σ_{con} 表示，也即张拉预应力筋时所达到的规定应力。张拉控制应力的数值应根据设计和施工经验确定。

从提高预应力筋的利用率来说，张拉控制应力应在可能的情况下取得高一些，这样预应力的效果会好一些。《混凝土结构设计规范》（GB 50010—2010）规定，消除应力钢丝、钢绞线、中强度预应力钢丝的张拉控制应力值不应小于 $0.4f_{ptk}$，预应力螺纹钢筋的张拉控制应力不宜小于 $0.5f_{pyk}$。但 σ_{con} 又不能取得太高，以免个别钢筋在张拉或施工的过程中被拉断；同时，如果构件的抗裂度过大，会使开裂荷载接近破坏荷载，即构件延性变差，构件破坏时的挠度过小，使得构件在发生破坏前没有明显的预兆；再者，σ_{con} 太高，钢筋的应力松弛损失将会增大。

综合上述情况，《混凝土结构设计规范》（GB 50010—2010）规定，预应力筋的张拉控制应力 σ_{con} 应符合如下列要求：

①消除应力钢丝、钢绞线：

$$\sigma_{con} \leqslant 0.75f_{ptk} \tag{8.1}$$

②中强度预应力钢丝：

$$\sigma_{con} \leqslant 0.70f_{ptk} \tag{8.2}$$

③预应力螺纹钢筋：

$$\sigma_{con} \leqslant 0.85f_{ptk} \tag{8.3}$$

式中　f_{ptk}——预应力筋极限强度标准值；

　　　f_{pyk}——预应力螺纹钢筋屈服强度标准值。

当符合下列情况之一时，上述张拉控制应力限值可相应提高 $0.05f_{ptk}$ 或 $0.05f_{pyk}$：

（1）要求提高构件在施工阶段的抗裂性能而在使用阶段受压区内设置的预应力筋。

（2）要求部分抵消由于应力松弛、摩擦、预应力筋分批张拉以及预应力筋与台座之间的温差等因素产生的预应力损失。

8.4.2 预应力损失

1. 预应力损失

(1) 张拉端锚具变形和预应力筋内缩引起的预应力损失 σ_{l1}

先张法在台座上张拉预应力筋或后张法直接在构件上张拉预应力筋，一般总是先将预应力筋的一端锚固，然后在另一端张拉，待预应力筋应力达到设计规定的张拉控制应力后，再将预应力筋锚固。由于预应力筋处于高应力状态，所以在张拉过程中，锚固端的锚具产生变形（包括锚具本身的弹性变形，锚具、垫板与构件之间的缝隙被压紧）及预应力筋在锚具中的滑动引起的预应力损失，张拉设备能够及时补偿。而张拉端的锚具变形及预应力筋内缩引起的损失，是在预应力筋张拉结束并且传力后产生的，不能再由张拉设备补偿，所以在计算预应力损失时必须考虑这项损失。

《混凝土结构设计规范》（GB 50010—2010）规定，直线预应力筋由于锚具变形和预应力筋内缩引起的预应力损失值 σ_{l1} 的计算公式为

$$\sigma_{l1} = \frac{a}{l} E_s \tag{8.4}$$

式中 a——张拉端锚具变形和预应力筋内缩值，mm，可按表 8.2 采用；

l——张拉端至锚固端之间的距离，mm；

E_s——预应力筋的弹性模量。

表 8.2 锚具变形和预应力筋内缩值（单位：mm）

锚具类别		a	锚具类别		a
支承式锚具 （钢丝束镦头锚具等）	螺帽缝隙	1	夹片式锚具	有顶压时	5
	每块后加垫板的缝隙	1		无顶压时	6～8

注：1. 表中的锚具变形和预应力筋内缩值也可根据实测数据确定；

2. 其他类型的锚具变形和预应力筋内缩值应根据实测数据确定。

块体拼成的结构，其预应力损失尚应考虑块体间填缝的预压变形。当采用混凝土或砂浆为填缝材料时，每条填缝的预压变形值可取为 1 mm。

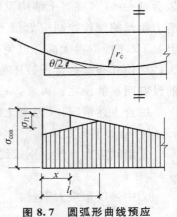

图 8.7 圆弧形曲线预应力筋的预应力损失 σ_{l1}

后张法构件曲线预应力筋或折线预应力筋由于锚具变形和预应力筋内缩引起的预应力损失值 σ_{l1} （图 8.7），应根据曲线预应力筋或折线预应力筋与孔道壁之间反向摩擦影响长度 l_f 范围内的预应力筋变形值等于锚具变形和预应力筋内缩值的条件确定。对常用束形的后张法曲线预应力筋，当其对应的圆心角 $\theta \leq 45°$ 时，预应力损失 σ_{l1} 可按下列公式计算：

$$\sigma_{l1} = 2\sigma_{con} l_f \left(\frac{\mu}{r_c} + k \right) \left(1 - \frac{x}{l_f} \right) \tag{8.5}$$

$$l_f = \sqrt{\frac{\alpha E_s}{1\,000\sigma_{con} \left(\frac{\mu}{r_c} + \kappa \right)}} \tag{8.6}$$

式中 r_c——圆弧形曲线预应力筋的曲率半径，m；

μ——预应力筋与孔道壁之间的摩擦系数，按表 8.3 取用；

k——考虑孔道每米长度局部偏差的摩擦系数，按表 8.3 取用；

l_f——反向摩擦影响长度，m；

x——张拉端至计算截面的距离，应不大于 l_f，m。

其余符号意义同前。

为了减小这项损失，可采取以下措施：①选择变形和预应力筋内缩值小的锚具，尽量减少垫板的块数；②增加张拉端至锚固端之间的长度。

表 8.3　摩擦系数

孔道成型方式	k	μ	
		钢绞线、钢丝束	预应力螺纹钢筋
预埋金属波纹管	0.001 5	0.25	0.50
预埋塑料波纹管	0.001 5	0.15	—
预埋钢管	0.001 0	0.30	—
抽芯成型	0.001 4	0.55	0.60
无黏结预应力筋	0.004 0	0.09	—

注：表中系数也可以根据实测数据确定。

（2）预应力筋与孔道壁之间的摩擦引起的预应力损失 σ_{l2}

当采用后张法张拉预应力筋时，预应力筋将沿孔道壁滑移而产生摩擦力，使预应力筋的应力形成在张拉端高，向跨中方向逐渐减小的现象，即为摩擦损失 σ_{l2}。摩擦损失主要由孔道的弯曲和孔道局部偏差两部分影响产生。其值宜按下式计算，即

$$\sigma_{l2} = \sigma_{con}\left(1 - \frac{1}{e^{kx+\mu\theta}}\right) \tag{8.7}$$

当 $(kx + \mu\theta) \leqslant 0.3$ 时，可按下列近似公式计算，即

$$\sigma_{l2} = (kx + \mu\theta)\sigma_{con} \tag{8.8}$$

式中　x——从张拉端至计算截面的孔道长度（m），可近似取该段孔道在纵轴上的投影长度（图 8.8）；

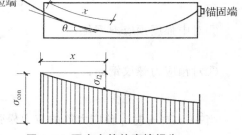

图 8.8　预应力筋的摩擦损失 σ_{l2}

　　　　θ——从张拉端至计算截面曲线孔道各部分切线的夹角之和，rad。

其余符号同前。

为了减少这项损失，可采取以下措施：①采用两端张拉，以减小 x 值；②采用一端张拉，另一端补拉，即先在张拉端张拉预应力筋到 σ_{con} 后锚固，将张拉设备移到另一端并张拉到 σ_{con}；③在设计时尽可能地避免使用曲线配筋以减小 θ 值；④采用"超张拉"工艺：从应力为零开始张拉至 $1.03\sigma_{con}$，或从应力为零开始张拉至 $1.05\sigma_{con}$，持荷 2 min 后，卸载至 σ_{con}。

由于超张拉 5% 左右，使构件其他截面应力也相应提高，当张拉力回降至 σ_{con} 时，钢筋因要回缩而受到反向摩擦力的作用，且随着距张拉端距离的增加，反向摩擦力的积累逐渐增大。这样，跨中截面的预应力就因超张拉而获得了稳定的提高。

（3）混凝土加热养护时受拉的预应力筋与承受拉力的设备之间的温差引起的预应力损失 σ_{l3}

对先张法预应力混凝土构件，当采用蒸汽或其他加热方法养护混凝土时，新浇的混凝土尚未结硬，升温时，由于预应力筋的温度高于台座的温度，预应力筋将产生相对伸长，导致预应力筋的应力下降（产生预应力损失）；降温时，混凝土已结硬，预应力筋与混凝土已具有黏结力，两者一起回缩，所以降低了的预应力也不会恢复，于是形成了由于温差而产生的预应力损失 σ_{l3}。如果台座与构件共同受热、共同变形时，则不需考虑此项损失。

设混凝土加热养护时，预应力筋与张拉台座之间的温差为 Δt ℃，预应力筋的线膨胀系数 $\alpha = 1 \times 10^{-5}$/℃，若取预应力筋的弹性模量 $E_s = 2.0 \times 10^5$ N/mm²，则温差引起的预应力筋应变为 $\varepsilon_s =$

$\alpha\Delta t$，于是此项预应力损失为

$$\sigma_{l3}=E_s\varepsilon_s=2.0\times10^5\times1\times10^{-5}\Delta t=2\Delta t \tag{8.9}$$

为了减少这项损失，可采取以下措施：①采用二阶段升温的养护方法。即第一阶段升温 20℃，然后恒温养护，待混凝土强度达到 $7\sim10\ \text{N/mm}^2$，预应力筋与混凝土之间具有黏结力后，再将温度升至规定的养护温度，此时，预应力筋与混凝土一起变形，不会因第二次升温而引起预应力损失。②在钢模上张拉预应力筋，并将钢模与构件一起加热养护，可不考虑此项损失。

（4）预应力筋应力松弛引起的预应力损失 σ_{l4}

预应力筋的应力松弛是指预应力筋在高应力状态下，长度不变，应力随时间的增长而降低的现象。它具有以下特点：①预应力筋张拉控制应力越高，其应力松弛越大，同时松弛速度也越快；②预应力筋的应力松弛损失一般在张拉初期发展较快，24 h 可完成总松弛量的 $50\%\sim80\%$，1 000 h 后趋于稳定；③预应力筋松弛量的大小主要与预应力筋种类有关；④预应力筋松弛随温度升高而增加。

《混凝土结构设计规范》（GB 50010—2010）规定，预应力筋的应力松弛损失应按下列规定计算：

①对消除应力钢丝、钢绞线：

普通松弛：

$$\sigma_{l4}=0.4\left(\frac{\sigma_{con}}{f_{ptk}}-0.5\right)\sigma_{con} \tag{8.10}$$

低松弛：

当 $\sigma_{con}\leqslant0.7f_{ptk}$ 时

$$\sigma_{l4}=0.125\left(\frac{\sigma_{con}}{f_{ptk}}-0.5\right)\sigma_{con} \tag{8.11}$$

当 $0.7f_{ptk}<\sigma_{con}\leqslant0.8f_{ptk}$ 时

$$\sigma_{l4}=0.2\left(\frac{\sigma_{con}}{f_{ptk}}-0.575\right)\sigma_{con} \tag{8.12}$$

②对中强度预应力钢丝：

$$\sigma_{l4}=0.08\sigma_{con}$$

③对预应力螺纹钢筋：

$$\sigma_{l4}=0.03\sigma_{con}$$

当 $\dfrac{\sigma_{con}}{f_{ptk}}\leqslant0.5$ 时，预应力筋的应力松弛损失可取为零。

为了减少此项损失，可采取以下措施：①采用超张拉工艺；②采用低松弛的高强钢材。

（5）混凝土的收缩和徐变引起的预应力损失 σ_{l5}

混凝土收缩、徐变引起受拉区和受压区纵向预应力筋的预应力损失可按下列方法确定。一般情况，先张法构件的预应力损失为

$$\sigma_{l5}=\frac{60+340\dfrac{\sigma_{pc}}{f'_{cu}}}{1+15\rho} \tag{8.13}$$

$$\sigma'_{l5}=\frac{60+340\dfrac{\sigma'_{pc}}{f'_{cu}}}{1+15\rho'} \tag{8.14}$$

后张法构件的预应力损失为

$$\sigma_{l5}=\frac{55+300\dfrac{\sigma_{pc}}{f'_{cu}}}{1+15\rho} \tag{8.15}$$

$$\sigma'_{l5}=\frac{55+300\dfrac{\sigma_{pc}}{f'_{cu}}}{1+15\rho} \tag{8.16}$$

式中　　σ_{pc}、σ'_{pc}——在受拉区、受压区预应力筋合力点处的混凝土法向压应力；

f'_{cu}——施加预应力时的混凝土立方体抗压强度；

ρ、ρ'——受拉区、受压区预应力筋和普通钢筋的配筋率。

配筋率计算公式如下：

先张法构件为　　　　　　　　$\rho = \dfrac{A_p + A_s}{A_0}$；$\rho' = \dfrac{A_p' + A_s'}{A_0}$

后张法构件为　　　　　　　　$\rho = \dfrac{A_p + A_s}{A_n}$；$\rho' = \dfrac{A_p' + A_s'}{A_n}$

式中　　A_p、A_p'——受拉区、受压区纵向预应力筋的截面面积；

A_s、A_s'——受拉区、受压区纵向普通钢筋的截面面积；

A_0——换算截面面积，包括净截面面积以及全部纵向预应力筋截面面积换算成混凝土的截面面积；

A_n——净截面面积，即扣除孔道、凹槽等削弱部分以外的混凝土全部截面面积及纵向普通钢筋截面面积换算成混凝土的截面面积之和；对由不同混凝土强度等级组成的截面，应根据混凝土弹性模量比值换算成同一混凝土强度等级的截面面积。

对于对称配置预应力筋和普通钢筋的构件，配筋率 ρ、ρ' 应按钢筋总截面面积的一半计算。

计算受拉区、受压区预应力筋合力点处的混凝土法向压应力 σ_{pc}、σ'_{pc} 时，预应力损失值仅考虑混凝土预压前的损失（第一批预应力损失）。

为了减少此项损失，可采取所有能减少混凝土收缩和徐变的措施。

（6）用螺旋式预应力筋作配筋的环形构件由于混凝土的局部挤压引起的预应力损失 σ_{l6}

采用螺旋式配筋的预应力混凝土构件，如水池、油罐、压力管道等，采用后张法直接在构件上张拉，由于预应力筋对混凝土的局部挤压，使构件直径减小而造成预应力筋的应力损失。《混凝土结构设计规范》（GB 50010—2010）规定，当直径 $d < 3$ m 时，$\sigma_{l6} = 30$ N/mm²，当直径 $d > 3$ m 时，$\sigma_{l6} = 0$。

需要说明的是，除了上述六项预应力损失以外，在后张法构件中，当预应力筋根数较多，且受张拉设备等的限制时，一般是采用分批张拉锚固的，这样，当张拉后批预应力筋时所产生的混凝土弹性压缩变形，将使先批已张拉并锚固的预应力筋产生预应力损失（称为分批张拉应力损失）。因此，对后张法采用分批张拉的构件，应考虑分批张拉应力损失，即将先批张拉预应力筋的张拉控制应力 σ_{con} 增加（或减小）$\alpha_E \sigma_{pci}$。此处，σ_{pci} 为后批张拉预应力筋在先批张拉预应力筋重心处产生的混凝土法向应力，α_E 为钢筋弹性模量与混凝土弹性模量的比值。在先张法构件中，放张时混凝土受压产生弹性变形，预应力筋回缩，预应力筋中的预应力值下降，相当于预应力筋产生了预应力损失 $\alpha_E \sigma_{pci}$。

8.4.3 预应力损失值组合

通过上述介绍可知，六项损失之中，有些只发生在先张法构件中，有些发生在后张法构件中，而有些却两种构件兼而有之。并且，在同一种构件中，它们出现的时间也不同。对于预应力混凝土构件，需要进行施工阶段和使用阶段的应力和变形计算，不同的阶段应考虑相应的预应力损失组合。为方便起见，《混凝土结构设计规范》（GB 50010—2010）将预应力损失分为两批：发生在混凝土预压以前的称为第一批预应力损失，用 σ_{lI} 表示；发生在混凝土预压以后的称为第二批预应力损失，用 σ_{lII} 表示。各阶段预应力损失值的组合，见表 8.4。

表 8.4　各阶段预应力损失值的组合

预应力损失值的组合	先张法	后张法
混凝土预压前（第一批）的损失 σ_{lI}	$\sigma_{l1}+\sigma_{l2}+\sigma_{l3}+\sigma_{l4}$	$\sigma_{l1}+\sigma_{l2}$
混凝土预压后（第二批）的损失 σ_{lII}	σ_{l5}	$\sigma_{l4}+\sigma_{l5}+\sigma_{l6}$

注：先张法由于预应力筋应力松弛引起的损失值在第一批和第二批中所占的比例，如需区分，可根据实际情况确定。

当计算求得的预应力总损失值小于下列数值时，应按下列数值取用：

先张法构件 100 N/mm²；

后张法构件 80 N/mm²。

8.5　预应力混凝土轴心受拉构件

8.5.1　轴心受拉构件应力分析

预应力混凝土构件从张拉预应力筋至构件受荷破坏的过程中，不同阶段预应力筋和混凝土的应力不同，了解预应力混凝土轴心受拉构件各个阶段预应力筋和混凝土的应力状态，是推出公式并进行计算的关键。下面按施工和使用两个阶段分别加以介绍。

1. 先张法构件

（1）施工阶段

① 切断预应力筋前（即混凝土预压前），完成第一批预应力损失 σ_{lI}，此时：

$$预应力筋应力\ \sigma_{pe}=\sigma_{con}-\sigma_{lI}$$

$$混凝土应力\ \sigma_{pc}=0$$

$$普通钢筋应力\ \sigma_s=0$$

② 切断预应力筋（放张）时，由于钢筋与混凝土之间具有黏结力，所以两者变形必须协调（$\varepsilon_c=\varepsilon_s$）。设混凝土获得的预压应力为 σ_{pcI}，则预应力筋的预应力相应减少 $\alpha_E\sigma_{pcI}$，此时：

混凝土应力 $\sigma_{pc}=\sigma_{pcI}$

预应力筋应力 $\sigma_{pe}=\sigma_{peI}=\sigma_{con}-\sigma_{lI}-\alpha_E\sigma_{pcI}$

普通钢筋应力 $\sigma_s=\varepsilon_s E_s=\varepsilon_c E_s=(\sigma_{pcI}/E_c)\times E_s=$

$\alpha_E\sigma_{pcI}=\sigma_{sI}$

由内力平衡条件（图 8.9）可得

$$\sigma_{peI}A_p=\sigma_{pcI}A_c+\sigma_{sI}A_s$$

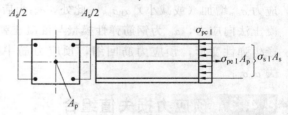

图 8.9　先张法构件切断预应力筋时的受力情况

将各应力值代入上式中得

$$(\sigma_{con}-\sigma_{lI}-\alpha_E\sigma_{pcI})A_p=\sigma_{pcI}A_c+\alpha_E\sigma_{pcI}A_s$$

整理得
$$\sigma_{pcI}=\frac{(\sigma_{con}-\sigma_{lI})A_p}{A_c+\alpha_E A_s+\alpha_E A_p}=\frac{(\sigma_{con}-\sigma_{lI})A_p}{A_0} \tag{8.17}$$

式中　A_p——预应力筋的截面面积；

A_s——普通钢筋的截面面积；

A_c——扣除孔道凹槽及钢筋截面面积后的混凝土截面面积；

A_0——构件的换算截面面积，$A_0=A_c+\alpha_E A_s+\alpha_E A_p=A_n+\alpha_E A_p$。

从上面的应力分析过程可得出这样的结论：在钢筋与混凝土之间具有黏结力以后，普通钢筋的应力是混凝土应力的 α_E 倍，预应力筋的应力变化值是混凝土应力值的 α_E 倍。

③ 完成第二批预应力损失后。由于第二批预应力损失 σ_{lII} 的产生，完成了预应力的总损失 $\sigma_l = \sigma_{lI} + \sigma_{lII}$，使预应力筋的拉应力和混凝土的预压应力进一步降低，设混凝土的预压应力由 σ_{pe} 降低到 σ_{pcII}，则预应力筋的预应力由 σ_{peI} 降低到 σ_{peII}。此时：

混凝土应力 $\sigma_{pc} = \sigma_{pcII}$

预应力筋应力 $\sigma_{pe} = \sigma_{peII} = \sigma_{con} - \sigma_{lI} - \alpha_E \sigma_{pcII}$

普通钢筋应力 $\sigma_s = \sigma_{sII} = \alpha_E \sigma_{pcI} + \sigma_{l5}$

在普通钢筋应力 σ_s 式中 σ_{l5} 项指普通钢筋在混凝土收缩与徐变过程中由于阻碍混凝土收缩、徐变的发展所增加的压应力值。

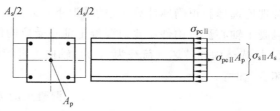

图 8.10　先张法构件完成全部预应力损失后的受力情况

由内力平衡条件（图 8.10）可得

$$\sigma_{peII} A_p = \sigma_{pcII} A_c + \sigma_{sII} A_s$$

将各应力值代入上式得

$$(\sigma_{con} - \sigma_l - \alpha_E \sigma_{pcII}) A_p = \sigma_{pcII} A_c + (\sigma_{l5} + \alpha_E \sigma_{pcI}) A_s$$

整理得

$$\sigma_{pcII} = \frac{(\sigma_{con} - \sigma_l) A_p - \sigma_{l5} A_s}{A_0} \tag{8.18}$$

式中　σ_{pcII}——预应力损失全部完成后，在混凝土中所建立的有效预压应力。

由式（8.18）可见，当预应力混凝土构件配置普通钢筋时，由于混凝土收缩、徐变的影响会在这些普通钢筋中产生内力 $\sigma_{l5} A_s$，这些内力减少了混凝土的法向预压应力。

（2）使用阶段

① 截面上混凝土的应力为零时（荷载为 N_{p0}）。加载使混凝土的预压应力 σ_{pcII} 全部抵消，相当于混凝土的预压应力降低了 σ_{pcII}；而预应力筋受拉，其拉应力在 σ_{pcII} 基础上增加了 $\alpha_E \sigma_{pcII}$；另外，普通钢筋的预压应力也降低了 $\alpha_E \sigma_{pcII}$。此时：

混凝土应力 $\sigma_{pc} = 0$

预应力筋应力 $\sigma_{pe} = \sigma_{p0} = \sigma_{pcII} + \alpha_E \sigma_{pcII} = \sigma_{con} - \sigma_l$

普通钢筋应力 $\sigma_s = \sigma_{sII} - \alpha_E \sigma_{pcII} = \sigma_{l5}$（为压应力）

由图 8.11 可列出此时的平衡式：

$$N_{p0} = \sigma_{p0} A_p - \sigma_s A_s$$

将各应力值代入上式并由式（8.15）得

$$N_{p0} = (\sigma_{con} - \sigma_l) A_p - \sigma_{l5} A_s = \sigma_{pcII} A_0 \tag{8.19}$$

式中　σ_{p0}——预应力筋合力点处混凝土法向应力等于零时的预应力筋应力；

N_{p0}——混凝土法向预应力等于零时预应力筋与普通钢筋的合力。

由上可知，N_{p0} 也为抵消混凝土有效预压应力所需施加在先张法构件上的轴向力。

② 加载至构件即将开裂时（荷载为 N_{cr}）。轴向力继续增加使混凝土即将开裂时，混凝土拉应力达到 f_{tk}。相当于混凝土的应力增加了 f_{tk}，则预应力筋的应力在 σ_{p0} 基础上又增加了 $\alpha_E f_{tk}$。此时：

混凝土应力 $\sigma_{pc} = f_{tk}$

预应力筋应力 $\sigma_{pe} = \sigma_{con} - \sigma_l + \alpha_E f_{tk}$

普通钢筋应力 $\sigma_s = -\sigma_{l5} + \alpha_E f_{tk}$

由图 8.12 可列出此时的平衡式为

$$N_{cr} = f_{tk} A_c + \sigma_{pe} A_p + \sigma_s A_s$$

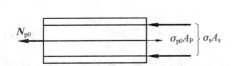

图 8.11　先张法构件混凝土应力为零时的受力情况

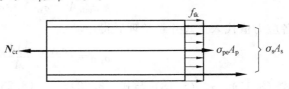

图 8.12　先张法构件即将出现裂缝时的受力情况

将各应力值代入上式并由式 (8.18) 得

$$N_{cr} = (\sigma_{pcII} + f_{tk})A_0 \qquad (8.20)$$

式中 N_{cr}——预应力混凝土轴心受拉构件即将开裂时所能承受的轴向力。

合理地选择和正确地计算 σ_{pcII} 的情况下，$\sigma_{pcII} \gg f_{tk}$。由式 (8.20) 看出，由于预应力的作用，预应力混凝土轴心受拉构件比普通混凝土轴心受拉构件的抗裂能力大了很多。

③ 加载至构件破坏（荷载为 N_u）。轴向力继续增加使预应力筋和普通钢筋达到屈服强度时，构件破坏。此时：

$$混凝土应力 \; \sigma_{pc} = 0$$
$$预应力筋应力 \; \sigma_{pe} = f_{py}$$
$$普通钢筋应力 \; \sigma_s = f_y$$

可列出此时的平衡式为

$$N_u = f_{py}A_p + f_yA_s \qquad (8.21)$$

式中 N_u——预应力混凝土轴心受拉构件破坏时的极限承载力。

由式 (8.21) 可以看出，对构件施加预应力并不能提高构件的承载力，但由于预应力混凝土构件可以采用高强度的预应力筋，所以对同样截面尺寸的构件，当采用高强度的预应力筋时，预应力混凝土构件的承载力还是可以有一定的提高。

2. 后张法构件

(1) 施工阶段

① 第一批预应力损失产生后。后张法构件在孔道内穿入预应力筋并经张拉产生摩擦损失，预应力筋张拉达到张拉控制应力 σ_{con} 后锚固，即产生了锚具损失。在张拉预应力筋的同时，也产生了混凝土的压缩变形，即混凝土具有预压应力。设混凝土的预压应力为 σ_{pcI}，此时：

$$混凝土应力 \; \sigma_{pc} = \sigma_{pcI}$$
$$预应力筋应力 \; \sigma_{pe} = \sigma_{peI} = \sigma_{con} - \sigma_{lI}$$
$$普通钢筋应力 \; \sigma_s = \sigma_{sI} = \alpha_E\sigma_{pcI}$$

可参考图 8.9 列出平衡式为

$$\sigma_{pcI}A_c + \sigma_{sI}A_s = \sigma_{peI}A_p$$

将各应力值代入上式并经整理后得

$$\sigma_{pcI} = \frac{(\sigma_{con} - \sigma_{lI})A_p}{A_c + \alpha_E A_s} = \frac{(\sigma_{con} - \sigma_{lI})A_p}{A_n} \qquad (8.22)$$

② 完成第二批预应力损失后。假设构件在使用以前已完成第二批预应力损失，意味着收缩、徐变及应力松弛损失已全部完成，则后张法构件的预应力损失全部完成。设混凝土的有效预压应力降低为 σ_{pcII}，此时：

$$混凝土应力 \; \sigma_{pc} = \sigma_{pcII}$$
$$预应力筋应力 \; \sigma_{pe} = \sigma_{peII} = \sigma_{con} - \sigma_l$$
$$普通钢筋应力 \; \sigma_s = \sigma_{sII} = \alpha_E\sigma_{pcII} + \sigma_{l5}$$

可参考图 8.10 列出平衡式为

$$\sigma_{pcII}A_c + \sigma_{sII}A_s = \sigma_{peII}A_p$$

将各应力值代入上式并经整理后得

$$\sigma_{pcII} = \frac{(\sigma_{con} - \sigma_l)A_p - \sigma_{l5}A_s}{A_n} \qquad (8.23)$$

将式 (8.17)、式 (8.18) 与式 (8.22)、式 (8.23) 作一比较，可以发现，先张法与后张法相应公式相似，只是前者分母为 $A_0 = A_n + \alpha_E A_p$，后者为 A_n。

（2）使用阶段

① 截面上混凝土的应力为零时（荷载为 N_{p0}）。加载使混凝土的预压应力 σ_{pcII} 全部抵消，钢筋与混凝土的应力变化情况与先张法相同，此时：

$$混凝土应力\quad \sigma_{pc}=0$$

$$预应力筋应力\quad \sigma_{pe}=\sigma_{p0}=\sigma_{peII}+\alpha_E\sigma_{pcII}=\sigma_{con}-\sigma_l+\alpha_E\sigma_{pcII}$$

$$普通钢筋应力\quad \sigma_s=\sigma_{sII}-\alpha_E\sigma_{pcII}=\sigma_{l5}$$

可参考图 8.11 列出平衡式为

$$N_{p0}=\sigma_{p0}A_p-\sigma_sA_s$$

将各应力值代入上式并由式（8.23）得

$$N_{p0}=(\sigma_{con}-\sigma_l+\alpha_E\sigma_{pcII})A_p-\sigma_{l5}A_s=\sigma_{pcII}A_0 \tag{8.24}$$

② 加载至构件即将出现裂缝时（荷载为 N_{cr}）。与先张法类似，此时：

$$混凝土应力\quad \sigma_{pc}=f_{tk}$$

$$预应力筋应力\quad \sigma_{pe}=\sigma_{con}-\sigma_l+\alpha_E\left(f_{tk}+\sigma_{peII}\right)$$

$$普通钢筋应力\quad \sigma_s=-\sigma_{l5}+\alpha_E f_{tk}$$

可参考图 8.12 列出平衡式为

$$N_{cr}=f_{tk}A_c+\sigma_{pe}A_p+\sigma_sA_s$$

将各应力值代入上式并由式（8.23）得

$$N_{cr}=(\sigma_{pcII}+f_{tk})A_0 \tag{8.25}$$

③ 加载至构件破坏（荷载为 N_u）。与先张法相同，其承载力 N_u 按式（8.21）计算。

8.5.2 预应力混凝土轴心受拉构件的计算

1. 使用阶段

（1）承载力计算

根据预应力混凝土轴心受拉构件的应力分析可得构件承载力计算式为

$$N\leqslant f_{py}A_p+f_yA_s \tag{8.26}$$

式中　N——荷载作用产生的轴向力设计值。

其余符号同前。

（2）抗裂验算

预应力混凝土构件的裂缝控制等级划分为三级，具体内容如下。

① 裂缝控制等级为一级。此时，在荷载标准组合下，受拉边缘应力应符合下列规定，即

$$\sigma_{ck}-\sigma_{pc}\leqslant 0 \tag{8.27}$$

$$\sigma_{ck}=\frac{N_k}{A_0} \tag{8.28}$$

式中　σ_{ck}——荷载标准组合下抗裂验算边缘的混凝土法向应力；

　　σ_{pc}——扣除全部预应力损失后，在抗裂验算边缘的混凝土预压应力，$\sigma_{pc}=\sigma_{pcII}$，按式（8.18）或式（8.23）计算。

② 裂缝控制等级为二级。此时，在荷载标准组合下，受拉边缘应力应符合下列规定，即

$$\sigma_{ck}-\sigma_{pc}\leqslant f_{tk} \tag{8.29}$$

③ 裂缝控制等级为三级。按荷载标准组合并考虑长期作用影响计算的最大裂缝宽度 w_{max} 应满足式（8.30）要求：

$$w_{max}\leqslant w_{lim} \tag{8.30}$$

式中　w_{lim}——最大裂缝宽度限值。

对环境类别为二 a 类的预应力混凝土构件，在荷载准永久组合下，受拉边缘应力尚应符合下列规定：

$$\sigma_{cq} - \sigma_{pc} \leqslant f_{tk} \tag{8.31}$$

$$\sigma_{ck} = \frac{N_q}{A_0} \tag{8.32}$$

式中 σ_{cq}——荷载准永久组合下抗裂验算边缘的混凝土法向应力；

N_q——按荷载准永久组合计算的轴向拉力。

预应力混凝土轴心受拉构件的最大裂缝宽度可按下式计算：

$$w_{max} = \alpha_{cr} \psi \frac{\sigma_{sk}}{E_s} \left(1.9 C_s + 0.08 \frac{d_{eq}}{\rho_{te}}\right) \tag{8.33}$$

$$\sigma_{sk} = \frac{N_k - N_{p0}}{A_p + A_s} \tag{8.34}$$

$$\rho_{te} = \frac{A_p + A_s}{A_{te}} \tag{8.35}$$

式中 α_{cr}——构件受力特征系数，预应力混凝土轴心受拉构件 $\alpha_{er} = 2.2$；

σ_{sk}——按荷载标准组合计算的预应力混凝土构件纵向受拉钢筋的等效应力；

ρ_{te}——按有效受拉混凝土截面面积计算的纵向受拉钢筋的配筋率，在最大裂缝宽度计算中，当 $\rho_{te} < 0.01$ 时，取 $\rho_{te} = 0.01$；

A_{te}——有效受拉混凝土截面面积，对轴心受拉构件，取构件截面面积。

2. 施工阶段

（1）混凝土轴心受压承载力验算

预应力混凝土轴心受拉构件，在先张法切断预应力筋或后张法张拉预应力筋终止时，混凝土受到的压应力达到最大值，因此应对施工阶段的承载力进行验算，即应满足下式要求：

$$\sigma_{cc} \leqslant 0.8 f'_{ck} \tag{8.36}$$

式中 σ_{cc}——相应施工阶段计算截面边缘的混凝土压应力；

f'_{ck}——与各施工阶段混凝土立方体抗压强度 f'_{cu} 相应的抗压强度标准值。

对先张法取 $\sigma_{cc} = (\sigma_{con} - \sigma_{lI}) A_p / A_0$；对后张法取 $\sigma_{cc} = \sigma_{con} A_p / A_n$。

（2）后张法构件端部锚固区锚具垫板下局部受压承载力计算

由于后张法构件预压力是通过锚具、垫板传递给混凝土的，这样，锚具、垫板下一定范围内就存在很大的局部压应力；这种压应力需要经过一定的扩散长度（大约等于构件截面的边长）后才能均匀地分布到构件的全截面，如图 8.13 所示。为了保证后张法构件施工阶段的安全，对后张法预应力混凝土构件，不管是轴心受拉构件、受弯构件还是其他构件，都需验算锚固区局部受压承载力。

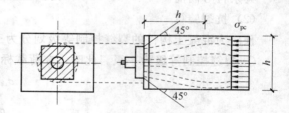

图 8.13 后张法构件端部局部受压

为了保证构件锚具下的局部受压承载力及控制裂缝宽度，在预应力筋锚具下和张拉设备的支承处，需配置方格网式或螺旋式间接钢筋（图 8.14）。

当配置间接钢筋且其核心面积 $A_{cor} \geqslant A_l$ 时，局部受压承载力计算公式为

$$F_l \leqslant 0.9 \left(\beta_c \beta_l f_c + 2\alpha \rho_v \beta_{cor} f_{yv}\right) A_{ln} \tag{8.37}$$

当配置方格网式钢筋时（图 8.14（a）），其体积配筋率 ρ_v 的计算公式为

$$\rho_v = \frac{n_1 A_{s1} l_1 - n_2 A_{s2} l_2}{A_{cor} s} \tag{8.38}$$

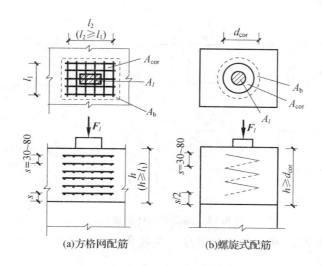

(a)方格网配筋　　　　　　　　(b)螺旋式配筋

图 8.14　局部受压区的间接钢筋

此时，钢筋网两个方向上单位长度内钢筋截面面积的比值不宜大于 1.5。

当配置螺旋式钢筋时（图 8.14（b）），体积配筋率 ρ_v 的计算式应为

$$\rho_v = \frac{4A_{ss1}}{d_{cor}s} \tag{8.39}$$

式中　F_t——局部受压面上作用的局部荷载或局部压力设计值，对后张法预应力混凝土构件应取 F_t
$= 1.2\sigma_{con}A_p$；

　　　　α——间接钢筋对混凝土约束的折减系数；

　　　　β_c——混凝土强度影响系数；

　　　　A_l——混凝土的局部受压面积，当有垫板时，应考虑预应力沿锚具边缘在垫板中按 45°角扩
散后传至混凝土的受压面积（图 8.13）；

　　　　A_{ln}——混凝土的局部受压净面积，对后张法构件，应在混凝土局部受压面积中扣除孔道、
凹槽部分的面积；

　　　　β_l——混凝土局部受压时的强度提高系数，$\beta_l = \sqrt{\dfrac{A_b}{A_l}}$；

　　　　β_{cor}——配置间接钢筋的局部受压承载力提高系数，按计算 β_l 的公式计算，但将 A_b 以 A_{cor} 代
替，当 $A_{cor} > A_b$ 时，应取 $A_{cor} = A_b$；

　　　　A_b——局部受压的计算底面积，可由局部受压面积与计算底面积按同心、对称的原则确定；
对常用情况可按图 8.15 取用；

　　　　A_{cor}——方格网式或螺旋式间接钢筋内表面范围内的混凝土核心面积，其重心应与 A_l 的重心
重合，计算中仍按同心、对称的原则取值；

　　　　f_c——混凝土轴心抗压强度设计值，在后张法预应力混凝土构件的张拉阶段验算中，应根据
相应阶段的实际轴心抗压强度值取用；

　　　　f_{yv}——间接钢筋的抗拉强度设计值；

　　　　ρ_v——间接钢筋的体积配筋率（核心面积 A_{cor} 范围内单位混凝土体积所含间接钢筋的体积）；

　　　　n_1，A_{s1}——方格网沿 l_1 方向的钢筋根数、单根钢筋的截面面积；

　　　　n_2，A_{s2}——方格网沿 l_2 方向的钢筋根数、单根钢筋的截面面积；

　　　　A_{ss1}——单根螺旋式间接钢筋的截面面积；

　　　　d_{cor}——螺旋式间接钢筋内表面范围内的混凝土截面直径；

　　　　s——方格网式或螺旋式间接钢筋的间距，宜取 30～80 mm。

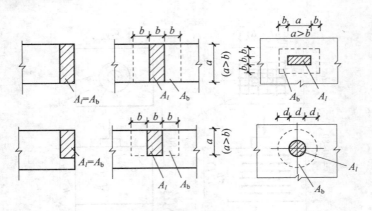

图 8.15 局部受压计算底面积

间接钢筋应配置在图 8.13 所示规定的高度 h 范围内：对方格网式钢筋，不应少于 4 片；对螺旋式钢筋，不应少于 4 圈。

应当注意，为了防止构件端部局部受压面积太小而在使用阶段出现裂缝，其局部受压区的截面尺寸应符合下式要求，即

$$F_t \leqslant 1.35\beta_c\beta_l f_c A_{ln} \tag{8.40}$$

8.5.3 设计例题

【例 8.1】 24 m 预应力混凝土折线形屋架下弦杆件，截面尺寸为 250 mm×260 mm，混凝土强度等级为 C40。采用后张法施工工艺，一端超张拉 5%，当混凝土强度达到 C40 时进行张拉。孔道采用 2φ50，为充压橡皮管抽芯成型。采用 JM12 锚具，屋架端部构造如图 8.16 所示。预应力筋选用 φ^{H}5 消除应力钢丝（f_{ptk}=1570 N/mm²），普通松弛级。普通钢筋选用 HRB335 级，配有 4Φ14（A_s=615 mm²）。外荷载在下弦产生的轴向拉力设计值 N=825 kN，荷载标准组合作用下的轴向拉力 N_k=630 kN，试设计此弦杆。

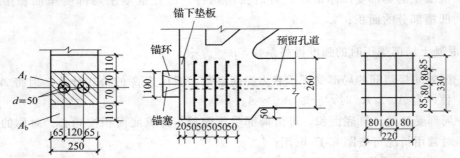

图 8.16 屋架端部构造

解 各有关数据：

φ^{H}5 消除应力钢丝：f_{ptk}=1570 N/mm²，f_{py}=1110 N/mm²，E_p=2.05×10⁵ N/mm²，α_{E1}=2.05×10⁵/3.25×10⁴=6.31。

HRB335 级普通钢筋：f_y=300 N/mm²，E_s=2.0×10⁵ N/mm²，α_{E2}=2.0×10⁵/（3.25×10⁴）=6.15。

混凝土 C40：f_c=19.1 N/mm²，f_{tk}=2.39 N/mm²，E_c=3.25×10⁴ N/mm²，f_{ck}'=26.8 N/mm²。

1. 使用阶段计算

（1）承载力计算

屋架的安全等级属于一级，所以其结构重要性系数 γ_0=1.1。由式（8.26）可得

$$A_p = \frac{\gamma_0 N - f_y A_s}{f_{yv}} = \frac{1.1 \times 825\,000 - 300 \times 615}{1\,110}\ \text{mm}^2 = 651\ \text{mm}^2$$

预应力筋选用 2 束，每束为 $18\,\phi^H5$，$A_p = 708\ \text{mm}^2$，选用锚圈直径为 100 mm，垫板厚度为20 mm 的锚具。

（2）抗裂验算

屋架的裂缝控制等级为二级。

① 截面几何特征。截面积计算为

$$A_c = \left(250 \times 260 - 2 \times \frac{\pi \times 50^2}{4} - 615\right)\ \text{mm}^2 = 60\ 460\ \text{mm}^2$$

$$A_n = A_c + \alpha_{E2} A_{ns} = (60\ 460 + 6.15 \times 615)\ \text{mm}^2 = 64\ 242\ \text{mm}^2$$

$$A_0 = A_n + \alpha_{E1} A_p = (64\ 242 + 6.31 \times 708)\ \text{mm}^2 = 68\ 710\ \text{mm}^2$$

② 张拉控制应力。其应力计算为

$$\sigma_{con} = 0.75 f_{ptk} = (0.75 \times 1\ 570)\ \text{N/mm}^2 = 1\ 177.5\ \text{N/mm}^2$$

③ 计算预应力损失。

a. 锚具变形损失 σ_{l1}。预应力筋为直线配置，由表 8.2 查得 $a = 5$ mm，则

$$\sigma_{l1} = \frac{a}{l} E_p = \left(\frac{5}{24\ 000} \times 2.05 \times 10^5\right)\ \text{N/mm}^2 = 42.7\ \text{N/mm}^2$$

b. 孔道摩擦损失 σ_{l2}。预应力筋为直线配置，$\theta = 0$。由表 8.3 查得 $k = 0.001\ 4$，则

$$kx = 0.001\ 4 \times 24 = 0.033 < 0.3$$

故按式（8.8）计算得

$$\sigma_{l2} = kx\sigma_{con} = (0.033 \times 1\ 177.5)\ \text{N/mm}^2 = 38.9\ \text{N/mm}^2$$

第一批损失：$\qquad \sigma_{lI} = \sigma_{l1} + \sigma_{l2} = (42.7 + 38.9)\ \text{N/mm}^2 = 81.6\ \text{N/mm}^2$

c. 钢筋应力松弛损失 σ_{l4}。普通松弛

$$\sigma_{l4} = 0.4 \left(\frac{\sigma_{con}}{f_{ptk}} - 0.5\right) \sigma_{con}$$

$$= [0.4 \times (0.75 - 0.5) \times 1\ 177.5]\ \text{N/mm}^2 = 117.75\ \text{N/mm}^2$$

d. 混凝土收缩徐变损失 σ_{l5}。第一批预应力损失完成后，混凝土的预压应力按式（8.22）计算：

$$\sigma_{pc} = \sigma_{pc1} = \frac{(\sigma_{con} - \sigma_{lI})A_p}{A_n} = \frac{(1\ 177.5 - 117.75) \times 708}{64\ 242}\text{N/mm}^2 = 11.8\ \text{N/mm}^2$$

$$\rho = \frac{A_p + A_s}{2A_n} = \frac{708 + 615}{2 \times 64\ 242} = 0.01$$

$$\sigma_{l5} = \frac{55 + 300\sigma_{pc}}{\dfrac{f_{cu}}{1 + 15\rho}} = \frac{55 + 300 \times \dfrac{118}{40}}{1 + 15 \times 0.01}\text{N/mm}^2 = 126\ \text{N/mm}^2$$

第二批损失：$\qquad \sigma_{lII} = \sigma_{l4} + \sigma_{l5} = (117.75 + 126)\text{N/mm}^2 = 243.75\ \text{N/mm}^2$

总损失 $\qquad \sigma_l = \sigma_{lI} + \sigma_{lII} = (81.6 + 243.75)\text{N/mm}^2 = 325\ \text{N/mm}^2 > 80\ \text{N/mm}^2$

④ 进行抗裂验算。计算混凝土最终建立的预压应力 σ_{pcII}

$$\sigma_{pc} = \sigma_{pcII} = \frac{(\sigma_{con} - \sigma_{lI})A_p - \sigma_{l5}A_s}{A_n}$$

$$= \frac{(1\ 177.5 - 325) \times 708 - 126 \times 615}{64\ 242}\text{N/mm}^2 = 8.2\ \text{N/mm}^2$$

由式（8.28）计算得

$$\sigma_{ck} = \frac{N_k}{A_0} = \frac{630\ 000}{68\ 710}\text{N/mm}^2 = 9.2\ \text{N/mm}^2$$

按式（8.29）进行验算，得

$$\sigma_{ck} - \sigma_{pc} = (9.2 - 8.2)\text{N/mm}^2 = 1.0\ \text{N/mm}^2 < f_{tk} = 2.39\ \text{N/mm}^2$$

满足要求。

2. 施工阶段验算

（1）混凝土轴心受压承载力验算

超张拉时张拉端混凝土所受的最大压应力为

$$\sigma_{cc} = \frac{N_p}{A_n} = \frac{1.05 \times 1\,177.5 \times 708}{64\,242} \text{N/mm}^2 = 13.6 \text{ N/mm}^2 < 0.8 f'_{ck}$$

$$= (0.8 \times 26.8) \text{N/mm}^2 = 21.44 \text{ N/mm}^2$$

（2）屋架端部混凝土局部受压承载力验算

屋架端部构造见图 8.16。

实际上，由于垫板沿 45° 刚性角扩散后的截面为圆形，不论是 A_t 还是 A_b 均应该是圆形面积，但在计算中为简便起见近似按矩形面积计算。

局部受压面积： $A_t = [250 \times (100 + 2 \times 20)] \text{mm}^2 = 35\,000 \text{ mm}^2$

局部受压净面积： $A_{ln} = \left(35\,000 - 2 \times \frac{\pi \times 50^2}{4}\right) \text{mm}^2 = 31\,073 \text{ mm}^2$

局部受压计算底面积： $A_b = [250 \times (140 + 2 \times 110)] \text{mm}^2 = 90\,000 \text{ mm}^2$

局部压力设计值： $F_l = 1.2\sigma_{con}A_p = (1.2 \times 1\,177.5 \times 708) \text{N} = 1\,000.4 \text{ kN}$

验算局部受压区截面尺寸是否满足要求，按式（8.40）计算，则

$$1.35\beta_c\beta_l f_c A_l = \left(1.35 \times 1.0 \times \sqrt{\frac{90\,000}{35\,000}} \times 19.1 \times 31\,073\right) \text{N}$$

$$= 1\,284.8 \text{ kN} > F_l = 1\,000.4 \text{ kN}$$

满足要求。

设间接钢筋采用 HPB335 级（$f_{yv} = 300 \text{ N/mm}^2$）$\phi 8$ 钢筋网片（$A_{s1} = A_{s2} = 50.3 \text{ mm}^2$）6 片，其间距 $s = 50 \text{ mm}$，网片配置情况如图 8.16 所示。

混凝土核心面积： $A_{cor} = (220 \times 260) \text{mm}^2 = 72\,600 \text{ mm}^2 < A_b = 90\,000 \text{ mm}^2$

则配置间接钢筋的局部受压承载力提高系数：

$$\beta_{cor} = \sqrt{\frac{A_{cor}}{A_l}} = \sqrt{\frac{72\,600}{35\,000}} = 1.44$$

间接钢筋的体积配筋率：

$$\rho_v = \frac{n_1 A_{s1} l_1 - n_2 A_{s2} l_2}{A_{cor} s}$$

$$= \frac{5 \times 50.3 \times 220 + 4 \times 50.3 \times 330}{72\,600 \times 50} = 0.033\,5$$

配置间接钢筋后局部受压承载力验算为

$$0.9(\beta_c\beta_l f_c + 2\alpha\rho_v\beta_{cor}f_{yv})A_{ln}$$

$$= [0.9(1.0 \times 19.1 + 2 \times 1.0 \times 0.033\,5 \times 1.44 \times 300) \times 31\,073] \text{N}$$

$$= 1\,849 \text{ kN} > F_l = 1\,000.4 \text{ kN}$$

满足要求。

【重点串联】

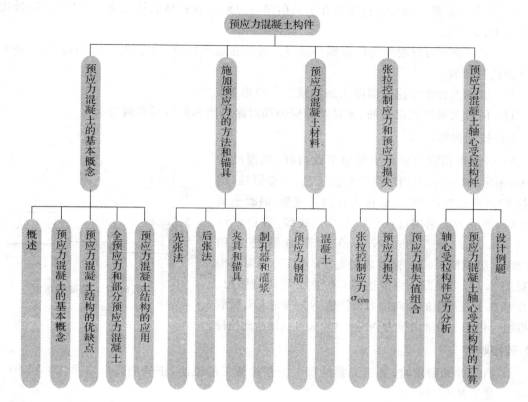

【知识链接】

1.《混凝土结构设计规范》(GB 50010—2010)。

拓展与实训

📝 基础训练

一、简答题

1. 与钢筋混凝土构件相比预应力混凝土构件有哪些优缺点?

2. 在钢筋混凝土构件中一般不采用高强度钢筋,而在预应力混凝土结构中则必须采用高强度钢筋,为什么?

3. 何谓预应力和预应力混凝土?再举几例日常生活中利用预应力的实例。

4. 什么叫先张法和后张法?各有何优缺点?

5. 什么是张拉控制应力?为什么张拉控制应力不能取得太高?

6. 什么叫应力松弛?应力松弛损失是由预应力筋的松弛引起的吗?

7. 什么叫预应力损失?试介绍各种预应力损失及减少预应力损失的措施。

8. 为什么预应力混凝土构件要进行施工阶段和使用阶段的计算?预应力混凝土轴心受拉构件需进行哪些计算?

9. 预应力混凝土轴心受拉构件在加荷前预应力筋已有较高的拉应力,这是否会降低构件的承载力,为什么?

10. 试对预应力混凝土构件和钢筋混凝土构件在选用材料、受力特点、应用范围、经济效果等方面进行比较。

11. 试述无黏结预应力混凝土施加预应力的施工工序。

12. 何谓无黏结预应力筋?无黏结预应力筋对涂料层和外包层有何要求?

工程技能训练

18 m 跨度预应力混凝土屋架下弦拉杆,截面尺寸 240 mm×200 mm,采用后张法张拉工艺,一端张拉,超张拉 5%。孔道直径 50 mm,橡皮管抽芯成型。混凝土采用 C40,预应力筋采用低松弛级七股钢绞线,直径 $\phi^s = 15.2$ mm($f_{ptk} = 1\ 860$ N/mm²),普通钢筋采用 HPB400 级钢筋 4ϕ16。锚具采用夹片式锚,屋架端部构造见图 8.17。当混凝土强度达到 C40 时方可进行张拉。外荷载在下弦产生的轴向拉力设计值 $N = 600$ kN,荷载标准组合作用下的轴向拉力 $N_k = 450$ kN,试设计此拉杆。

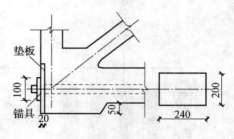

图 8.17　技能训练图

链接职考

1. 当设计无要求时,关于无黏结预应力张拉施工的说法,正确的是(　　)。(2010 年一级建造师考题)

A. 先张拉楼面梁,后张拉楼板

B. 梁中的无黏结筋可按顺序张拉

C. 板中的无黏结筋可按顺序张拉

D. 当曲线无黏结预应力筋长度超过 70 m 时宜采用两端张拉

模块 9

梁板结构

【模块概述】

本模块主要介绍现浇单向板、双向板肋梁楼盖的内力计算、截面设计；装配式楼盖的特点及构造；楼梯的结构受力特点、内力计算要点和配筋构造。

【知识目标】

1. 掌握单、双向板肋梁楼盖的划分、受力特点、传力途径；
2. 掌握单向板肋梁楼盖、次梁和主梁的计算简图、荷载折减、内力计算和主梁包络图的绘制；
3. 掌握单向板肋梁楼盖中的板、次梁按塑性方法计算的塑性铰、塑性内力重分布的概念；
4. 掌握构件截面设计及构造要求，楼盖中各构件施工图的绘制；
5. 了解双向板按弹性方法的计算特点，塑性方法计算板的配筋及其构造要求；
6. 了解板式及梁式楼梯的受力特点和传力途径，板式楼梯设计和施工图的绘制。

【技能目标】

1. 运用单向板肋梁楼盖的弹性理论、塑性理论来计算内力；
2. 熟悉连续梁、板截面设计特点及配筋构造要求。

【课时建议】

14 课时

工程导入

　　钢筋混凝土雨篷是房屋结构中最常见的悬挑构件,一般由雨篷板和雨篷梁组成,雨篷梁除支承雨篷板外,又兼有过梁的作用。当雨篷悬挑过长时,可在雨篷中布置边梁,按一般的梁板结构设计。当无边梁时,应按悬臂板设计。计算时悬挑部分除按一般悬臂板、梁进行截面设计外,还必须进行整体的抗倾覆验算。

9.1　概述

　　梁板结构是土木工程中常用的结构。它广泛应用于工业与民用建筑的楼盖、屋盖、筏板基础、阳台、雨篷、楼梯等,还可应用于蓄液池的底板、顶板、挡土墙(图 9.1)及桥梁的桥面结构。钢筋混凝土屋盖、楼盖是建筑结构的重要组成部分,占建筑物总造价相当大的比例。混合结构中,建筑的主要钢筋用量在楼盖、屋盖中。按施工方法不同,其又分为现浇整体式、装配式、装配整体式三种形式。

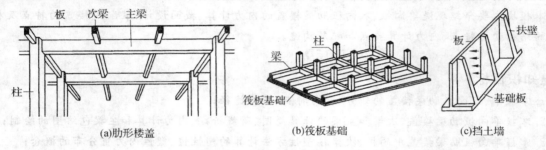

(a)肋形楼盖　　　　　　　　(b)筏板基础　　　　　　　　(c)挡土墙

图 9.1　梁板结构的应用举例

　　钢筋混凝土楼盖目前应用最广的为现浇整体式钢筋混凝土楼盖。现浇混凝土楼盖具有整体性好、刚度大、防水性好等优点。此外现浇式梁板结构还用于平面形状不规则或有较重集中设备荷载等特殊情况。现浇式楼盖由于施工方法所致,具有现场劳动量大、模板用量多、工期长的缺点。随着科学技术的发展,施工技术的不断革新,以上缺点也正在逐渐被克服。

　　除现浇混凝土楼盖以外,还有装配式和装配整体式。装配式楼盖可以由现浇梁和预制板结合而成,也可以由预制梁和预制板结合而成。由于采用了预制构件,所以装配式楼盖具有工作效率高和便于机械化施工等优点。但结构的整体性差、刚度小、防水性不好,不便于开设孔洞。装配整体式楼盖是将各预制构件在现场吊装就位后,通过联结措施和现浇混凝土形成整体。此种结构形式兼有现浇整体式和装配式的优点,但装配整体式的焊接工作量较大,而且还要进行二次浇筑。

　　现浇混凝土楼盖主要有单向板肋梁楼盖、双向板肋梁楼盖、井字楼盖、无梁楼盖等四种形式(图 9.2)。

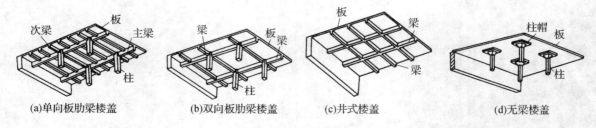

(a)单向板肋梁楼盖　　　(b)双向板肋梁楼盖　　　(c)井式楼盖　　　(d)无梁楼盖

图 9.2　楼盖的主要形式

肋梁楼盖由板、次梁、主梁组成,板的四周支承在次梁、主梁上。一般将四周支承在主、次梁上的板称为一个区格。

为了建筑上的需要或柱间距较大时,经常将楼板划分为若干个正方形小区格,两个方向梁截面相同,无主、次梁之分,梁格布置呈"井"字形,故称井字楼盖。

楼盖不设梁,而将板直接支承在柱上的楼盖称为无梁楼盖。无梁楼盖又可为无柱帽平板和有柱帽平板。

设计中一般根据房屋的性质、用途、平面尺寸、荷载大小、抗震设防烈度以及技术经济指标等因素综合考虑,选择合适的楼盖结构形式。

9.2 整体现浇式单向板肋梁楼盖

9.2.1 单、双向板的划分

肋梁楼盖由板、次梁、主梁以及竖向承重的柱或墙所组成。

肋梁楼盖每一区格板的四边一般均有梁或墙支承,板上的荷载主要通过板的受弯作用传到四边支承的构件上。根据弹性薄板理论的分析结果,当区格板主要在一个方向受力时,称为单向板。单向板的计算方法与梁相同,故又称梁式板,一般包括以下三种形式:

1. 悬臂板

如一边支承的板式雨篷和一边支承的板式阳台等。

2. 对边支承板

如对边支承的装配式铺板和走廊中的现浇走道板等。

3. 两相邻边支承板、三边支承板及四边支承板

按弹性理论,当四边支承板两个方向的计算跨度之比 $L_2/L_1 \geqslant 2$(按塑性理论,$L_2/L_1 \geqslant 3$)时,则按跨度为 L_1 的单向板计。

凡纵横两个方向的受力都不能忽略的板称为双向板。双向板的支承形式可以是四边支承(包括四边简支、四边固定、三边简支一边固定、两边简支两边固定和三边固定一边简支)、三边支承或两邻边支承;承受的荷载可以是均布荷载、局部荷载或三角形分布荷载;板的平面形状可以是矩形、圆形、三角形或其他形状。在楼盖设计中,常见的是均布荷载作用下的四边支承板。在工程中,对于四边支承的矩形板,当其纵横两个方向的跨度比 $L_2/L_1 < 2$(按弹性理论计算)或 $L_2/L_1 < 3$(按塑性理论分析)时,称为双向板。如图 9.3 所示。

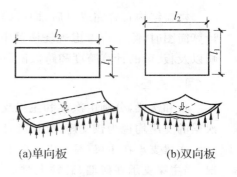

(a)单向板　　　　(b)双向板

图 9.3 单向板与双向板

9.2.2 楼盖的结构布置

钢筋混凝土单向板肋梁楼盖的结构布置主要是主梁和次梁的布置。一般在建筑设计中已经确定了建筑物的柱网尺寸或承重墙的布置,柱网和承重墙的间距决定了主梁的跨度,主梁的间距决定了次梁的跨度,次梁的间距又决定了板跨度。因此进行结构平面布置时,应综合考虑建筑功能、造价及施工条件等因素。合理地进行主、次梁的布置,对楼盖设计和它的适用性、经济效果都有十分重要的意义。

主梁的布置方案有两种情况:一种沿房屋横向布置;另一种沿房屋纵向布置。

当主梁沿横向布置,而次梁沿纵向布置时[图9.4(a)],主梁与柱形成横向框架受力体系。横向框架通过纵向次梁联系,形成整体,房屋的横向刚度较大。由于主梁与外纵墙垂直,外纵墙的窗洞高度可较大,有利于室内采光。

当横向柱距大于纵向柱距较多时,或房屋有集中通风的要求时,显然沿纵向布置主梁比较有利[图9.4(b)],由于主梁截面高度减小,可使房屋层高得以降低。但房屋横向刚度较差,而且常由于次梁支承在窗过梁上,而限制了窗洞高度。

此外,对于中间为走道,两侧为房间的建筑物,其楼盖布置可利用内外纵墙承重,此种情况可仅布置次梁而不设主梁[图9.4(c)],例如病房楼、招待所、集体宿舍等建筑物楼盖可采用此种结构布置。

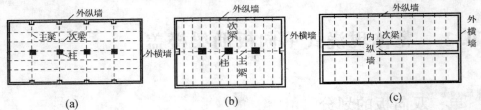

图9.4 肋梁楼盖结构布置

楼盖结构平面布置时,应注意以下问题:

(1)要考虑建筑效果。例如,应避免把梁,特别是把主梁搁置在门、窗过梁上,否则将增大过梁的负担,建筑效果也差。

(2)要考虑其他专业工种的要求。例如,在旅馆建筑中,要设置管线检查井,若次梁不能贯通,就需在检查井两侧放置两根小梁。

(3)在楼、屋面上有机器设备、冷却塔、悬吊装置和隔墙等地方,宜设梁承重。

(4)主梁跨内最好不要只放置一根次梁,以减小主梁跨内弯矩的不均匀。

(5)不封闭的阳台、厨房和卫生间的板面标高宜低于相邻板面30～50 mm。

(6)楼板上开有较大尺寸的洞口时,应在洞边设置小梁。

9.2.3　单向板肋梁楼盖的计算简图

楼盖结构布置完成以后,即可确定结构的计算简图,以便对板、次梁、主梁分别进行计算。在确定计算简图时,除了应考虑现浇楼盖中板和梁是多跨连续结构这个特点以外,还应对荷载计算、支座影响以及板、梁的计算跨度和跨数做简化处理。

1. 支座

板和次梁,分别由次梁和主梁支承,计算时,一般不考虑板、次梁和主梁的整体连接。将连续板和次梁的支座均视为铰支座。梁板能自由转动,且支座无沉降,如图9.5所示。

次梁支承在主梁(柱)或砖墙上,将主梁(柱)或砖墙作为次梁的不动铰支座。对于主梁的支承情况,当主梁支承在砖墙、砖柱上时,将砖墙视为主梁的不动铰支座;与钢筋混凝土柱整浇的主梁,其支承条件应根据梁柱抗弯刚度之比而定。分析表明,如果主梁与柱的线刚度之比大于3时,可将主梁视为铰支于柱上的连续梁计算。否则,应按框架进行内力分析。

2. 计算跨度与跨数

连续板、梁各跨的计算跨度是指在计算内力时所采用的跨长。它的取值与支座的构造形式、构件的截面尺寸以及内力计算方法有关。对于单跨及多跨连续板、梁在不同支承条件下的计算跨度,通常可按表9.1采用。

当连续梁的某跨受到荷载作用时,它的相邻各跨也会受到影响而产生内力和变形,但这种影响是距该跨越远越小。当超过两跨以上时,影响已很小。因此,对于多跨连续板、梁跨度相等或相差不超过

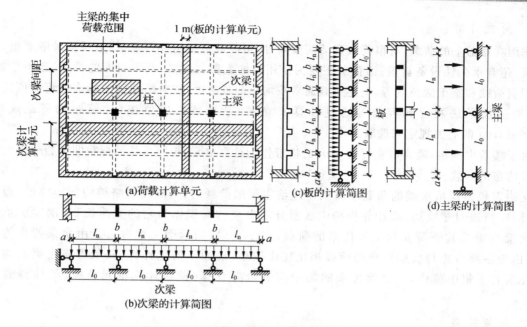

图 9.5　单向板肋梁楼盖的板和梁的计算简图

10%，若跨数超过五跨时，可按五跨来计算。此时，除连续梁(板)两边的第一、第二跨外，其余的中间各跨跨中及中间支座的内力值均按五跨连续梁(板)的中间跨度和中间支座采用。如图 9.6 所示。如果跨数未超过五跨，则计算时应按实际跨数考虑。

表 9.1　板和梁的计算跨度

跨数	支座情形	计算跨度 l_0		符号意义
		板	梁	
单跨	两端简支	$l_0 = l_n + h$	$l_0 = l_n + a \leqslant 1.05 l_n$	l_n 为支座间净距 l_e 为支座中心间的距离 h 为板的厚度 a 为边支座宽度 b' 为中间支座宽度
	一端简支、一端与梁整体连接	$l_0 = l_n + 0.5h$		
	两端与梁整体连接	$l_0 = l_n$		
多跨	两端简支	当 $a \leqslant 0.1 l_e$ 时，$l_0 = l_e$	当 $a \leqslant 0.05 l_e$ 时，$l_0 = l_e$	
		当 $a > 0.1 l_e$ 时，$l_0 = 1.1 l_e$	当 $a > 0.05 l_e$ 时，$l_0 = 1.05 l_n$	
	一端入墙内另一端与梁整体连接	$l_0 = l_n + 0.5h$	$l_0 = l_n + 0.05a \leqslant 1.025 l_n$	
		$l_0 = l_n + 0.5(h + b)$	$l_0 = l_n \leqslant 1.025 l_n + 0.5b'$	
	两端均与梁整体连接	$l_0 = l_n$	$l_0 = l_n$	
		$l_0 = l_e$	$l_0 = l_e$	

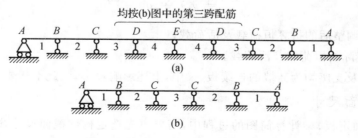

图 9.6　连续梁(板)的计算跨数

3. 荷载计算

作用在楼盖上的荷载,有恒荷载和活荷载两种,恒荷载包括构件自重、构造层重及隔墙重,对于工业建筑,还有永久性设备自重;活荷载主要为使用时的人群、货物以及堆料等的重量,还包括雪荷载、屋面积灰荷载和施工活荷载等,上述荷载通常按均布荷载考虑。楼盖恒荷载的标准值可由所选的构件尺寸、构造层做法及材料容重等通过计算来确定,活荷载标准值按《建筑结构荷载规范》(GB 50009—2012)的有关规定来选取。

对于楼盖中的板,通常取宽度为 1 m 的板带作为计算单元,板所承受的荷载即为板带上的均布恒荷载及均布活荷载。

在确定板传递给次梁的荷载和次梁传递给主梁的荷载时,一般均忽略结构的连续性,而按简支进行计算。所以对于次梁,取相邻板跨中线所分割出来的面积作为它的受荷面积,次梁所承受的荷载为次梁自重及其受荷面积上板传来的荷载;对于主梁,则承受主梁自重及由次梁传来的集中荷载,但由于主梁自重与次梁传来的荷载相比往往较小,故为了简化计算,一般可将主梁的均布自重荷载化为若干集中荷载,与次梁传来的集中荷载合并计算。荷载计算单元及板、梁计算简图如图9.5所示。

4. 折算荷载

在进行连续梁(板)内力计算时,一般假设其支座均为铰接,即忽略支座对梁(板)的约束作用,而对于梁板整浇的现浇楼盖,这种假设与实际情况并不完全相符。

以板和次梁为例,当板受荷载发生弯曲转动时,支承它的次梁将产生扭转,而次梁的扭转作用会约束板的自由转动。对于多跨连续板,当作用连续分布的恒荷载时,由于荷载对称,板在支座处的转角很小,所以次梁的这种约束作用可以忽略;当板上作用隔跨布置的活荷载时,板在支座处的转动较大,次梁对板的转动约束作用也较大,这种作用反映在支座处实际转角比计算简图中理想铰支座时的转角 θ 要小,如图9.7(a)、(b)所示,其效果相当于减少了板跨中的最大弯矩。类似的情况也发生在次梁和主梁之间。为了减少由此而引起的误差,一般在荷载计算时采取增加恒荷载、减小活荷载的方法加以调整。也就是说,在连续梁(板)内力计算时,仍按支座为铰接假定,但用折算荷载代替实际荷载(图9.7(c)),即:

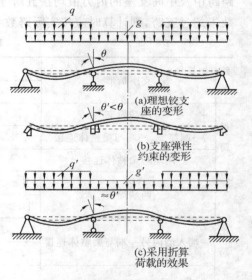

(a)理想铰支座的变形

(b)支座弹性约束的变形

(c)采用折算荷载的效果

图 9.7　连续梁(板)的折算荷载

对于板　　　$g' = g + \dfrac{q}{2}, q' = \dfrac{q}{2}$　　　(9.1)

对于次梁　　　　　　　　　$g' = g + \dfrac{q}{4}, q' = \dfrac{3q}{4}$　　　　　　　(9.2)

式中　　g'、q'—— 调整后的折算恒荷载及活荷载;

　　　　g、q—— 实际的恒荷载及活荷载。

在连续主梁以及支座均为砖墙的连续板、梁中,上述影响较小,因此不需要进行荷载折算。

5. 构件的截面尺寸

由上可知,在确定板、梁计算简图的过程中,需要事先选定构件截面尺寸才能确定其计算跨度和进行荷载统计。板、次梁、主梁的截面尺寸可按刚度要求,根据高跨比 h/l_0 进行初步假定,一般可参考表9.2确定。

表 9.2　混凝土板、梁的常规尺寸

构件种类		高跨比(h/l_0)	备注
单向板	简支 两端连续	$\geqslant 1/35$ $\geqslant 1/40$	最小板厚： 屋面板 $h \geqslant 60$ mm 民用建筑楼板 $h \geqslant 60$ mm 工业建筑楼板 $h \geqslant 70$ mm 行车道下的楼板 $h \geqslant 80$ mm
双向板	单跨简支 多跨连续	$\geqslant 1/45$ $\geqslant 1/50$ （按短向跨度）	最小板厚：80 mm
悬臂板		$\geqslant 1/12$	最小板厚： 板的悬臂长度 $\leqslant 500$ mm，$h \geqslant 60$ mm 板的悬臂长度 > 500 mm，$h \geqslant 60$ mm
多跨连续次梁 多跨连续主梁 单跨简支梁 悬臂梁		$1/18 \sim 1/12$ $1/14 \sim 1/8$ $1/14 \sim 1/8$ $1/8 \sim 1/6$	最小梁高： 次梁 $h \geqslant l/25$ 主梁 $h \geqslant l/15$ 宽高比(b/h)：以 50 mm 为模数

9.2.4　单向板楼盖的内力计算 —— 弹性计算法

钢筋混凝土连续板、梁的内力计算方法有两种：弹性计算法和塑性计算法。按弹性理论方法，计算连续板、梁的内力时，将钢筋混凝土梁、板视为理想弹性体，根据前述方法选取计算简图，按结构力学的原理进行计算，为设计方便，对于等跨连续梁、板且荷载规则的情况，其内力均已制成表格，详见附录 1。对于跨度相差在 10% 以内的不等跨连续板、梁，其内力也可按表格进行计算。

1. 活荷载的最不利位置

作用于梁或板上的荷载有恒荷载和活荷载，其中恒荷载的大小和位置是保持不变的，并布满各跨；而活荷载在各跨的分布则是随机的，引起构件各截面的内力也是变化的。因此，为了保证构件在各种可能的荷载作用下都安全可靠，就必须确定活荷载布置在哪些不利位置，与恒荷载组合后将使控制截面（支座、跨中）可能产生最大内力，即活荷载的最不利组合问题。

图 9.8 为五跨连续梁当活荷载布置在不同跨时梁的弯矩图及剪力图，分析其内力变化规律和不同组合后的内力结果，不难得出确定连续梁（板）截面最不利活荷载布置的如下原则：

（1）求某跨跨中最大正弯矩时，应在该跨布置活荷载，然后向其左右每隔一跨布置活荷载（图 9.9 (a)、(b)）；

（2）求某跨跨中最小弯矩（最大负弯矩）时，应在该跨不布置活载，而在两相邻跨布置活荷载，然后向其左右每隔一跨布置活荷载（图 9.9 (a)、(b)）；

（3）求某支座截面最大负弯矩时，应在该支座左右

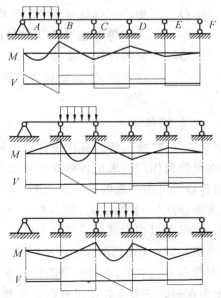

图 9.8　连续梁活荷载布置在不同跨时的内力图

相邻两跨上布置活荷载,然后向其左右每隔一跨布置活荷载(图9.9(c));

(4)求某支座截面(左、右)的最大剪力时,其活荷载布置与求该支座截面最大负弯矩时相同。

恒荷载应按实际情况布置,一般在连续梁(板)各跨均有恒荷载作用。求某截面最不利内力时,除按活荷载最不利位置求出该截面内力外,还应加上恒荷载在该截面产生的内力。

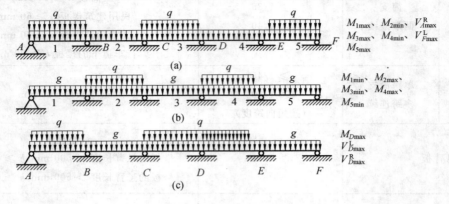

图9.9 活荷载不利布置图

2. 用查表法计算内力

活载的最不利布置确定后,对于等跨(包括跨度差 ≤ 10%)的连续梁(板),可以直接应用表格(见附录1)查得在恒荷载和各种活荷载最不利位置作用下的内力系数,并按下列公式求出连续梁(板)的各控制截面的弯矩值 W 和剪力值 V,即:

当均布荷载作用时:

$$M = K_1 g l_0{}^2 + K_2 q l_0{}^2 \tag{9.3}$$

$$V = K_3 g l_0 + K_4 q l_0{}^2 \tag{9.4}$$

当集中荷载作用时:

$$M = K_1 G l_0 + K_2 Q l_0 \tag{9.5}$$

$$V = K_3 G + K_4 Q \tag{9.6}$$

式中　g、q——单位长度上的均布恒荷载与均布活荷载设计值;

　　　G、Q——集中恒荷载与集中活荷载设计值;

　　　$K_1 \sim K_4$——等跨连续梁(板)的内力系数,由本章附表9.1中相应栏内查得;

　　　G、Q——梁的计算跨度,按表9.1规定采用。若相邻两跨跨度不相等(不超过10%),在计算支座弯矩时,l_0 取相邻两跨的平均值;而在计算跨中弯矩及剪力时,仍用该跨的计算跨度。

3. 内力包络图

对于连续梁(板),活荷载作用位置不同,各截面的内力也不相同。按照前述活荷载最不利位置布置后,在恒荷载作用下求出各截面内力的基础上,分别叠加以各种不利活荷载位置作用时的内力,可以得到各截面可能出现的最不利内力。在设计中,不必对构件的每个截面进行设计,只需对若干控制截面(支座、跨中)计算内力。因此,对某一种活荷载的最不利布置将产生连续梁某些控制截面的最不利内力,同时可以作出其对应的内力图形。若将所有活荷载最不利布置时的各个同类内力图形(弯矩图、剪力图)按同一比例画在同一基线上,所得的图形称为内力叠合图,内力叠合图的外包线所围成的图形,即为内力包络图。内力包络图包括弯矩包络图和剪力包络图。

图为在每跨三分点处作用有集中荷载的两等跨连续梁,在恒荷载($G = 50$ kN)与活荷载($Q = 100$ kN)的三种最不利 荷载组合作用下分别得到其相应的弯矩图,如图9.10(a)、(b)、(c)所示。图9.10(d)为该梁各种 M 图绘在同一基线上的弯矩包络图。用类似的方法也可以给出连续梁(板)的剪力包络图。

包络图中跨内和支座截面弯矩、剪力设计值就是连续梁相应截面进行受弯、受剪承载力计算的内力依据;弯矩包络图也是确定纵向钢筋弯起和截断位置的依据。

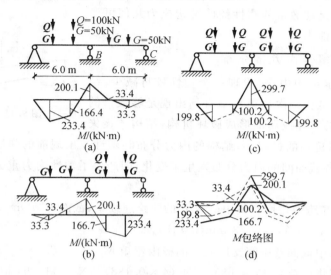

图 9.10　两跨连续梁的弯矩包络图

9.2.5　单向板楼盖的内力计算 —— 塑性计算法

钢筋混凝土构件的截面强度计算是按极限平衡理论来进行的,在截面极限承载能力的计算中充分考虑了钢材和混凝土的塑性性质,然而在结构的内力计算时采用弹性计算方法,实际上已应用了匀质弹性体的假定,即视构件为理想弹性体,完全不考虑材料的塑性。按弹性方法设计存在两方面问题:一是当计算简图和荷载确定后,各截面间弯矩、剪力等内力分布规律始终保持不变;另一问题是只要任何一个截面的内力达到其内力设计值时,就认为整个结构达到其承载能力。事实上钢筋混凝土连续梁、板是超静定结构,结构的内力与结构各部分刚度大小有直接关系,当结构中某截面发生塑性变形后,刚度降低,结构上的内力也将发生变化,也就是说,在加载的全过程中,由于材料的非弹性性质,各截面间的内力分布是不断发生变化的,这种情况称为内力重分布。按弹性理论求得的内力实际上已不能准确反映结构的实际内力。另外由于钢筋混凝土连续梁、板结构是超静定结构,即使其中某个正截面的受拉钢筋达到屈服,整个结构仍是几何不变体系,仍具有一定的承载能力。因此在楼盖设计中考虑材料的塑性性质来分析结构内力将更加合理。同时,考虑材料的塑性性质,可充分发挥结构的承载能力,因而也会带来一定的经济效果。

1. 塑性铰的概念

对配筋适量的受弯构件,当受拉纵筋在某个弯矩较大的截面达到屈服后,随着荷载的少许增加,钢筋将产生很大的塑性变形,裂缝迅速开展,屈服截面形成一个塑性变形集中的区域,使截面两侧产生较大的相对转角,这个集中区域在构件中的作用,犹如一个能够转动的"铰",称之为塑性铰(图 9.11)。可以认为,塑性铰是受弯构件的"屈服"现象。塑性铰与普通的理想铰不同,前者能承受一定的弯矩,并能沿弯矩作用方向发生一定限度的转动;而后者不能承受弯矩,但能自由转动。

对于静定结构,在任一截面出现塑性铰后,结构就成为几何可变体系而丧失承载力。但对于超静定结构,由于存在多余约束,构件某一截面出现塑性铰并不会导致结构立即破坏,仍能继续承受增加的荷载,直到出现足够数量的塑性铰使结构成为几何可变体系,结构才丧失其承载能力。

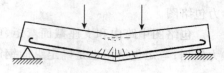

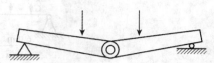

图 9.11　塑性铰的形成

2. 超静定结构的塑性内力重分布

在钢筋混凝土超静定结构中,每出现一个塑性铰将减少,结构的超静定次数(相当于减少一次约束),一直到出现足够数目的塑性铰致使超静定结构的整体或局部形成破坏机构,结构才丧失其承载能力。在形成破坏机构的过程中,结构的内力分布和塑性铰出现前的弹性分布规律完全不同,塑性铰的出现引起构件各截面间的内力分布发生了变化,即产生了塑性内力重分布。下面以两跨连续梁为例加以说明。

如图 9.12 (a) 所示在跨中作用有集中荷载 P 的两跨连续梁,截面为 $200\text{mm} \times 450\text{ mm}$,混凝土等级为 C20,配 II 级钢筋,$A_s = A'_s = 763\text{ mm}(3 \phi 18)$。

按受弯构件计算,跨中截面及中间支座截面的极限弯矩 $M_u = -M_u^B = 85.68\text{ kN} \cdot \text{m}$。

按弹性理论计算。当集中荷载 $P_1 = [85.68 + (4 \times 0.188)]\text{kN} = 113.94\text{ kN}$ 时(图 9.12 (b)),中间支座 B 截面的负弯矩为

$$M_B = 0.188Pl = 85.68\text{ kN} \cdot \text{m}$$

与此同时,跨中最大正弯矩为

$$M_D = 0.156Pl = 71.1\text{ kN} \cdot \text{m}$$

所以,在 $P_1 = 113.94\text{ kN}$ 时,中间支座截面的负弯矩已等于截面的承载能力,按照弹性理论,P_1 就是该连续梁能承受的最大集中力。

实际上,在 P_1 的作用下。结构并未丧失承载能力,仅仅是中间 B 支座截面"屈服",形成塑性铰,跨中截面的承载能力还有 $85.68\text{ kN} \cdot \text{m} - 71.1\text{ kN} \cdot \text{m} = 14.58\text{ kN} \cdot \text{m}$ 的余量。因此结构仍能承担进一步的加载,只是在进一步加载的过程中。塑性铰截面 B 在屈服状态下工作,维持极限弯矩 $M_u^B = 85.68\text{ kN} \cdot \text{m}$ 不再增加,但转角可继续增大。

在计算荷载增量 P_2 时,可以把支座截面 B 作为一个铰(图 9.12 (c))。当荷载增量 $P_2 = 14.58\text{ kN}$ 时,跨中截面的弯矩在 P_1 所产生的弯矩的基础又增加了 $\frac{1}{4}P_2l = 14.58\text{ kN} \cdot \text{m}$,使跨中截面 D 的总弯矩为

$$M_D = 71.1\text{ kN} \cdot \text{m} + 14.58\text{ kN} \cdot \text{m} = 85.68\text{ kN} \cdot \text{m} = +M_u$$

于是在截面 D 处也形成塑性铰,整个结构形成可变机构,到达其极限承载能力。因此,这个连续梁所能承受的跨中集中荷载应为

$$P = P_1 + P_2 = 128.52\text{ kN}$$

而不是弹性理论计算方法的 113.94 kN。

梁的最终弯矩图如图 9.12 (d) 所示。

从上述简单例子中,可以得出一些具有普遍意义的结论:

(1) 塑性材料超静定结构达到承载能力极限的标志不是一个截面的屈服,而是形成破坏机构。

(2) 塑性铰出现以前,连续梁的弯矩服从于弹性的内力分布规律;塑性铰出现以后,结构计算简图发生改变,各截面的弯矩增长率发生变化。

(3) 按弹性理论计算,连续梁的弯矩系数(内力分布)与截面配筋比无关,内力与外力既符合平衡条件,同时也满足变形协调关系。

按塑性内力重分布理论计算,梁的弯矩系数不是定值,而是随截面的配筋比而变化的。内力与外力符合平衡条件,但转角相等的变形协调关系在塑性铰截面处已不再适用,因为在塑性铰处存在有集中的塑性转角。

(4)就上述例子来说,按弹性计算方法。结构所能承受的最大荷载为 113.94 kN,如果考虑内力的塑性重分布,则结构的极限荷载为 128.52 kN。这说明塑性材料超静定结构从出现塑性铰到破坏机构的形成之间还有相当的强度储备。如果在设计中利用这部分强度储备。就可以节约材料,取得经济效果。

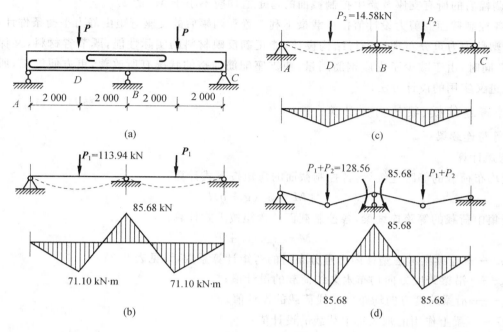

图 9.12　两跨连续梁塑性内力重分布求解弯矩

3. 弯矩调幅法

对单向板肋梁楼盖中的连续板及连续次梁,当考虑塑性内力重分布理论分析结构内力时,普遍采用弯矩调幅法。即在按弹性计算法所得的弯矩包络图的基础上,考虑截面出现塑性铰而引起连续梁的内力重分布,对某些出现塑性铰截面的弯矩(一般为支座弯矩)予以调整降低,对调幅后的弯矩值,再用一般力学方法分析对结构其他控制截面内力的影响,经过综合分析计算而得到连续梁(板)的内力。

根据理论和试验研究结果及工程经验,考虑塑性内力重分布对弯矩进行调幅时,应遵循以下原则:

(1)必须保证塑性铰具有足够的转动能力,使整个结构或局部形成机动可变体系才丧失承载力。按照弯矩调幅法设计的结构构件,受力钢筋宜采用塑性较好的 HRB335 级、HRB400 级热轧钢筋;混凝土强度等级宜在 C20 ～ C45 范围内;调幅截面的相对受压区高度占 $\zeta = \dfrac{x}{h_0} \leqslant 0.35$。

(2)为了避免塑性铰出现过早、转动幅度过大,致使梁的裂缝宽度及变形过大,应控制支座截面的弯矩调整幅度,以不超过 20% 为宜。

(3)连续梁调整后的跨中截面弯矩值应取弹性分析所得的最不利弯矩值和按下式计算值中的较大值。

跨中承受一个集中力作用时,调幅后跨中截面的最大弯矩为

$$M = 1.02M_0 - \frac{M^L + M^R}{2} \tag{9.7}$$

跨中承受两个等间距的集中力作用时,调幅后跨中截面的最大弯矩为

$$M = 1.02M_0 - \frac{2M^L}{3} \tag{9.8}$$

$$M = 1.02M_0 - \frac{2(M^L + M^R)}{3} \tag{9.9}$$

式中　　M——是按永久荷载和可变荷载同时作用在梁计算的跨间对应位置时,按简支梁求得的跨中最大弯矩值;

　　　　M^L、M^R——连续梁左、右支座截面弯矩调幅后的设计值。

(4)调幅后的所有支座及跨中控制截面的弯矩值均应不小于 M_0 的 1/3。

(5)各控制截面的剪力设计值按荷载最不利布置和调幅后的支座弯矩由静力平衡条件计算确定。

采用塑性内力重分布理论进行结构设计,能正确反映材料的实际性能,既节省材料,又保证结构安全可靠。同时,由于减少了支座钢筋用量,使支座配筋拥挤的状况有所改善,更方便施工,所以这是一种既先进又实用的设计方法。

4. 等跨连续板、梁的内力计算

(1)等跨连续梁

① 弯矩计算

承受均布荷载的等跨连续梁,各控制截面的弯矩按下式计算:

$$M = \alpha_m(g + q)l_0^2 \tag{9.10}$$

承受集中荷载的等跨连续梁,各控制截面的弯矩按下式计算:

$$M = \eta\alpha_m(G + P)l_0 \tag{9.11}$$

式中　　α_m——连续梁考虑塑性内力重分布时的弯矩计算系数,详见表 9.3;

　　　　g——沿梁跨度方向均布永久线荷载的设计值;

　　　　q——沿梁跨度方向均布可变线荷载的设计值;

　　　　G——梁上作用的永久集中荷载的设计值;

　　　　P——梁上作用的可变集中荷载的设计值;

　　　　η——集中荷载修正系数,详见表 9.4;

　　　　l_0——板、梁的计算跨度。

表 9.3　连续梁考虑塑性内力重分布的弯矩计算系数 α_m

支承情况		截面位置					
		端支座	边跨跨中	第一内支座	第二跨跨中	中间支座	中间跨跨中
		A	1	B	2	C	3
梁、板搁置在墙上		0	1/11	两跨连续: −1/10 三跨以上连续: −1/11	1/16	−1/14	1/16
板	与梁整体连接	−1/16	1/14				
梁		−1/24					
梁与柱整体连接		−1/16	1/14				

注:1. 表中系数适用于 $q/g > 0.3$ 的等跨连续梁和连续单向板;

　　2. 连续梁和连续板的各跨长度不等,但相邻两跨的长度之比值小于1.1时,仍可用表中弯矩系数值。计算支座弯矩时应取相邻梁跨中的较长跨度值,计算跨中弯矩时应取本跨长度。

表 9.4　集中荷载修正系数 η

荷载情况	截面					
	A	1	B	2	C	3
当在跨中中点作用一个集中荷载时	1.5	2.2	1.5	2.7	1.6	2.7
当在跨中三分点作用两个集中荷载时	2.7	3.0	2.7	3.0	2.9	3.0
当在跨中四分点作用三个集中荷载时	3.8	4.1	3.8	4.5	4.0	4.8

② 剪力计算

梁上承受荷载时在梁的支座边缘处截面产生的剪力分别按下式计算。

均布荷载作用下：

$$V = \alpha_v (g + q) l_n \qquad (9.12)$$

集中荷载作用下

$$V \leqslant 0.7 f_t b h_0 = n \alpha_v (G + Q) \qquad (9.13)$$

式中　α_v——考虑塑性内力重分布时的剪力计算系数，见表 9.5；

　　　　l_n——梁的净跨；

　　　　n——跨内集中荷载的个数。

表 9.5　考虑塑性内力重分布时的剪力计算系数 α_v

支承情况	截面位置				
	A 支座右截面	第一内支座		中间支座	
		左截面	右截面	左截面	右截面
搁置在墙上	0.45	0.6	0.55	0.55	0.55
与梁或柱整体连接	0.50	0.55	0.55	0.55	0.55

(2) 多跨连续板的控制截面弯矩计算

承受均布荷载作用的多跨连续单向板,各控制截面的弯矩按式(9.10)计算。

板内剪力相对较小,一般情况下能满足 $V \leqslant 0.7 f_t b h_0$ 条件,不需要作斜截面受剪承载力计算。

5. 考虑塑性内力重分布的计算法适用范围

考虑塑性内力重分布的计算方法,具有计算简单、结果更符合构件截面实际受力情况,节省材料、施工方便的特点。在实际使用中,条件允许时可以优先使用。但这种方法由于充分考虑了连续梁板的塑性变形,梁截面在受力过程中会形成塑性铰,在下列结构构件中是不允许使用的。

(1) 直接承受动力荷载和重复荷载的结构;

(2) 在使用过程中不允许开裂或对构件变形和裂缝宽度要求比较严格的结构构件;

(3) 处于重要部位,要求具有较大强度储备的结构。如现浇单向板肋形楼屋盖中的主梁是楼屋盖中最重要的结构构件,不允许按考虑塑性内力重分布的方法计算其内力。

6. 注意事项

考虑塑性内力重分布的计算方法适用于均布可变荷载与均布永久荷载且二者之比 $q/g = 1/3 \sim 1/5$ 的等跨连续梁、板;梁的两端均支承在砌体上时,其计算跨度应取为 $1.05 l_n$;当梁、板跨度差不大于 10% 时,计算跨内弯矩时,取各自的跨度,计算支座截面最大负弯矩时则取该支座相邻两跨中较大跨度。对于跨度差大于 10% 的连续梁、板,本方法不适用,应按工程力学给定的方法进行内力计算。

9.2.6 连续板的截面计算与构造

连续梁、板的内力求得后,即可进行截面计算和配筋。

1. 板的设计要点

连续板设计主要是板的正截面承载力计算,即配筋计算。计算方法同受弯构件。只不过要对跨中及支座截面分别计算,并且注意纵向受力钢筋位置应与截面内力情况相一致。

在现浇楼盖中,板支座截面在负弯矩作用下,顶面开裂,而跨中截面由于正弯矩作用,底面开裂,使板形成了拱(图9.13)。因此在竖向荷载作用下,板将有如拱的作用而产生推力,板中推力可减少板中计算截面的弯矩。因此考虑这一有利因素,设计截面时可将设计弯矩乘以折减系数。对于四周与梁整体连接的板中间跨的跨中及中间支座,折减系数为0.8。对于边跨跨中截面和第一内支座截面不予折减,如图9.14所示。

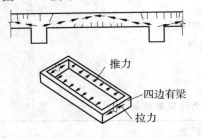

图9.13 板的拱作用

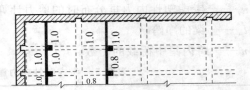

图9.14 板的弯矩折减

2. 板的构造要求

(1) 板厚及支承长度

板的混凝土用量占全楼盖混凝土用量的一半以上,因此楼盖中的板在满足建筑功能和方便施工的条件下,应尽可能薄些,但也不能过薄。工程设计中板的最小厚度一般可取为:一般屋盖50 mm;一般民用建筑楼盖60 mm;工业房屋楼盖80 mm。为了保证刚度,单向板的厚度尚不应小于跨度的1/40(连续板)或1/35(简支板)。板在砖墙上的支承长度一般不小于板厚,亦不小于120 mm。

(2) 板的受力钢筋

板内的受力钢筋经计算确定后,配置时应考虑构造简单、施工方便。对于多跨连续板各跨截面配筋可能不同,配筋时往往各截面的钢筋间距相同,而用调整直径的方法处理,连续板中的受力钢筋布置有两种形式:弯起式和分离式。

弯起式[图9.16(a)]将承受正弯矩的跨中钢筋在支座附近弯起,弯起跨中钢筋的 $1/2 \sim 2/3$,以承担支座负弯矩,如不足可另加直钢筋。这种配筋方式节省钢筋,锚固可靠,整体性好,但施工较复杂。

分离式[图9.16(b)]将承担支座弯矩与跨中弯矩的钢筋各自独立配置。分离式配筋较弯起式具有设计施工简便的优点,适用于不受振动和较薄的板中。

连续板受力钢筋的弯起与截断,一般可不按弯矩包络图确定,而按图9.16所示弯起点和截断点位置确定。但当板的相邻跨度相差超过20%时,或各跨荷载相差较大时,则仍按弯矩包络图确定。

钢筋的弯起角度一般为30°,当 $A > 120$ mm 时,可采用45°。板下部伸入支座的钢筋应不少于跨中钢筋截面面积的1/3,间距不应大于400 mm。钢筋末端一般做成半圆弯钩(Ⅰ级钢筋),但板的上部钢筋应做成直钩,以便施工时撑在模板上。

钢筋截断,对于承受支座负弯矩的钢筋,可在距支座边 a 处截断。如图9.15,a 的取值为

当 $\dfrac{q}{g} \leqslant 3$ 时: $\qquad\qquad\qquad a = \dfrac{1}{4} l_n \qquad\qquad\qquad$ (9.14)

当 $\dfrac{q}{g} > 3$ 时: $\qquad\qquad\qquad a = \dfrac{1}{3} l_n \qquad\qquad\qquad$ (9.15)

式中　　g、q——作用于板上的恒荷载、活荷载设计值；

　　　　l_n——板的净跨。

　　板中受力钢筋一般采用 Ⅰ 级钢筋，常用直径为 $\phi6$、$\phi8$、$\phi10$、$\phi12$ 等。为便于架立，支座处承受板面负弯矩的钢筋不宜太细。

　　板中除采用普通热轧钢筋外，现在我国的一些大城市对于现浇楼盖板中的钢筋正在使用一种冷轧扭钢筋。具体见《冷扎扭钢筋混凝土构件技术规程》(JGJ/T 114) 的规定。

　　板中受力钢筋的间距不应小于 70 mm。当板厚 $h\leqslant150$ mm 时，间距不应大于 200 mm；当板厚 $h>150$ mm 时，间距应不大于 $1.5h$，且不应大于 250 mm。

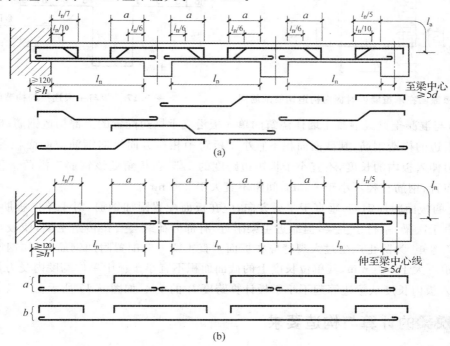

图 9.15　等跨连续板的钢筋布置

3. 构造钢筋

　　(1) 分布钢筋。单向板除在受力方向布置受力钢筋外，还应在垂直受力钢筋方向布置分布钢筋。分布钢筋的作用是：抵抗混凝土收缩或温度变化产生的内力；有助于将板上作用的集中荷载分布在较大的面积上。以使更多的受力钢筋参与工作；对四边支承的单向板，可承担长跨方向实际存在的一些弯矩；与受力钢筋形成钢筋网，固定受力钢筋的位置。

　　分布钢筋应放置在受力钢筋内侧。间距不应大于 250 mm，直径不宜小于 6 mm；单位长度上的分布钢筋的截面面积不应小于单位宽度上受力钢筋截面面积的 15％，且不宜小于该方向板截面面积的 0.15％；对集中荷载较大的情况，分布钢筋的截面面积应适当增加，其间距不宜大于 200 mm。此外，在受力钢筋的弯折点内侧应布置分布钢筋。对于无防寒或隔热措施的屋面板和外露结构，分布钢筋应适当增加。

　　(2) 一边嵌固于砌体墙内时的板面附加钢筋。沿承重墙边缘在板面配置附加钢筋。对于一边嵌固在承重墙内的单向板，其计算简图与实际情况不完全一致，计算简图按简支考虑，而实际墙对板有一定约束作用，因而板在墙边会产生一定的负弯矩。因此，应在板上部沿边墙配置直径不小于 8 mm，间距不大于 200 mm 的板面附加钢筋(包括弯起钢筋)，从墙边算起不宜小于板短边跨度的 1/7，如图 9.16 所示。

（3）两边嵌固于砌体墙内的板角部分双向附加钢筋。对于两边嵌固于墙内的板角部分,应在板面配置双向附加钢筋。由于板在荷载作用下,角部会翘离支座,当这种翘离受到墙体约束时,板角上部产生沿墙边裂缝和板角斜裂缝。因此应在角区 1/4 范围内双向配置板面附加钢筋,钢筋直径不小于 8 mm,间距不宜大于 200 mm。该钢筋伸入板内的长度不宜小于板短边跨度的 1/4,如图 9.17。

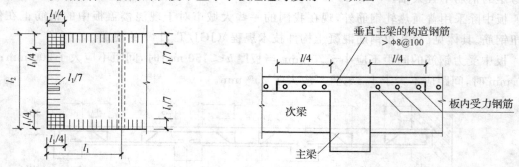

图 9.16 板嵌固在承重墙内时板内构造钢筋配筋图　　　图 9.17 板与主梁连接的构造配筋

（4）周边与混凝土梁或混凝土墙体浇筑的单向板沿支承周边配置的上部构造钢筋。应在板边上部设置垂直于板边的构造钢筋,其截面面积不宜小于板跨中相应方向纵向钢筋截面面积的 1/3;该钢筋自梁边或墙边伸入板内的长度,不宜小于板短边跨度的 1/5。在板角处该钢筋应沿两个垂直方向布置或按放射状布置;钢筋直径不小于 8 mm,间距不宜大于 200 mm。

（5）梁上的板面附加钢筋。垂直于主梁方向,应在板面配置附加钢筋。对于单向板肋梁楼盖,板内受力钢筋垂直于次梁,平行于主梁,但靠近主梁附近,有部分荷载会直接传给主梁,使板与主梁连接处产生一定的负弯矩。为防止产生过大裂缝应在板面垂直主梁方向配置附加钢筋。附加钢筋直径不应小于 8 mm,间距不大于 200 mm,其单位长度上的截面面积不宜小于板中单位宽度内受力钢筋截面面积的 1/3。其伸入板内长度从梁边算起不小于板计算跨度 l_0 的 1/4,如图 9.17 所示。

9.2.7 次梁的计算与构造要求

1. 次梁的计算

（1）次梁的内力计算一般按塑性理论计算法。

（2）按正截面抗弯承载力确定次梁内纵向受力钢筋时,由于板和次梁是整体连接的,板作为梁的翼缘参加工作。通常跨中截面按 T 形截面计算,其翼线宽度按规范取用。支座截面因翼缘位于受拉区,所以按矩形截面计算。

（3）按截面抗剪承载力计算次梁内抗剪腹筋。当荷载、跨度较小时,一般可仅配置箍筋抗剪。当荷载、跨度较大时,宜在支座附近设置弯起钢筋,以减少箍筋用量。

（4）次梁的截面尺寸满足高跨比 $h/l_0 = 1/18 \sim 1/12$ 和宽高比 $b/h = 1/3 \sim 1/2$ 的要求时,一般不必做使用阶段的挠度和裂缝宽度验算。

2. 次梁配筋的构造要求

当次梁的相邻跨度相差不超过 20%,且梁上均布活荷载与恒荷载设计值之比 $q/g \leqslant 3$ 时,梁的弯矩图形变化幅度不大,其中纵向受力钢筋的弯起和截断,可按图 9.18（a）确定。否则,应按弯矩包络图确定。对于跨度较小或荷载不大的次梁,也可不设弯起钢筋,其支座上部纵筋的切断位置如 9.18（b）所示。

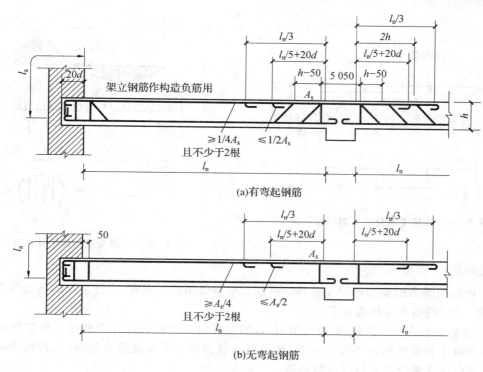

(a)有弯起钢筋

(b)无弯起钢筋

图 9.18　次梁钢筋的构造要求

9.2.8　主梁的计算与构造要求

1. 主梁的计算要点

（1）主梁的内力计算通常按弹性理论方法进行,原因是主梁是楼盖中的重要构件,需要有较大的承载力储备,一般不考虑塑性内力重分布。

（2）主梁除自重外,主要承受由次梁传来的集中荷载,为了简化计算,可将主梁的自重折算成集中荷载进行计算。

（3）主梁正截面承载力计算与次梁相同,即跨中正弯矩按 T 形截面计算,支座负弯矩则按矩形截面计算。

（4）由于在支座处板、次梁与主梁的支座负钢筋相互垂直交错,而且主梁负筋位于次梁和板的负筋之下（图 9.19）,因此计算主梁支座负弯矩钢筋时,其截面有效高度 h_0 应取:

当主梁受力钢筋为一排布置时: $h_0 = h - (50 \sim 60)$mm;

当主梁受力钢筋为二排布置时: $h_0 = h - (80 \sim 90)$mm。

（5）由于主梁一般按弹性法计算内力,计算跨度是取支座中心线之间的距离,计算所得的支座弯矩是在支座中心处的弯矩值,但此处因主梁与柱支座整体连接,主梁的截面高度显著增大,故并不是危险截面。最危险的支座截面应在支座边缘处,如图 9.20 所示。因此,支座截面的配筋计算,应取支座边缘的计算弯矩值,其值可近似按下式计算:

$$M'_b = M_b - V_0 \times \frac{b}{2} \qquad (9.16)$$

式中　　M_b——支座中心处的弯矩值;

　　　　V_0——该跨按简支梁计算的支座剪力值;

　　　　b——支座宽度。

（6）当按构造要求选择主梁的截面尺寸和钢筋直径时,一般可不做挠度和裂缝宽度验算。

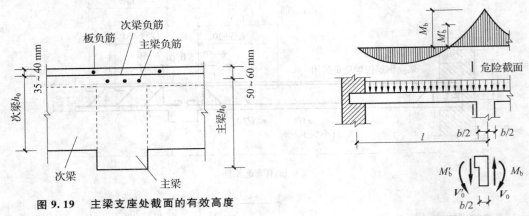

图 9.19 主梁支座处截面的有效高度

图 9.20 主梁支座边缘的计算弯矩

2. 主梁的构造要求

(1)主梁纵向受力钢筋的弯起和截断应根据弯矩包络图进行布置,应使主梁的抵抗弯矩图能覆盖弯矩包络图,并应满足有关构造要求。

(2)主梁主要承受集中荷载,剪力图呈矩形。如果在斜截面抗剪计算中利用弯起钢筋抵抗部分剪力,则应考虑跨中有足够的钢筋可供弯起,使抗剪承载力图完全覆盖剪力包络图。若跨中可供弯起的钢筋不够,则应在支座设置专门抗剪的鸭筋。

(3)在次梁与主梁相交处,次梁的集中荷载可能使主梁的腹部产生斜裂缝,并引起局部破坏(图 9.21(a))。因此《混凝土结构设计规范》(GB 50010—2010)规定应在次梁两侧 $S = 2h_1 + 3b$ 的长度范围内设置附加横向钢筋,形式有箍筋、吊筋或两者都有(图 9.21(b)、(c))。第一道附加箍筋离次梁边 50 mm,吊筋下部尺寸为次梁的宽度加 100 mm 即可。

附加横向钢筋所需的总截面面积应满足下列条件:

$$F \leqslant 2kf_y A_{sb} \sin \alpha_{sb} + m \cdot nf_{yv} A_{sv1} \tag{9.17}$$

式中
F——次梁传给主梁的集中荷载设计值;

f_y——附加吊筋的抗拉强度设计值;

f_{yv}——附加箍筋的抗拉强度设计值;

A_{sb}——每一根附加吊筋的截面面积;

m——在宽度 s 范围内附加箍筋的根数;

n——同一截面内附加箍筋的肢数;

A_{sv1}——附加箍筋单肢的截面面积;

α——附加吊筋与梁轴线间的夹角,宜取 45°或 60°;

k——附加吊筋的个数。

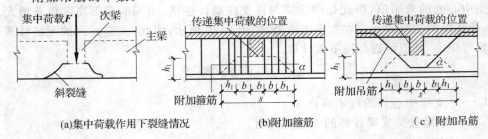

(a)集中荷载作用下裂缝情况 　(b)附加箍筋 　(c)附加吊筋

图 9.21 附加横向钢筋的布置

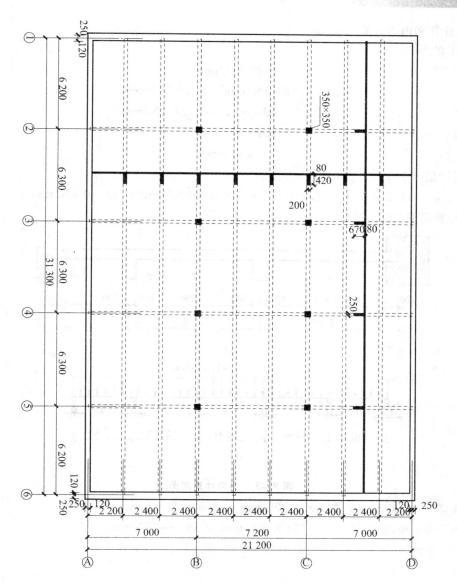

图 9.22　厂房平面布置

9.2.9　单向板肋梁楼盖设计实例

某设计使用年限 50 年的多层厂房,平面布置如图 9.22 所示。材料选用:混凝土为 C25($f_c =$ 11.9 N/mm², $f_t = 1.27$ N/mm²),梁中纵向钢筋 HRBF335 级($f_y = 300$ N/mm², $\xi_b = 0.566$),板内纵向钢筋及其他钢筋均采用 HPB300 级($\xi_b = 0.591$, $f_y = 270$ N/mm²)。楼面构造为:面层为水磨石(底层为 20 mm 厚的水泥砂浆),自重为 0.65 kN/mm²;板底为 20 mm 厚混合砂浆抹灰。楼面可变荷载标准值为 6 kN/mm²(可变荷载分项系数为 $\gamma_q = 1.3$)。试按下列要求设计此楼盖。

(1)按考虑塑性内力重分布的弯矩调幅法计算板、次梁内力;确定其构造配筋,并画出用平面整体标注法表示的板和次梁配筋图。

(2)按弹性理论计算主梁内力;画出弯矩和剪力包络图;配置主梁内纵筋和腹筋,并画出用平面整体标注法表示的主梁配筋图。

解　1. 板的设计

按考虑塑性内力重分布的方法计

(1)板厚 $h = 80$ mm $> l/40 = 60$ mm。

（2）荷载计算和内力计算

① 荷载计算

楼面面层	$0.65 \ kN/mm^2$
板 自 重	$(25 \times 0.08) \ kN/mm^2 = 2.0 \ kN/mm^2$
板底抹底	$(17 \times 0.02) \ kN/mm^2 = 0.34 \ kN/mm^2$
永久荷载	$2.99 \ kN/mm^2$
活荷载	$6 \ kN/mm^2$

总荷载设计值

$$q = (1.2 \times 2.99 \times 1.0 + 1.3 \times 6 \times 1.0) kN/mm^2 = 11.40 \ kN/mm^2$$

② 内力计算简图（图 9.23）

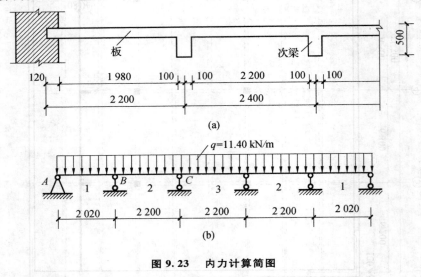

图 9.23　内力计算简图

次梁截面高 $h = (1/8 \sim 1/12) \times 6\ 300 \ mm = 350 \sim 525 \ mm$

可取 $h = 500 \ mm$，$b = (1/3 \sim 1/2) \times 500 \ mm = 167 \sim 250 \ mm$

取 $b = 200 \ mm$。

计算跨度：

中间跨

$$l_0 = l_n = (2\ 400 - 200) mm = 2\ 200 \ mm$$

边跨

$$l_0 = l_n + \frac{h}{2} = (2\ 200 - 100 - 120 + 80/2) mm = 2\ 020$$

由于边跨与中间跨的跨度差 $(2\ 200 - 2\ 020)/2\ 020 = 8.9\% < 10\%$，故可按等跨连续板计算。

③ 弯矩计算

$$M_1 = -M_b = ql_0^2/11 = (1/11 \times 11.40 \times 2.02^2) kN \cdot m = 4.23 \ kN \cdot m$$

$$M_c = ql_0^2/14 = (1/14 \times 11.40 \times 2.02^2) kN \cdot m = 3.96 \ kN \cdot m$$

$$M_2 = M_3 = ql_0^2/16 = (1/16 \times 11.40 \times 2.02^2) kN \cdot m = 3.45 \ kN \cdot m$$

（3）配筋计算

板截面有效高度 $h_0 = (80 - 25) mm = 55 \ mm$。因中间板带 ① ～ ② 轴线间内区格板的四周与梁整体连接，故 M_2 和 M_c 值降低 20%。板的抗弯承载力计算过程见表 9.6，板的配筋图采用"平法"绘制，如图 9.24 所示。

表 9.6　板正截面受弯承载力计算

截面		1	B	2、3	C
$M/(\text{kN}\cdot\text{m})$		4.23	4.23	3.42(2.74)	3.90(3.12)
$\alpha_s = M/(\alpha_1 f_c bh_0^2)$		0.118	0.118	0.095(0.076)	0.11(0.088)
$\xi = 1 - \sqrt{1-2\alpha_s}$		0.126	0.126	0.10(0.079)	0.12(0.1)
$A_s = \dfrac{bh_0\xi\alpha_1 f_c}{f_y}/\text{mm}^2$		305	305	246(197)	282(225)
实配钢筋	边板带	Φ8@150 $A_s = 335\ \text{mm}^2$	Φ8@150 $A_s = 335\ \text{mm}^2$	Φ8@150 $A_s = 335\ \text{mm}^2$	Φ8@150 $A_s = 335\ \text{mm}^2$
	中间板带	Φ8@200 $A_s = 251\ \text{mm}^2$	Φ8@200 $A_s = 251\ \text{mm}^2$	Φ8@200 $A_s = 251\ \text{mm}^2$	Φ8@200 $A_s = 251\ \text{mm}^2$

注:括号内的数据为中间板带的数据。

2. 次梁的设计

主梁截面高度 $h = (1/16 \sim 1/14)\times 7\,200 = 514 \sim 900$ mm,取 $h = 750$ mm,取主梁宽度 $b = 250$ mm。次梁的几何尺寸及支承情况如图 9.24 所示。

（1）荷载计算

板传来的恒载
$$(2.99 \times 2.4)\text{kN/m} = 7.18\ \text{kN/m}$$

次梁自重
$$[250.2 \times (0.5 - 0.08)]\text{kN/m} = 2.1\ \text{kN/m}$$

次梁粉刷
$$[17 \times 0.020 \times (0.5 - 0.08) \times 2]\ \text{kN/m} = 0.285\ \text{kN/m}$$

永久荷载
$$9.56\ \text{kN/m}$$

可变荷载
$$(6 \times 2.4)\text{kN/m} = 14.4\ \text{kN/m}$$

总荷载设计值
$$q = (1.2 \times 9.56 + 1.3 \times 14.4)\text{kN/m} = 30.19\ \text{kN/m}$$

（2）计算简图

次梁按考虑塑性内力重分布的方法计算内力,计算跨度:

中间跨　　$l_0 = l_n = (6\,300 - 250)\text{mm} = 6\,050\ \text{mm}$

边跨　　　$l_0 = l_n + a/2 = [(6\,200 - 250/2 - 120) + 120/2]\text{mm} = 6\,075\ \text{mm} < 1.025l_n = 6\,104\ \text{mm}$

故边跨取　$l_0 = 6\,075\ \text{mm}$

边跨与中间跨的计算跨度相差$(6\,075 - 6\,050)/6\,050 = 0.4\% < 10\%$,故可按等跨度连续梁计算内力。

（3）内力计算

弯矩：　　$M_1 = -M_b = ql_0^2/11 = (1/11 \times 30.19 \times 6.075^2)\text{kN}\cdot\text{m} = 101.29\ \text{kN}\cdot\text{m}$

　　　　　$M_C = ql_0^2/14 = (-1/14 \times 30.19 \times 6.05^2)\text{kN}\cdot\text{m} = -78.93\ \text{kN}\cdot\text{m}$

　　　　　$M_2 = M_3 = ql_0^2/16 = (1/16 \times 30.19 \times 6.05^2)\text{kN}\cdot\text{m} = 69.06\ \text{kN}\cdot\text{m}$

剪力：　　$V_{A右} = 0.45ql_n = (0.45 \times 30.197 \times 5.955)\text{kN} = 80.90\ \text{kN}$

　　　　　$V_{B左} = 0.6ql_n = (0.6 \times 30.19 \times 5.955)\text{kN} = 107.89\ \text{kN}$

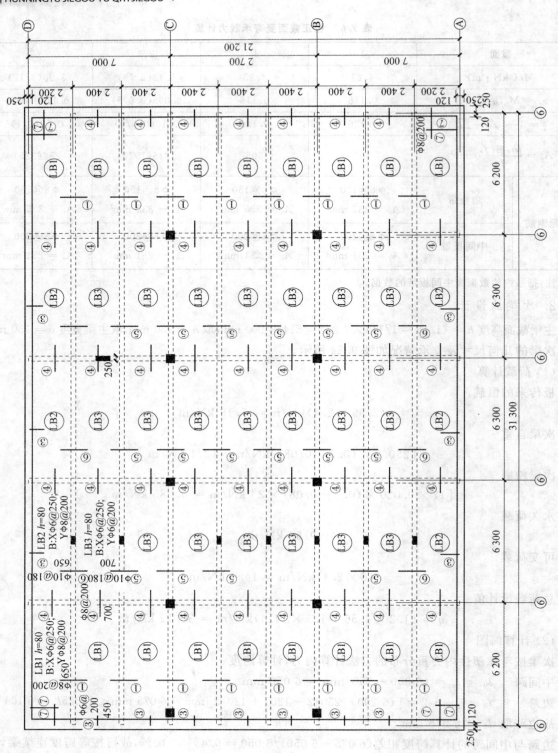

图 9.24 例题图示

$$V_{C右} = V_{C左} = V_{C右} = 0.55ql_n = (0.55 \times 30.19 \times 6.05)\text{kN} = 100.45 \text{ kN}$$

（4）配筋计算

次梁跨中按 T 形截面进行正截面受弯承载力计算。翼缘计算宽度，边跨与中间跨均按下面计算结果中的较小值采用。

$$b'_f = l_0/3 = 1/3 \times 6\,050 \text{ mm} = 2\,017 \text{ mm}$$

$$b'_f = s_n = (200 + 2\,200)\,\text{mm} = 2\,400\,\text{mm}$$

故取 $b'_f = 2\,017\,\text{mm}$。

跨中及支座截面均按配置一排钢筋考虑，故取 $h_0 = 460\,\text{mm}$，翼缘厚度 $h'_f = 80\,\text{mm}$。

$$\alpha_1 f_c b'_f h'_f \left(h_0 - \frac{h'_f}{2}\right) = 1.0 \times 11.9 \times 2017 \times 80 \times \left(460 - \frac{80}{2}\right)\,\text{N} \cdot \text{mm}$$

$$= 806\,480\,000\,\text{N} \cdot \text{mm} = 806.48\,\text{kN} \cdot \text{m}$$

T 形截面翼缘全部参与受压提供的抵抗弯矩大于跨中弯矩设计值 M_1、M_2、M_3，故各跨中截面均属于第一类 T 形截面，支座截面由于上部混凝土受拉开裂退出工作，对抗弯不起作用，所以按矩形截面计算。

次梁正截面受弯承载力计算见 9.7。

表 9.7　次梁正截面受弯承载力

截面	1	B	2、3	C
$M/(\text{kN} \cdot \text{m})$	101.29	-101.29	69.06	-78.93
b 或 b'_f/mm	2017	200	2017	200
$\alpha_s = M/\alpha_1 f_c b h_0^2$	0.02	0.201	0.014	0.157
$\xi = 1 - \sqrt{1 - 2\alpha_s}$	0.020	$0.1 < 0.227 < 0.35$	0.014	0.172
$A_s = \dfrac{bh_0 \xi \alpha_1 f_c}{f_y}/\text{mm}^2$	735	847	515	626
实配钢筋	3Φ18(763)	2Φ18+1Φ22(889)	2Φ18(509)	2Φ18+1Φ14(663)

次梁斜截面受剪承载力计算见表 9.8。按规定，考虑塑性内力重分布时，箍筋数量应增大 20%，故计算时将 A_{sv}/s 乘以 1.2；箍筋配筋率 ρ_{sv} 应大于等于 $0.28 f_t/f_{yv} = 0.131$，各截面均满足要求。

由于次梁 $q/g = 18.72/11.47 = 1.63 < 3$，且跨度相差小于 20%，故可按图 11.12 所示的构造要求确定纵向受力钢筋的截断。次梁配筋如图 9.27 所示。

表 9.8　次梁斜截面受剪承载力计算

截面	$A_左$	$B_右$	$B_左$、$C_左$、$C_右$
V/kN	80.90	107.89	100.45
$0.25\beta f_c bh_0/\text{kN}$	$273.7 > V$	$273.7 > V$	$273.7 > V$
$0.7 f_t bh_0$	$81.79 > V$	$81.79 < V$	$81.79 < V$
箍筋数量计算	0	0.21	0.15
实配箍筋的数量	2Φ6@200 (0.283)	2Φ6@200 (0.283)	2Φ6@200 (0.283)
配箍效率	$0.283 > 0.001\,31$	$0.283 > 0.001\,31$	$0.283 > 0.001\,31$

3. 主梁设计

主梁按弹性理论计算内力，设柱截面尺寸为 $500\,\text{mm} \times 500\,\text{mm}$，主梁几何尺寸与支承情况如图 9.25 所示。

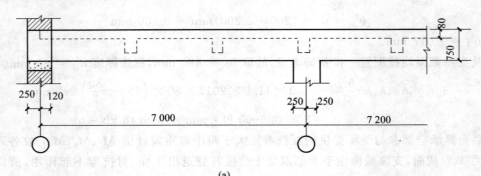

(a)

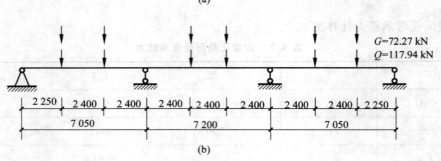

(b)

图 9.25　主梁计算简图

（1）荷载计算

为简化计算，主梁自重按集中荷载考虑。

主梁传来的恒载　　　　　　　$(9.56 \times 6.3)\text{kN} = 60.288 \text{ kN}$

主梁自重　　　　　　　　　　$[25 \times 0.25 \times (0.75 - 0.08) \times 2.4]\text{kN} = 10.05 \text{ kN}$

主梁粉刷　　　　　　　　　　$[17 \times 0.020 \times (0.75 - 0.08) \times 2 \times 2.4]\text{kN} = 1.11 \text{ kN}$

永久荷载　　　　　　　　　　$(9.56 \times 6.3)\text{kN} = 60.23 \text{ kN}$

可变荷载　　　　　　　　　　$(14.4 \times 6.3)\text{kN} = 90.72 \text{ kN}$

永久荷载设计值　　　　　　　$G = (1.2 \times 60.23)\text{kN} = 72.27 \text{ kN}$

可变荷载设计值　　　　　　　$Q = (1.3 \times 90.72)\text{kN} = 117.94 \text{ kN}$

（2）计算简图

由于主梁线刚度较下柱线刚度大很多，故中间支座按铰支考虑。主梁端部搁置在砖墙上，支承长度为 37 mm。计算跨度：

中间跨：　　　　　　　　　　　$l_0 = 7\ 200 \text{ mm}$

边跨：

$$l_0 = l_n + a/2 + b/2 = [(70\ 000 - 120 - 500/2) + 370/2 + 350/2]\text{mm} = 6\ 975 \text{ mm}$$

$$l_0 = 1.025 l_n + b/2 = [1.025 \times (70\ 000 - 120 - 500/2) + 370/2]\text{mm} = 6\ 975 \text{ mm}$$

故边跨取 $l_0 = 6\ 975$ mm。平均跨度 $l_0 = [(7\ 200 + 6\ 975)/2]$mm $= 7\ 088$ mm。

边跨与中间跨的计算跨度相差$(7\ 200 - 6\ 975)/7\ 200 = 3.13\% = 10\%$，故计算时可采用等跨连续梁的弯矩和剪力系数。计算简图如图 9.25 所示。

（3）内力计算

$$M = K_1 G l_0 + K_2 Q l_0$$

$$V = K_3 G + K_4 Q$$

式中　　K_1、K_2、K_3、K_4——内力计算系数，由本书附录 1 表查取。

中间跨：

$$G l_0 = (72.27 \times 7.20)\text{kN} \cdot \text{m} = 520.344 \text{ kN} \cdot \text{m}$$

$$Q l_0 = (117.94 \times 7.20)\text{kN} \cdot \text{m} = 849.168 \text{ kN} \cdot \text{m}$$

边跨：

$$Gl_0 = (72.27 \times 6.975)kN \cdot m = 504.08 \ kN \cdot m$$

$$Ql_0 = (117.94 \times 6.975)kN \cdot m = 822.63 \ kN \cdot m$$

支座 B：

$$Gl_0 = (72.27 \times 7.088)kN \cdot m = 512.25 \ kN \cdot m$$

$$Ql_0 = (117.94 \times 6.975)kN \cdot m = 835.96 \ kN \cdot m$$

主梁的弯矩计算见表 9.9，主梁的剪力计算见表 9.10。

表 9.9 主梁的弯矩计算

项次	荷载简图	$\dfrac{K}{M_1}$	$\dfrac{K}{M_B}\left(\dfrac{K}{M_C}\right)$	$\dfrac{K}{M_2}$
1		$\dfrac{0.244}{131.78}$	$\dfrac{-0.267}{-136.77}$	$\dfrac{0.067}{34.86}$
2		$\dfrac{0.289}{237.74}$	$\dfrac{-0.133}{-111.18}$	$\dfrac{-0.133}{-112.94}$
3		$\dfrac{-0.044}{-37.36}$	$\dfrac{-0.133}{-111.18}$	$\dfrac{0.200}{169.83}$
4		$\dfrac{0.229}{188.38}$	$\dfrac{-0.311(-0.089)}{-259.98(-74.40)}$	$\dfrac{0.170}{144.41}$
$M_{min}/(\ kN \cdot m)$	组合值	①+③	①+④	①+②
	组合值	94.42	$-396.75(-211.17)$	-78.08
$M_{max}/(\ kN \cdot m)$	组合值	①+②		①+③
	组合值	369.52		204.69

表 9.10 主梁剪力计算

项次	荷载简图	$\dfrac{K}{M_1}$	$\dfrac{K}{M_B}\left(\dfrac{K}{M_C}\right)$	$\dfrac{K}{M_2}$
1		$\dfrac{0.733}{52.97}$	$\dfrac{-1.267}{91.57}$	$\dfrac{1.00}{92.27}$
2		$\dfrac{0.866}{102.14}$	$\dfrac{-0.134}{-133.74}$	0
3		$\dfrac{0.689}{81.26}$	$\dfrac{-1.311}{-154.62}$	$\dfrac{1.222}{144.12}$
$V_{min}/\ kN$	组合值	①+④	①+②	①+②
	组合值	134.23	-235.31	72.27
V_{max}/kN	组合值	①+②	①+④	①+④
	组合值	151.11	-246.19	216.39

（4）内力包络图

将各控制截面的组合弯矩和组合剪力绘于同一坐标标轴上，即得弯矩和剪力叠加后的各自内力图（图 9.26），其外包线即是各自的内力包络图。

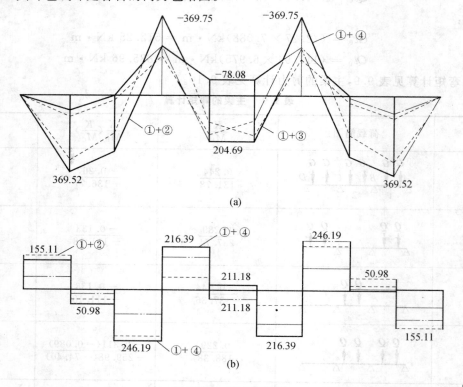

图 9.26　内力包络图

（5）配筋计算

当主梁正截面在正弯矩作用下按 T 形截面梁计算，边跨及中间跨的翼缘宽度均按下列两者较小值取用。

故取 $b'_f = 2\,350$ mm，并取跨中 $h_0 = (750 - 40)$ mm $= 710$ mm。

$$\alpha_1 f_c b'_f h'_f \left(h_0 - \frac{h'_f}{2}\right) = \left[1.0 \times 9.6 \times 2\,350 \times 80 \times \left(710 - \frac{80}{2}\right)\right] \text{N} \cdot \text{mm} = 1\,209.2 \text{ kN} \cdot \text{m}$$

此值大于 M_1 和 M_2 故属于第一类 T 形截面。

主梁支座截面及负弯矩作用下的跨中截面按矩形截面计算。设支座截面钢筋两排 $h_0 = (750 - 70)$mm $= 680$ mm。

主梁正截面受弯承载力计算过程见表 9.11，主梁斜截面受剪承载力计算过程见表 9.12。

表 9.11　主梁正截面受弯承载力计算

截面	边跨跨中	支座 B	中间跨中	
$M/(\text{kN} \cdot \text{m})$	369.52	-396.75	204.69	-78.08
$\alpha_s = M/\alpha_1 f_c b h_0^2$	0.055	0.289	0.031	0.012
$\gamma_s = (1 + \sqrt{1 - 2\alpha_s})/2$	0.972	0.825	0.984	0.994
$A_s = M/f_y h_0 \gamma_s$	1819	2257	1129	385
实配钢筋 /mm²	$4 \Phi 25$ ($A_s = 1964$)	$1 \Phi 20 + 4 \Phi 25$ ($A_s = 2\,278$)	$2 \Phi 25 + 2 \Phi 16$ ($A_s = 1\,383$)	$2 \Phi 22$ ($A_s = 760$)

表 9.12　主梁斜截面受弯承载力验算

截面	边支座 A	B 支座左	B 支座右
V/kN	155.11	249.19	216.39
$0.25\beta f_c bh_0/\text{kN}$	52.63	505.75	505.75
$0.7 f_t bh_0$	155.58	151.13	151.13
箍筋选用	$2\phi 8@180$	$2\phi 8@180$	$2\phi 8@180$
V_{cs}	$258.19 > V$	$253.74 > V$	$253.74 > V$

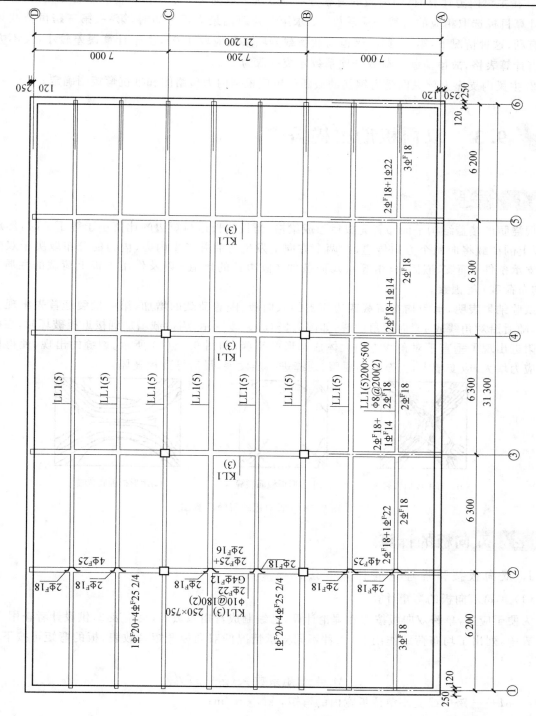

图 9.27　例题图示

由次梁传递给主梁的全部集中荷载设计值：

$$F = (1.2 \times 60.288 + 1.3 \times 90.72)\text{kN} = 190.21 \text{ kN}$$

所需的主、次梁相交部位主梁一侧附加横向钢筋面积：

$$A_\text{s} = \frac{F}{2f_\text{y}\sin\alpha} = \frac{190\ 210}{2 \times 300 \times \sin 45°}\text{mm}^2 = 499 \text{ mm}^2$$

选用 $2\Phi18(A_\text{sb} = 509 \text{ mm}^2)$ 吊筋。

在这里着重说明两点：

① 在主梁内力计算时，恒荷载的荷载分项系数统一取为 1.2 是不符合荷载组合原则的，应根据不同的计算目标选取相应的荷载分项系数（如求第二跨跨内最大正弯矩时，第一、第三跨恒荷载对结构计算有利，这种情况下，第一、第三跨恒荷载荷载分项系数应取 1.0），由于计算误差较小，又不方便利用现有计算表格，故恒荷载的荷载分项系数才统一取为 1.2。

② 主梁内支座上部纵向受力钢筋的截断位置应根据内力包络图和抵抗弯矩图确定。

9.3 双向板肋梁楼盖

9.3.1 概述

现浇肋形楼盖结构平面布置完成后形成梁格，当板的长边与短边的比值小于等于 2 时，形成双向板，板上的荷载将向两个方向传递，在两个方向上发生弯曲并产生内力，内力的分布取决于双向板四边的支承条件（简支、嵌固、自由等）、几何条件（板边长的比值）以及作用于板上荷载的性质（集中力、均布荷载）等因素。

试验结果表明，承受均布荷载四边简支的双向板。随着荷载的增加，第一批裂缝首先出现在板底中央，随后沿对角线成 45° 向四角扩展，如图 9.28(a)、(c) 所示。当荷载增加到接近板破坏时，在极顶的四角附近出现了垂直于对角线方向大体成圆形的裂缝，如图 9.28(b) 所示。裂缝的出现，使得板中钢筋的应力增大，应变增大，直至钢筋屈服，裂缝进一步发展，最后导致板破坏。

  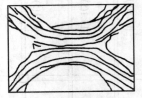

(a)正方形板板底裂缝　　　　(b)正方形板板面裂缝　　　　(c)矩形板板底裂缝

图 9.28　双向板的裂缝示意图

9.3.2 双向板的计算

1. 双向板按弹性理论的计算方法

（1）单跨双向板的弯矩计算

为便于应用，单跨双向板按弹性理论计算，已编制成弯矩系数表，见附表 2，供设计者查用。在教材的附表中，列出了均布荷载作用下，六种不同支承情况的双向板弯矩系数表。板的弯矩可按下列公式计算：

$$M = 弯矩系数 \times (g + p) l_0^2 \tag{9.18}$$

式中　　M——跨中或支座单位板宽内的弯矩，kN·m/m；

　　　　g、p——板上恒载及活载设计值，kN/m²；

l_0—— 取 l_x 和 l_y 中的较小者，见附表 2，m。

（2）多跨连续双向板的弯矩计算

① 跨中弯矩

多跨连续双向板也需要考虑活荷载的最不利位置。当求某跨跨中最大弯矩时，应在该跨布置活荷载，并在其前后左右每隔一区格布置活荷载，形成如图 9.29（a）所示棋盘格式布置。图 9.29（b）为 $A-A$ 剖面中第 2、第 4 区格板跨中弯矩的最不利活荷载位置。

为了能利用单跨双向板的弯矩系数表，可将图 9.29（b）的活载分解为图 9.29（c）的对称荷载情况和图 9.29（d）的反对称荷载情况，将图 9.29（c）与 9.29（d）叠加即为与图 9.29（b）等效的活载分布。

在对称荷载作用下，板在中间支座处的转角很小，可近似地认为转角为零，中间支座均可视为固定支座。因此，所有中间区格均可按四边固定的单跨双向板计算；如边支座为简支，则边区格按三边固定、一边简支的单跨双向板计算；角区格按两邻边固定、两邻边简支的单跨双向板计算。

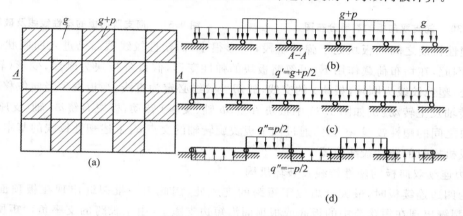

图 9.29　双向板跨中弯矩的最不利活载位置图

在反对称荷载作用下，板在中间支座处转角方向一致，大小相等接近于简支板的转角，所有中间支座均可视为简支支座。因此，每个区格均可按四边简支的单跨双向板计算。

将上述两种荷载作用下求得的弯矩叠加，即为在棋盘式活载不利位置下板的跨中最大弯矩。

② 支座弯矩

支座弯矩的活载不利位置，应在该支座两侧区格内布置活载，然后再隔跨布置，考虑到隔跨活载的影响很小，可假定板上所有区格均满布荷载（$g+p$）时得出的支座弯矩，即为支座的最大弯矩。这样，所有中间支座均可视为固定支座，边支座则按实际情况考虑，因此可直接由单跨双向板的弯矩系数表查得弯矩系数，计算支座弯矩。当相邻两区格板的支承情况不同或跨度（相差小于 20％）不等时，则支座弯矩可偏安全地取相邻两区格板得出的支座弯矩的较大值。

2. 双向板按塑性理论的计算方法

（1）双向板的塑性铰线及破坏机构

① 四边简支双向板的塑性铰线及破坏机构

均布荷载作用的四边简支双向板，板中不仅作用有两个方向的弯矩和剪力，同时还作用有扭矩。由于短跨方向弯矩较大，故第一批裂缝出现在短跨跨中的板底，且与长跨平行（图 9.30）。近四角处，弯矩减小，而扭矩增大，弯矩和扭矩组合成斜向主弯矩。随荷载增大，由于主弯矩的作用，跨中裂缝向四角发展。继续加大荷载，短跨跨中钢筋应力将首先达到屈服，弯矩不再增加，变形可继续增大，裂缝开展，使与裂缝相交的钢筋陆续屈服，形成如图 9.31 所示的塑性铰线，直到塑性铰线将板分成以"铰轴"相连的板块，形成机构，顶部混凝土受压破坏，板到达极限承载力。

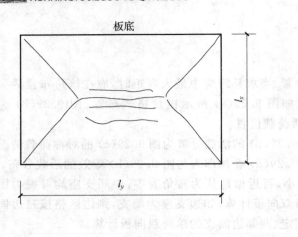

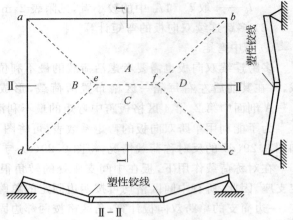

图 9.30　简支双向板的裂缝分布图　　　　图 9.31　简支双向板的塑性铰线及破坏机构图

由于塑性铰线之间的板块处于弹性阶段，变形很小，而塑性铰线截面已进入屈服状态，有很大的局部变形。因此，在均布荷载作用下，可忽略板块的弹性变形，假设各板块为刚片，变形（转角）集中于塑性铰线处，塑性铰线为刚片（板块）的交线，故塑性铰线必定为直线。当板发生竖向位移时，各板块必各绕一旋转轴发生转动。例如图 9.31 中板块 A 绕 ab 轴（支座）转动，板块 B 绕 ad 轴（支座）转动。因此两相邻板块之间的塑性铰线 ea 必然通过两个板块旋转轴的交点 a。上述塑性铰线的基本特征，可用来推断板形成机构时的塑性铰线位置。

② 四边连续双向板的塑性铰线及破坏机构

当板为四边连续板时，最大弯矩位于短跨的支座处，因此第一批裂缝出现在板顶面沿长边支座上，第二批裂缝出现在短跨跨中的板底或板顶面沿短边支座上（由于长跨的支座负弯矩所产生的）。随荷载增加，短跨跨中裂缝又向四角发展，四边连续板塑性铰线的形成次序是：短跨支座截面负弯矩钢筋首先屈服，弯矩不再增加，然后短跨跨中弯矩急剧增大，到达屈服。在短跨支座及跨中截面屈服形成塑性铰线后，短跨方向刚度显著降低。继续增加的荷载将主要由长跨方向负担，直到长跨支座及跨中钢筋相继屈服，形成机构，到达极限承载力，其塑性铰线如图 9.32 所示。与简支板不同的是四边连续板支座处的塑性铰代替了简支板支座的实际铰。

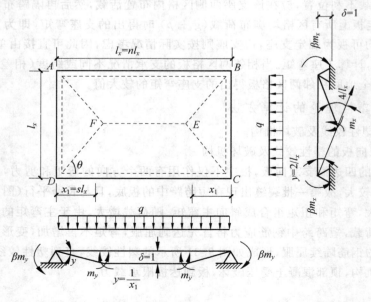

图 9.32　均布荷载作用下四边连续双向板的塑性铰线及破坏机构图

（2）均布荷载作用下双向板的极限荷载

① 按塑性理论计算双向板的基本公式（四边连续双向板的极限荷载）

为了简化计算，可取角部塑性铰线倾斜角为 45°。

如图 9.33 所示，按照均布荷载作用下四边连续双向板的塑性铰线及破坏机构图（取虚位移 $\delta = 1$）利用虚功原理，或按照双向板四个板块的极限平衡受力图利用力矩平衡方程，可求得按塑性理论计算双向板的基本公式（四边连续双向板的极限荷载）：

$$ql_x^2(3l_y - l_x)/12 \leqslant 2M_x + 2M_y + M'_x + M'_y + M''_y \tag{9.19}$$

式中　　q——作用在板面上的永久荷载设计值和可变荷载设计值之和；

　　　　l_x、l_y——分别为短跨、长跨（净跨）；

　　　　M_x、M_y——分别为跨中塑性铰线上两个方向的总弯矩：

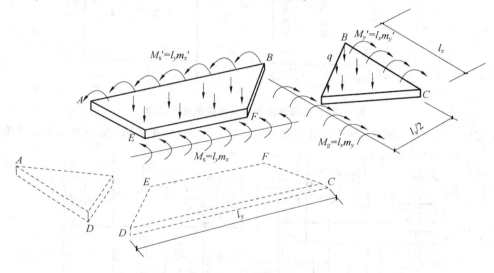

图 9.33　双向板四个板块的极限平衡受力图

$$M_x = l_y m_x \tag{9.20}$$
$$M_y = l_x m_y \tag{9.21}$$

式中　　m_x、m_y——分别为跨中塑性铰线上两个方向单位宽度内的极限弯矩；

　　　　M'_x、M'_y、M''_y——分别为两个方向支座塑性铰线上的总弯矩：

$$M'_x = = l_y m'_x = l_y m''_x \tag{9.22}$$
$$M'_y = M''_y = l_x m'_y = l_x m''_y \tag{9.23}$$

式中　　$m'_x = m''_x$、$m'_y = m''_y$——分别为两个方向支座塑性铰线上单位宽度内的极限弯矩。

② 按塑性理论计算四边简支双向板的极限荷载

四边简支双向板属四边连续板的特例，令 $M'_x = M''_x = M'_y = M''_y = 0$，即为四边简支双向板的极限荷载计算公式：$ql_x^2(3l_y - l_x)/24 \leqslant M_x + M_y$。

9.3.3　双向板的构造

1. 截面配筋计算特点

双向板中钢筋的配置是沿板的两个方向上布置的，短边方向上的受力钢筋要放在长边方向受力钢筋的外面。双向板截面的计算高度 h_0 分为 h_{0x} 和 h_{0y}，若板厚为 h，x 方向为短边，y 方向为长边时，则 $h_{0x} = h - a_s$，$h_{0y} = h_{0x} - d$，d 为 x 方向上钢筋的直径。对于正方形板，可取 h_{0x} 和 h_{0y} 的平均值简化计算。

2. 板厚

双向板的厚度一般不小于 80 mm，也不大于 160 mm，双向板一般不做变形和裂缝验算，因此要求双向板应具有足够的刚度。

3. 板中钢筋的配置

双向板中钢筋配置的主要特点是受力钢筋应沿板两个方向布置。并且沿短向的受力钢筋放在沿长向配置的钢筋的外面。

按弹性理论分析时,由于板的跨中弯矩比板的周边弯矩大,因此,当 $l_1 \geqslant 250$ mm 时,配筋采取分带布置的方法。将板的两个方向都划分为三带,边带宽度均为 $l_1/4$。其余为中间带。在中间带均须按计算配筋,两边带内的配筋为各方向中间板带的 1/2,且每米不少于 3 根。支座截面抵抗负弯矩钢筋按计算配置,边带中不减少。当 $l_1 < 250$ mm 时,则不分板带,全部按计算配筋,如图 9.34 所示。

图 9.34   边缘板带与中间板带配筋示意图

双向板配筋率要满足《混凝土结构设计规范》(GB 50010—2010) 的要求,配筋方式类似于单向板,有

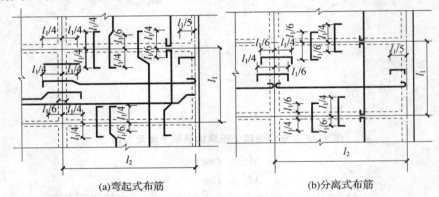

(a)弯起式布筋   (b)分离式布筋

图 9.35   双向板的配筋方式

弯起式配筋和分离式配筋两种,如图 9.35 所示。为方便施工,实际工程中采用分离式较多。

9.3.4   双向板支撑梁的计算特点

1. 双向板支承梁的荷载

当双向板承受均布荷载作用时,传给支承梁的荷载一般可按下述近似方法处理,即从每区格的四角分别作 45° 线与平行于长边的中线相交,将整个板划分成四块面积,每一块面积上的恒荷载和活荷载即分配给相邻的支承梁。因此,传给短跨支承梁上的荷载形式是三角形,传给长跨支承梁上的荷载形式是梯形,如图 9.36 所示。

2. 双向板支承梁的内力

梁上荷载确定后,可以求得梁控制截面的内力。当支承梁为单跨简支时,可按实际荷载直接计算支承梁的内力。当支承梁为连续的,且跨度差不超过 10% 时,可将梁上的三角形或梯形荷载根据支座弯矩相等的条件折算成等效均布荷载,并利用附表 2 查得支座弯矩系数,求出支座弯矩,然后再按实际荷载(三角形或梯形)计算跨中弯矩。

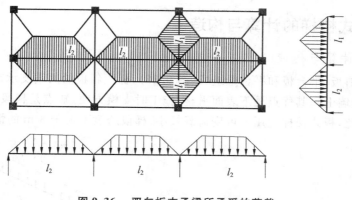

图 9.36　双向板支承梁所承受的荷载

 # 9.4　楼梯

9.4.1　概述

1. 楼梯的类型

在多层和高层建筑物中,楼梯作为垂直交通设施必不可少,而且要求楼梯经久耐用,具有良好的防火性能。它是建筑物中的一个重要组成部分。因此在一般建筑中常采用钢筋混凝土楼梯。

楼梯的外形和几何尺寸由建筑设计确定。目前在建筑物中采用的楼梯类型很多,有板式、梁式、剪刀式、螺旋式等,如图 9.37 所示。楼梯按照施工方式的不同,又可以分为整体式楼梯和装配式楼梯。本节重点介绍最基本的整体式板式楼梯和梁式楼梯的计算与构造。

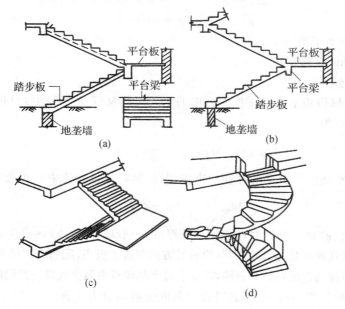

图 9.37　各种楼梯示意图

2. 楼梯的组成

整体式板式楼梯由平台梁、平台板、踏步板(梯段板)三种基本构件组成。整体式梁式楼梯由平台梁、平台板、踏步板、斜梁四种基本构件组成。

9.4.2 现浇板式楼梯的计算与构造

1. 板式楼梯的计算与构造

板式楼梯由梯段斜板、平台板和平台梁组成(图9.38),梯段斜板的两端支承在平台梁及楼层梁上(底层下端支承在地垄墙上)。其优点是下表面平整,施工时支模方便。缺点是梯段跨度较大时,斜板较厚,材料用量较多。因此,板式楼梯宜用于可变荷载较小、梯段跨度不大于3 m的情况。

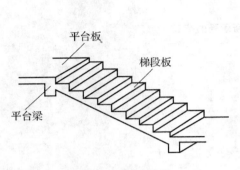

图 9.38　板式楼梯

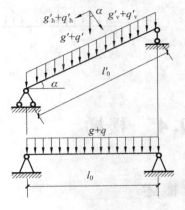

图 9.39　楼段斜板的计算简图

(1)梯段斜板

计算梯段斜板时,可取出1 m宽板带或以整个梯段板作为计算单元。计算简图假定为如图9.39所示的简支斜板,简支斜板可再化作水平板进行计算,两者间存在如下关系:

$$l'_0 = \frac{l_0}{\cos \alpha} \tag{9.24}$$

$$g'_v + q'_v = (g' + q')\cos \alpha \tag{9.25}$$

$$g' + q' = (g + q)\cos \alpha$$

式中　　l'_0——板的斜向计算跨度;

　　　　l_0——板的水平计算跨度;

　　　　α——梯段板的倾角;

　　　　g、q——作用于梯段板上沿水平投影方向的永久荷载及可变荷载的设计值。

斜板的跨中最大弯矩为

$$M_{斜max} = M_{水平max} = \frac{1}{8}(g + q)l_0^2 \tag{9.26}$$

考虑到与梯段斜板整浇的平台梁的弹性约束作用,计算时斜板的跨中最大弯矩可近似地取

$$M_{max} = \frac{1}{10}(g + q)l_0^2 \tag{9.27}$$

通常将斜板板底法向的最小厚度取作板的计算厚度,一般取作 $(1/25 \sim 1/35) l_0$。

梯段斜板中受力钢筋按跨中弯矩计算求得,沿梯段长方向布置于板底。配筋方式可采用弯起式或分离式。在垂直受力钢筋方向仍应按构造配置分布钢筋,并要求每个踏步板内至少放置一根钢筋(图9.40)。

梯段斜板和一般板的计算一样,可不必进行斜截面受剪承载力计算。

(2)平台板

平台板一般可视为单向板。当板的两端均与梁整体连接时,考虑梁对板的弹性约束,板的跨中弯矩可按 $M_{max} = \frac{1}{8}(g + q)l_0^2$ 计算。当板的一端与梁整体连接而另一端支承在墙上时,板的跨中弯矩则应按 $M_{max} = \frac{1}{10}(g + q)l_0^2$ 计算,式中 l_0 为平台板的计算跨度。

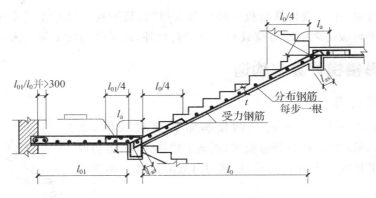

图 9.40　板式楼梯的配筋

（3）平台梁

平台梁两端一般支承在楼梯间承重墙上，承受梯段板、平台板传来的均布荷载和平台梁自重，可按简支的倒 L 形梁计算。平台梁截面高度，一般取 $h = l_0/12 \sim l_0/8$（l_0 为平台梁的计算跨度）。其他构造要求与一般梁相同。

2. 梁式楼梯的计算与构造

梁式楼梯由踏步板、梯段斜梁、平台板和平台梁组成（图 9.41），踏步板支承在斜梁上，斜梁再支承在平台梁及楼层梁上，斜梁可位于踏步板下面或上面，也可以用现浇栏杆板兼作斜梁。当梯段跨度大于 3 m 时，采用梁式楼梯较为经济。梁式楼梯的缺点是施工时支模比较复杂，外观也显得不够轻巧。

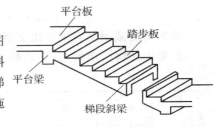

图 9.41　梁式楼梯

（1）踏步板

梁式楼梯的踏步板为两端支承在梯段斜梁上的单向板，由于每个踏步的受力情况是相同的，计算时可在竖向切出一个踏步作为计算单元，计算截面简图如图 9.42(a) 所示。其跨中弯矩为 $M = \frac{1}{8}(g+q)l_0^2$；当踏步板的两端与梯段斜梁整体连接时，考虑支座的嵌固作用，其跨中弯矩可取 $M = \frac{1}{10}(g+q)l_0^2$。

踏步板的截面为梯形，可按截面面积相等的原则折算为同宽度的矩形截面的简支梁计算，截面折算高度为 $h_1 = \frac{c}{2} + \frac{\delta}{\cos \alpha}$。

由于三角形踏步部分参与工作，故斜板厚度可以薄一些，其最小厚度可取为 $\delta = 40$ mm。踏步板配筋除按计算确定外，要求每个踏步一般不宜少于 $2\phi6$ 受力钢筋，布置在踏步下面斜板中，并沿梯段布置间距不大于 300 mm 的分布钢筋（图 9.42(b)）。

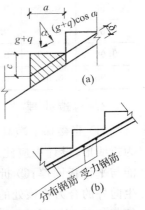

图 9.42　踏步板的截面
计算简图及配筋

（2）梯段斜梁

梯段斜梁的计算原理与板式楼梯中的梯段斜板相同，可简化为简支斜梁，再将其化作水平梁计算。

梯段斜梁按倒 L 形截面梁计算，踏步板下斜板为其受压翼缘。梯段梁的截面高度一般取 $h \geqslant l_0/20$（l_0 为斜梁水平投影计算跨度）。梯段梁的配筋与一般梁相同。

当楼梯不宽时，可以采用单根斜梁并放置在楼梯宽度的中央，称为单梁式楼梯。这时，踏步板按双悬臂板设计；斜梁应按 T 形截面的弯剪扭构件设计，扭矩是由可变荷载偏于一侧时所产生。

（3）平台梁与平台板

梁式楼梯的平台梁、平台板计算与板式楼梯基本相同,其不同处仅在于梁上荷载形式。梁式楼梯中的平台梁除承受平台板传来的均布荷载和平台梁自重外,还承受梯段斜梁传来的集中荷载。

9.4.3 折线形楼梯计算与构造

1. 折线形楼梯计算要点

为满足建筑功能要求,有些房屋的楼梯常做成折线形(图 9.43(a))。此时斜板(梁)的计算与普通板式(梁式)楼梯一样,将斜段上的荷载化为沿水平长度方向分布的荷载(图 9.43(b)),然后再按简支梁计算弯矩和剪力。

为计算方便,根据平段和斜段的荷载比 q_2/q_1(此处 q_2、q_1 各自包含了恒载和活荷载)以及斜段水平投影长与折梁跨度比 l_1/l,编制最大弯矩截面位置系数 β 的表格(见表 9.13),β 查出后,最大弯矩和最大剪力按下列公式计算:

$$M_{max} = \beta^2 q_1 l^2 / 8 \qquad (9.28)$$
$$V_{max} = \beta q_2 l \cos \alpha / 2 \qquad (9.29)$$

最大弯矩截面至斜梁左边支座的距离 $x = \beta l \cos \alpha / 2$。

斜梁中还将产生轴力,但影响甚微,可忽略不计。

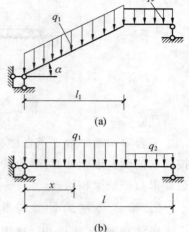

图 9.43 折线形板式楼梯的荷载

表 9.13 β 系数表

l_1/l \ q_2/q_1	0.0	0.1	0.2	0.3	0.4	0.5	0.6	0.7	0.8	0.9
0.50	0.75	0.775	0.800	0.825	0.850	0.875	0.900	0.925	0.950	0.975
0.55	0.793	0.818	0.838	0.858	0.878	0.899	0.919	0.939	0.960	0.980
0.60	0.84	0.856	0.872	0.888	0.904	0.920	0.936	0.952	0.968	0.984
0.65	0.878	0.890	0.902	0.914	0.927	0.939	0.951	0.963	0.976	0.988
0.70	0.91	0.919	0.928	0.937	0.946	0.955	0.964	0.973	0.982	0.991
0.75	0.938	0.944	0.950	0.956	0.963	0.969	0.975	0.981	0.988	0.994
0.80	0.96	0.964	0.968	0.972	0.976	0.980	0.984	0.988	0.992	0.996
0.85	0.978	0.980	0.982	0.984	0.987	0.989	0.991	0.993	0.996	0.998
0.90	0.99	0.991	0.992	0.993	0.994	0.995	0.996	0.997	0.998	0.999
0.95	0.998	0.998	0.999	0.998	0.999	0.999	0.999	0.999	1.000	1.000

2. 构造处理

(1)当楼梯下净高不够,可将楼层梁内移,这样板式楼梯的梯段就成为折线形。设计中应注意:① 梯段中的水平段,其板厚应与梯段相同,不能与平台板同厚;② 折角处的下部受拉钢筋不允许沿板底弯折。以免产生向外的合力将该处的混凝土崩脱,钢筋被拉出而失去作用。应将此处纵筋断开,各自延伸至受压区再分别锚固(图 9.44)。如板的弯折位置靠近梁。板内可能出现负弯矩,则还应配置负弯矩钢筋。

(2)如遇折线形斜梁,梁内折角处的受拉纵筋应分开配置,并各自延伸以满足锚固要求,同时还应在弯折处增设箍筋(箍筋的数量应由计算确定)。

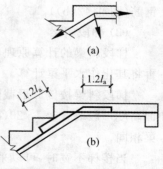

**图 9.44 折线形板式楼梯
在折弯处的配筋**

【重点串联】

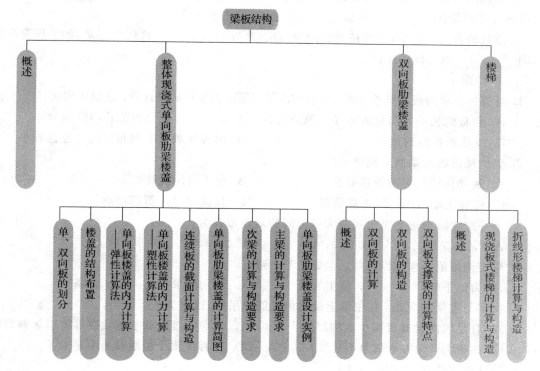

【知识链接】

1.《混凝土结构设计规范》(GB 50010—2010);

2.《混凝土质量控制标准》(JGJ/T 50164—2011)。

拓展与实训

✏ **基础训练**

一、填空题

1. 钢筋混凝土楼盖结构按施工方法可分为_____、_____、_____三种形式。

2.《混凝土结构设计规范》(GB 50010—2010)规定:按弹性理论,板的长边与短边之比_____时,称为单向板。

3. 按弹性理论的计算是指在进行梁(板)结构的内力分析时,假定梁(板)为_____,可按_____方法进行计算。

4. 单向板肋梁楼盖的板、次梁、主梁均分别为支承在_____、_____、柱和墙上的构件。

5. 计算时对于板和次梁不论其支座是墙还是梁,均看成_____支座。由此假定带来的误差将通过_____的方式来调整。

6. 现浇肋梁楼盖的主次梁抗弯计算时，支座按_____截面、跨中按_____截面计算。抗剪计算时均按_____截面计算。

7. 楼盖的内力分析中，如果按弹性理论，计算跨度取_____之间的距离，如果按塑性理论，则_____取之间的距离。

二、选择题

1. 计算现浇单向板肋梁楼盖时，对板和次梁可采用折算荷载来计算，这是考虑到（　　）。

    A. 在板的长跨方向也能传递一部分荷载   B. 塑性内力重分布的有利影响

    C. 支座的弹性约束   D. 出现活载最不利布置的可能性较小

2. 整浇楼盖的次梁搁于钢梁上时（　　）。

    A. 板和次梁均可用折算荷载   B. 仅板可用折算荷载

    C. 板和次梁均不可用折算荷载   D. 仅次梁可用折算荷载

3. 五等跨连续梁边支座出现最大剪力时的活载布置为（　　）。

    A. 1，3，5   B. 1，3，4   C. 2，3，5   D. 1，2，4

4. 弯矩调幅值必须加以限制，主要是考虑到（　　）。

    A. 力的平衡   B. 施工方便   C. 使用要求   D. 经济

5. 次梁与主梁相交处，在主梁上设附加箍筋或吊筋，这是为了（　　）。

    A. 补足因次梁通过而少放的箍筋   B. 考虑间接加载于主梁腹部将引起斜裂缝

    C. 弥补主梁受剪承载力不足   D. 弥补次梁受剪承载力不足

6. 简支梁式楼梯，梁内将产生（　　）。

    A. 弯矩和剪力   B. 弯矩和轴力

    C. 弯矩、剪力和扭矩   D. 弯矩、剪力和轴力

7. 按弹性理论，矩形简支双向板（　　）。

    A. 角部支承反力最大   B. 长跨向最大弯矩位于中点

    C. 角部扭矩最小   D. 短跨向最大弯矩位于中点

8. 单向板肋梁楼盖按弹性理论计算时，对于板和次梁不论其支座是墙还是梁，均视为铰支座，忽略支座的转动约束，由此引起的误差可在计算时所取的（　　）加以调整。

    A. 跨度   B. 荷载   C. 剪力值   D. 弯矩值

三、简答题

1. 简述单向板肋梁楼盖中板、次梁和主梁的内力计算简图和基本假定。

2. 理想铰和塑性铰由哪些不同？

3. 按弹性理论计算时，板、次梁为什么要采用折算荷载？

4. 为什么连续梁按弹性理论计算方法和塑性计算方法内力分析时，计算跨度的取值是不同的？

5. 什么是连续梁的内力包络图，为什么要绘制内力包络图？绘制的规律是什么？

6. 梁式楼梯和板式楼梯有何区别？

工程模拟训练

图示结构沿梁长的承载力均为 $(\pm)M_u$，其中 $(P = qL)$。

求：(1) 按弹性理论计算，其极限承载力 P_u；

(2) 若取调幅系数为 0.25，则调幅后 A 支座弯矩；

(3) 若按塑性理论计算，极限承载力 P_u。

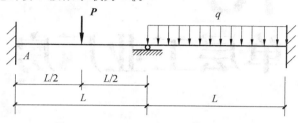

图 9.45 工程模拟训练图

链接职考

一、单项选择题（一级建造师模拟题）

1. 现浇肋形楼盖中的板为（ ）。

    A. 简支板　　　　　B. 悬臂板　　　　　C. 多跨连续板　　　　　D. 不能确定

2. 现浇肋形楼盖中的次梁为（ ）。

    A. 简支梁　　　　　B. 悬臂梁　　　　　C. 多跨连续梁　　　　　D. 不能确定

3. 现浇肋形楼盖中的主梁为（ ）。

    A. 简支梁　　　　　B. 悬臂梁　　　　　C. 多跨连续梁　　　　　D. 不能确定

4. 连续梁（板）的内力计算时，主梁按（ ）计算。

    A. 弹性理论

    B. 塑性理论

    C. 弹塑性理论

    D. 考虑塑性变形内力重分布的方法

5. 连续梁（板）的内力计算时，次梁和板按（ ）计算。

    A. 弹性理论

    B. 塑性理论

    C. 弹塑性理论

    D. 考虑塑性变形内力重分布的方法

6. 计算梁板配筋时，支座按最大（ ）弯矩计算负筋。

    A. 负　　　　　B. 零　　　　　C. 正　　　　　D. 不能确定

7. 均布荷载下，等跨连续板和连续次梁的内力计算，可考虑塑性变形的内力重分布。允许支座出现塑性铰，将支座截面的负弯矩调（ ）。

    A. 低　　　　　B. 高　　　　　C. 适中　　　　　D. 不能确定

8. 连续梁、板的受力特点是跨中有（ ）弯矩。

    A. 负　　　　　B. 零　　　　　C. 正　　　　　D. 不能确定

9. 连续梁、板的受力特点是支座有（ ）弯矩。

    A. 负　　　　　B. 零　　　　　C. 正　　　　　D. 不能确定

10. 计算梁板配筋时，跨中按最大（ ）弯矩计算正筋。

    A. 负　　　　　B. 零　　　　　C. 正　　　　　D. 不能确定

二、多项选择题（一级建造师模拟题）

1. 现浇肋形楼盖中的（ ），一般均为多跨连续梁（板）。

    A. 板　　　　B. 次梁　　　　C. 柱　　　　D. 过梁　　　　E. 主梁

2. 连续梁（板）的内力计算的计算方法包括（ ）。

    A. 弹性理论计算

    B. 塑性理论计算

    C. 弹塑性理论计算

    D. 考虑塑性变形内力重分布的方法

    E. 刚弹性理论计算

模块 10

单层工业厂房

【模块概述】

单层工业厂房是一种比较常见的砌体与其他屋盖结构组合而成的结构形式,我们已经学过钢筋混凝土梁板的设计,那么单层工业厂房与钢筋混凝土梁板结构的设计有什么联系呢?单层工业厂房结构可能要承受动荷载和静荷载的共同作用,在这一模块中,我们将学习单层工业厂房结构构件的设计、单层厂房结构的构造要求。

【知识目标】

1. 掌握单层工业厂房的结构组成与受力特点;
2. 掌握单层工业厂房的结构布置、支撑布置及构件类型;
3. 掌握单层工业厂房排架计算原理及排架柱的设计方法;
4. 了解柱下独立基础设计方法及构造要求。

【技能目标】

1. 能根据施工图纸和施工实际条件,明确单层工业厂房结构施工图中的各结构构件的做法和构造要求。

【课时建议】

6 课时

工程导入

　　某单层工业厂房项目,檐高 20 m,采用预制钢筋混凝土柱,现场吊装装配。施工单位为了赶工期,在混凝土强度还未达到设计要求时就强行装车进行吊装作业,并且未按要求进行施工阶段的承载力及裂缝宽度验算。在预制柱吊装到位复验的时候,发现部分预制柱柱身有明显变形和裂缝,甚至个别柱体出现混凝土压酥剥落露筋现象。

10.1　单层工业厂房的结构组成与受力特点

10.1.1　结构组成

　　在工业建筑中,单层厂房是最普遍采用的一种结构形式,主要用于冶金、机械、化工、纺织等工业厂房。这类厂房一般设有较重的机械和设备,产品较重且轮廓尺寸较大,大型设备可以直接安装在地面上,便于产品的加工和运输。单层厂房便于定型设计、构配件的标准化、通用化、生产工业化、施工机械化。

　　1. 单层厂房的特点

　　单层厂房,生产工艺流程较多,车间内部运输频繁,地面上放置较重的机械设备和产品。所以单层厂房不仅要满足生产工艺的要求,还要满足布置起重运输设备、生产设备及劳动保护要求。因此其特点一般跨度大、高度高,结构构件承受的荷载大,构件尺寸大,耗材多,同时设计时还要考虑动荷载作用。

　　2. 单层厂房的结构组成

　　单层厂房按承重结构的材料大致可分为:混合结构、混凝土结构和钢结构。

　　一般来说,无吊车或吊车起重量≤50 kN、跨度≤15 m,柱顶标高≤8 m,无特殊工艺要求的小型厂房,可采用混合结构(砖柱、钢筋混凝土屋架或木屋架或轻钢屋架);当吊车起重量≥2 500 kN、跨度≥36 m 的大型厂房或有特殊工艺要求的厂房(如设有 100 kN 以上锻锤的车间以及高温车间的特殊部位等),一般采用钢屋架、钢筋混凝土柱或全钢结构;其他大部分厂房均可采用混凝土结构,一般应优先采用装配式和预应力混凝土结构。

　　钢筋混凝土单层工业厂房主要有两种结构类型:排架结构和刚架结构(图 10.1)。

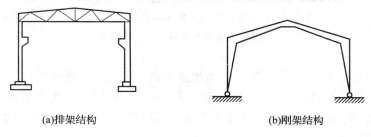

(a)排架结构　　　　　　　　　　　(b)刚架结构

图 10.1　钢筋混凝土单层工业厂房的两种基本类型

　　排架结构是由屋架(或屋面梁)、柱、基础等构件组成,柱与屋架铰接,与基础刚接。根据生产工艺和使用要求的不同,排架结构可做成等高、不等高等多种形式(图 10.2);根据结构的材料的不同,排架可分为:钢—钢筋混凝土排架、钢筋混凝土排架和钢筋混凝土—砖排架。此类结构能承受较大的荷载作用,在冶金和机械工业厂房中广泛应用,其跨度可达 30 m,高度可达 20～30 m,吊车吨位可达 150 t或 150 t 以上。

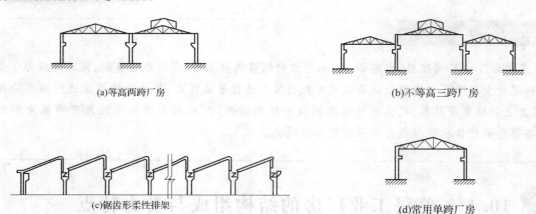

(a)等高两跨厂房　　　　　　　　　　　　(b)不等高三跨厂房

(c)锯齿形柔性排架　　　　　　　　　　　(d)常用单跨厂房

图 10.2　单跨与多跨排架

刚架结构的主要特点是梁与柱刚接,柱与基础通常为铰接。因梁、柱整体结合,故受荷载后,在刚架的转折处将产生较大的弯矩,容易开裂;另外,柱顶在横梁推力的作用下,将产生相对位移,使厂房的跨度发生变化,故此类结构的刚度较差,仅适用于屋盖较轻的厂房或吊车吨位不超过 10 t,跨度不超过 10 m 的轻型厂房或仓库等。

本模块主要讲述钢筋混凝土铰接排架结构的单层厂房,这类厂房的结构构件组成如图10.3所示。

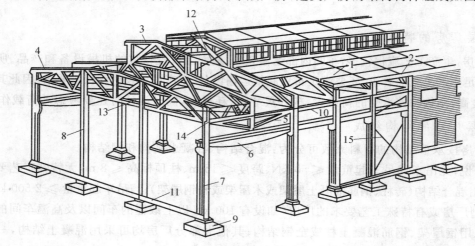

图 10.3　单层厂房结构组成

1—屋面板;2—天沟板;3—天窗架;4—屋架;5—托架;6—吊车梁;7—排架柱;8—抗风柱;
9—基础;10—连系梁;11—基础梁;12—天窗架垂直支撑;13—屋架下弦横向水平支撑;
14—屋架端部垂直支撑;15—柱间支撑

（1）屋盖结构

屋盖结构分为有檩体系和无檩体系两种。有檩屋盖由小型屋面板或槽板(瓦)、檩条或屋架或屋面梁、屋盖支撑系统组成。其整体刚度较差,只适用于一般中、小型的厂房。无檩屋盖由大型屋面板、屋架和屋盖支撑系统组成,其整体刚度较大,适用于各种类型的厂房。为了保证采光的需要,屋盖结构中还设置天窗及其支撑系统等。

（2）横向排架或横向刚架

钢筋混凝土单层厂房的横向承重结构,通常有排架和刚架两种形式,如图10.1所示。排架是厂房的基本承重结构,承受结构自重、屋面活荷载、雪荷载和吊车的竖向荷载以及吊车的刹车制动力、地震的作用,并将它们传至基础和地基。

排架结构由屋架或屋面梁与柱和基础组成。排架的柱子与屋架或屋面梁铰接与基础刚接。根据厂房生产工艺和使用要求的不同,排架结构可以做成等高、不等高和锯齿形等多种形式(图10.2)。

目前,常用的刚架结构是装配式门式刚架。门式刚架的特点是柱和横梁刚接为同一构件,柱与基础通常为铰接。门式刚架顶节点做成铰接的称为三铰门架,也可以做成两铰门式刚架。为了便于施工吊装,两铰门式刚架通常做成三段,常在横梁中弯矩为零(或弯矩较小)的截面处设置接头,用焊接或螺栓连接成整体。

（3）纵向排架

纵向排架由纵向柱列、连系梁、吊车梁和柱间支撑组成（图 10.4）。其作用是保证厂房结构的纵向稳定性和刚度,并承受作用在山墙的纵向风荷载以及吊车纵向水平荷载和地震纵向作用以及温度变化产生的应力等。

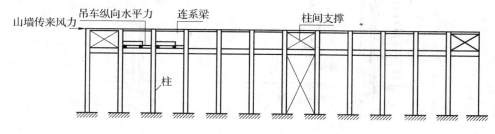

图 10.4　纵向排架示意图

（4）吊车梁

吊车梁简支在牛腿上,主要承受吊车的竖向和横向荷载或纵向水平荷载,并将它们分别传至横向或纵向排架或刚架。

（5）支撑系统

支撑包括屋盖支撑和柱间支撑,支撑的作用是加强厂房结构的空间刚度,并保证结构构件在安装和使用阶段的稳定,同时传递水平荷载。

（6）托架

有时由于是工艺上的要求,需要改变柱距而布置托架。有时为了满足屋盖部分采用标准构件,在柱距大的开间布置托架,以此来承担屋架传来的荷载。

（7）连系梁及抗风柱

厂房周围的围护墙的重力通过连系梁传至排架柱,同时连系梁与柱组成纵向排架。抗风柱的主要作用是承受山墙的风荷载,由它传至基础。

（8）基础

基础的作用是承受排架或刚架传来的荷载,并将荷载扩散传给地基。

10.1.2　受力特点

单层厂房在横向由若干榀排架组成,在纵向由吊车梁、连系梁将横向排架连接在一起形成空间结构体系。按空间结构体系进行内力分析,厂房结构属于多次超静定结构,比较复杂。在厂房结构设计中,一般按纵、横两个方向拆分为横向排架和纵向排架分别计算,即假定作用于某一平面排架上的荷载完全由该排架承担,其他各结构构件不受其影响。横向排架承担厂房的主要荷载,包括:屋盖荷载（屋盖自重、雪荷载、屋面活荷载等）、吊车荷载（吊车的竖向荷载及刹车引起的水平荷载）、风荷载、水平和竖向地震作用,以及纵横墙的自重等,如图 10.5 所示。

纵向排架主要承担纵向的水平荷载,如由山墙传来的纵向水平风力,吊车刹车产生的纵向水平力,以及纵向水平地震作用（图 10.4）。横向排架承担着厂房的主要荷载,而且跨度大,所以柱中内力较大,需具有足够的强度和刚度。纵向排架一般比较薄弱,所以必须增设柱间支撑,以保证其稳定。因屋架与柱顶铰接,也必须依靠支撑系统来传递水平力至基础。

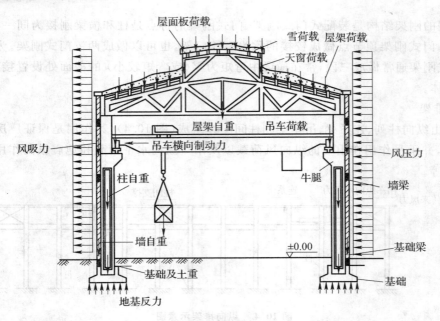

图 10.5　单层厂房的横向排架及受荷示意图

10.2　单层工业厂房的结构布置与支撑布置

10.2.1　结构布置

结构布置包括屋盖结构（屋面板、天沟板、屋架、天窗架及其支撑等）布置；吊车梁、柱（包括抗风柱）及柱间支撑等布置；圈梁、连系梁及过梁布置；基础和基础梁布置。

屋面板、屋架及其支撑、基础梁等构件，一般按所选用的标准图的编号和相关的规定进行布置。柱和基础则根据实际情况自行编号布置。下面就结构布置中几个主要问题进行说明。

1. 柱网布置

厂房承重柱（或承重墙）的纵向和横向定位轴线，在平面上排列所形成的网格，称为柱网。柱网布置就是确定纵向定位轴线之间（跨度）和横向定位轴线之间（柱距）的尺寸。确定柱网尺寸，既是确定柱的位置，同时也是确定屋面板、屋架和吊车梁等构件的跨度并涉及厂房结构构件的布置。柱网布置恰当与否，将直接影响厂房结构的经济合理性和先进性，对生产使用也有密切关系。

柱网布置的一般原则应为：符合生产工艺要求；建筑平面和结构方案经济合理；在厂房结构形式和施工方法上具有先进性和合理性；符合《厂房建筑统一化基本规则》的有关规定；适应生产发展和技术革新的要求。

厂房跨度在 18 m 及以下时，应采用 3 m 的倍数；在 18 m 以上时，应采用 6 m 的倍数。厂房柱距应采用 6 m 或 6 m 的倍数（图 10.6）。当工艺布置和技术经济有明显的优越性时，亦可采用 21 m、27 m、33 m 的跨度和 9 m 或其他柱距。

目前，从经济指标、材料消耗、施工条件等方

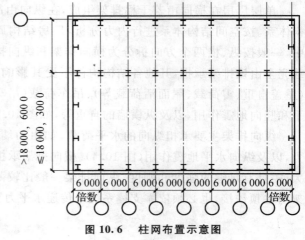

图 10.6　柱网布置示意图

面来衡量,一般的,特别是高度较低的厂房,采用 6 m 柱距比 12 m 柱距优越。

但从现代化工业发展趋势来看,扩大柱距,对增加车间有效面积,提高设备布置和工艺布置的灵活性,机械化施工中减少结构构件的数量和加快施工进度等,都是有利的。当然,由于构件尺寸增大,也给制作、运输和吊装带来不便。12 m 柱距是 6 m 柱距的扩大模数,在大小车间相结合时,两者可配合使用。

2. 变形缝

变形缝包括伸缩缝、沉降缝和防震缝三种。

如果厂房长度和宽度过大,当气温变化时,将使结构内部产生很大的温度应力,严重的可将墙面、屋面等拉裂,影响使用。为减小厂房结构中的温度应力,可设置伸缩缝,将厂房结构分成几个温度区段。温度区段的长度(伸缩缝之间的距离),取决于结构类型和温度变化情况。《混凝土结构设计规范》对钢筋混凝土结构伸缩缝的最大间距作了规定,见表 10.1。当厂房的伸缩缝间距超过规定值时,应验算温度应力。

表 10.1　伸缩缝的最大间距(m)

结构类型	施工方法	结构类型	最大间距	施工方法	最大间距
排架结构	装配式	框架结构	100	现浇	55
		剪力墙结构	70(露天时)	现浇	45

在一般单层厂房中可不做沉降缝,只有在特殊情况下才考虑设置,如厂房相邻两部分高度相差很大(如 10 m 以上)、两跨间吊车起重量相差悬殊,地基承载力或下卧层土质有较大差别,或厂房各部分的施工时间先后相差很长,土壤压缩程度不同等情况。

防震缝是为了减轻厂房地震灾害而采取的有效措施之一。当厂房平、立面布置复杂或结构高度或刚度相差很大,以及在厂房侧边建生活间、变电所、炉子间等附属建筑时,应设置防震缝将相邻部分分开。地震区的厂房,其伸缩缝和沉降缝均应符合防震缝的宽度要求。

10.2.2　支撑布置

在装配式钢筋混凝土单层厂房结构中,支撑虽非主要的构件,但却是连系主要结构构件以构成整体的重要组成成分。实践证明,如果支撑布置不当,不仅会影响厂房的正常使用,甚至可能引起工程事故,所以应予以足够的重视。

下面主要讲述各类支撑的作用和布置原则,至于具体布置方法及与其他构件的连接构造,可参阅有关标准图集。

1. 屋盖支撑

屋盖支撑包括设置在屋面梁(屋架)间的垂直支撑、水平系杆以及设置在上、下弦平面内的横向支撑和通常设置在下弦水平面内的纵向水平支撑。

(1)屋面梁(屋架)间的垂直支撑及水平系杆

垂直支撑和下弦水平系杆是用以保证屋架的整体稳定(抗倾覆)以及防止在吊车工作时(或有其他振动荷载)屋架下弦的侧向震动。上弦水平系杆则用以保证屋架上弦或屋面梁受压翼缘的侧向稳定(防止局部失稳)。

当屋面梁(或屋架)的跨度 >18 m 时,应在第一或第二柱间设置端部垂直支撑并在下弦设置通长水平系杆;当 ≤18 m 且无天窗时,可不设垂直支撑和水平系杆;仅对梁支座进行抗倾覆验算即可。当为梯形屋架时,除按上述要求处理外,必须在伸缩缝区段两端第一或第二柱间内,在屋架支座处设置端部垂直支撑。

(2)屋面梁(屋架)间的横向支撑

上弦横向支撑的作用是:构成刚性框,增强屋盖整体刚度,保证屋架上弦或屋面梁上翼缘的侧向稳定,同时将抗风柱传来的风力传递到(纵向)排架柱顶。

当屋面采用大型屋面板,与屋面梁或屋架有三点焊接,且屋面板纵肋间的空隙用C20细石混凝土灌实,保证屋盖平面的稳定并能传递山墙风力时,则认为可起上弦横向支撑的作用,这时不必再设置上弦横向支撑。凡屋面为有檩体系,或山墙风力传至屋架上弦而大型屋面板的连接又不符合上述要求时,则应在屋架上弦平面的伸缩缝区段内两端各设一道上弦横向支撑,当天窗通过伸缩缝时,应在伸缩缝处天窗缺口下设置上弦横向支撑。

下弦横向水平支撑的作用是:保证将屋架下弦受到的水平力传至(纵向)排架柱顶。故当屋架下弦设有悬挂吊车或受有其他水平力,或抗风柱与屋架下弦连接,抗风柱风力传至下弦时,则应设置下弦横向水平支撑。

(3)屋面梁(屋架)间的纵向水平支撑

下弦纵向水平支撑是为了提高厂房刚度,保证横向水平力的纵向分布,增强排架的空间工作性能而设置的。设计时应根据厂房跨度、跨数和高度,屋盖承重结构方案,吊车吨位及工作制等因素考虑在下弦平面端节点中设置。如厂房还设有横向支撑时,则纵向支撑应尽可能同横向支撑形成封闭支撑体系(图10.7(a));当设有托架时,必须设置纵向水平支撑(图10.7(b));如果只在部分柱间设有托架,则必须在设有托架的柱间和两端相邻的一个柱间设置纵向水平支撑(图10.7(c)),以承受屋架传来的横向风力。

2. 柱间支撑

柱间支撑的作用主要是提高厂房的纵向刚度和稳定性。对于有吊车的厂房,柱间支撑分上部和下部两种,前者位于吊车梁上部,用以承受作用在山墙上的风力并保证厂房上部的纵向刚度;后者位于吊车梁下部,承受上部支撑传来的力和吊车梁传来的吊车纵向制动力,并把它们传至基础,如图10.6所示。

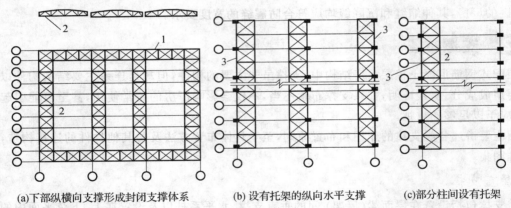

(a)下部纵横向支撑形成封闭支撑体系   (b) 设有托架的纵向水平支撑   (c)部分柱间设有托架

图 10.7 各类支撑平面图
1－下弦横向水平支撑;2－下弦纵向水平支撑;3－托梁

一般单层厂房,凡属下列情况之一者,应设置柱间支撑:

(1)设有壁式吊车或3 t及大于3 t的悬挂式吊车时;

(2)吊车工作级别为A6～A8或吊车工作级别为A1～A5且在10 t或大于10 t时;

(3)厂房跨度在18 m及大于18 m或柱高在8 m以上时;

(4)纵向柱的总数在7根以下时;

(5)露天吊车栈桥的柱列。

当柱间内设有强度和稳定性足够的墙体,且其与柱连接紧密能起整体作用,同时吊车起重量较小(≤50 t时),可不设柱间支撑。柱间支撑应设在伸缩缝区段的中央或临近中央的柱间。这样有利于在温度变化或混凝土收缩时,厂房可自由变形,而不致发生较大的温度或收缩应力。

当柱顶纵向水平力没有简捷途径传递时,则必须设置一道通长的纵向受压水平系杆(如连系梁)。

柱间支撑杆件应与吊车梁分离,以免受吊车梁竖向变形的影响。

柱间支撑宜用交叉形式,交叉倾角通常在 35°～55°之间,如图 10.8(a)所示。当柱间因交通、设备布置或柱距较大而不宜或不能采用交叉式支撑时,可采用如图 10.8(b)所示的门架式支撑。

柱间支撑一般采用钢结构,杆件截面尺寸应经强度和稳定性验算。

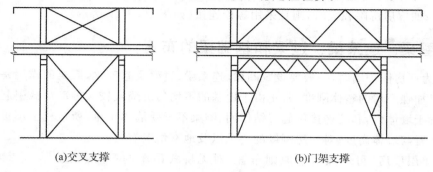

(a)交叉支撑　　　　　　　　　　　　(b)门架支撑

图 10.8　柱间支撑的形式

10.2.3　抗风柱布置

单层厂房的端墙(山墙),受风面积较大,一般需要设置抗风柱将山墙分成几个区格,使墙面受到的一部分风荷载(靠近纵向柱列的区格)直接传至纵向柱列,另一部分则经抗风柱下端直接传至基础和经上端通过屋盖系统传至纵向柱列。

当厂房高度和跨度均不大(如柱顶在 8 m 以下,跨度为 9～12 m)时,可在山墙设置砖壁柱作为抗风柱;当高度和跨度较大时,一般都设置钢筋混凝土抗风柱,柱外侧再贴砌山墙。在很高的厂房中,为不使抗风柱的截面尺寸过大,可加设水平抗风梁或钢抗风桁架(如图 10.9(a)所示),作为抗风柱的中间铰支点。

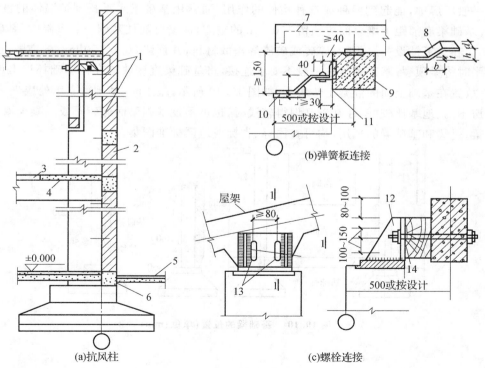

(a)抗风柱　　　　　　　　(b)弹簧板连接　　　　　　　　(c)螺栓连接

图 10.9　抗风柱及连接示意图

1—锚拉钢筋;2—抗风柱;3—吊车梁;4—抗风梁;5—散水坡;6—基础梁;7—屋面纵筋或檩条;8—弹簧板;
9—屋架上弦;10—柱中预埋件;11—螺栓;12—加劲板;13—长圆孔;14—硬木块

抗风柱一般与基础刚接,与屋架上弦铰接,根据具体情况,也可与下弦铰接或同时与上、下弦铰接。抗风柱与屋架连接必须满足两个要求:一是在水平方向必须与屋架有可靠的连接以保证有效地传递风荷载;二是在竖向允许两者之间有一定相对位移的可靠性,以防厂房与抗风柱沉降不均匀时产生不利影响。所以,抗风柱和屋架一般采用竖向可以移动,水平向又有较大刚度的弹簧板连接(如图10.9(b)所示);如厂房沉降较大时,则宜采用螺栓连接(如图10.9(c)所示)。

10.2.4 圈梁、连系梁、过梁和基础梁的布置

当用砖作为厂房围护墙时,一般要设置圈梁、连系梁、过梁及基础梁。圈梁的作用是将墙体同厂房柱箍在一起,以加强厂房的整体刚度,防止由于地基的不均匀沉降或较大振动荷载引起对厂房的不利影响。圈梁设置于墙体内,和柱连接仅起拉结作用。圈梁不承受墙体重量,所以柱上不设置支承圈梁的牛腿。圈梁的布置与墙体高度、对厂房刚度的要求以及地基情况有关。

对于一般单层厂房,可参照下述原则布置:对无桥式吊车的厂房,当墙厚 ≤ 240 mm,檐高为 5 ~ 8 m 时,应在檐口附近布置一道,当檐高大于 8 m 时,宜增设一道;对有桥式吊车或有极大振动设备的厂房,除在檐口或窗顶布置外,尚宜在吊车梁处或墙中适当位置增设一道,当外墙高度大于 15 m 时,还应适当增设。

圈梁应连续设置在墙体的同一平面上,并尽可能沿整个建筑物形成封闭状。当圈梁被门窗洞口切断时,应在洞口上部墙体中设置一道附加圈梁(或过梁),其截面尺寸不应小于被切断的圈梁。两者搭接长度应满足规范要求。

连系梁的作用是连系纵向柱列,以增强厂房的纵向刚度并传递风载到纵向柱列。此外,连系梁还承受其上部墙体的重量。连系梁通常是预制的,两端搁置在柱牛腿上,其连接可采用螺栓连接或焊接连接。过梁的作用是承托门窗洞口上部墙体重量。

在进行厂房结构布置时,应尽可能将圈梁、连系梁和过梁结合起来,以节约材料、简化施工,使一个构件在一般厂房中,能起到两种或三种构件的作用。通常用基础梁来承托围护墙体的重量,而不另做墙基础。基础梁底部距土壤表面应预留 100 mm 的空隙,使梁可随柱基础一起沉降。当基础梁下有冻胀性土时,应在梁下铺设一层干砂、碎砖或矿渣等松散材料,并预留 50 ~ 150 mm 的空隙,这可防止土壤冻结膨胀时将梁顶裂。基础梁与柱一般不要求连接,将基础梁直接放置在柱基础杯口上或当基础埋置较深时,放置在基础上面的混凝土垫块上,如图 10.10 所示。施工时,基础梁支承处应坐浆。

当厂房不高、地基比较好、柱基础又埋得较浅时,也可不设基础梁而做砖石或混凝土墙基础。

连系梁、过梁和基础梁的选用,均可查国标、省标或地区标准图集。

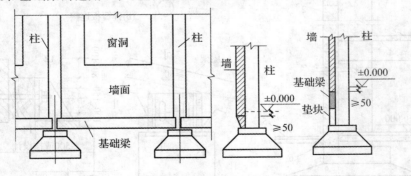

图 10.10 基础梁的位置(单位:mm)

10.3 单层工业厂房排架计算原理及排架柱的设计

10.3.1 单层工业厂房排架计算原理

排架计算的目的是为了确定柱和基础的内力。厂房结构实际上是空间结构,为计算方便,一般分别按纵向和横向平面排架近似地进行计算。纵向平面排架的柱较多,通常其水平刚度较大,分配到每根柱的水平力较小,因而往往不必计算。因此,厂房结构计算主要归结于横向平面排架的计算(以下简称排架计算)。当然,当纵向柱列较少(不多于 7 根)或需要考虑地震作用时,仍应进行纵向平面排架的计算。

1. 排架的计算简图

(1) 计算单元

由于横向排架沿厂房纵向一般为等间距均匀排列,作用于厂房上的各种荷载(吊车荷载除外)沿厂房纵向基本为均匀分布,计算时可以通过任意相邻纵向柱距的中心线截取出有代表性的一段作为整个结构的横向平面排架的计算单元,如图 10.11 中的阴影部分所示。除吊车等移动荷载以外,阴影部分就是排架的负荷范围,或称从属面积。

(2) 计算简图

在确定排架结构的计算简图时,为简化计算作了以下假定:

① 柱上端与屋架(或屋面梁)为铰接;

② 柱下端固接于基础顶面;

③ 排架横梁为无轴向变形刚性杆,横梁两侧柱顶的水平位移相等;

④ 排架柱的高度由固定端算至柱顶铰结点处,排架柱的轴线为柱的几何中心线。

根据以上假定,横向排架的计算简图如图 10.11 所示。

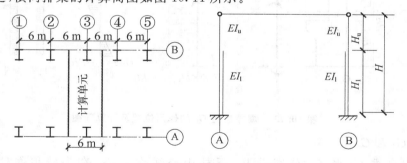

图 10.11 排架的计算单元和计算简图

2. 排架上的荷载分析

作用在排架上的荷载有恒荷载和活荷载两类。恒荷载一般包括屋盖自重 G_1、上柱自重 G_2、下柱自重 G_3、吊车梁与轨道联结件等自重 G_4 及有时支承在柱牛腿上的围护结构自重 G_5 等。活荷载一般包括屋面活荷载 Q_1、吊车竖向荷载 D_{max}(或 D_{min})、吊车横向水平荷载 T_{max}、横向均布风荷载 q 及作用于排架柱顶的集中风荷载 F_w 等(图 10.12)。

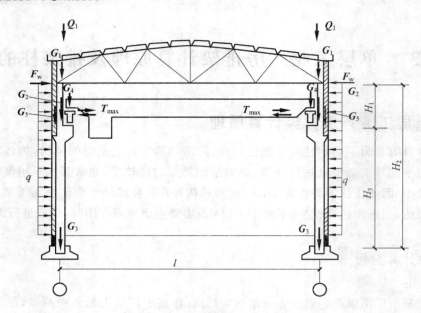

图 10.12　排架柱上的荷载

（1）恒荷载

① 屋盖自重 G_1

屋盖自重包括屋面各构造层、屋面板、天窗架、屋架或屋面梁、屋盖支撑等自重。当采用屋架时，G_1 通过屋架上、下弦中心线的交点（一般距纵向定位轴线 150 mm）作用于柱顶；当采用屋面梁时，G_1 通过梁端支承垫板的中心线作用于柱顶。G_1 对上柱有偏心距 e_1，对柱顶有力矩 $M_1 = G_1 e_1$；对下柱变截面处有力矩 $M_1' = G_1 e_2$（图 10.13）。

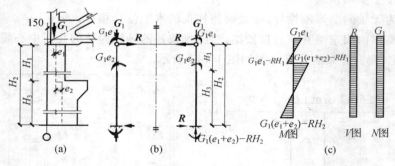

图 10.13　屋盖自重 G_1 的作用位置及计算简图

② 柱自重 G_2 和 G_3

上、下柱的自重 G_2 和 G_3 分别沿上、下柱中心线作用，G_2 在牛腿顶面处，对下柱有力矩 $M_2' = G_2 e_2$。

③ 吊车梁与轨道联结件等自重 G_4 沿吊车梁的中心作用于牛腿顶面，对下柱截面中心线有偏心距 e_4，在牛腿顶面处形成力矩 $M_3' = G_4 e_4$。

④ 围护结构自重 G_5

由柱侧牛腿上连系梁传来围护结构自重 G_5，沿连系梁中心线作用于牛腿顶面。

（2）屋面活荷载

屋面活荷载包括屋面均布活荷载、雪荷载及积灰荷载，各荷载标准值均可由《建筑结构荷载规范》（GB 50009—2012）查得。屋面活荷载 Q_1，通过屋架以集中力的形式作用于柱顶，其作用位置与屋盖自重 G_1 相同。

屋面均布活荷载不应与雪荷载同时考虑，取两者中的较大值；积灰荷载则应与雪荷载或屋面均布活荷载两者中的较大值同时考虑。

（3）吊车荷载

图 10.14 为厂房中常用的桥式吊车，由大车（桥架）和小车组成，大车在吊车梁的轨道上沿厂房纵向行驶，小车在大车的导轨上沿厂房横向运行，带有吊钩的起重卷扬机安装在小车上。

桥式吊车在排架上产生的荷载有竖向荷载 D_{max}（或 D_{min}）、横向水平荷载 T_{max} 及吊车纵向水平荷载 T_e。

① 吊车竖向荷载 D_{max}（或 D_{min}）

a. 吊车最大轮压 P_{max} 与最小轮压 P_{min}

当小车吊有额定最大起重量行驶至大车某一侧端头极限位置时，小车所在一侧的每个大车轮压即为吊车的最大轮压 P_{max}，同时另外一侧的每个大车轮压即为最小轮压 P_{min}（图 10.14）。P_{max} 和 P_{min} 可根据所选用的吊车型号、规格由产品目录或手册查得。

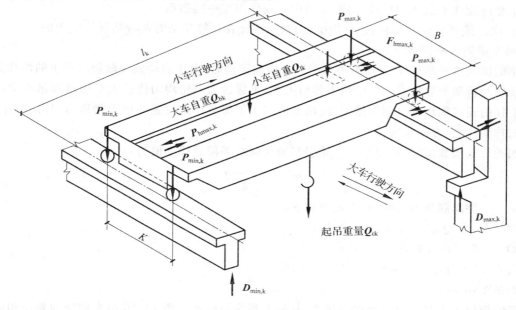

图 10.14　桥式吊车

b. 吊车竖向荷载 D_{max}（或 D_{min}）

吊车最大轮压 P_{max} 与最小轮压 P_{min} 同时产生，分别作用在两侧的吊车梁上，经由吊车梁两端传给柱子的牛腿。吊车是一组移动荷载，吊车在纵向的运行位置，直接影响其轮压对柱子所产生的竖向荷载，因此须用吊车梁的支座反力影响线来求得由 P_{max} 对排架柱所产生的最大竖向荷载值 D_{max}。

吊车竖向荷载 D_{max} 和 D_{min}，除与小车行驶的位置有关外，还与厂房内的吊车台数以及大车沿厂房纵向运行的位置有关。当计算同一跨内可能有多台吊车作用在排架上所产生的竖向荷载时，《建筑结构荷载规范》（GB 50009—2012）规定，对单跨厂房一般按不多于两台吊车考虑；对于多跨厂房一般按不多于四台吊车考虑。

当两台吊车满载靠紧并行，其中较大一台吊车的内轮正好运行至计算排架柱的位置时，作用于最大轮压 P_{max} 一侧排架柱上的吊车荷载为最大值 D_{max}（图 10.15）；与此同时，在另一侧的排架柱上，则由最小轮压 P_{min} 产生竖向荷载为最小 D_{min}。D_{max} 或 D_{min} 可根据图 10.15 所示的吊车最不利位置和吊车梁支座反力影响线求得：

$$D_{max} = P_{max} \sum y_i \tag{10.1}$$

$$D_{min} = P_{min} \sum y_i \tag{10.2}$$

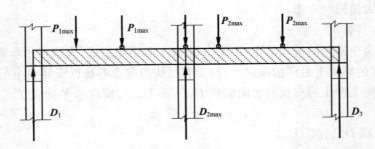

图 10.15　吊车纵向运行最不利位置

式中　$\sum y_i$—— 吊车最不利布置时,各轮子下影响线竖向坐标值之和,可根据吊车的宽度 B 和轮距
　　　　　　　 K 确定。

吊车竖向荷载 D_{max} 与 D_{min} 沿吊车梁的中心线作用在牛腿顶面。

由于 D_{max} 既可发生在左柱,也可发生在右柱,因此在计算排架时两种情况均应考虑。

② 吊车横向水平荷载 T_{max}

吊车的横向水平荷载 T_{max} 是当小车沿厂房横向运动时,由于启动或突然制动产生的惯性力,通过小车制动轮与桥架上导轨之间的摩擦力传给大车,再通过大车轮均匀传给大车轨道和吊车梁,再由吊车梁与上柱的连接钢板传给两侧排架柱。吊车横向水平荷载作用位置在吊车梁顶面,且同时作用于吊车两侧的排架柱上,方向相同。

当四轮吊车满载运行时,每个大车轮引起的横向水平荷载标准值为

$$T = \frac{\alpha(g+q)}{4} \tag{10.3}$$

式中　α—— 横向制动力系数,取值规定如下:

软钩吊车:当 $Q \leqslant 10$ t 时,$\alpha = 0.12$;

当 $Q = 16 \sim 50$ t 时,$\alpha = 0.10$;

当 $Q \geqslant 75$ t 时,$\alpha = 0.08$。

硬钩吊车:$\alpha = 0.20$。

吊车的横向水平制动力也是移动荷载,其最不利作用位置与图 10.16 吊车的竖向轮压相同,所以吊车最大横向水平荷载标准值 T_{max},也需根据吊车的最不利位置和吊车梁支座反力影响线确定,即

$$T_{max} = T \sum y_i \tag{10.4}$$

计算排架时,吊车的横向水平荷载应考虑向左和向右两种情况。

③ 吊车纵向水平荷载 T_e

吊车纵向水平荷载是由吊车的大车突然启动或制动引起的纵向水平惯性力,它由大车的制动轮与轨道的摩擦,经吊车梁传到纵向柱列或柱间支撑。

在横向排架结构计算分析中,一般不考虑吊车纵向水平荷载。

(4) 风荷载

① 垂直作用在建筑物表面上的均布风荷载

垂直作用在厂房表面上的风荷载标准值 w_k(kN/m²) 按下式计算:

$$w_k = \beta_z \mu_s \mu_z w_0 \tag{10.5}$$

式中　w_0—— 基本风压(kN/m²),以当地比较空旷平坦的地面上离地 10 m 高统计所得的 50 年一遇
　　　　　　　 10 min 平均最大风速为标准确定的,可由《建筑结构荷载规范》(GB 50009—2012)
　　　　　　　 查得;

　　　β_z—— z 高度处的风振系数,对于单层厂房可取 $\beta_z = 1.0$;

　　　μ_s—— 风荷载体型系数,"+"表示风压力,"−"表示风吸力,其值如图 10.20 所示;

μ_z—— 风压高度变化系数,即不同高度处的风压值与离地 10 m 高度处的风压值的比值,根据地面粗糙程度类别及高度 z,由《建筑结构荷载规范》(GB 50009—2012)查得。

风荷载标准值 w_k 沿高度是变化的,为简化计算,将柱顶以下的风荷载沿高度取为均匀分布,其值分别为 q_1(迎风面的风压力)和 q_2(背风面的风吸力),如图 10.16 所示,风压高度变化系数 μ_z 按柱顶标高取值。

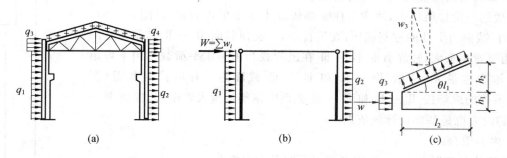

图 10.16　风荷载

② 屋面传来的集中风荷载

作用于柱顶以上的风荷载,通过屋架以集中力 W 形式施加于排架柱顶,其值为屋架高度范围内的外墙迎风面、背风面的风荷载及坡屋面上风荷载的水平分力的总和(图 10.16),计算时也取为均布荷载,此时的风压高度变化系数 μ_z 按下述情况确定:有矩形天窗时,取天窗檐口标高;无矩形天窗时,按厂房檐口标高取值。进行排架计算时,将柱顶以上的风荷载以集中力的形式作用于排架柱顶,其计算简图如图 10.17 所示。排架计算时,要考虑左风和右风两种情况。

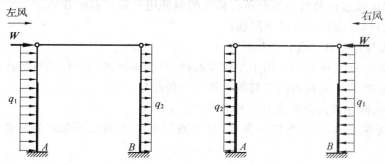

图 10.17　排架在风荷载作用下的计算简图

3. 排架内力计算方法简介

进行排架内力计算,首先要确定排架上有哪几种可能单独考虑的荷载情况,然后对每种荷载情况利用结构力学的方法进行排架内力计算,再进行最不利内力组合。以单跨排架为例,可能有以下 8 种单独作用的荷载情况:

① 恒荷载(G_1、G_2、G_3、G_4 等);

② 屋面活荷载(Q_1);

③ 吊车竖向荷载 D_{max} 作用于左柱(D_{min} 作用于右柱);

④ 吊车竖向荷载 D_{max} 作用于右柱(D_{min} 作用于 A 柱);

⑤ 吊车水平荷载 T_{max} 作用于左、右柱,方向由左向右;

⑥ 吊车水平荷载 T_{max} 作用于左、右柱,方向由右向左;

⑦ 风荷载(F_w、q_1、q_2),方向由左向右;

⑧ 风荷载(F_w、q_1、q_2),方向由右向左。

需要单独考虑的荷载情况确定之后,即可对每种荷载情况利用结构力学的方法进行排架内力计算。

4. 排架内力组合

(1) 控制截面

控制截面是指对柱内钢筋量计算起控制作用的截面,也就是内力最大截面。在一般的单阶排架柱中,通常上柱底部截面 Ⅰ—Ⅰ 的内力最大(图10.18),取 Ⅰ—Ⅰ 截面为上柱的控制截面;在下柱中,牛腿顶截面 Ⅱ—Ⅱ 在吊车竖向荷载作用下弯矩最大,柱底截面 Ⅲ—Ⅲ 在风荷载和吊车水平荷载作用下弯矩最大,且轴力也最大,故取 Ⅱ—Ⅱ 和 Ⅲ—Ⅲ 截面为下柱的控制截面(图10.18)。下柱的纵筋按 Ⅱ—Ⅱ 和 Ⅲ—Ⅲ 截面中钢筋用量大者配置。柱底 Ⅲ—Ⅲ 截面的内力也是基础设计的依据。

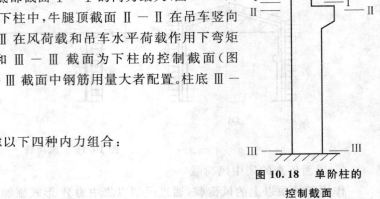

图 10.18 单阶柱的控制截面

(2) 内力组合

对排架柱各控制截面,一般应考虑以下四种内力组合:

① $+M_{max}$ 及相应的 N、V;

② $-M_{max}$ 及相应的 N、V;

③ N_{max} 及相应的 M、V;

④ N_{min} 及相应的 M、V。

在这四种内力组合中,第 ①、②、④ 组是以构件可能出现大偏心受压破坏进行组合的;第 ③ 组则是从构件可能出现小偏心受压破坏进行组合的。全部内力组合可使柱避免出现任何一种形式破坏。各控制截面的钢筋就是按这四种内力组合所计算出的钢筋用量最大者配置的。

在进行内力组合时,还须注意以下问题:

① 恒载必须参与每一种组合;

② 吊车竖向荷载 D_{max} 可分别作用于左柱和右柱,只能选择其中一种参与组合;

③ 吊车水平荷载 T_{max} 向右和向左只能选其中一种参与组合;

④ 风荷载向右、向左方向只能选其一种参与组合;

⑤ 组合 N_{max} 或 N_{min} 时,应使弯矩 M 最大,对于轴力为零,而弯矩不为零的荷载(如风荷载)也应考虑组合。

⑥ 在考虑吊车横向水平荷载 T_{max} 时,必然有 D_{max}(或 D_{min})参与组合,即"有 T 必有 D";但在考虑吊车荷载 D_{max}(或 D_{min})时,该跨不一定作用有该吊车的横向水平荷载,即"有 D 不一定有 T"。

10.3.2 单层工业厂房排架柱的计算长度

1. 柱的形式

单层厂房柱的形式很多,常用的如图10.19所示,分为下列几种:

(1) 矩形截面柱:如图 10.19(a) 所示,其外形简单,施工方便,但自重大,经济指标差,主要用于截面高度 $h \leqslant 700$ mm 的偏压柱。

(2) 工字形柱:如图 10.19(b) 所示,能较合理地利用材料,在单层厂房中应用较多,已有全国通用图集可供设计者选用。但当截面高度 $h \geqslant 1\ 600$ mm 后,自重较大,吊装较困难,故使用范围受到一定限制。

(3) 双肢柱:如图 10.19(c)、(d) 所示,可分为平腹杆与斜腹杆两种。前者构造简单,制造方便,在一般情况下受力合理,且腹部整齐的矩形孔洞便于布置工艺管道,故应用较广泛。当承受较大水平荷载时,宜采用具有桁架受力特点的斜腹杆双肢柱。双肢柱与工字形柱相比,自重较轻,但整体刚度较差,构造复杂,用钢量稍多。

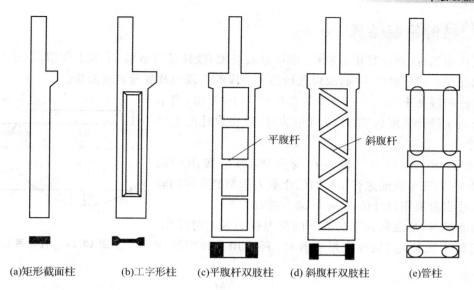

图 10.19 柱的形式

(a)矩形截面柱　(b)工字形柱　(c)平腹杆双肢柱　(d)斜腹杆双肢柱　(e)管柱

（4）管柱：如图 10.19（e）所示，可分为圆管和方管（外方内圆）混凝土柱以及钢管混凝土柱三种。前两种采用离心法生产，质量好，自重轻，但受高速离心制管机的限制，且节点构造较复杂；后一种利用方钢管或圆钢管内浇膨胀混凝土后，可形成自应力（预应力）钢管混凝土柱，可承受较大荷载作用。单层厂房柱的形式虽然很多，但在同一工程中柱型及规格宜统一，以便为施工创造有利条件。通常应根据有无吊车、吊车规格、柱高和柱距等因素，做到受力合理、模板简单、节约材料、维护简便，同时要因地制宜，考虑制作、运输、吊装及材料供应等具体情况。一般可按柱截面高度 h 参考以下原则选用：

当 $h \leqslant 500$ mm 时，采用矩形。

当 $600 \leqslant h \leqslant 800$ mm 时，采用矩形或工字形。

当 $900 \leqslant h \leqslant 1\,200$ mm 时，采用工字形。

当 $1\,300 \leqslant h \leqslant 1\,500$ mm 时，采用工字形或双肢柱。

当 $h \geqslant 1\,600$ mm 时，采用双肢柱。

2. 柱计算长度的确定

刚性屋盖单层房屋排架柱、露天吊车柱和栈桥柱的计算长度见表 10.2。

表 10.2 刚性屋盖单层房屋排架柱、露天吊车柱和栈桥柱的计算长度

柱 的 类 别		l_0		
		排架方向	垂直排架方向	
			有柱间支撑	无柱间支撑
无吊车房屋柱	单跨	$1.5H$	$1.0H$	$1.2H$
	两跨及多跨	$1.25H$	$1.0H$	$1.2H$
有吊车房屋柱	上柱	$2.0H_u$	$1.25H_u$	$1.5H_u$
	下柱	$1.0H_l$	$0.8H_l$	$1.0H_l$
露天吊车柱和栈桥柱		$2.0H_l$	$1.0H_l$	—

注：1. H 为从基础顶面算起的柱子全高；H_l 为从基础顶面至装配式吊车梁底面或现浇式吊车梁顶面的柱子下部高度；H_u 为从装配式吊车梁底面或从现浇式吊车梁顶面算起的柱子上部高度；

2. 有吊车房屋排架柱的计算长度，当计算中不考虑吊车荷载时，可按无吊车房屋柱的计算长度采用，但上柱的计算长度仍可按有吊车房屋采用；

3. 有吊车房屋排架柱的上柱在排架方向的计算长度，仅适用于 $H_u/H_l \geqslant 0.3$ 的情况；当 $H_u/H_l < 0.3$ 时，计算长度宜采用 $2.5H_u$。

10.3.3 柱的吊装验算

单层厂房施工时,往往采用预制柱,现场吊装装配,故柱经历运输、吊装工作阶段。柱在吊装运输时的受力状态与其使用阶段不同,故应进行施工阶段的承载力及裂缝宽度验算。

吊装时柱的混凝土强度一般按设计强度的 70% 考虑,当吊装验算要求高于设计强度的 70% 方可吊装时,应在设计图上予以说明。

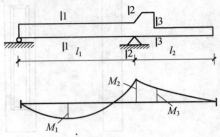

图 10.20 柱的吊装验算

如图 10.20 所示,吊点一般设在变阶处,故应按图中的 1—1、2—2、3—3 三个截面进行吊装时的承载力和裂缝宽度的验算。验算时,柱自重采用设计值,并乘以动力系数 1.5。

承载力验算时,考虑到施工荷载下的受力状态为临时性质,安全等级可降一级使用。裂缝宽度验算时,可采用受拉钢筋应力为

$$\sigma_s = \frac{M}{0.87h_0A_s} \tag{10.6}$$

求出 σ_s 后,可按混凝土结构设计原理确定裂缝宽度是否满足要求。当变阶处柱截面验算钢筋不满足要求时,可在该局部区段附加配筋。运输阶段的验算,可根据支点位置,按上述方法进行。

10.3.4 牛腿设计

单层厂房排架柱一般都带有短悬臂(牛腿)以支承吊车梁、屋架及连系梁等,并在柱身不同标高处设有预埋件,以便和上述构件及各种支撑进行连接,如图 10.21 所示。

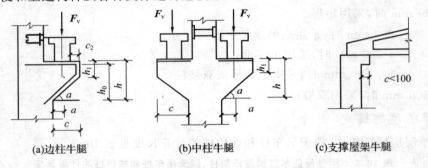

(a)边柱牛腿　　　　　　　(b)中柱牛腿　　　　　　　(c)支撑屋架牛腿

图 10.21　几种常见的牛腿形式

1. 牛腿的受力特点,破坏形态与计算简图

如图 10.22 所示环氧树脂牛腿模型($a/h_0 = 0.5$)的光弹试验结果,其中牛腿指的是其上荷载 F_v 的作用点至下柱边缘的距离 a/h_0(短悬臂梁的有效高度)的短悬臂梁。它的受力性能与一般的悬臂梁不同,属变截面深梁。从图中可以看出,主拉应力的方向基本上与牛腿的上表面平行,且分布较均匀;主压应力则主要集中在从加载点到牛腿下部转角点的连线附近,这与一般悬臂梁有很大的区别。

试验表明,在吊车的竖向和水平荷载作用下,随 a/h_0 值的变化,牛腿呈现出下列几种破坏形态,如图 10.23 所示。当 $a/h_0 < 0.1$ 时,发生剪切破坏;当 $a/h_0 = 0.1 \sim 0.75$ 时,发生斜压破坏;当 $a/h_0 > 0.75$ 时,发生弯压破坏;当牛腿上部由于加载板太小而导致混凝土强度不足时,发生局压破坏。

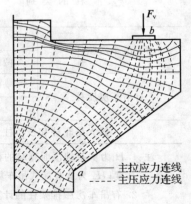

—— 主拉应力连线
----- 主压应力连线

图 10.22　牛腿的光弹试验

常用牛腿的 $a/h_0 = 0.1 \sim 0.75$，其破坏形态为斜压破坏。实验验证的破坏特征是：随着荷载增加，首先牛腿上表面与上柱交接处出现垂直裂缝，但它始终开展很小（当配有足够受拉钢筋时），对牛腿的受力性能影响不大，当荷载增至 $40\% \sim 60\%$ 的极限荷载时，在加载板内侧附近出现斜裂缝 ①（图 10.23(b)），并不断发展；当荷载增至 $70\% \sim 80\%$ 的极限荷载时，在裂缝 ① 的外侧附近出现大量短小斜裂缝；随荷载继续增加，当这些短小斜裂缝相互贯通时，混凝土剥落崩出，表明斜压主压应力已达 f_c，牛腿即破坏。也有少数牛腿在斜裂缝 ① 发展到相当稳定后，突然从加载板外侧出现一条通长斜裂缝 ②（图 10.23(c)），然后随此斜裂缝的开展，牛腿破坏。破坏时，牛腿上部的纵向水平钢筋像桁架的拉杆一样，从加载点到固定端的整个长度上，其应力近于均匀分布，并达到 f_y。

根据上述破坏形态，$a/h_0 = 0.1 \sim 0.75$ 的牛腿可简化成如图 10.24 所示的一个以纵向钢筋为拉杆，混凝土斜撑为压杆的兰角形桁架，这即为牛腿的计算简图。

2. 牛腿尺寸的确定

牛腿的宽度与柱宽相同，牛腿的高度 h 是按抗裂要求确定的。因牛腿负载很大，设计时应使其在使用荷载下不出现裂缝。

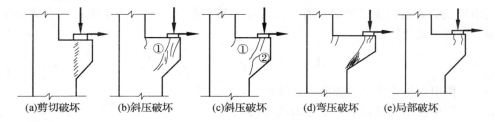

$$(a)剪切破坏 \quad (b)斜压破坏 \quad (c)斜压破坏 \quad (d)弯压破坏 \quad (e)局部破坏$$
$$(a/h_0 < 0.1) \quad (a/h_0 = 0.1 \sim 0.75) \quad (a/h_0 = 0.1 \sim 0.75) \quad (a/h_0 > 0.75) \quad (a/h_0 > 0.75)$$

图 10.23　牛腿的各种破坏形态

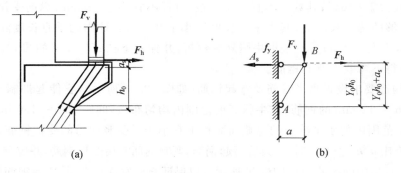

图 10.24　牛腿的计算简图

由上述受力分析可知，影响牛腿第一条斜裂缝出现的主要参数是剪跨比 a/h_0、水平荷载 F_{hk} 与竖向荷载 F_{vk} 的值。根据试验回归分析，可得以下计算公式：

$$F_{vk} \leq \beta \left(1 - 0.5 \frac{F_{hk}}{F_{vk}} \right) \frac{f_{tk} b h_0}{0.5 + \dfrac{a}{h_0}} \tag{10.7}$$

式中　F_{vk}——作用于牛腿顶部按荷载效应标准组合计算的竖向力值；

$\quad\quad F_{hk}$——作用于牛腿顶部按荷载效应标准组合计算的水平拉力值；

$\quad\quad \beta$——裂缝控制系数，对支撑吊车梁的牛腿，取 $\beta = 0.65$；对其他牛腿，取 $\beta = 0.80$；

$\quad\quad a$——竖向力的作用点至下柱边缘的水平距离，此时应考虑安装偏差 20 mm；当考虑安装偏差后的竖向力作用点仍位于下柱截面以内时，取 $a = 0$；

$\quad\quad b$——牛腿宽度；

$\quad\quad h_0$——牛腿与下柱交接处的垂直截面的有效高度，$h_0 = h_1 - a_s + c \cdot \tan\alpha$，当 $a_s > 450$ mm

时，取 $a_s = 450$ mm，c 为下柱边缘到牛腿外缘的水平长度。

牛腿尺寸的构造要求如图 10.25 所示。

牛腿底面的倾角 α 不应大于 45°，倾角 α 过大，会使折角处产生过大的应力集中或使斜裂缝 ①（图 10.23）向牛腿斜面方向发展，这都会导致牛腿承载能力的降低。

当牛腿的悬挑长度 $c \leqslant 100$ mm 时，也可不做斜面，即取 $a = 0$（图 10.21）。

牛腿的外边缘高度 h_1，应大于或等于 $h/3$，且不小于 200 mm。

为了防止保护层剥落，要求 $c_1 \geqslant 70$ mm。

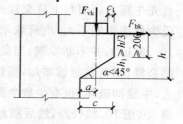

图 10.25　牛腿尺寸构造要求

在竖向标准值 F_{vk} 的作用下，为防止牛腿产生局压破坏，牛腿支承面上的局部压应力不应超过 $0.75f_c$，否则应采取必要的措施，例如加置垫板以扩大承压面积，或提高混凝土强度等级，或设置钢筋网等。

3. 牛腿的配筋计算与构造要求

牛腿的纵向受力钢筋由承受竖向力所需的受拉钢筋和承受水平拉力所需的水平锚筋组成，钢筋的总面积 A_s，应按下式计算：

$$A_s \geqslant \frac{F_v a}{0.85 f_y h_0} + 1.2 \frac{F_h}{f_y} \tag{10.8}$$

式中　F_v——作用在牛腿顶部的竖向力设计值；

　　　F_h——作用在牛腿顶部的水平拉力设计值；

　　　a——竖向力作用点至下柱边缘的水平距离，当 $a < 0.3h_0$ 时，取 $a = 0.3h_0$。

承受竖向力所需的纵向受力钢筋的配筋率，按牛腿的有效截面计算，不应小于 0.2% 及 $0.45f_t/f_y$，也不宜大于 0.6%；其数量不宜少于 4 根，直径不宜小于 12 mm。纵向受拉钢筋的一端伸入柱内，并应具有足够的锚固长度 l_a，其水平段长度不小于 $0.4l_a$，在柱内的垂直长度除满足锚固长度 l_a 外，尚不小于 $15d$，不大于 $22d$；另一端沿牛腿外缘弯折，并伸入下柱 150 mm（如图 10.26 所示）。纵向受拉钢筋是拉杆，不得下弯兼作弯起钢筋。

牛腿内应按构造要求设置水平箍筋及弯起钢筋（如图 10.26 所示），它能起抑制裂缝的作用。水平箍筋应采用直径 6～12 mm 的钢筋，在牛腿高度范围内均匀布置，间距 100～150 mm。但在任何情况下，在上部 $2/3\ h_0$ 范围内的水平箍筋的总截面面积不宜小于承受竖向力的受拉钢筋截面面积的 1/2。

当牛腿的剪跨比 $a/h_0 \geqslant 0.3$ 时，宜设置弯起钢筋。弯起钢筋宜用变形钢筋，并应配置在牛腿上部 $l/6$ 至 $l/2$ 之间主拉力较集中的区域（如图 10.26 所示），以保证充分发挥其作用。弯起钢筋的截面面积 A_s 不宜小于承受竖向力的受拉钢筋截面面积的 1/2，数量不少于 2 根，直径不宜小于 12 mm。

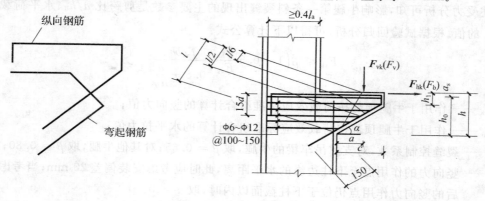

图 10.26　牛腿配筋的构造要求

10.4 柱下独立基础设计

单层厂房中的柱下有独立基础(扩展基础)、条形基础及桩基础等各种形式,但常用柱下独立基础。基础是重要的结构构件之一,作用于厂房上的全部荷载,最后通过它传递到地基土中。在基础设计中,要保证有足够的承载力和防止基础的沉降过大,而引起上部结构开裂甚至破坏。

10.4.1 基础底面尺寸的确定

基础的底面尺寸应按地基的承载能力和变形条件来确定,但当符合《建筑地基基础设计规范》要求时,可只按地基的承载能力计算,而不必验算其变形。

1. 轴心受压基础

图 10.27 所示为轴心受压基础的计算图形。

假定基础底面处的压应力标准值 p_k 为均匀分布,f_a 为修正后的地基承载力特征值,那么设计时应满足下式要求:

$$p_k = \frac{N_k + G_k}{A} \leqslant f_a \tag{10.9}$$

式中　N_k——相应于荷载效应标准组合时,上部结构传到基础顶面的竖向力值;

　　　G_k——基础自重值和基础上的土重;

　　　A——基础底面面积,$A = b \times l$,b 为基础的长边边长,l 为基础的短边边长。

设 r 为考虑基础自重标准值和基础上的土重后的平均重度,常取 $r = 20$ kN/m³;d 为基础的埋置深度,那么:

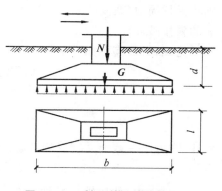

图 10.27 轴压基础的计算图

$$A \geqslant \frac{N_k}{f_a - rd} \tag{10.10}$$

2. 偏心受压基础

假定在上部荷载作用下基础底面压应力按线性(非均匀)分布,根据力学公式,基础底面两边缘的最大和最小应力为

$$\left.\begin{array}{c}p_{kmax}\\p_{kmin}\end{array}\right\} = \frac{N_k + G_k}{bl} \pm \frac{M_k}{W} \tag{10.11}$$

式中　M——上部结构传到基础底面的弯矩特征组合值;

　　　b、l——基础底面的长边与短边长度,b 为力矩作用方向的边长;

　　　W——基础底面面积的弹性抵抗矩,$W = \frac{lb^2}{6}$。

设 e 为基础底面合力 $N_k + G_k$ 的偏心距,$e = \frac{M_k}{N_k + G_k}$,将其代入式(10.11)可得

$$\left.\begin{array}{c}p_{kmax}\\p_{kmin}\end{array}\right\} = \frac{N_k + G_k}{bl}\left(1 \pm \frac{6e}{b}\right) \tag{10.12}$$

为了满足地基承载力要求,设计时应该保证基底压应力符合下列条件:

(1) 平均压应力标准组合值 p_k 不超过地基承载力特征值 f_a,即

$$p_k = \frac{p_{kmin} + p_{kmax}}{2} \leqslant f_a \tag{10.13}$$

（2）最大压应力标准组合值不超过 $1.2f_a$，即

$$p_{kmax} \leqslant 1.2f_a \tag{10.14}$$

（3）对有吊车厂房，必须保证基底全部受压，即

$$p_{kmin} > 0 \ 或 \ e \leqslant /6 \tag{10.15}$$

（4）对无吊车厂房，当与风荷载组合时，可允许基础底面部分与地基接触，即

$$e \leqslant b/4 \tag{10.16}$$

设计时，一般先假定基础底面面积，然后验算上述四个条件，直至满足为止。基础底面尺寸 $b \times l$ 的确定：先按轴压计算基础面积 A，然后按 $(1.2 \sim 1.4)A$ 估算底面尺寸，一般取 $b/l = 1.5 \sim 2$。

10.4.2 基础高度的确定

柱下独立基础可分为锥形和阶形两种形式（图 10.29），其高度 h 是按构造要求和满足柱对基础的冲切承载力两个条件决定的。对阶形基础，尚需按相同原则对变阶处的高度进行验算。

如图 10.28 所示，在柱的轴向荷载作用下，若基础的高度不够，则将沿柱周边（或变阶处）产生锥体形的冲切破坏，即沿 $45°$ 锥体斜面的斜拉破坏。

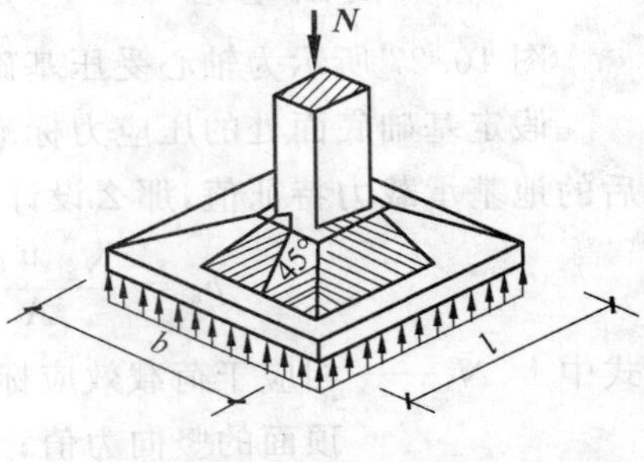

为此，必须满足如下条件：

$$F_1 \leqslant 0.7\beta_k f_t b_m h_0 \tag{10.17}$$

$$F_1 = p_s \times A \tag{10.18}$$

$$b_m = \frac{b_t + b_b}{2} \tag{10.19}$$

图 10.28　基础的冲切

式中　β_k——截面高度影响系数：当 $h \leqslant 800$ mm 时，取 $\beta_k = 1.0$；

当 $h \leqslant 2\,000$ mm 时，取 $\beta_k = 0.9$，其间按线性内插法取用；

　　b_t——冲切破坏锥体最不利一侧斜截面的上边长：当计算柱与基础交接处的受冲切承载力时，取柱宽；当计算基础变阶处的受冲切承载力时，取上阶宽；

　　b_b——柱与基础交接处或基础变阶处的冲切破坏锥体最不利一侧斜截面的下边长，$b_b = b_t + 2h_0$；

　　h_0——柱与基础交接处或基础变阶处的截面有效高度，取两配筋方向的截面有效高度的平均值；

　　p_s——按荷载效应基本组合计算并考虑结构重要性系数的基础底面地基反力设计值（可取除基础自重及其上的土重），当基础偏心受力时，可取用较大的地基反力设计值；

　　A——考虑冲切荷载时取用的多边形面积（图 10.29 中的阴影面积）。

当 $l \geqslant l_c + 2h_0$ 时：　　$A = \left(\frac{b}{2} - \frac{b_c}{2} - h_a\right)l - \left(\frac{l}{2} - \frac{l_c}{2} - h_a\right)^2 \tag{10.20}$

当 $l < l_c + 2h_0$ 时：　　$A = \left(\frac{b}{2} - \frac{b_c}{2} - h_a\right)l \tag{10.21}$

式中　$b_c、l_c$——分别为柱截面的长度和宽度。

若验算阶形基础变阶处的受冲切承载力时，式（10.20）和式（10.21）中的 b_c 与 l_c 应改为基础上阶的长度和宽度。设计时，一般先按构造要求选定基础的高度和各阶高度，再用式（10.13）、式（10.14）进行验算。

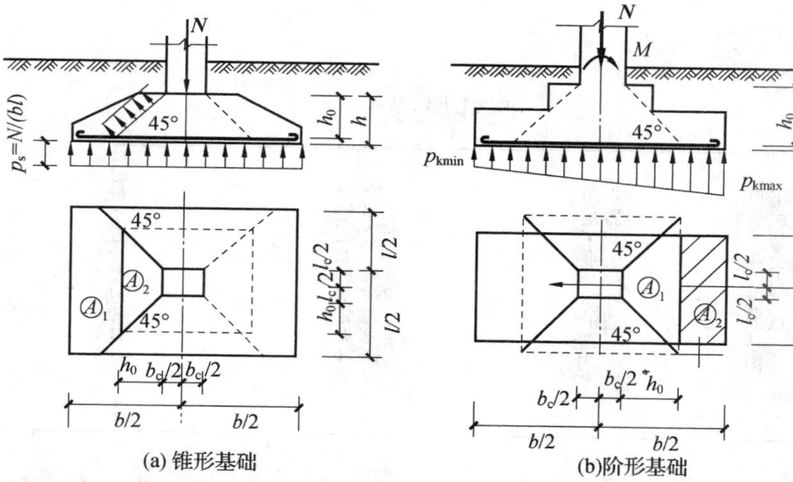

(a) 锥形基础　　　　　　　　　　(b) 阶形基础

图 10.29　基础冲切破坏的计算图形

10.4.3　基础板底配筋计算

基础底板在地基净反力 $p_n = p_s$ 作用下,底板受双向弯曲作用,破坏可能在任一方向发生,故需双向配筋计算。具体的计算实例本书从略。

10.4.4　基础的构造要求

(1) 底面形状:轴压为正方形,偏压为矩形(长边与弯矩作用方向平),$b/l = 1.5 \sim 2$。

(2) 锥形基础边缘高 $h_1 \not< 300 \text{ mm}$,阶梯形基础每阶高 $h_i = 300 \sim 500 \text{ mm}$。

(3) 材料:混凝土 $\not< C15$,钢筋 Ⅰ 级或 Ⅱ 级,$D \not< 8 \text{ mm}$,$s \not> 200 \text{ mm}$。

(4) 垫层:混凝土 C10,厚 100 mm,两边挑出 100 mm。

(5) 杯口形式和柱的插入长度按相关规范要求。

(6) 保护层厚:有垫层 $c \not< 35 \text{ mm}$,无垫层 $c \not< 70 \text{ mm}$。

(7) 钢筋长度:基础长边 $> 3 \text{ m}$ 时,可减短 10%,但应交替放置。

(8) 钢筋搭接长度按相关规范要求。

(9) 现浇柱的基础插筋同柱筋。

【重点串联】

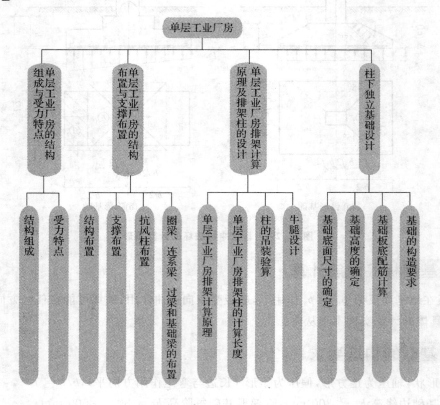

【知识链接】

1.《建筑结构荷载设计规范》(GB 50009—2012);

2.《钢筋机械连接技术规程》(JGJ 107—2010)。

拓展与实训

基础训练

一、选择题

1. 大部分短牛腿的破坏形势属于_____。

   A. 剪切破坏   B. 斜压破坏   C. 弯压破坏   D. 斜拉破坏

2. 在进行单层厂房控制截面内力组合时,每次组合都必须包括_____。

   A. 屋面活荷载   B. 恒荷载   C. 风荷载   D. 吊车荷载

二、简答题

1. 单层工业厂房的结构形式有哪些?

2. 单层工业厂房的结构是由哪几部分组成的?各组成部分的作用是什么?

3. 柱网布置的一般原则是什么?

4. 变形缝一般有哪几种?各自在什么情况下设置?

5. 简述抗风柱、圈梁、连系梁、过梁和基础梁的作用及布置原则。

6. 单层厂房柱的形式有哪些？

7. 单层厂房预制柱吊装时为防止柱产生较大变形和裂缝而影响使用，需要注意些什么？

8. 单层厂房中的柱下基础有哪些形式？

9. 作用在厂房排架上的荷载有哪些？试绘出各种荷载单独作用下的结构计算简图。

10. 单层工业厂房柱下单独基础的底面尺寸如何确定？

工程模拟训练

调研本地区单层工业厂房常见的结构形式及结构构件布置方式。

链接职考

2009 年一级注册结构工程师试题：（单选题）

1. 吊车梁属于下列哪种受力构件（　　）。

A. 承受重复荷载作用的竖向受弯、剪构件

B. 承受重复荷载作用的双向弯曲的弯、剪构件

C. 承受重复荷载作用的竖向受弯、剪、扭构件

D. 承受重复荷载作用的双向弯曲的受弯、剪、扭构件

多层与高层房屋结构

【模块概述】

《高层建筑混凝土结构技术规程》（JGJ 3—2010）（以下简称《高规》）以 10 层及 10 层以上或房屋高度大于 28 m 的住宅建筑以及房屋高度大于 24 m 的其他高层民用建筑混凝土结构为高层建筑。

现代高层建筑随着社会的发展和人民的需要而发展起来，是商业化、工业化和城市化的结果。从 1883 年美国芝加哥建成世界上第一幢现代高层建筑——高 11 层的家庭包厢大楼（铸铁框架）以来，短短的 100 多年时间里，高层建筑得到了迅猛的发展。近些年我国高层建筑的发展也很快。截至目前，我国共有高层 10 万幢，各地争建"第一高"。

本模块主要介绍钢筋混凝土结构多层与高层房屋。

【知识目标】

1. 了解多层与高层房屋结构的结构形式；
2. 掌握框架结构的计算简图、荷载的简化与计算；
3. 了解多层框架的内力和侧移计算；
4. 掌握无抗震设防要求时框架结构构件设计和非抗震设计时框架节点的构造要求；
5. 了解剪力墙结构和框架—剪力墙结构的基本知识。

【技能目标】

1. 能根据施工图纸和施工实际条件，明确多、高层结构施工图中的各结构构件的做法和构造要求。

【课时建议】

6 课时

工程导入

　　西北地区某高层综合办公楼，主楼为钢筋混凝土框—筒结构，地下 1 层，地上 18 层，总高度 76.8 m，总建筑面积 36 482 m²。该建筑基础为灌注群桩，地下室外墙采用 300 mm 厚 C30 自防水混凝土。标高 13.6 m 以上混凝土标号均为 C40，楼板厚度 120 mm，施工到结构 6 层即发现板面出现少量不规则细微裂缝，到该层梁板底模拆除时，发现板底出现裂缝。从渗漏水线和现场钻芯取样分析，裂缝均为贯通性裂缝。之后又对全楼已经施工完毕的混凝土工程进行了详察，在地下室外墙外侧上部发现数条长度不等的竖向裂缝（其中有两条为贯通性裂缝）。在 5、6 两层核心筒的电梯井洞口上部连梁上的同一部位亦发现两条裂缝。而在其他的柱、墙、梁、板上则未发现裂缝。经调查分析，该工程事故原因主要是低温条件下施工相应的添加剂使用和冬季施工组织措施不到位等原因造成的。

　　通过上面的例子你知道混凝土高层房屋结构形式有哪些？框架内力近似计算方法有哪些？各自的适用范围是什么？

11.1　概述

　　随着国民经济的发展，建筑工地日趋紧张，因而发展多高层建筑成为必然趋势。例如，1972 年建成，在"9.11 事件"中被炸毁的纽约世界贸易中心大厦，110 层，高 412 m；位于阿拉伯联合酋长国迪拜、2009 年封顶 2010 年投入使用的哈利法塔（图 11.1），建筑层数 162 层，总高度 828 m，总造价 15 亿美元，是世界上目前最高的建筑。

　　20 世纪 80 年代我国最高的建筑是深圳国际贸易中心（高 160 m，50 层）。进入 20 世纪 90 年代，1997 年上海建成了我国大陆目前最高的超高层建筑——金茂大厦，同年深圳建成了我国大陆目前第二高楼——地王大厦（高 384 m、81 层，建筑面积 14.7 万 m²）。矗立在上海浦东陆家嘴的金茂大厦，地上 88 层，地下 3 层，高达 420.5 m，建筑面积 29 万 m²，总用钢量 24.5 万 t。上海环球金融中心，建筑层数 101 层、建筑高度 492 m，总造价 73 亿元人民币，于 2008 年 9 月年建成，其高度居全国第一，世界第三。正在建造的高层建筑的发展之所以如此迅猛，是因为它有节省土地、节约市政工程费用、减少拆迁费用、能促进建筑工业化的发展和城市的美化等优点，同时科学技术的进步，轻质高强材料的涌现，以及机械化、电气化、计算机在建筑中的广泛应用，为高层建筑的发展提供了物质和技术条件。

　　目前，多层房屋多采用混合结构和钢筋混凝土结构，高层房屋常采用钢筋混凝土结构、钢结构、钢—混凝土混合结构。本章介绍钢筋混凝土多层与高层房屋。

图 11.1　阿拉伯联合酋长国迪拜哈利法塔图

图 11.2　上海环球金融中心和金茂大厦

作用在多层与高层房屋的荷载有：竖向荷载（恒载、活载、雪载、施工荷载）、水平作用（风荷载、地震作用）、温度作用。对结构影响较大的是竖向荷载和水平荷载，尤其是水平荷载随房屋高度的增加而迅速增大，以致逐渐发展成为与竖向荷载共同控制设计，在房屋更高时，水平荷载的影响甚至会对结构设计起绝对控制作用。为有效地提高结构抵抗水平荷载的能力和增加结构的侧向刚度，随着高度的变化，结构相应的有框架结构、框架—剪力墙结构、剪力墙结构和筒体结构四种主要的结构体系（图 11.3）。

| (a)框架结构 | (b)剪力墙结构 | (c)框架–剪力墙结构 |

图 11.3　高层结构形式

1. 框架结构

框架结构房屋（图 11.3（a））是由梁、柱组成的框架承重体系，内、外墙仅起围护和分隔的作用。

框架结构的优点是能够提供较大的室内空间，平面布置灵活，因而适用于各种多层工业厂房和仓库。在民用建筑中，适用于多层和高层办公楼、旅馆、医院、学校、商场及住宅等内部有较大空间要求的房屋。

框架结构在水平荷载下表现出抗侧移刚度小，水平位移大的特点，属于柔性结构，随着房屋层数的增加，水平荷载逐渐增大，将因侧移过大而不能满足要求。因此，框架结构房屋一般不超过15 层。

2. 剪力墙结构

当房屋层数更多时，水平荷载的影响进一步加大，这时可将房屋的内、外墙都做成剪力墙，形成剪力墙结构（图 11.3（b））。它既承担竖向荷载，又承担水平荷载——剪力，"剪力墙"由此得名。因剪力墙是一整片高大的实体墙，侧面又有刚性楼盖支撑，故有很大的刚度，属于刚性结构。在水平荷载下，相当于一个底部固定、顶端自由的竖向悬臂梁。

剪力墙结构由于受实体墙的限制，平面布置不灵活，故适用于住宅、公寓、旅馆等小开间的民用建筑，在工业建筑中很少采用。此种结构的刚度较大，在水平荷载下侧移小，适用于15～35 层的高层房屋。

3. 框架—剪力墙结构

为了弥补框架结构随房屋层数增加，水平荷载迅速增大而抗侧移刚度不足的缺点，可在框架结构中增设钢筋混凝土剪力墙形成框架—剪力墙结构（图 11.3（c））。

在框架—剪力墙结构房屋中，框架负担竖向荷载，而剪力墙将负担绝大部分水平荷载。此种结构体系房屋由于剪力墙的加强作用，房屋的抗侧移刚度有所提高，房屋侧移大大减小，多用于16～25 层的工业与民用建筑中（如办公楼、旅馆、公寓、住宅及工业厂房）。

4. 筒体结构

筒体结构是将剪力墙集中到房屋的内部和外围形成空间封闭筒体，使整个结构体系既具有极大的抗侧移刚度，又能因剪力墙的集中而获得较大的空间，使建筑平面获得良好的灵活性，由于抗侧移刚度较大，适用于更高的高层房屋（≥30层，≥100 m）。筒体结构有单筒体结构（包括框架核心筒和框架外框筒）、筒中筒结构和成束筒结构等三种形式（图11.4）。

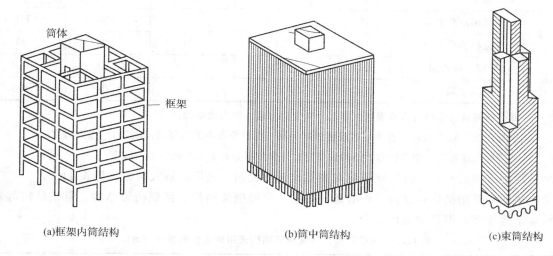

(a)框架内筒结构 (b)筒中筒结构 (c)束筒结构

图 11.4 筒体结构

上述四种结构体系适用的最大高度见表11.1、表11.2。

平面和竖向不规则的结构，或出现其他有规定的不利情况，建筑的最大适用高度应适当降低。具体限值应以现行有效的标准、规范（包括地方标准）为准。

表 11.1　A 级高度钢筋混凝土高层建筑的最大适用高度 (m)

结构体系		非抗震设计	抗震设防烈度				
			6 度	7 度	8 度		9 度
					0.20g	0.30g	
框架		70	60	50	40	35	—
框架—剪力墙		150	130	120	100	80	50
剪力墙	全部落地剪力墙	150	140	120	100	80	60
	部分框支剪力墙	130	120	100	80	50	不应采用
筒体	框架—核心筒	160	150	130	100	90	70
	筒中筒	200	180	150	120	100	80
板柱—剪力墙		110	80	70	55	40	不应采用

注：1. 表中框架不含异形柱框架；

2. 部分框支剪力墙结构指地面以上有部分框支剪力墙的剪力墙结构；

3. 甲类建筑，6、7、8 度时宜按本地区抗震设防烈度提高一度后符合本表的要求，9 度时应专门研究；

4. 框架结构、板柱—剪力墙结构以及 9 度抗震设防的表列其他结构，当房屋高度超过本表数值时，结构设计应有可靠依据，并采取有效的加强措施。

表 11.2　B 级高度钢筋混凝土高层建筑的最大适用高度（m）

结构体系		非抗震设计	抗震设防烈度			
			6 度	7 度	8 度	
					0.20g	0.30g
框架—剪力墙		170	160	140	120	100
剪力墙	全部落地剪力墙	180	170	150	130	110
	部分框支剪力墙	150	140	120	100	80
筒体	框架—核心筒	220	210	180	140	140
	筒中筒	300	280	230	170	150

注：1. 部分框支剪力墙结构指地面以上有部分框支剪力墙的剪力墙结构；

　　2. 甲类建筑，6、7 度时宜按本地区设防烈度提高一度后符合本表的要求，8 度时应专门研究；

　　3. 当房屋高度超过表中数值时，结构设计应有可靠依据，并采取有效的加强措施。

出于经济方面的考虑，高层建筑应对高宽比进行控制，适用的最大高宽比见表 11.3。

除上述四种常用结构体系外，尚有悬挂结构、巨型框架结构、巨型桁架结构、悬挑结构等新的竖向承重结构体系，但目前应用较少。

表 11.3　钢筋混凝土高层建筑结构适用的最大高宽比（m）

结构体系	非抗震设计	抗震设防烈度		
		6 度、7 度	8 度	9 度
框架	5	4	3	—
板柱—剪力墙	6	5	4	—
框架—剪力墙、剪力墙	7	6	5	4
框架—核心筒	8	7	6	4
筒中筒	8	8	7	5

11.2　框架结构

11.2.1　框架结构的类型

框架结构按施工方法可分为全现浇式框架、全配式框架、装配整体式框架和半现浇式框架四种形式。

1. 全现浇框架

全现浇框架的全部构件均在现场浇筑。这种形式的优点是：整体性及抗震性能好，预埋铁件少，较其他形式的框架节省钢材，建筑平面布置较灵活等；缺点是：模板消耗量大，现场湿作业多，施工周期长，在寒冷地区冬季施工困难等。对使用要求较高，功能复杂或处于地震高烈度区域的框架房屋，宜采用全现浇框架。

2. 全装配式框架

将梁、板、柱全部预制，然后在现场进行装配、焊接而成的框架称为全装配式框架。

装配式框架的构件可采用先进的生产工艺在工厂进行大批量的生产，在现场以先进的组织管理方式进行机械化装配，因而构件质量容易保证，并可节约大量模板，改善施工条件，加快施工进度，但其结构整体性差，节点预埋件多，总用钢量较全现浇框架多，施工需要大型运输和吊装机械，在地震区不宜采用。

3. 装配整体式框架

装配整体式框架是将预制梁、柱和板在现场安装就位后，再在构件连接处现浇混凝土使之成为整体而形成框架。与全装配式框架相比，装配整体式框架保证了节点的刚性，提高了框架的整体性，省去了大部分的预埋铁件，节点用钢量减少，故应用较广泛。缺点是增加了现场浇筑混凝土量。

4. 半现浇框架

半现浇框架是将房屋结构中的梁、板和柱部分现浇，部分预制装配而形成的。常见的做法有两种，一种是梁、柱现浇，板预制；另一种是柱现浇，梁、板预制。半现浇框架的施工方法比全现浇简单，而整体受力性能比全装配优越。梁、柱现浇，节点构造简单，整体性好；而楼板预制，又比全现浇框架节约模板，省去了现场支模的麻烦。半现浇框架是目前采用较多的框架形式之一。

11.2.2 框架结构的布置

1. 柱网及层高

框架结构房屋的柱网和层高，应根据生产工艺、使用要求、建筑材料、施工条件等因素综合考虑，并应力求简单规则，有利于装配化、定型化和工业化。柱网尺寸，即平面框架的跨度（进深）及其间距（开间）。民用建筑的柱网尺寸和层高因房屋用途不同而变化较大，但一般按 300 mm 进级。常用跨度是 4.8 m、6.4 m、6 m、6.6 m 等，常用柱距为 3.9 m、4.5 m、4.8 m、6.1 m、6.4 m、6.7 m、6 m。采用内廊式时，走廊跨度一般为 2.4 m、2.7 m、3 m，常用层高为 3.0 m、3.3 m、3.6 m、3.9 m、4.2 m。

工业建筑典型的柱网布置形式有内廊式、等跨式、对称不等跨式等。采用内廊式布置时，常用跨度（房间进深）为 6 m、6.6 m、6.9 m，走廊宽度常用 2.4 m、2.7 m、3 m，开间方向柱距为 3.6~8 m。等跨式柱网的跨度常用 6 m、7.5 m、9 m、12 m，柱距一般为 6 m。对称不等跨柱网一般用于建筑平面宽度较大的厂房，常用柱网尺寸有（5.8 m+6.2 m+6.2 m+5.8 m）×6.0 m、（8.0 m+12.0 m+8.0 m）×6.0 m、（5 m+7.5 m+12.0 m+7.5 m+7.5 m）×6.0 m 等。

工业建筑底层往往有较大设备和产品，甚至有起重运输设备，故底层层高一般较大。底层常用层高为 4.2 m、4.5 m、4.8 m、5.4 m、6.0 m、7.2 m、8.4 m，楼层常用层高为 3.9 m、4.2 m、4.5 m、4.8 m、5.6 m、6.0 m、7.2 m 等。

2. 承重框架布置方案

根据承重框架布置方向的不同，框架的结构布置方案可划分为以下三种：

（1）横向框架承重

横向框架承重布置方案是板、连系梁沿房屋纵向布置，框架承重梁沿横向布置（图 11.5），有利于增加房屋横向刚度。缺点是由于主梁截面尺寸较大，当房屋需要较大空间时，其净空较小。

（2）纵向框架承重

纵向框架承重布置方案是板、连系梁沿房屋横向布置，框架

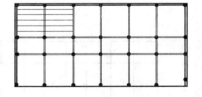

图 11.5　横向框架承重体系

承重梁沿纵向布置（图 11.6）。优点是通风、采光好，有利于楼层净高的有效利用，可设置较多的架空管道，故适用于某些工业厂房，但因其横向刚度较差，在民用建筑中一般采用较少。

（3）纵、横向框架混合承重

纵、横向框架混合承重布置方案是沿房屋的纵、横向布置承重框架（图 11.7）。纵、横向框架共同承担竖向荷载与水平荷载。当柱网平面尺寸为正方形或接近正方形时，或当楼面活荷载较大

时，则常采用这种布置方案。纵、横向框架混合承重方案，多采用现浇钢筋混凝土整体式框架。

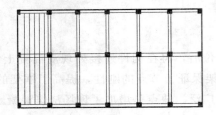

图 11.6 纵向框架承重体系

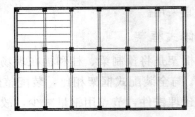

图 11.7 纵、横向框架承重体系

3. 变形缝

变形缝包括伸缩缝、沉降缝、防震缝。钢筋混凝土框架结构伸缩缝的最大间距见表 11.4。

表 11.4 钢筋混凝土框架结构伸缩缝的最大间距（m）

结构类别	室内或土中	露天
装配式框架	75	50
装配整体式、现浇式框架	55	35

钢筋混凝土框架结构的沉降缝一般设置在地基土层压缩性有显著差异，或房屋高度或荷载有较大变化等处。当建筑平面过长、高度或刚度相差过大以及各结构单元的地基条件有较大差异时，钢筋混凝土框架结构应考虑设置防震缝。其最小宽度应符合下列要求：

①当高度不超过 15 m 时可采用 70 mm；超过 15 m 时，6 度每增加 5 m，7 度每增加 4 m，8 度每增加 3 m，9 度每增加 2 m 宜加宽 20 mm。

②防震缝两侧结构类型不同时，宜按需要较宽防震缝的结构类型和较低房屋高度确定缝宽。

设置变形缝对构造、施工、造价及结构整体性和空间刚度都不利，基础防水也不易处理。因此，实际工程中常通过采用合理的结构方案、可靠的构造措施和施工措施（如设置后浇带）减少或避免设缝。在需要同时设置一种以上变形缝时，应合并设置。

11.2.3 框架结构设计与计算

1. 计算简图

任何框架结构都是一个空间结构，当横向、纵向的各榀框架布置规则，各自的刚度和荷载分布都比较均匀时，可以忽略相互之间的空间联系，简化为一系列横向和纵向平面框架，使计算大大简化，如图 11.8 所示。在计算简图中，框架梁、柱以其轴线表示，梁柱连接区以节点表示。梁的跨度取其节点间的长度。柱高，首层取基础顶面至一层梁顶之间的高度，一般层取层高。

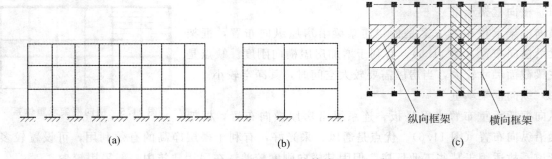

    (a)   (b)   (c)

图 11.8 框架计算简图

2. 框架上的荷载

竖向荷载包括恒载（结构自重及建筑装修材料重量等）及活载（楼面及屋顶使用荷载、雪荷载等）。

在设计楼面梁、墙、柱及基础时，要根据承荷面积（对于梁）及承荷层数（对于墙、柱及基础）的多少，对楼面活荷载乘以相应的折减系数。这是因为考虑到构件的受荷面积越大（或承荷层数越多），楼面活荷载在全部承荷面上均满载的概率越少。如以住宅、旅馆、办公楼、医院病房及托儿所等房屋为例，当楼面梁的承荷面积（梁两侧各延伸 1/2 梁间距范围内的实际面积）超过 25 m² 时，楼面活载折减系数为 0.9；墙柱基础的活载按楼层数的折减系数见表 11.5。

表 11.5　墙柱基础的活载按楼层数的折减系数

计算截面以上的层数	1	2~3	4~5	6~8	9~20	>20
计算截面以上活荷载总和的折减系数	1.0 (0.9)	0.85	0.70	0.65	0.60	0.55

注：当楼面梁的承荷面积大于 25 m² 时，采用括号内数值。其他类房屋的折减系数见《建筑结构荷载规范》（GB50009—2012）。

对于高层建筑，要适当提高基本风压的取值。对一般高层建筑，可按《建筑结构荷载规范》（GB 50009—2012)给出的基本风压值乘以系数 1.1 后采用；对于特别重要的和有特殊要求的高层建筑，可将基本风压值乘以 1.2 后采用。

随风速、风向的变化，作用在建筑物表面上的风压（吸）力也在不停地变化。实际风压是在平均风压上下波动。波动风压会使建筑物在平均侧移附近左右摇摆。对高度较大、刚度较小的高层建筑将产生不可忽略的动力效应，使振幅加大。设计时采用加大风载的办法来考虑动力效应，在风压值上乘以风振系数 β_z。

《建筑结构荷载规范》（GB 50009—2012）规定，只对于高度大于 30 m，且高宽比大于 1.5 的房屋结构，考虑风振系数 β_z。其他情况下取 $\beta_z=1.0$。有关风振系数 β_z 的计算方法，详见《建筑结构荷载规范》（GB 50009—2012）。

3. 框架内力近似计算方法

(1) 竖向荷载作用下——分层法

框架在竖向荷载作用下，各层荷载对其他层杆件的内力影响较小，因此，可忽略本层荷载对其他各层梁内力的影响，将多层框架简化为单层框架，即分层作力矩分配计算。具体步骤如下：①将多层框架分层，以每层梁与上下柱组成的单层框架作为计算单元，柱远端假定为固定端；②用力矩分配法分别计算各计算单元的内力，由于除底层柱底是固定端外，其他各层柱均为弹性连接，为减少误差，除底层柱外，其他各层柱的线刚度均乘以 0.9 的折减系数，相应的传递系数也改为 1/3，底层柱仍为 1/2；③分层计算所得的梁端弯矩即为最后弯矩。由于每根柱分别属于上、下两个计算单元，所以柱端弯矩要进行叠加。此时节点上的弯矩可能不平衡，但一般误差不大，如需要进一步调整时，可将节点不平衡弯矩再进行一次分配，但不再传递。

对侧移较大的框架及不规则的框架不宜采用分层法。

(2) 框架在水平荷载作用下的近似计算方法——反弯点法、D 值法

①反弯点法。框架在水平荷载作用下，因无节点间荷载，梁、柱的弯矩图都是直线形，都有一个反弯点，在反弯点处弯矩为零，只有剪力。因此，若能求出反弯点的位置及其剪力，则各梁、柱的内力就很容易求得。

底层柱的反弯点位于距柱下端 2/3 高度处，其余各层柱反弯点在柱高的中点处。

按柱的抗侧刚度将总水平荷载直接分配到柱，得到各柱剪力以后，可根据反弯点的位置，求得柱端弯矩。再由结点平衡可求出梁端弯矩和剪力。反弯点法对梁柱线刚度之比超过 3 的层数不多的规则框架，计算误差不大。

②D 值法。对于多高层框架，用反弯点法计算的内力误差较大。为此，改进的反弯点法即 D 值法用修正柱的抗侧移刚度和调整反弯点高度的方法计算水平荷载作用下框架的内力。修正后的柱抗侧移刚度用 D 表示，故又称为 D 值法。该方法的计算步骤与反弯点法相同，具体可参考相关书籍，

这里不再讲述。

4. 框架侧移近似计算及限值

(1) 框架侧移近似计算

抗侧移刚度 D 的物理意义是产生单位层间侧移所需的剪力（该层间侧移是梁柱弯曲变形引起的）。当已知框架结构第 j 层所有柱的 D 值（$\sum D_{ij}$）及层剪力 V_j 后，则可得近似计算层间侧移 Δ_j 的公式：

$$\Delta_j = \frac{V_j}{\sum D_{ij}} \tag{11.1}$$

框架顶点的总侧移为各层框架层间侧移之和，即

$$\Delta_n = \sum_{j=1}^{n} \Delta_j \tag{11.2}$$

式中　n——框架的总层数。

以上算出的层间侧移和顶点的总侧移是梁柱弯曲变形引起的。事实上，框架的总变形是由梁柱弯曲变形和柱轴向变形两部分组成的。在层数不多的框架中，柱轴向变形引起的侧移很小，常常可以忽略。在近似计算中，只需计算由梁柱弯曲引起的变形。

(2) 框架侧移限值

为保证多层框架房屋具有足够的刚度，避免因产生过大的侧移而影响结构的强度、稳定性和使用要求，规范规定：高度不大于 150 m 的框架结构，其楼层层间最大位移与层高之比不宜大于 1/550。

5. 控制截面及最不利内力组合

框架结构承受的荷载有恒载、楼（屋）面活载、风荷载和地震力（抗震设计时需考虑）。对于框架梁，一般取两梁端和跨间最大弯矩处截面为控制截面。对于柱，取各层柱上、下两端为控制截面。

最不利内力组合就是使得所分析杆件的控制截面产生不利的内力组合，通常是指对截面配筋起控制作用的内力组合。对于框架结构，针对控制截面的不利内力组合类型如下。

梁端截面：$+M_{\max}$；$-M_{\max}$；$V_{\max}$。

梁跨中截面：$+M_{\max}$；$M_{\min}$

柱端截面：$+|M|_{\max}$ 及相应的 N，V；$N_{\max}$ 及相应的 M，V；$N_{\min}$ 及相应的 M，V。

6. 竖向活荷载不利布置及其内力塑性调幅

竖向活荷载不利布置的方法有逐跨施荷组合法、最不利荷载位置法和满布活载法。

满布活载法把竖向活荷载同时作用在框架的所有梁上，即不考虑竖向活荷载的不利分布，大大地简化计算工作量。这样求得的内力在支座处与按最不利荷载位置法求得的内力很接近，可以直接进行内力组合。但跨中弯矩却比最不利荷载位置法计算结果明显偏低，用此法时常对跨中弯矩乘以 1.1～1.2 的调整系数予以提高。经验表明，对楼（屋）面活荷载标准值不超过 5.0 kN/m² 的一般工业与民用多层及高层框架结构，此法的计算精度可以满足工程设计要求。

在竖向荷载作用下可以考虑梁端塑性变形内力重分布而对梁端负弯矩进行调幅。装配整体式框架调幅系数为 0.7～0.8；现浇框架调幅系数为 0.8～0.9。梁端负弯矩减小后，应按平衡条件计算调幅后的跨中弯矩（与调幅前的跨中弯矩相比有所增加）。截面设计时，梁跨中正弯矩至少应取按简支梁计算的跨中弯矩的一半。竖向荷载产生的梁的弯矩应先进行调幅，再与风荷载和水平地震作用产生的弯矩进行组合。

7. 框架构件设计

(1) 梁柱截面形状及尺寸

对于框架梁，截面形状一般有矩形、T 形、工字形等。

框架结构的主梁截面高度 h_b 可按（1/10～1/18）l_b 确定（l_b 为主梁的计算跨度），且不宜大于 1/4 净跨。主梁截面的宽度 b_b 不宜小于 $1/4h_b$，且不宜小于 200 mm。

对于框架柱，截面形状一般有矩形、T 形、工字形、圆形等。

框架矩形截面柱的边长，不宜小于 250 mm，圆柱直径不宜小于 350 mm，截面高度与宽度的边长比不宜大于 3。

（2）材料强度等级

钢筋混凝土结构的混凝土强度等级不应低于 C20；采用强度级别 400 MPa 及以上的钢筋时，混凝土强度等级不应低于 C25。承受重复荷载的钢筋混凝土构件，混凝土强度等级不应低于 C30。预应力混凝土结构的混凝土强度等级不宜低于 C40，且不应低于 C30。梁、柱混凝土强度等级相差不宜大于 5 MPa，超过时，梁、柱节点区施工时应做专门处理，使节点区混凝土强度等级与柱相同。纵向受力普通钢筋应采用 HRB400、HRB500、HRBF400、HRBF500 钢筋，也可采用 HPB300、HRB335、HRBF335、RRB400 钢筋；梁、柱纵向受力普通钢筋应采用 HRB400、HRB500、HRBF400、HRBF500 钢筋；箍筋宜采用 HRBF400、HPB300、HRB500、HRBF500 钢筋，也可采用 HRB335、HRBF335 钢筋；预应力筋宜采用预应力钢丝、钢绞线和预应力螺纹钢筋。

（3）配筋计算

①框架梁。框架梁纵向钢筋及腹筋的配置，分别由受弯构件正截面承载力和斜截面承载力计算确定，并满足变形和裂缝宽度要求，同时满足构造规定。

②框架柱。框架柱为偏心受压构件，其配筋按偏心受压构件计算。通常，中间轴线上的柱可按单向偏心受压考虑，位于边轴线上的角柱，应按双向偏心受压考虑。

（4）配筋构造要求

①框架梁。纵向受拉钢筋的最小配筋率不应小于 0.2% 和 $0.45f_t/f_y$ 二者的较大值；沿梁全长顶面和底面应至少各配置两根纵向钢筋，钢筋直径不应小于 12 mm。框架梁的箍筋应沿梁全长设置。截面高度大于 800 mm 的梁，其箍筋直径不宜小于 8 mm；其余截面高度的梁不应小于 6 mm。在受力钢筋搭接长度范围内，箍筋直径不应小于搭接钢筋最大直径的 0.25 倍。箍筋间距不应大于表 11.6 的规定；在纵向受拉钢筋的搭接长度范围内，箍筋间距尚不应大于搭接钢筋较小直径的 5 倍，且不应大于 100 mm 在纵向受压钢筋的搭接长度范围内，也不应大于搭接钢筋较小直径的 10 倍，且不应大于 200 mm。

表 11.6　非抗震设计梁箍筋的最大间距（单位：mm）

h_b / mm	$V > 0.7f_t bh_0$	$V \leqslant 0.7f_t bh_0$
$h_b \leqslant 300$	150	200
$300 < h_b \leqslant 500$	200	300
$500 < h_b \leqslant 800$	250	350
$h_b > 800$	300	500

②框架柱。柱纵向钢筋的最小配筋百分率对于中柱、边柱和角柱不应小于 0.6%，同时每一侧配筋率不应小于 0.2%；柱全部纵向钢筋的配筋百分率不宜大于 5%。柱纵向钢筋宜对称配置。柱纵向钢筋间距不应大于 350 mm，截面尺寸大于 400 mm 的柱，纵向钢筋间距不宜大于 200 mm；柱纵向钢筋净距均不应小于 50 mm。柱的纵向钢筋不应与箍筋、拉筋及预埋件等焊接；柱纵向钢筋的绑扎接头应避开柱端的箍筋加密区。框架柱的周边箍筋应为封闭式。箍筋间距不应大于 400 mm，且不应大于构件截面的短边尺寸和最小纵向受力钢筋直径的 15 倍。箍筋直径不应小于最大纵向钢筋直径的 1/4，且不应小于 6 mm。当柱中全部纵向受力钢筋的配筋率超过 3% 时，箍筋直径不应小于 8 mm，箍筋间距不应大于最小纵向钢筋直径的 10 倍，且不应大于 200 mm 箍筋末端应做成 135°

弯钩且弯钩末端平直段长度不应小于 10 倍箍筋直径。当柱每边纵筋多于 3 根时，应设置复合箍筋（可采用拉筋）。

11.2.4 抗震设计时框架节点的构造要求

（1）梁柱纵筋在节点区的锚固

参见模块 13 中 13.3.2 钢筋混凝土框架结构抗震构造措施。

（2）箍筋

在框架节点内应设置水平箍筋，以约束柱纵筋和节点核芯区混凝土。节点箍筋构造应符合相应柱中箍筋的构造规定，但间距不宜大于 250 mm。对四边均有梁与之相连的中间节点，节点内可只设置沿周边的矩形箍筋，而不设复合箍筋。

当顶层端节点内设有梁上部纵筋和柱外侧纵筋的搭接接头时，节点内的水平箍筋应符合规范对纵向受拉钢筋搭接长度范围内箍筋的构造要求，即其直径不小于 $d/4$（d 为搭接钢筋的较大直径）、间距不大于 $5d$（d 为搭接钢筋的较小直径）且不大于 100 mm。

11.3 剪力墙及框架－剪力墙结构

11.3.1 剪力墙结构

1. 剪力墙结构的受力特点

与框架结构一样，剪力墙结构承受的作用包括竖向荷载、水平荷载和地震作用。

在水平荷载作用下，整截面剪力墙如同一片整体的悬臂墙，在墙肢的整个高度上，弯矩图既不突变，也无反弯点，剪力墙的变形以弯曲型为主；整体小开口剪力墙的弯矩图在连梁处发生突变，但在整个墙肢高度上没有或仅仅在个别楼层中出现反弯点，剪力墙的变形仍以弯曲型为主；双肢及多肢剪力墙与整体小开口剪力墙相似；壁式框架柱的弯矩图在楼层处有突变，且在大多数楼层出现反弯点，剪力墙的变形以剪切型为主。

在竖向荷载作用下，连梁内将产生弯矩，而墙肢内主要产生轴力。当纵墙和横墙整体联结时，荷载可以相互扩散。因此，在楼板下一定距离以外，可认为竖向荷载在纵、横墙内均匀分布。

在竖向荷载和水平荷载共同作用下，悬臂墙的墙肢为压、弯、剪构件，而开洞剪力墙的墙肢可能是压、弯、剪，有时可能是拉、弯、剪构件。

连梁及墙肢的特点都是宽而薄，这类构件对剪切变形敏感，容易出现斜裂缝，容易出现脆性的剪切破坏。根据剪力墙高度 H 与剪力墙截面高度 h 的比值，剪力墙可分为高墙（$H/h \geqslant 3$）、中高墙（$1.5 \leqslant H/h < 3$）和矮墙（$H/h < 1.5$）。三种墙典型的裂缝分布如图 11.9 所示。为保证结构延性，在抗震结构中应尽可能采用高墙和中高墙。

2. 剪力墙结构的构造

（1）墙厚及混凝土强度等级

剪力墙的厚度不应太小，以保证墙体出平面的刚度和稳定性，以及浇筑混凝土的质量。钢筋混凝土剪力墙的截面厚度不应小于楼层净高的 1/25，也不应小于 140 mm。采用装配式楼板时，楼板搁置不能切断或过多削弱剪力墙沿高度的连续性，剪力墙至少应有 60% 面积与上层相连。

为了保证剪力墙的承载能力和变形能力，钢筋混凝土剪力墙中，混凝土不宜低于 C20 级。

（2）墙肢配筋要求

①端部钢筋。剪力墙两端和洞口两侧应按规定设置边缘构件。边缘构件分为约束边缘构件和构

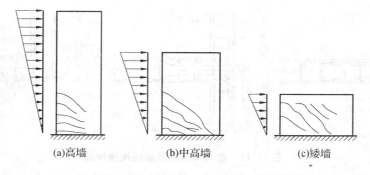

(a)高墙　　　　　(b)中高墙　　　　　(c)矮墙

图 11.9　剪力墙的裂缝分布

造边缘构件，其设置要求详见模块 13。非抗震设计时，应设构造边缘构件。非抗震设计剪力墙端部应按构造配置不少于 4 根 12 mm 的纵向钢筋，沿纵向钢筋应配置不少于直径 6 mm、间距为250 mm 的拉筋。纵向钢筋宜采用 HRB335 或 HRB400。

②墙身分布钢筋。剪力墙墙身分布钢筋分为水平分布钢筋和竖向分布钢筋，其作用是，使剪力墙有一定的延性，破坏前有明显的位移和预告，防止突然脆性破坏；当混凝土受剪破坏后，钢筋仍有足够抗剪能力，剪力墙不会突然倒塌；减少和防止产生温度裂缝；当因施工拆模或其他原因使剪力墙产生裂缝时，能有效地控制裂缝继续发展。

剪力墙分布钢筋的配筋方式有单排及多排配筋。单排配筋施工方便，但当墙厚度较大时，表面易出现温度收缩裂缝。由于高层建筑的剪力墙厚度大，为防止混凝土表面出现收缩裂缝，同时使剪力墙具有一定的水平面抗弯能力，因此，不应采用单排分布钢筋。同时，当剪力墙厚度超过 400 mm时，若仅采用双排配筋，会形成中间大面积的素混凝土，使剪力墙截面应力分布不均匀，故剪力墙分布钢筋配筋方式宜按表 11.7 采用。各排分布钢筋之间应采用拉筋连接，拉筋应与外皮钢筋钩牢。拉结钢筋间距不应大于 600 mm，直径不应小于 6 mm。在底部加强部位，约束边缘构件以外的拉筋应适当加密。

表 11.7　剪力墙宜采用的分布钢筋配筋方式

截面厚度 b_w/mm	$b_w \leqslant 400$	$400 < b_w \leqslant 700$	$b_w > 700$
配筋方式	双排配筋	三排配筋	四排配筋

为使分布钢筋确实起作用，其配筋率不能过小。剪力墙分布钢筋的配筋率不应小 0.2%，间距不应大于 300 mm，直径不应小于 8 mm。对房屋顶层、长矩形平面房屋的楼梯间和电梯间、端部山墙、纵墙的端开间剪力墙分布钢筋的配筋率不应小 0.25%，间距不应大于 200 mm。为保证分布钢筋具有可靠的混凝土握裹力，剪力墙分布钢筋的直径不宜大于墙肢截面厚度的 1/10。

由于施工是先立竖向钢筋，后绑水平钢筋，为施工方便，竖向钢筋宜在内侧，水平钢筋宜在外侧，并且多采用水平与竖向分布钢筋同直径、同间距。

③分布钢筋的连接和锚固。剪力墙水平分布钢筋的搭接、锚固及连接如图 11.10 所示。剪力墙水平分布钢筋在墙体端部配筋连接构造要求如图 11.11 所示。

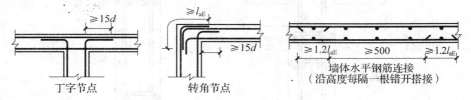

丁字节点　　　　　转角节点　　　　　墙体水平钢筋连接
（沿高度每隔一根错开搭接）

图 11.10　剪力墙水平分布钢筋的连接构造

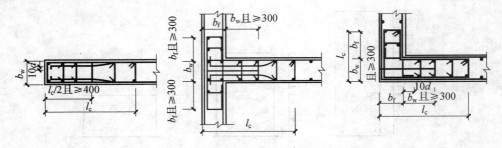

图 11.11　剪力墙端部配筋的连接构造

非抗震设计的剪力墙竖向分布钢筋可在同一截面搭接，搭接长度不应小于 $1.2l_a$，且不应小于 300 mm。当分布钢筋直径大于 28 mm 时，不宜采用搭接接头。竖向分布钢筋的连接构造如图 11.12 所示。

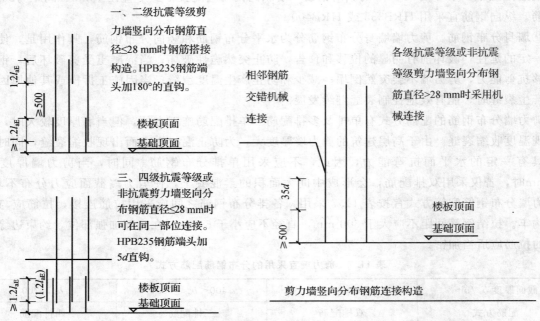

图 11.12　竖向分布钢筋的连接构造

（3）楼板与剪力墙连接部位的配筋构造

楼板与剪力墙的连接部位宜按图 11.13 设置构造配筋。

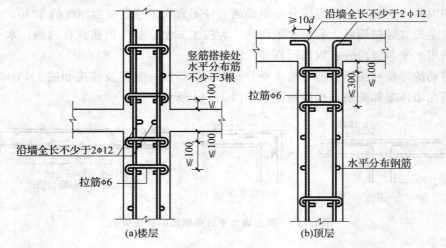

图 11.13　楼板与剪力墙连接部位的配筋构造

（4）连梁的配筋构造

连梁是一个受到反弯矩作用的梁，并且通常跨高比较小，因而容易出现剪切斜裂缝，为防止斜裂缝出现后的脆性破坏，《高层建筑混凝土结构技术规程》（JGJ 3—2010）规定了连梁在构造上的一些特殊要求。规定连梁顶面、底面纵向受力钢筋伸入墙内的长度不应小于 l_a，且不应小于600 mm；沿连梁全长的箍筋直径不应小于 6 mm，间距不应大于 150 mm；顶层连梁纵向钢筋伸入墙体的长度范围内，应配置间距不大于 150 mm 的构造箍筋，箍筋直径应与该连梁的箍筋直径相同（图 11.14）；墙体水平分布钢筋应作为连梁的腰筋在连梁范围内拉通连续配置；当连梁截面高度大于 700 mm 时，其两侧面沿梁高范围设置的纵向构造钢筋（腰筋）的直径不应小于 10 mm，间距不应大于 200 mm；对跨高比不大于 2.5 的连梁，梁两侧的纵向构造钢筋（腰筋）的面积配筋率不应小于 0.3%。当采用现浇楼板时，连梁配筋构造可按如图 11.15 所示设置。

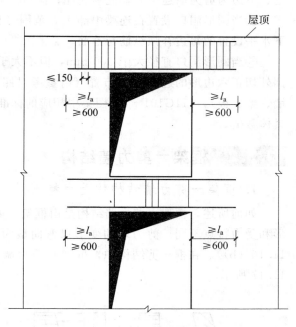

图 11.14 连梁的配筋构造

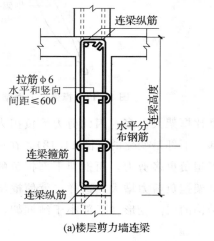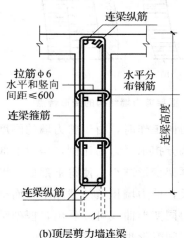

(a)楼层剪力墙连梁　　　　(b)顶层剪力墙连梁

图 11.15 采用现浇楼板时连梁的构造配筋

（5）剪力墙墙面和连梁开洞时构造要求

当剪力墙墙面开洞较小时，除了将切断的分布钢筋集中在洞口边缘补足外，还要有所加强，以抵抗洞口应力集中。连梁是剪力墙中的薄弱部位，应重视连梁中开洞后的加强措施。

洞口每边补强钢筋，分以下几种不同情况：

①当矩形洞口的洞宽、洞高均不大于 800 mm 时，如果设置构造补强纵筋，即洞口每边加钢筋 $\geq 2\phi12$ 且不小于同向被切断钢筋总面积的 50%，本项免注。

②当矩形洞口的洞宽、洞高均不大于 800 mm 时，如果设置补强纵筋大于构造配筋，此项注写洞口每边补强钢筋的数值。

③当矩形洞口的洞宽大于 800 mm 时，在洞口的上、下需设置补强暗梁，此项注写为洞口上、下每边暗梁的纵筋和箍筋的具体数值（在标准构造详图中，补强暗梁梁高一律定为 400 mm，施工时按标造详图取值，设计不注。当设计者采用与该构造详图不同的做法时，应另行注明）；当洞口

上、下边为剪力墙连梁时，此项免注；洞口竖向两侧按边缘构件配筋，亦不在此项表达。

④当圆形洞口设置在连梁中部 1/3 范围（且圆洞直径不应大于 1/3 梁高）时，需注写在圆洞上下水平设置的每边补强纵筋与箍筋。

⑤当圆形洞口直径大于 300 mm，但不大于 800 mm 时，其加强钢筋在标准构造详图中系按照圆外切正六边形的边长方向布置（请参考对照《混凝土结构施工图平法（现浇混凝土框架、剪力墙、梁、板）》（11G101－1）图集中相应的标准构造详图），设计仅需注写六边形中一边补强钢筋的具体数值。

11.3.2 框架—剪力墙结构

1. 框架—剪力墙结构的受力特点

如前所述，框架—剪力墙结构是由框架和剪力墙两类抗侧力单元组成，这两类抗侧力单元的变形和受力特点不同。剪力墙的变形以弯曲型为主（图 11.16（a）），框架的变形以剪切型为主（图 11.16（b））。在框—剪结构中，框架和剪力墙由楼盖连接起来而共同变形，其协同变形曲线如图 11.17 所示。

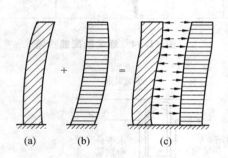

图 11.16　框架剪力墙结构的变形特点

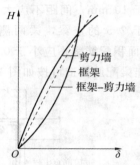

图 11.17　框架剪力墙结构的变形曲线

框—剪结构协同工作时，由于剪力墙的刚度比框架大得多，因此剪力墙负担大部分水平力；另外，框架和剪力墙分担水平力的比例，房屋上部、下部是变化的（图 11.18）。在房屋下部，由于剪力墙变形增大，框架变形减小，使得下部剪力墙担负更多剪力，而框架下部担负的剪力较少。在上部，情况恰好相反，剪力墙担负外载减小，而框架担负剪力增大。这样，就使框架上部和下部所受剪力均匀化。从协同变形曲线可以看出，框架结构的层间变形在下部小于纯框架，上部小于纯剪力墙，因此各层的层间变形也将趋于均匀化。

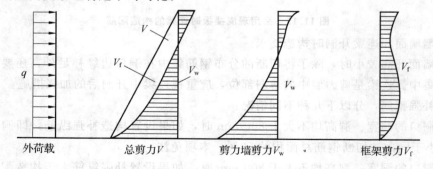

图 11.18　框架剪力墙结构的剪力分配

2. 框架—剪力墙结构的构造

框—剪结构中，剪力墙是主要的抗侧力构件，承担着绝大部分剪力，因此构造上应加强。剪力墙的厚度不应小于 160 mm，也不应小于 $h/20$（h 为层高）。

剪力墙墙板的竖向和水平向分布钢筋的配筋率均不应小于 0.2%，直径不应小于 8 mm，间距部应大于 300 mm，并至少采用双排布置。各排分布钢筋间应设置拉筋，拉筋直径不小于 6 mm，间距不应大于 600 mm。

剪力墙周边应设置梁（或暗梁）和端柱组成边框。边框梁或暗梁的上、下纵向钢筋配筋率，均不应小于 0.2%，箍筋不应少于 φ6@200。

墙中的水平和竖向分布钢筋宜分别贯穿柱、梁或锚入周边的柱、梁中，锚固长度为 l_a。端柱的箍筋应沿全高加强配置。

框—剪结构中的框架、剪力墙上应符合框架结构和剪力墙结构的有关构造要求。

【重点串联】

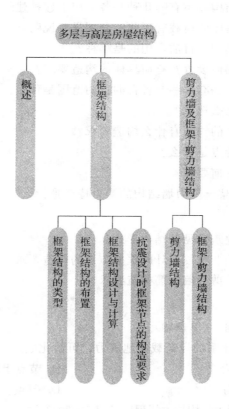

【知识链接】

1.《建筑结构荷载设计规范》（GB 50009—2012）；

2.《高层建筑混凝土结构技术规程》（JGJ 3—2010）；

3.《混凝土结构施工图平面整体表示方法制图规则和构造详图（现浇泥凝土框架、剪力墙、梁、板）》（11G101—1）。

拓展与实训

基础训练

一、填空题

1. 从受力角度来看，随着高层建筑高度的增加，_____对结构起的作用将越来越大。

2. 一般用途的高层建筑荷载效应组合分为以下两种情况：_____，_____。

3. 剪力墙配筋一般为：_____、_____和_____。

二、简答题

1. 多高层钢筋混凝土结构体系有哪几种？各适用于何种建筑？

2. 作用在多层与高层房屋的荷载有哪些？分别举例说明。

3. 框架结构有哪几种类型？目前常用的是哪种？

4. 框架结构的沉降缝如何设置？有何具体的构造要求？

5. 框架内力近似计算方法有哪些？各自的适用范围是什么？

6. 多高层结构的材料怎么选取？

7. 梁柱纵筋在各节点区的锚固有什么构造要求？

8. 剪力墙结构的受力特点是什么？

9. 剪力墙的墙肢配筋有何要求？

10. 与剪力墙相比，框架－剪力墙结构的受力特点是什么？

工程模拟训练

1. 调研本地区多高层建筑常见的结构形式。

2. 参照图纸或图集抄绘非抗震设计时框架节点的构造要求。

3. 参照图纸或图集抄绘剪力墙配筋构造要求。

链接职考

2011 年一级建造师试题：（单选题）

1. 对作用于框架结构体系的风荷载和地震力，可简化成（　　）进行分析。

A. 节点间的水平分布力　　　　　　　　　B. 节点上的水平集中力

C. 节点间的竖向分布力　　　　　　　　　D. 节点上的竖向集中力

2. 根据《高层建筑混凝土结构技术规程》（JGJ 3－2002）的规定，高层建筑是指（　　）的房屋。

A. 10 层及 10 层以上或高度超过 28 m

B. 12 层及 12 层以上或高度超过 36 m

C. 14 层及 14 层以上或高度超过 42 m

D. 16 层及 16 层以上或高度超过 48 m

模块 **12**

砌体结构

【模块概述】

由块体和砂浆砌筑而成的墙、柱作为建筑物主要受力构件的结构，称为砌体结构，是砖砌体、砌块砌体和石砌体的统称。

目前国内住宅、办公楼等民用建筑中广泛采用砌体承重。同时还用于建造各种构筑物，如烟囱、小水池、料仓等，在水利工程方面，如堤岸、坝身、水闸、围堰引水渠等。砌体结构在我国得到非常广泛的应用，砌体结构的发展，除了改进计算理论和方法外，降低能耗、发展高强材料是"可持续发展"的必然趋势。

【知识目标】

1. 掌握砌体材料及砌体的力学性质；
2. 熟练掌握砌体结构受压构件的承载力计算，了解受拉、受弯、受剪构件的承载力计算；
3. 掌握混合结构房屋墙柱的设计，了解过梁、挑梁和砌体结构的构造措施。

【技能目标】

1. 根据施工图纸和施工实际条件，明确结构施工图中的砌体结构构件以及各种构造措施的名称、作用；
2. 正确评价砌体结构构件及各种构造措施设置的合理性。

【课时建议】

8 课时

　　某市一开发商修建一商品房，为了追求较多的利润，要求设计、施工等单位按其要求进行设计施工。设计上采用底层框架（局部为二层框架）上面砌筑九层砖混结构，总高度最高达33.3 m，严重违反国家现行规范的要求，框架顶层未采用现浇结构，平面布置不规则、对称，质量和刚度不均匀，在较大洞口两侧未设置构造柱。在施工过程中 6～11 层采用灰砂砖墙体。住户在使用过程中，发现房屋内墙体产生较多的裂缝，经检查有正八字、倒八字裂缝、竖向裂缝，局部墙面出现水平裂缝，以及大量的界面裂缝，引起住户强烈不满，多次向各级政府有关部门投诉，产生了极坏的影响。

12.1　砌体材料与力学性能

12.1.1　砌体材料

　　砌体是由块体和砂浆砌筑而成的整体材料。块体强度等级以符号"MU"表示，砂浆强度等级以符号"M"表示，对于混凝土小型空心砌块砌体，砌筑砂浆的强度等级以符合"Mb"表示，灌孔混凝土的强度等级以符号"Cb"表示。

　　1．块体

　　（1）砖

　　目前，我国用作承重砌体结构的砖有烧结普通砖、烧结多孔砖和非烧结硅酸盐砖。

　　烧结普通砖以黏土、页岩、煤矸石、粉煤灰为主要成分塑压成坯，经高温焙烧而成的实心或孔洞率小于 35％的砖。我国生产的烧结普通砖统一规格为 240 mm×115 mm×53 mm。

　　实心黏土砖的强度可以满足一般结构的要求，且耐久性、保温隔热性好，生产工艺简单，砌筑方便，故生产应用最为普遍，多用作砌筑单层及多层房屋的承重墙、基础、隔墙和过梁，以及构筑物中的挡土墙、水池和烟囱等，同时还适用于作为潮湿环境及承受较高温度的砌体。但由于黏土砖毁坏土地资源、浪费能源，我国政府已在许多地区禁用黏土砖。

　　为了减轻墙体自重，改善砖砌体的技术经济指标，近期我国部分地区生产应用了具有不同孔洞形状和不同孔洞率的烧结多孔砖或空心砖。这种砖自重较小，保温隔热性能相比黏土砖来说有了进一步改善，砖的厚度较大，抗弯抗剪能力较强，而且节省砂浆，常用于承重部位。孔洞率等于或大于 40％，孔的尺寸大而数量少的砖称为空心砖，常用于非承重部位。

　　烧结多孔砖是指孔洞率等于或大于 25％，孔的尺寸小而数量多的砖。外形尺寸，按相关规定，长度（L）可为 290 mm、240 mm、190 mm，宽度（B）为 240 mm、190 mm、180 mm、175 mm、140 mm、115 mm，高度（H）为 90 mm。产品还可以有 1/2 长度或 1/2 宽度的配砖，配套使用。有的多孔砖可与烧结普通砖搭配使用。

　　以硅质材料和石灰为主要原料压制成坯并经高压釜蒸汽养生而成的实心砖统称硅酸盐砖。常用的有蒸压灰砂砖、蒸压粉煤灰砖、炉渣砖、矿渣砖等。其规格尺寸与实心黏土砖相同。

　　蒸压粉煤灰砖又称烟灰砖，是以粉煤灰为主要原料，掺配一定比例的石灰、石膏或其他碱性激发剂，再加入一定量的炉渣作骨料，经坯料制备、压制成型、高压蒸汽养护而成的砖。这种砖的抗冻性、长期强度稳定性以及防水性能等均不及黏土砖，可用于一般建筑。

　　炉渣砖又称煤渣砖，是以炉渣为主要原料，掺配适量的石灰、石膏或其他碱性激发剂，经加水搅拌、消化、轮碾和蒸压养护而成。这种砖的耐热温度可达 300 ℃，能基本满足一般建筑的使用要求。

根据抗压强度，烧结普通砖和烧结多孔砖分为 MU30、MU25、MU20、MU15 和 MU10 五个强度等级。蒸压灰砂砖和蒸压粉煤灰砖分为 MU25、MU20、MU15、MU10 四个强度等级。

（2）混凝土砌块

制作砌块的材料有许多品种：南方地区多用普通混凝土做成空心砌块以解决黏土砖与农田争地的矛盾；北方寒冷地区则多利用浮石、火山渣、陶粒等轻集料做成轻集料混凝土空心砌块，既能保温又能承重，是比较理想的节能墙体材料。此外，利用工业废料加工生产的各种砌块，如粉煤灰砌块、煤矸石砌块、炉渣混凝土砌块、加气混凝土砌块等也因地制宜地得到应用，既能代替黏土砖，又能减少环境污染。

砌块按尺寸大小和重量分为用手工砌筑的小型砌块和采用机械施工的中型和大型砌块。高度为 180～350 mm 的块体一般称为小型砌块；高度为 360～900 mm 的块体一般称为中型砌块；大型砌块尺寸更大，由于起重设备限制，中型和大型砌块已很少应用。

小型砌块的主规格尺寸为 390 mm×190 mm×190 mm，与目前国内外普遍采用的尺寸基本一致。配以必要的辅助规格砌块后，可同时适用于 2M 和 3M 的建筑模数制，使用十分灵活。按孔的排数有单排孔、双排孔和多排孔等。

砌块强度划分为 MU20、MU15、MU10、MU7.5 和 MU5 五个强度等级。

（3）石材

用作承重砌体的石材主要来源于重质岩石和轻质岩石。重质岩石的抗压强度高，耐久性好，但导热系数大。轻质岩石的抗压强度低，耐久性差，但易开采和加工，导热系数小。

石材的大小和规格不一，石材的强度等级通常用 3 个边长为 70 mm 的立方体试块进行抗压试验，按其破坏强度的平均值而确定。石材的强度划分为 MU100、MU80、MU60、MU50、MU40、MU30 和 MU20 七个等级。

2. 砂浆

砂浆是由无机胶结料、细集料、掺合料加水搅拌而成的混合材料，在砌体中起黏结、衬垫和传递应力的作用。砌体中常用的砂浆可分为水泥砂浆、水泥混合砂浆和非水泥砂浆三种，其稠度、分层度和强度均需达到规定的要求。砂浆稠度是评判砂浆施工时和易性（流动性）的主要指标，砂浆的分层度是评判砂浆施工时保水性的主要指标。为改善砂浆的和易性可加入石灰膏、电石膏、粉煤灰及黏土膏等无机材料的掺合料。为提高和改善砂浆的力学性能或物理性能，还可掺入外加剂。

砂浆的强度等级用边长为 70.7 mm 的立方体试块进行抗压试验，每组为 6 块，按其破坏强度的平均值确定。砂浆的强度划分为 M15、M10、M7.5、M5 和 M2.5 五个等级。

为了适应混凝土砌块等混凝土制品建筑应用的需要，提高砌块砌体的砌筑质量，新的砌体规范提出了混凝土砌块专用砂浆，即由水泥、砂、水以及根据需要掺入的掺合料和外加剂等组分，按一定比例，采用机械拌和制成，用于砌筑混凝土小型空心砌块的砂浆。其掺合料主要采用粉煤灰，外加剂包括减水剂、早强剂、促凝剂、缓凝剂、防冻剂、颜料等。与使用传统的砌筑砂浆相比，专用砂浆可使砌体灰缝饱满、黏结性能好，减少墙体开裂和渗漏，提高砌块建筑质量。这种砂浆的强度划分为 Mb30、Mb25、Mb20、Mb15、Mb10、Mb7.5 和 Mb5 七个等级。

3. 混凝土小型空心砌块灌孔混凝土

混凝土小型空心砌块灌孔混凝土是砌块建筑灌注芯柱、孔洞的专用混凝土，即由水泥、集料、水以及根据需要掺入的掺合料和外加剂等组分，按一定比例，采用机械搅拌后，用于浇筑混凝土小型空心砌块砌体芯柱或其他需要填实孔洞部位的混凝土。其掺合料亦主要采用粉煤灰；外加剂包括减水剂、早强剂、促凝剂、缓凝剂、膨胀剂等。它是一种高流动性和低收缩性的细石混凝土，是保证砌块建筑整体工作性能、抗震性能、承受局部荷载的重要施工配套材料。混凝土小型空心砌块灌孔混凝土的强度划分为 Cb40、Cb35、Cb30、Cb25 和 Cb20 五个等级，相应于 C40、C35、C30、C25 和 C20 混凝土的抗压强度指标。

12.1.2 砌体的力学性能

1. 砌体的受压性能

（1）砌体受压破坏特征

根据试验，砌体轴心受压时从开始直至破坏，根据裂缝的出现和发展等特点，可划分为三个受力阶段。图 12.1 为砖砌体的受压破坏情况。

第一阶段：从砌体开始受压，到出现第一条（批）裂缝（图 12.1（a））。在此阶段，随着压力的增大，单块砖内产生细小裂缝，但就砌体而言，多数情况裂缝约有数条。如不再增加压力，单块砖内的裂缝亦不发展。根据国内外的试验结果，砖砌体内产生第一批裂缝时的压力约为破坏时压力的 $50\% \sim 70\%$。

第二阶段：随着压力的增加，单块砖内裂缝不断发展，并沿竖向通过若干皮砖，在砖体内逐渐连接成一段段的裂缝（图 12.1（b））。此时，即使压力不再增加，裂缝仍会继续发展，砌体已临近破坏，处于十分危险的状态。其压力约为破坏时压力了的 $80\% \sim 90\%$。

第三阶段：压力继续增加，砌体内裂缝迅速加长加宽，最后使砌体形成小柱体（个别砖可能被压碎）而失稳，整个砌体亦随之破坏（图 12.1（c））。以破坏时压力除以砌体横截面面积所得的应力称为该砌体的极限强度。

通过上述试验，砖的强度为 10 MPa，砂浆强度为 2.5 MPa，实测砌体抗压强度为 2.4 MPa。可见砖砌体在受压时不但单块砖先开裂，且砌体的抗压强度也远低于它所用砖的抗压强度，这一差异可用砌体内的单块砖的应力状态加以说明。

① 由于灰缝厚度和密实性不均匀，单块砖在砌体内并非均匀受压，而是处于受弯和受剪状态（图 12.2）。

② 砌体横向变形时砖和砂浆的交互作用。在砖砌体中，由于砖和砂浆的弹性模量及横向变形系数的不同，一般砖的横向变形较中等强度等级的砂浆为小，所以在用这种砂浆砌筑的砌体内，由于两者的交互作用，砌体的横向变形将介于两种材料单独作用时的变形之间，即砖受砂浆的影响增大了横向变形，因此砖内出现了拉应力；相反的，灰缝内的砂浆层受砖的约束，其横向变形减小，因此砂浆处于三向受压状态，其抗压强度将提高。

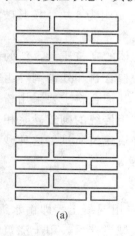
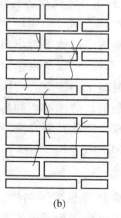
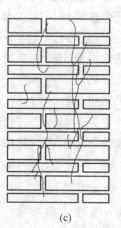

(a)　　　　　　　(b)　　　　　　　(c)

图 12.1　砖砌体受压破坏情况

③弹性地基梁的作用。砖内受弯剪应力的大小不仅与灰缝厚度和密实性的不均匀有关，而且还与砂浆的弹性性质有关。每块砖可视为作用在弹性地基上的梁，其下面的砖体即为弹性"地基"。地基的弹性模量越小，砖的弯曲变形越大，砖内发生的弯剪应力越高。

④竖向灰缝上的应力集中。砌体的竖向灰缝未能很好地填满，同时竖向灰缝内砂浆和砖的黏结力也不能保证砌体的整体性。因此，在竖向灰缝上的砖内将发生横向拉应力和剪应力集中。

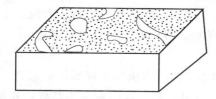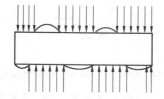

图 12.2　砌体内砖的复杂应力状态示意

上述种种原因均导致砌体内的砖受到较大的弯曲、剪切和拉应力的共同作用。由于砖是一种脆性材料，它的抗弯、抗剪和抗拉强度很低，因而砌体受压时，首先是单块砖在复杂应力作用下开裂，在破坏时砌体内砖的抗压强度得不到充分发挥。

（2）影响砌体抗压强度的因素

①砖和砂浆的强度

砖和砂浆的强度指标是确定砌体强度最主要的因素。砖和砂浆的强度高，砌体的抗压强度亦高。试验证明，提高砖的强度等级比提高砂浆强度等级对增大砌体抗压强度的效果好，一般情况下的砖砌体，当砖强度等级提高一级，砌体抗压强度只提高约15％，而当砂浆强度不变，砖强度等级提高一级，砌体抗压强度可提高约20％。由于砂浆强度等级提高后，水泥用量增多，因此，在砖的强度等级一定时，过高地提高砂浆强度等级并不适宜。但在毛石砌体中，提高砂浆强度等级对砌体抗压强度的影响较大。

②砂浆的弹塑性性质

砂浆具有较明显的弹塑性性质，在砌体内采用变形率大的砂浆，单块砖内受到的弯、剪应力和横向拉应力增大，对砌体抗压强度产生不利影响。

③砂浆铺砌时的流动性

砂浆的流动性大，容易铺成厚度和密实性较均匀的灰缝，因而可以减少在砖内产生的弯、剪应力，亦即可以在某种程度上提高砌体的抗拉、抗压强度。采用混合砂浆代替水泥砂浆就是为了提高砂浆的流动性。纯水泥砂浆的流动性较差，所以纯水泥砂浆砌体强度约降低5％～15％。但是，也不能过高地估计砂浆流动性对砌体强度的有利影响，因为砂浆的流动性大，一般在硬化后的变形率亦大，所以在某些情况下，可能砌体的强度反而会有所降低。因此，最好的砂浆应当具有好的流动性，同时也有高的密实性。

④砌筑质量

砌体砌筑时水平灰缝的饱满度、水平灰缝的厚度、砖的含水率以及砌合方法等关系着砌体质量的优劣。由砌体的受压应力状态分析可知，砌筑质量对砌体抗压强度的影响，实质上是反映它对砌体内复杂应力作用的不利影响程度。实验表明，水平灰缝砂浆越饱满，砌体抗压强度越高。当水平灰缝砂浆饱满度为73％时，砌体抗压强度可达到规定的强度指标。因此，砌体施工及验收规范中，要求水平灰缝砂浆饱满度大于80％。研究表明，砌体的抗压强度随黏土砖砌筑时的含水率的增大而提高，采用干砖和饱和砖砌筑的黏土砖砌体与采用一般含水率的黏土砖砌筑的砌体相比较，抗压强度分别降低15％和提高10％。但黏土砖砌筑时的含水率对砌体抗剪强度的影响与此不同，在上述含水率时砌体抗剪强度均降低。此外，施工中黏土砖浇水过湿，在操作上有一定困难，墙面也会因流浆而不能保持清洁。因此，作为正常施工质量的标准，要求控制黏土砖的含水率为10％～15％。

砌体内水平灰缝越厚，砂浆横向变形越大，砖内横向拉应力亦越大，砌体内的复杂应力状态亦随之加剧，砌体的抗压强度亦降低。通常要求砖砌体的水平灰缝厚度为 8～12 mm。砌体的砌合方法对砌体的强度和整体性的影响也很明显。通常采用的一顺一顶、梅花顶和三顺一顶法砌筑的砌体整体性好，砌体抗压强度可得到保证，但若采用包心砌法，由于砌体的整体性差，其抗压强度将大大降低。

规范中规定了砌体施工质量控制等级。根据施工现场的质保体系、砂浆和混凝土的强度、砌筑工人技术等方面的综合水平划分为 A、B、C 三个等级，设计时一般按 B 级考虑。

⑤砖的形状

砖形状的规则程度显著地影响砌体强度。当表面歪曲时将砌成不同厚度的灰缝，因而增加了砂浆层的不均匀性，引起较大的附加弯曲应力并使砖过早断裂。在一批砖中某些砖块的厚度不同时，将使灰缝的厚度不同而起很坏的影响，这种因素可使砌体强度降低25%。当砖的强度相同时，用灰砂砖和干压砖砌成的砌体，其抗压强度高于一般用塑压砖砌成的砌体。原因是前者的形状较后者整齐。所以，改善砖的这方面指标，也是制砖工业的重要任务之一。砖体的尺寸，尤其是砖块高度（厚度）对砌体抗压强度的影响较大。高度大的块体的抗弯、抗剪和抗拉能力增大，砌体抗压强度有明显的提高。但应注意，块体高度增大后，砌体受压时的脆性亦有增大。

此外，对砌体抗压强度的影响因素还有龄期、竖向灰缝的填满程度、试验方法等，在此不再详述。

2. 砌体的抗压强度

（1）抗压强度平均值

《砌体结构设计规范》（GB 50003—2011）在统计各类砌体大量试验数据的基础上，提出了统一的计算砌体抗压强度平均值的一般公式：

$$f_m = k_1 f_1^{\alpha} (1 + 0.07 f_2) k_2 \tag{12.1}$$

式中　f_m——砌体抗压强度平均值，MPa；

　　　f_1、f_2——块材和砂浆抗压强度平均值，MPa；

　　　k_1——与块体类别有关的参数；

　　　k_2——砂浆强度影响参数；

　　　α——与块体厚度有关的参数。

式中各计算参数见《砌体结构设计规范》（GB 50003—2011）附录 B。

（2）砌体强度标准值

f_k 取具有 95% 保证率的强度值，即

$$f_k = f_m - 1.65 \sigma_f \tag{12.2}$$

式中　f_m——砌体的强度平均值；

　　　σ_f——砌体的强度标准差。

通过对大量的试验数据进行统计分析，可得到砌体的抗压、轴心抗拉、弯曲抗拉及抗剪强度的平均值 f_m 及其强度标准差，由此所得各类砌体的强度标准值 f_k 见《砌体结构设计规范》（GB 50003—2011）。

（3）砌体强度设计值

施工质量控制等级为 B 级、龄期为 28 d 的以毛截面计算的各类砌体的抗压强度设计值、轴心抗拉设计值、弯曲抗拉设计值及抗剪强度设计值可查表 12.1～表 12.7。当施工质量控制等级为 C 级时，表中数据应乘以 1.6/1.8 = 0.89 的系数；当施工质量控制等级为 A 级时，可将表中数据乘以 1.05 的系数。

表 12.1　烧结普通砖和烧结多孔砖砌体的抗压强度设计值（MPa）

砖强度等级	砂浆强度等级					砂浆强度
	M15	M10	M7.5	M5	M2.5	0
MU30	3.94	3.27	2.93	2.59	2.26	1.15
MU25	3.60	2.98	2.68	2.37	2.06	1.05
MU20	3.22	2.67	2.39	2.12	1.84	0.94
MU15	2.79	2.31	2.07	1.83	1.60	0.82
MU10	—	1.89	1.69	1.50	1.30	0.67

注：当烧结多孔砖的空洞率大于 30% 时，表中数值应乘以 0.9。

表 12.2　蒸压灰砂砖和粉煤灰砖砌体的抗压强度设计值（MPa）

砖强度等级	砂浆强度等级				砂浆强度
	M15	M10	M7.5	M5	0
MU25	3.60	2.98	2.68	2.37	1.05
MU20	3.22	2.67	2.39	2.12	0.94
MU15	2.79	2.31	2.07	1.83	0.82
MU10	—	1.89	1.69	1.50	0.67

表 12.3　单排孔混凝土和轻骨料混凝土砌块砌体的抗压强度设计值（MPa）

砌块强度等级	砂浆强度等级					砂浆强度
	Mb20	Mb15	Mb10	Mb7.5	Mb5	0
MU20	6.30	5.68	4.95	4.44	3.94	2.33
MU15	—	4.61	4.02	3.61	3.20	1.89
MU10	—	—	2.79	2.50	2.22	1.31
MU7.5	—	—	—	1.93	1.71	1.01
MU5	—	—	—	—	1.19	0.70

注：1. 对独立柱或厚度为双排组砌的砌块砌体，应按表中数值乘以 0.7；
　　2. 对 T 形截面砌体，应按表中数值乘以 0.85。

表 12.4　轻骨料混凝土砌块砌体的抗压强度设计值（MPa）

砌块强度等级	砂浆强度等级			砂浆强度
	Mb10	Mb7.5	Mb5	0
MU10	3.08	2.76	2.45	1.44
MU7.5	—	2.13	1.88	1.12
MU5	—	—	1.31	0.78

注：1. 表中的砌块为火山渣、浮石和陶粒轻骨料混凝土砌块；
　　2. 本表用于孔洞率不大于 35% 的双排孔或多排孔轻骨料混凝土砌块砌体；
　　3. 对厚度方向为双排组砌的轻骨料混凝土砌块砌体的抗压强度设计值，应按表中数值乘以 0.8。

表 12.5　毛料石砌体的抗压强度设计值（MPa）

毛料石强度等级	砂浆强度等级			砂浆强度
	M7.5	M5	M2.5	0
MU100	5.42	4.80	4.18	2.13
MU80	4.85	4.29	3.73	1.91
MU60	4.20	3.71	3.23	1.65
MU50	3.83	3.39	2.95	1.51
MU40	3.43	3.04	2.64	1.35
MU30	2.97	2.63	2.29	1.17
MU20	2.42	2.15	1.87	0.95

注：对各类料石砌体，应按表中数值分别乘以系数：细料石砌体 1.5，半细料石砌体 1.3，粗细料石砌体 1.2，干砌勾缝石砌体 0.8。

表 12.6　毛石砌体的抗压强度设计值（MPa）

毛石强度等级	砂浆强度等级			砂浆强度
	M7.5	M5	M2.5	0
MU100	1.27	1.12	0.98	0.34
MU80	1.13	1.00	0.87	0.30
MU60	0.98	0.87	0.76	0.26
MU50	0.90	0.80	0.69	0.23
MU40	0.80	0.71	0.62	0.21
MU30	0.69	0.61	0.53	0.18
MU20	0.56	0.51	0.44	0.15

表 12.7　砌体沿灰缝截面破坏时的轴心抗拉强度设计值 f_t、弯曲抗拉强度设计值 f_{tm} 和抗剪强度设计值 f_v（MPa）

强度类别	破坏特征及砌体种类		砂浆强度等级			
			≥M10	M7.5	M5	M2.5
轴心抗拉	沿齿缝	烧结普通砖、烧结多孔砖	0.19	0.16	0.13	0.09
		蒸压灰砂砖、蒸压粉煤灰砖	0.12	0.10	0.08	0.06
		混凝土砌块	0.09	0.08	0.07	—
		毛石	0.08	0.07	0.06	0.04

续表 12.7

弯曲抗拉	沿齿缝	烧结普通砖、烧结多孔砖	0.33	0.29	0.23	0.17
		蒸压灰砂砖、蒸压粉煤灰砖	0.24	0.20	0.16	0.12
		混凝土砌块	0.11	0.09	0.08	—
		毛石	0.13	0.11	0.09	0.07
	沿通缝	烧结普通砖、烧结多孔砖	0.17	0.14	0.11	0.08
		蒸压灰砂砖、蒸压粉煤灰砖	0.12	0.10	0.08	0.06
		混凝土砌块	0.18	0.06	0.05	—
抗剪		烧结普通砖、烧结多孔砖	0.17	0.14	0.11	0.08
		蒸压灰砂砖、蒸压粉煤灰砖	0.12	0.10	0.08	0.06
		混凝土砌块	0.09	0.08	0.06	—
		毛石	0.21	0.19	0.16	0.11

注：1. 对于用形状规则的块体砌筑的砌体，当搭接长度与块体高度的比值小于 1 时，其轴心抗拉强度设计值和弯曲抗拉强度设计值应按表中数值乘以搭接长度与块体高度比值后采用；

2. 表中数值是依据普通砂浆砌筑的砌体确定，采用经研究性试验且通过技术鉴定的专用砂浆砌筑的蒸压灰砂普通砖、蒸压粉煤灰普通砖砌体，其抗剪强度设计值按相应普通灰砂强度等级砌筑的烧结普通砖砌体采用；

3. 对混凝土普通砖、混凝土多孔砖、混凝土和轻集料混凝土砌块砌体，表中的砂浆强度等级分别为：≥Mb10、Mb7.5 及 Mb5。

（4）砌体的强度设计值调整系数

考虑实际工程中各种可能的不利因素，对各类砌体的强度设计值，符合表 12.8 所列的使用情况时，应乘以调整系数 γ_a。

表 12.8　砌体强度设计值的调整系数

使用情况		γ_a
有吊车房屋砌体、跨度≥9 m 的梁下烧结普通砖砌体、跨度≥7.5 m 的梁下烧结多孔砖、蒸压灰砂砖、蒸压粉煤灰砖砌体、混凝土和轻骨料混凝土砌块砌体		0.9
构件截面面积 $A<0.3$ m² 的无筋砌体		$0.7+A$
构件截面面积 $A<0.2$ m² 的配筋砌体		$0.8+A$
采用水泥砂浆砌筑的砌体（若为配筋砌体，仅对其强度设计值调整）	对表 12.1～表 12.6 中的数值	0.9
	对表 12.7 中的数值	0.8
施工质量控制等级为 C 级时		0.89
验算施工中房屋的构件时		1.1

注：1. 表中构件截面面积 A 以 m² 计；

2. 当砌体同时符合表中所列几种使用情况时，应当将砌体的强度设计值连续乘以调整系数。

3. 砌体的抗拉、抗弯与抗剪性能

砌体拉、弯、剪的破坏形式：砌体在受拉、受弯、受剪时可能发生沿齿缝（灰缝）的破坏、沿块体和竖向灰缝的破坏以及沿通缝（灰缝）的破坏。图 12.3 为受拉构件的三种破坏形式。

由于块体和砂浆的法向黏结力低，以及在砌筑和使用过程中可能出现的偶然原因破坏和降低法向的黏结强度，因此不容许设计沿通缝截面的受拉构件，即不容许出现如图 12.3（c）所示的情况。

拉力水平方向作用时，砌体可能沿齿缝（灰缝）破坏，也可能沿块体和竖向灰缝破坏（图12.3）。当切向黏结强度低于块体的抗拉强度时，则砌体将沿水平和竖向灰缝成齿形或阶梯形破坏，也即沿齿缝破坏。这时，砌体的抗拉能力主要是由水平灰缝的切向黏结力提供（竖向灰缝不考虑参加受力）。这样，砌体的抗拉承载力实际上取决于破坏截面上水平灰缝的面积，也即与砌筑方式有关。一般是按块体的搭砌长度等于块体高度的情况确定砌体的抗拉强度，如果搭砌长度大于块体高度（如三顺一丁砌筑时），则实际抗拉承载力要大于计算值，但因设计时不规定砌筑方式，所以不考虑其提高。反之，如果有的砌体搭砌长度小于块体高度，则其砌体抗拉强度应乘以两者比值予以折减。

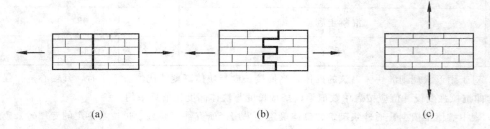

(a)   (b)   (c)

图 12.3　砌体受力的几种破坏形式

当切向黏结力高于块体的抗拉能力时，则砌体可能沿块体和竖向灰缝破坏。此时，砌体的抗拉能力完全取决于块体本身的抗拉能力（竖向灰缝不考虑）。所以实际抗拉截面积只有砌体受拉截面积的一半，一般为了计算方便仍取全部受拉截面积，但强度以块体抗拉强度的一半计算。

砌体的抗拉强度，计算时应取上述两种强度的较小值。

当砌体受弯时，总是在受拉区发生破坏。因此，砌体的弯曲抗拉强度确定和轴心受拉类似，砌体弯曲受拉也有三种破坏形式。砌体在竖向弯曲时，应采用沿通缝截面的弯曲抗拉强度，如图12.4（c）所示。砌体在水平方向弯曲时，有两种破坏可能：沿齿缝截面破坏（图 12.4（a）），以及沿块体和竖向灰缝破坏（图 12.4（b））。和受拉情况一样，这两种破坏取其较小的强度值进行计算。

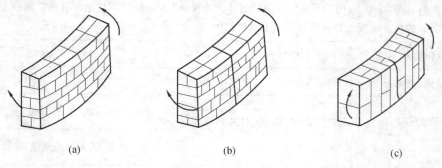

(a)   (b)   (c)

图 12.4　砌体弯曲受拉破坏形式

当砌体受剪时，根据构件的实际破坏情况可分为通缝抗剪、齿缝抗剪和阶梯形缝抗剪（图 12.5）。通缝抗剪强度是砌体的基本强度指标之一，因此砌体沿灰缝受拉、受弯破坏都和抗剪强度有关系。

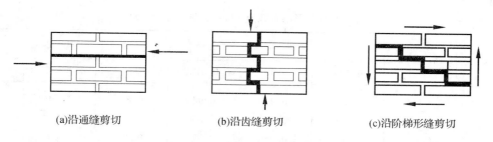

(a)沿通缝剪切　　　(b)沿齿缝剪切　　　(c)沿阶梯形缝剪切

图 12.5　砌体受剪破坏形式

4. 砌体弹性模量

以砌体弹性模量与砌体抗压强度成正比的关系来确定砌体弹性模量。但对于毛石砌体，由于石材的强度和弹性模量均远大于砂浆的强度和弹性模量，其砌体的受压变形主要取决于水平灰缝砂浆的变形，因此仅按砂浆强度等级确定石砌体的弹性模量。各类砌体的受压弹性模量按照不同强度等级的砂浆见表 12.9。

表 12.9　砌体的弹性模量（MPa）

砌体种类	砂浆强度等级			
	≥M10	M7.5	M5	M2.5
烧结黏土砖、烧结多孔砖砌体	1 600f	1 600f	1 600f	1 390f
蒸压灰砂砖、蒸压粉煤灰砖砌体	1 060f	1 060f	1 060f	960f
混凝土砌块砌体	1 700f	1 600f	1 500f	—
粗料石、毛料石、毛石砌体	7 300	5 650	4 000	2 250
细料石、半细料石砌体	22 000	17 000	12 000	6 750

注：1. 轻骨料混凝土砌块砌体的弹性模量，可按表中混凝土砌块砌体的弹性模量采用；
　　2. 表中 f 为砌体的抗压强度设计值。

 # 12.2　砌体结构构件受压承载力计算

12.2.1　砌体受压构件承载力计算

1. 砌体受压构件承载力计算公式

对于无筋砌体的受压构件，其承载力应符合下式的要求：

$$N \leqslant N_u = \varphi f A \tag{12.3}$$

式中　N——轴向力设计值；

　　　φ——高厚比 β 和轴向力偏心距 e 对受压构件承载力的影响系数。可按表 12.10～12.12 查取或按公式（12.4）、（12.5）计算；

　　　f——砌体抗压强度设计值，按表 12.1～表 12.6 采用；

　　　A——截面面积，对各类砌体均按毛截面计算。

2. 砌体受压构件承载力计算时应注意的问题

①对矩形截面构件，当轴向力偏心方向的截面边长大于另一方向的边长时，除按偏心受压计算外，还应对较小边长方向，按轴心受压进行验算。

表 12.10　影响系数 φ（砂浆强度等级≥M5）

β	$\dfrac{e}{h}$或$\dfrac{e}{h_t}$						
	0	0.025	0.05	0.075	0.1	0.125	0.15
≤3	1	0.99	0.97	0.94	0.89	0.84	0.79
4	0.98	0.95	0.90	0.85	0.80	0.74	0.69
6	0.95	0.91	0.86	0.81	0.75	0.69	0.64
8	0.91	0.86	0.81	0.76	0.70	0.64	0.59
10	0.87	0.82	0.76	0.71	0.65	0.60	0.55
12	0.82	0.77	0.71	0.66	0.60	0.55	0.51
14	0.77	0.72	0.66	0.61	0.56	0.51	0.47
16	0.72	0.67	0.61	0.56	0.52	0.47	0.44
18	0.67	0.62	0.57	0.52	0.48	0.44	0.40
20	0.62	0.57	0.53	0.48	0.44	0.40	0.37
22	0.58	0.53	0.49	0.45	0.41	0.38	0.35
24	0.54	0.49	0.45	0.41	0.38	0.35	0.32
26	0.50	0.46	0.42	0.38	0.35	0.33	0.30
28	0.46	0.42	0.39	0.36	0.33	0.30	0.28
30	0.42	0.39	0.36	0.33	0.31	0.28	0.26

β	$\dfrac{e}{h}$或$\dfrac{e}{h_t}$					
	0.175	0.2	0.225	0.25	0.275	0.3
≤3	0.73	0.68	0.62	0.57	0.52	0.48
4	0.64	0.58	0.53	0.49	0.45	0.41
6	0.59	0.54	0.49	0.45	0.42	0.38
8	0.54	0.50	0.46	0.42	0.39	0.36
10	0.50	0.46	0.42	0.39	0.36	0.33
12	0.47	0.43	0.39	0.36	0.33	0.31
14	0.43	0.40	0.36	0.34	0.31	0.29
16	0.40	0.37	0.34	0.31	0.29	0.27
18	0.37	0.34	0.31	0.29	0.27	0.25
20	0.34	0.32	0.29	0.27	0.25	0.23
22	0.32	0.30	0.27	0.25	0.24	0.22
24	0.30	0.28	0.26	0.24	0.22	0.21
26	0.28	0.26	0.24	0.22	0.21	0.19
28	0.26	0.24	0.22	0.21	0.19	0.18
30	0.24	0.22	0.21	0.20	0.18	0.17

表 12.11　影响系数 φ（砂浆强度等级 M2.5）

β	$\dfrac{e}{h}$ 或 $\dfrac{e}{h_t}$						
	0	0.025	0.05	0.075	0.1	0.125	0.15
≤3	1	0.99	0.97	0.94	0.89	0.84	0.79
4	0.97	0.94	0.89	0.84	0.78	0.73	0.67
6	0.93	0.89	0.84	0.78	0.73	0.67	0.62
8	0.89	0.84	0.78	0.72	0.67	0.62	0.57
10	0.83	0.78	0.72	0.67	0.61	0.56	0.52
12	0.78	0.72	0.67	0.61	0.56	0.52	0.47
14	0.72	0.66	0.61	0.56	0.51	0.47	0.43
16	0.66	0.61	0.56	0.51	0.47	0.43	0.40
18	0.61	0.56	0.51	0.47	0.43	0.40	0.36
20	0.56	0.51	0.47	0.43	0.39	0.36	0.33
22	0.51	0.47	0.43	0.39	0.36	0.33	0.31
24	0.46	0.43	0.39	0.36	0.33	0.31	0.28
26	0.42	0.39	0.36	0.33	0.31	0.28	0.26
28	0.39	0.36	0.33	0.30	0.28	0.26	0.24
30	0.36	0.33	0.30	0.28	0.26	0.24	0.22

β	$\dfrac{e}{h}$ 或 $\dfrac{e}{h_t}$					
	0.175	0.2	0.225	0.25	0.275	0.3
≤3	0.73	0.68	0.62	0.57	0.52	0.48
4	0.62	0.57	0.52	0.48	0.44	0.40
6	0.57	0.52	0.48	0.44	0.40	0.37
8	0.52	0.48	0.44	0.40	0.37	0.34
10	0.47	0.43	0.40	0.37	0.34	0.31
12	0.43	0.40	0.37	0.34	0.31	0.29
14	0.40	0.36	0.34	0.31	0.29	0.27
16	0.36	0.34	0.31	0.29	0.26	0.25
18	0.33	0.31	0.29	0.26	0.24	0.23
20	0.31	0.28	0.26	0.24	0.23	0.21
22	0.28	0.26	0.24	0.23	0.21	0.20
24	0.26	0.24	0.23	0.21	0.20	0.18
26	0.24	0.22	0.21	0.20	0.18	0.17
28	0.22	0.21	0.20	0.18	0.17	0.16
30	0.21	0.20	0.18	0.17	0.16	0.15

表 12.12　影响系数 φ（砂浆强度 0）

β	$\frac{e}{h}$ 或 $\frac{e}{h_t}$						
	0	0.025	0.05	0.075	0.1	0.125	0.15
≤3	1	0.99	0.97	0.94	0.89	0.84	0.79
4	0.87	0.82	0.77	0.71	0.66	0.60	0.55
6	0.76	0.70	0.65	0.59	0.54	0.50	0.46
8	0.63	0.58	0.54	0.49	0.45	0.41	0.38
10	0.53	0.48	0.44	0.41	0.37	0.34	0.32
12	0.44	0.40	0.37	0.34	0.31	0.29	0.27
14	0.36	0.33	0.31	0.28	0.26	0.24	0.23
16	0.30	0.28	0.26	0.24	0.22	0.21	0.19
18	0.26	0.24	0.22	0.21	0.19	0.18	0.17
20	0.22	0.20	0.19	0.18	0.17	0.16	0.15
22	0.19	0.18	0.16	0.15	0.14	0.14	0.13
24	0.16	0.15	0.14	0.13	0.13	0.12	0.11
26	0.14	0.13	0.13	0.12	0.11	0.11	0.10
28	0.12	0.12	0.11	0.11	0.10	0.10	0.09
30	0.11	0.10	0.10	0.09	0.09	0.09	0.08

β	$\frac{e}{h}$ 或 $\frac{e}{h_t}$					
	0.175	0.2	0.225	0.25	0.275	0.3
≤3	0.73	0.68	0.62	0.57	0.52	0.48
4	0.51	0.46	0.43	0.39	0.36	0.33
6	0.42	0.39	0.36	0.33	0.30	0.28
8	0.35	0.32	0.30	0.28	0.25	0.24
10	0.29	0.27	0.25	0.23	0.22	0.20
12	0.25	0.23	0.21	0.20	0.19	0.17
14	0.21	0.20	0.18	0.17	0.16	0.15
16	0.18	0.17	0.16	0.15	0.14	0.13
18	0.16	0.15	0.14	0.13	0.12	0.12
20	0.14	0.13	0.12	0.12	0.11	0.10
22	0.12	0.12	0.11	0.10	0.10	0.09
24	0.11	0.10	0.10	0.09	0.09	0.08
26	0.10	0.09	0.09	0.08	0.08	0.07
28	0.09	0.08	0.08	0.08	0.07	0.07
30	0.08	0.07	0.07	0.07	0.07	0.06

②受压构件承载力的影响系数 φ，按下式计算：

当 $\beta \leqslant 3$ 时：

$$\varphi = \frac{1}{1 + 12\left(\dfrac{e}{h}\right)^2} \tag{12.4}$$

当 $\beta > 3$ 时：

$$\varphi = \frac{1}{1 + 12\left[\dfrac{e}{h} + \sqrt{\dfrac{1}{12}\left(\dfrac{1}{\varphi_0} - 1\right)}\right]^2} \tag{12.5}$$

$$\varphi_0 = \frac{1}{1 + \alpha\beta^2} \tag{12.6}$$

式中　e——轴向力的偏心距，按内力设计值计算；

h——矩形截面轴向力偏心方向的边长，当轴心受压时为截面较小边长；若为 T 形截面，则 $h = h_T$，h_T 为 T 形截面的折算厚度，可近似按 $3.5i$ 计算，i 为截面回转半径；

φ_0——轴心受压构件的稳定系数；

α——与砂浆强度等级有关的系数，当砂浆强度等级大于或等于 M5 时，$\alpha = 0.0015$；当砂浆强度等级等于 M2.5 时，$\alpha = 0.002$；当砂浆强度等级等于 0 时，$\alpha = 0.009$；

β——构件高厚比。计算影响系数 φ 时，构件高厚比 β 按下式确定：

$$\beta = \gamma_\beta \frac{H_0}{h} \tag{12.7}$$

式中　γ_β——不同砌体的高厚比修正系数，查表 12.13，该系数主要考虑不同砌体种类受压性能的差异性；

H_0——受压构件计算高度，查表 12.14。

表 12.13　砌体高厚比修正系数

砌体材料种类	γ_β
烧结普通砖、烧结多孔砖砌体、灌孔混凝土砌块	1.0
混凝土、轻骨料混凝土砌块砌体	1.1
蒸压灰砂砖、蒸压粉煤灰砖、细料石和半细料石砌体	1.2
粗料石、毛石	1.5

表 12.14　受压构件的计算 H_0

房屋类别			柱		带壁柱墙或周边拉结的墙		
			排架方向	垂直排架方向	$s > 2H$	$2H \geqslant s > H$	$s \leqslant H$
有吊车的单层房屋	变截面柱上段	弹性方案	$2.5H_u$	$1.25H_u$	$2.5H_u$		
		刚性、刚弹性方案	$2.0H_u$	$1.25H_u$	$2.0H_u$		
	变截面柱下段		$1.0H_l$	$0.8H_l$	$1.0H_l$		
无吊车的单层和多层房屋	单跨	弹性方案	$1.5H$	$1.0H$	$1.5H$		
		刚弹性方案	$1.2H$	$1.0H$	$1.5H$		
	多跨	弹性方案	$1.25H$	$1.0H$	$1.25H$		
		刚弹性方案	$1.10H$	$1.0H$	$1.1H$		
	刚性方案		$1.0H$	$1.0H$	$1.0H$	$0.4s + 0.2H$	$0.6s$

注：1. 表中 H_u 为变截面柱的上段高度；H_l 为变截面柱的下段高度；

　　2. 对于上端为自由端的构件，$H_0 = 2H$；

　　3. 独立砖柱，当无柱间支撑时，柱在垂直排架方向的 H_0 应按表中数值乘以 1.25 后采用。

③对带壁柱墙，其翼缘宽度可按下列规定采用：多层房屋，当有门窗洞口时，可取窗间墙宽度；当无门窗洞口时，每侧翼墙宽度可取壁柱高度的1/3；单层房屋，可取壁柱宽加2/3墙高，但不大于窗间墙宽度和相邻壁柱之间距离；当计算带壁柱墙的条形基础时，可取相邻壁柱之间距离。

【例12.1】 一砖柱，截面尺寸 620 mm×490 mm，高度为 4.2 m，采用烧结普通砖 MU10，施工阶段，砂浆尚未硬化。施工质量控制等级为 B 级。柱顶截面承受轴心压力设计值为 67 kN，柱的计算高度为 4.2 m。试验算该柱施工阶段的承载力是否满足要求？

解 取柱底截面为验算截面。因施工阶段砂浆尚未硬化，施工质量控制等级为 B 级，永久荷载分项系数取值 $\gamma_G = 1.2$，砖柱自重产生的轴心压力设计值为

$$(18 \times 0.62 \times 0.49 \times 4.2 \times 1.2) \text{ kN} = 27.6 \text{ kN}$$

因此柱底截面上的轴向力设计值为

$$N = (67 + 27.6) \text{ kN} = 94.6 \text{ kN}$$

砖柱高厚比 $\beta = \gamma_\beta \dfrac{H_0}{b} = 1.0 \times \dfrac{4.2}{0.49} = 8.6$，砖柱轴心受压，$e = 0$。

施工阶段，砂浆尚未硬化，取砂浆强度为 0，查表 12.12，$\varphi = 0.60$。

$$A = (0.62 \times 0.49) \text{ m}^2 = 0.302 8 \text{ m}^2 > 0.3 \text{ m}^2$$

查表 12.10，并考虑是施工阶段验算，取 $\gamma_\beta = 1.1$，有

$$f = (0.67 \times 1.1) \text{ MPa} = 0.74 \text{ MPa}$$

按式（12.28）有

$$\varphi f A = (0.6 \times 0.74 \times 0.302 8 \times 10^6) \text{ N} = 134.44 \times 10^3 \text{ N} = 134.44 \text{ kN} > 94.6 \text{ kN}$$

该柱安全。

【例12.2】 如图 12.6 所示为一带壁柱砖墙，采用 MU10 烧结普通砖、M7.5 混合砂浆砌筑，施工质量控制等级为 B 级，计算高度为 5 m，试计算当轴向压力作用于该墙截面重心 O 点及 A 点时的承载力。

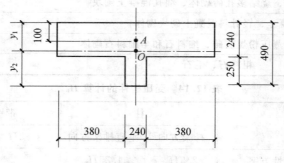

图 12.6　带壁柱砖墙截面

解 （1）截面几何特征值计算

截面面积：$A = (1 \times 0.24 + 0.24 \times 0.25) \text{ m}^2 = 0.3 \text{ m}^2$，取 $\gamma_a = 1.0$

截面重心位置：$y_1 = \dfrac{1 \times 0.24 \times 0.12 + 0.24 \times 0.25 \times 0.365}{0.3} \text{ m} = 0.169 \text{ m}$

$$y_2 = (0.49 - 0.169) \text{ m} = 0.321 \text{ m}$$

截面惯性矩：

$$I = \left[\frac{1 \times 0.24^3}{12} + 1 \times 0.24 \times (0.16 - 0.12)^2 + \frac{024 \times 0.25^3}{12} \right.$$

$$\left. + 0.24 \times 0.25 \times (0.321 - 0.125)^2 \right] \text{ m}^4 = 0.004 34 \text{ m}^4$$

截面回转半径：

$$i=\sqrt{\frac{I}{A}}=\sqrt{\frac{0.004\ 34}{0.3}}\ \text{m}=0.12\ \text{m}$$

T 形截面的折算厚度：

$$h_T=3.5i=3.5\times0.12\ \text{m}=0.42\ \text{m}$$

（2）轴向力作用于截面重心 O 点时的承载力

$$\beta=\gamma_\beta\frac{H_0}{h_T}=1.0\times\frac{5}{0.42}=11.90$$

查表 12.15 得 $\varphi=0.823$，查表 12.1 得 $f=1.69$ MPa。

则按式（12.3），承载力为

$$N=\varphi fA=(0.823\times1.69\times0.3\times10^6)\ \text{N}=417.3\times10^3\ \text{N}=417.3\ \text{kN}$$

（3）轴向力作用于 A 点时的承载力

$$e=y_1-0.1=(0.169-0.1)\ \text{m}=0.069\ \text{m}<0.6y_1=0.6\times0.169\ \text{m}=0.101\ 4\ \text{m}$$

$$\frac{e}{h_T}=\frac{0.069}{0.42}=0.164,\ \beta=11.90$$

查表 12.15 得 $\varphi=0.489$，则承载力为

$$N=\varphi fA=(0.489\times1.69\times0.3\times10^6)\ \text{N}=247.9\times10^3\ \text{N}=247.9\ \text{kN}$$

12.2.2 砌体局部受压承载力计算

1. 砌体局部均匀受压

（1）局部抗压强度提高系数

当砌体抗压强度设计值为 f 时，砌体局部均匀受压时的抗压强度可取为 γf，γ 称为砌体局部抗压强度提高系数。根据试验结果，γ 的大小与周边约束局部受压面积的砌体截面面积的大小以及局部受压砌体所处的位置有关，可按下式确定：

$$\gamma=1+0.35\sqrt{\frac{A_0}{A_l}-1} \tag{12.8}$$

式中 A_0——影响砌体的局部抗压强度的计算面积；

A_l——局部受压面积。

（2）影响局部抗压强度的计算面积

影响局部抗压强度的计算面积，可按图 12.7 确定。

①在图 12.7（a）的情况下，$A_0=(a+c+h)h$；

②在图 12.7（b）的情况下，$A_0=(b+2h)$；

③在图 12.7（c）的情况下，$A_0=(a+h)h+(b+h_1-h)h_1$；

④在图 12.7（d）的情况下，$A_0=(a+h)h$。

式中 a、b——矩形局部受压面积 A_l 的边长；

h、h_1——墙厚或柱的较小边长、墙厚；

c——矩形局部受压面积的外边缘至构件边缘的较小距离，当大于 h 时，应取为 h。

（3）砌体截面中受局部均匀压力时的承载力计算

砌体截面中受局部均匀压力时的承载力应按下式计算：

$$N_l=\gamma fA_l \tag{12.9}$$

式中 N_l——局部受压面积上的轴向力设计值；

f——砌体抗压强度设计值。

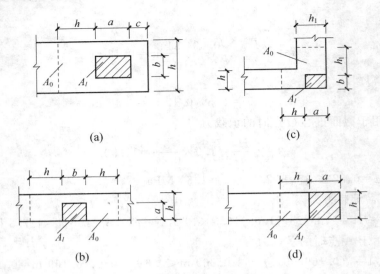

图 12.7　影响局部抗压强度的面积 A_0

在按式（12.9）计算 γ 值时，为了避免 $\dfrac{A_0}{A_l}$ 大于某一限值时会出现危险的劈裂破坏，γ 值尚应符合下列规定：

①在图 12.12（a）的情况下，$\gamma \leqslant 2.5$；

②在图 12.12（b）的情况下，$\gamma \leqslant 2.0$；

③在图 12.12（c）的情况下，$\gamma \leqslant 1.5$；

④在图 12.12（d）的情况下，$\gamma \leqslant 1.25$。

⑤对多孔砖砌体和混凝土砌块灌孔砌体，在（1）、（2）、（3）款的情况下，尚应符合 $\gamma \leqslant 1.5$。未灌孔混凝土砌块砌体，$\gamma = 1.0$。

2. 梁端支承处砌体的局部受压

（1）上部荷载对局部抗压强度的影响

梁端支承处砌体的局部受压属局部不均匀受压。作用在梁端砌体上的轴向力，除梁端支承压力 N_l 外，还有由上部荷载产生的轴向力 N_0，如图 12.8（a）所示。对在梁上砌体作用有均匀压应力 σ_0 的试验结果表明，如果 σ_0 较小，当梁上荷载增加时，与梁端底部接触的砌体产生较大的压缩变形，梁端顶部与砌体的接触面将减小，甚至与砌体脱开，砌体形成内拱来传递上部荷载（图 12.8（b）），此时

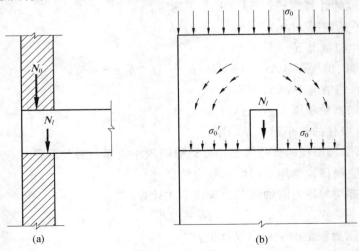

图 12.8　上部荷载对局部抗压的影响示意图

σ_0 的存在和扩散对下部砌体有横向约束作用，提高了砌体局压承载力，这种有利作用应给予考虑。但如果 σ_0 较大，上部砌体的压缩变形增大，梁端顶部与砌体的接触面也增大，内拱作用逐渐减小，其有利效应也变小。这一影响以上部荷载的折减系数表示。此外，按试验结果，当 $A_0/A_1 > 2$ 时，可不考虑上部荷载对砌体局部抗压强度的影响。为偏于安全，规定当 $A_0/A_1 \geqslant 3$ 时，不考虑上部荷载的影响。

（2）梁端有效支承长度

梁端支承在砌体上时，由于梁的挠曲变形（图 12.9）和支承处砌体压缩变形的影响，在梁端实际支承长度 a 范围内，下部砌体并非全部起到有效支承的作用。因此梁端下部砌体局部受压的范围应只在有效支承长度 a_0 范围内，砌体局部受压面积应为 $A_l = a_0 b$（b 为梁的宽度）。

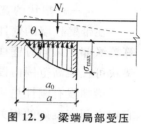

图 12.9 梁端局部受压

《砌体结构设计规范》（GB 50003—2011）规定两端有效长度：

$$a_0 = 10\sqrt{\frac{h_c}{f}} \tag{12.10}$$

式中 h_c——梁的截面高度，mm；

　　　f——砌体抗压强度设计值，MPa。

（3）梁端支承处砌体的局部受压承载力计算

$$\psi N_0 + N_l \leqslant \eta\gamma f A_l \tag{12.11a}$$

$$\psi = 1.5 - 0.5\frac{A_0}{A_l} \tag{12.11b}$$

$$N_0 = \sigma_0 A_l \tag{12.11c}$$

$$A_l = a_0 b \tag{12.11d}$$

式中 ψ——上部荷载的折减系数，当 $A_0/A_l \geqslant 3$ 时，应取 $\psi = 0$；

　　　N_0——局部受压面积内上部轴向力设计值；

　　　N_l——梁端荷载设计值产生的支承压力；

　　　σ_0——上部平均压应力设计值；

　　　A_l——局部受压面积；

　　　η——梁端底面应力图形的完整系数，应取 0.7，对于过梁和墙梁应取 1.0；

　　　a_0——梁端有效支承长度（mm），按式（12.10）计算，当 $a_0 > a$ 时，应取 $a_0 = a$；

　　　b——梁的截面宽度，mm；

　　　f——砌体抗压强度设计值，MPa。

3. 梁端下设有刚性垫块时砌体的局部受压

梁端下设置垫块是解决局部受压承载力不足的一个有效措施。当垫块的高度 $t_b \geqslant 180$ mm，且垫块自梁边缘起挑出的长度不大于垫块的高度时，称为刚性垫块。它不但可以增大局部受压面积，还可使梁端压力能较好地传至砌体表面。试验表明，垫块底面积以外的砌体对局部抗压强度仍能提供有利的影响，但考虑到垫块底面压应力分布不均匀，为了偏于安全，取垫块外砌体面积的有利影响系数 $\gamma_1 = 0.8\gamma$。计算分析表明，刚性垫块下砌体的局部受压可采用砌体偏心受压的计算模式进行计算。

在梁端下设有预制或现浇刚性垫块的砌体局部受压承载力按下列公式计算：

$$N_0 + N_l \leqslant \varphi\gamma_1 f A_b \tag{12.12a}$$

$$N_0 = \sigma_0 A_b \tag{12.12b}$$

$$A_b = a_b b_b \tag{12.12c}$$

式中 N_0——垫块面积 A_b 内上部轴向力设计值，N；

φ——垫块上 N_0 及 N_l 合力的影响系数，应采用表 12.10～表 12.12 中当 $\beta \leqslant 3$ 时的 φ 值；

γ_1——垫块外砌体面积的有利影响系数，γ_1 应为 0.8γ，但不小于 1，γ 为砌体局部抗压强度提高系数，按式（12.8）以 A_b 代替 A_l 计算得出；

A_b——垫块面积，mm；

a_b——垫块伸入墙内的长度，mm；

b_b——垫块的宽度，mm。

在带壁柱墙的壁柱内设刚性垫块时（图 12.10），其计算面积应取壁柱范围内的面积，而不应计算翼缘部分，同时壁柱上垫块伸入翼墙内的长度不应小于 120 mm；当现浇垫块与梁端整体浇筑时，垫块可在梁高范围内设置。

梁端设有刚性垫块时，梁端有效支承长度 a_0。刚性垫块上、下表面的有效支承长度不相等，但它们之间有良好的相关性。刚性垫块上表面梁端有效支承长度 a_0（以 cm 计）按下式确定：

$$a_0 = \delta_1 \sqrt{\frac{h_c}{f}} \tag{12.13}$$

式中 δ_1——刚性垫块的影响系数，可按表 12.15 采用。

垫块上 N_l 作用点的位置可取 $0.4a_0$ 处（如图 12.10（b）所示）。

表 12.15 系数 δ_1 值

σ_0/f	0	0.2	0.4	0.6	0.8
δ_1	5.4	5.7	6.0	6.9	7.8

注：表中其间的数值可采用插入法求得。

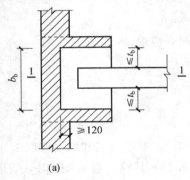 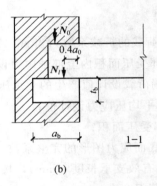

图 12.10 壁柱上设有垫块时梁端局部受压

4. 梁端下设有长度大于 πh_0 的钢筋混凝土垫梁时砌体的局部受压

当梁下设有长度大于 πh_0 的钢筋混凝土垫梁时，由于垫梁是柔性的，置于墙上的垫梁在屋面梁或楼面梁的作用下，相当于承受集中荷载的"弹性地基"上的无限长梁（图 12.11）。

梁端下设有长度大于 πh_0 的钢筋混凝土垫梁时砌体的局部受压承载力计算公式：

$$N_0 + N_l \leqslant \frac{\pi b_b h_0}{2} \times 1.5 f \approx 2.4 b_b h_0 f \tag{12.14a}$$

$$N_0 = \frac{1}{2} \pi h_0 b_b \sigma_{ymax} \tag{12.14b}$$

$$h_0 = 2 \sqrt[3]{\frac{E_b I_b}{Eh}} \tag{12.14c}$$

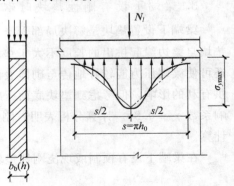

图 12.11 垫梁下砌体局部受压

式中　N_0——垫梁上部轴向力设计值；

　　　b_b、h_0——分别为垫梁在墙厚方向的宽度和垫梁的折算高度，mm；

　　　δ_2——垫梁底面压应力分布系数，当荷载沿墙厚方向均匀分布时 δ_2 取 1.0，不均匀时 δ_2 可取 0.8；

　　　E_b、I_b——分别为垫梁的混凝土弹性模量和截面惯性矩；

　　　E——砌体的弹性模量；

　　　h——墙厚，mm。

【例 12.3】　一钢筋混凝土梁支承在窗间墙上（图 12.12），梁端荷载设计值产生的支承压力为 60 kN，梁底截面处的上部荷载设计值为 150 kN，梁截面尺寸 $b \times h = 200$ mm $\times 550$ mm，支承长度 $a = 240$ mm，窗间墙截面尺寸为 1 200 mm $\times 240$ mm，采用 MU10 烧结普通砖、M5 混合砂浆砌筑，施工质量控制等级为 B 级。试验算梁底部砌体的局部受压承载力。

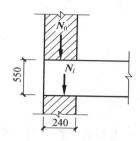

图 12.12　例 12.3 简图

解　因窗间墙截面面积 $A = (0.24 \times 1.20)$ m² $= 0.288$ m² < 0.3 m²，取 $\gamma_a = 0.7 + A = 0.7 + 0.288 = 0.988$，并查表 12.1，则有

$$f = (0.988 \times 1.50) \text{ MPa} = 1.48 \text{ MPa}$$

由图 12.7（b），$A_0 = (b + 2h)h = [(200 + 2 \times 240) \times 240] \text{ mm}^2 = 163 \, 200 \text{ mm}^2$

$$a_0 = 10\sqrt{\frac{h_c}{f}} = 10 \times \sqrt{\frac{550}{1.48}} \text{ mm} = 192.77 \text{ mm} < a = 240 \text{ mm}$$

$$A_l = a_0 b = (192.77 \times 200) \text{ mm}^2 = 38 \, 555 \text{ mm}^2$$

$\dfrac{A_0}{A_l} = \dfrac{163 \, 200}{38 \, 555} = 4.233 > 3$，取 $\psi = 0$，可不考虑上部荷载的影响。

由式（12.8）得

$$\gamma = 1 + 0.35\sqrt{\frac{A_0}{A_l} - 1} = 1 + 0.35\sqrt{4.23 - 1} = 1.629 < 2.0$$

按式（12.11）取 $\eta = 0.7$，得

$$\eta \gamma f A_l = (0.7 \times 1.629 \times 1.48 \times 38 \, 555) \text{ N} = 65 \, 067 \text{ N} = 65.07 \text{ kN} > N_l$$

满足要求。

【例 12.4】　某窗间墙截面尺寸为 1 200 mm $\times 240$ mm，采用 MU10 烧结普通砖、M2.5 混合砂浆砌筑，施工质量控制等级为 B 级。墙上支承截面尺寸为 250 mm $\times 600$ mm 的钢筋混凝土梁，梁端荷载设计值产生的支承压力为 80 kN，上部荷载设计值产生的轴向力为 150 kN。试验算梁端支承处砌体的局部受压承载力。

解　（1）因窗间墙截面面积 $A = (0.24 \times 1.20)$ m² $= 0.288$ m² < 0.3 m²，取 $\gamma_a = 0.7 + A = 0.7 + 0.288 = 0.988$，则 $f = (0.988 \times 1.30)$ MPa $= 1.28$ MPa

由图 12.7（b），$A_0 = (b + 2h)h = [(250 + 2 \times 240) \times 240] \text{ mm}^2 = 175 \, 200 \text{ mm}^2$

$$a_0 = 10\sqrt{\frac{h_c}{f}} = 10\sqrt{\frac{600}{1.28}} \text{ mm} = 216.51 \text{ mm} < a = 240 \text{ mm}$$

$$A_l = a_0 b = 216.51 \times 250 = 54 \, 127 \text{ mm}^2$$

$$\frac{A_0}{A_l} = \frac{175 \, 200}{54 \, 127} = 3.237 > 3，取 \psi = 0，可不考虑上部荷载的影响$$

由式（12.8）得

$$\gamma = 1 + 0.35\sqrt{\frac{A_0}{A_l} - 1} = 1 + 0.35\sqrt{3.237 - 1} = 1.523 < 2.0$$

按式 (12.11) 并取 $\eta=0.7$，得

$$\eta f A_l = (0.7 \times 1.523 \times 1.28 \times 54\ 127)\ N = 73\ 862\ N = 73.862\ kN < N_l = 80\ kN$$

故梁端支承处砌体局部受压不安全。

(2) 为了保证砌体的局部受压承载力，现设置 $b_b \times a_b \times t_b = 650\ mm \times 240\ mm \times 240\ mm$ 预制混凝土垫块，其尺寸符合刚性垫块的要求。

因为

$$(650 + 2 \times 240)\ mm = 1\ 130\ mm < 1\ 200\ mm$$

所以

$$A_0 = (b + 2h)\ h = [(650 + 2 \times 240) \times 240]\ mm^2 = 271\ 200\ mm^2$$

$$A_l = A_b = a_b b_b = (240 \times 650)\ mm^2 = 156\ 000\ mm^2$$

$$\frac{A_0}{A_l} = \frac{271\ 200}{156\ 000} = 1.738 < 3$$

$$\gamma = 1 + 0.35 \sqrt{\frac{A_0}{A_l} - 1} = 1 + 0.35 \sqrt{1.738 - 1} = 1.3 < 2.0$$

$$\gamma_1 = 0.8\gamma = 1.04$$

上部荷载产生的平均压应力为

$$\sigma_0 = \frac{150 \times 10^3}{1\ 200 \times 240}\ N/mm^2 = 0.521\ N/mm^2$$

$$\frac{\sigma_0}{f} = \frac{0.521}{1.28} = 0.47,\ 查表 12.14 得 \delta_1 = 6.032$$

刚性垫块上表面梁端有效支承长度

$$a_0 = \delta_1 \sqrt{\frac{h_c}{f}} = 6.032 \times \sqrt{\frac{600}{1.28}}\ mm = 130.60\ mm$$

N_l 合力点至墙边的位置为

$$0.4a_0 = (0.4 \times 130.60)\ mm = 52.24\ mm$$

N_l 对垫块重心的偏心距为

$$e_1 = (120 - 52.24)\ mm = 67.76\ mm$$

垫块上的上部荷载为

$$N_0 = \sigma_0 A_b = (0.521 \times 156\ 000)\ N = 81.27 \times 10^3\ N = 81.27\ kN$$

作用在垫块上的轴向力 N 为

$$N = N_0 + N_l = (81.27 + 80)\ kN = 161.27\ kN$$

轴向力对垫块重心的偏心距为

$$e = \frac{N_l e_l}{N_0 + N_l} = \frac{80 \times 67.76}{81.27 + 80}\ mm = 33.61\ mm$$

$$\frac{e}{a_b} = \frac{33.61}{240} = 0.140$$

查表 12.10 ($\beta \leqslant 3$) 得 $\qquad \varphi = 0.81$

按式 (12.12) 得

$$\varphi \gamma_1 f A_b = [0.81 \times 1.04 \times 1.28 \times 156\ 000]\ N = 168\ 210\ N$$

$$= 168.21\ kN > N = N_0 + N_l = 161.27\ kN$$

设置预制垫块后，砌体局部受压安全。

12.3 混合结构房屋

12.3.1 房屋静力计算方案

1. 混合结构房屋的结构布置

根据荷载传递路线的不同，混合结构房屋的结构布置可分为横墙承重、纵墙承重、纵横墙承重以及内框架承重四种形式。

（1）横墙承重

屋盖和楼盖构件均搁置在横墙上，横墙将承担屋盖、各层楼盖传来的荷载，而纵墙仅起围护作用的布置方案，称为横墙承重结构，如图 12.13 所示。其荷载的传递路径是：楼（屋）盖荷载→横墙→基础→地基。

横墙承重结构的特点是：

①横墙间距较小（一般为 2.7～4.8 m）且数量较多，房屋横向刚度较大，整体性好，抵抗风荷载、地震作用以及调整地基不均匀沉降的能力较强。

②屋（楼）盖结构一般采用钢筋混凝土板，屋（楼）盖结构较简单、施工较方便。

③外纵墙因不承重，建筑立面易处理，门窗的布置及大小较灵活。

④因横墙较密，建筑平面布局不灵活，以后若改变房屋使用条件，拆除横墙较困难。

横墙承重结构主要用于房间大小固定、横墙间距较密的住宅、宿舍、旅馆以及办公楼等房屋中。

（2）纵墙承重

屋盖、楼盖传来的荷载由纵墙承重的布置方案，称为纵墙承重结构，如图 12.14 所示。屋（楼）盖荷载有两种传递方式，一种为楼板直接搁置在纵墙上，另一种为楼板搁置在梁上而梁搁置在纵墙上。工程上第二种方式用得较多。

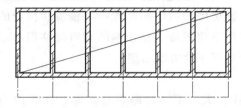 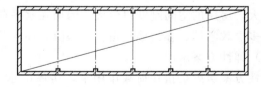

图 12.13　横墙承重结构　　　　　　图 12.14　纵墙承重结构

纵墙承重结构的特点是：

①因横墙数量少且自承重，建筑平面布局较灵活，但房屋横向刚度一般较弱。

②纵墙承受的荷载较大，纵墙上门窗洞口的布置及大小受到一定的限制。

③与横墙承重结构相比，墙体材料用量较少，屋（楼）盖构件所用材料较多。

纵墙承重结构主要用于开间较大的教学楼、医院、食堂、仓库等房屋中。

（3）纵横墙承重

屋盖、楼盖传来的荷载由纵墙和横墙承重的布置方案，称为纵横墙承重结构，如图 12.15 所示。其荷载的传递路径是：楼（屋）盖荷载→纵墙或横墙→基础→地基。工程上这种承重结构广为存在。

纵横墙承重结构的特点是：

①房屋沿纵、横向刚度均较大且砌体应力较均匀，具有较强的抗风能力。

②占地面积相同的条件下，外墙面积较少。纵横墙承重结构主要用于多层塔式住宅等房屋中。

（4）内框架承重

屋盖、楼盖传来的荷载由房屋内部的钢筋混凝土框架和外部砌体墙、柱共同承重的布置方案，称为内框架承重结构，如图 12.16 所示。

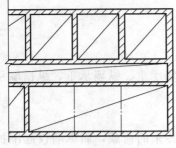

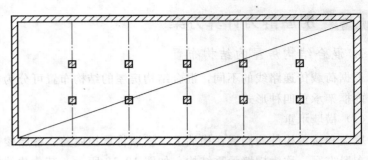

图 12.15　纵横墙承重结构　　　　　　图 12.16　内框架承重结构

内框架承重结构的特点是：

①内部形成大空间，平面布置灵活，易满足使用要求。

②与全框架结构相比，由于利用外墙承重，可节约钢材、水泥，降低房屋造价。

③因横墙较少，房屋的空间刚度较弱。

④因砌体和钢筋混凝土两者的力学性能不同，这种承重结构抵抗地基不均匀沉降和抗震能力较弱。

内框架承重结构主要用于商场、餐厅以及多层工业厂房等房屋中。

2. 房屋静力计算方案的划分

工程设计上，根据影响房屋空间刚度的两个主要因素即屋盖或楼盖的类别和横墙的间距，将混合结构房屋静力计算方案划分为三种。

（1）刚性方案房屋

刚性方案房屋是指在荷载作用下，房屋的水平位移很小，可忽略不计，墙、柱的内力按屋架、大梁与墙、柱为不动铰支承的竖向构件计算的房屋。这种房屋的横墙间距较小，楼盖和屋盖的水平刚度较大，房屋的空间刚度也较大，因而在水平荷载作用下房屋墙、柱顶端的相对位移很小。混合结构的多层教学楼、办公楼、宿舍、医院、住宅等一般均属刚性方案房屋。

（2）弹性方案房屋

弹性方案房屋是指在荷载作用下，房屋的水平位移较大，不能忽略不计，墙、柱的内力按屋架、大梁与墙、柱为铰接的不考虑空间工作的平面排架或框架计算的房屋。这种房屋横墙间距较大，屋（楼）盖的水平刚度较小，房屋的空间刚度亦较小，因而在水平荷载作用下房屋墙柱顶端的水平位移较大。混合结构的单层厂房、仓库、礼堂、食堂等多属于弹性方案房屋。

（3）刚弹性方案房屋

刚弹性方案房屋是指介于"刚性"与"弹性"两种方案之间的房屋，即在荷载作用下，墙、柱的内力按屋架、大梁与墙、柱为铰接的考虑空间工作的平面排架或框架计算的房屋。这种房屋在水平荷载作用下，墙、柱顶端的相对水平位移较弹性方案房屋的小，但又不可忽略不计。刚弹性方案房屋墙柱的内力计算，可根据房屋刚度的大小，将其水平荷载作用下的反力进行折减，然后按平面排架或框架计算。

表 12.16 是根据屋（楼）盖刚度和横墙间距来确定房屋的静力计算方案。此外，横墙的刚度也是影响房屋空间性能的一个主要因素，作为刚性和刚弹性方案房屋的横墙，应符合下列要求：

①横墙中开有洞口时，洞口的水平截面面积不应超过横墙截面面积的 50%；

②横墙的厚度不宜小于 180 mm；

③单层房屋的横墙长度不宜小于其高度；多层房屋的横墙长度，不宜小于 $H/2$（H 为横墙总高度）。

表 12.16 房屋的静力计算方案

	屋盖或楼盖类别	刚性方案	刚弹性方案	弹性方案
1	整体式、装配整体和装配式无檩体系钢筋混凝土屋盖或钢筋混凝土楼盖	$s<32$	$32\leqslant s\leqslant 72$	$s>72$
2	装配式有檩体系钢筋混凝土屋盖、轻钢屋盖和有密铺望板的木屋盖或木楼盖	$s<20$	$20\leqslant s\leqslant 48$	$s>48$
3	瓦材屋面的木屋盖和轻钢屋盖	$s<16$	$16\leqslant s\leqslant 36$	$s>36$

注：1. 表中 S 为房屋横墙间距，其长度单位为 m；

2. 对无山墙或伸缩缝处无横墙的房屋，应按弹性方案考虑。

当横墙不能同时符合上述要求时，应对横墙的刚度进行验算。如横墙的最大水平位移值 $\mu_{max}\leqslant H/4\,000$ 时，仍可视作刚性或刚弹性方案房屋的横墙。符合此刚度要求的一段横墙或其他结构构件（如框架等）也可视作刚性或刚弹性方案房屋的横墙。

12.3.2 墙、柱高厚比验算

1. 墙、柱计算高度的确定

在墙、柱内力分析、承载力计算及高厚比验算中需采用计算高度，混合结构房屋墙、柱的计算高度 H_0 与房屋的静力计算方案和墙、柱周边支承条件等相关。刚性方案房屋的空间刚度较大，而弹性方案房屋的空间刚度较差，因此刚性方案房屋的墙、柱计算高度往往比弹性方案房屋的小；对于带壁柱墙或周边有拉结的墙，其横墙间距 s 的大小与墙体稳定性有关。

为此，墙、柱计算高度 H_0 应根据房屋类别和墙、柱支承条件等因素按表 12.14 的规定采用。

表 12.14 中墙、柱的高度 H，应按下列规定采用：

①在房屋底层，墙、柱的高度 H 为楼板顶面到构件下端支点的距离。下端支点的位置，可取在基础顶面。当墙、柱基础埋置较深且有刚性地坪时，可取室外地面下 500 mm 处。

②在房屋其他楼层，墙、柱的高度 H 为楼板或其他水平支点间的距离。

③对于无壁柱的山墙，其高度 H 可取层高加山墙尖高度的 1/2；对于带壁柱的山墙则可取壁柱处的山墙高度。

④对有吊车的房屋墙柱高度的确定可详见《砌体结构设计规范》（GB 50003—2011）。

2. 墙、柱的高厚比验算

（1）墙、柱的允许高厚比

墙、柱高厚比的限值，称允许高厚比，用 $[\beta]$ 表示。《砌体结构设计规范》（GB 50003—2011）规定的允许高厚比 $[\beta]$ 见表 12.17。

《砌体结构设计规范》（GB 50003—2011）规定的墙、柱允许高厚比 $[\beta]$ 主要是根据房屋中墙、柱的刚度条件、稳定性等，由实践经验从构造要求上确定的。砌筑砂浆的强度等级直接影响了砌体的弹性模量，从而直接影响了砌体的刚度。所以，当砌筑砂浆的强度等级较高时，砌体的弹性模量较大，故对墙、柱高厚比的限制条件可放宽些，即允许高厚比 $[\beta]$ 值较大；柱子因无横墙联系，故对其刚度要求较严，其允许高厚比较墙为小，毛石墙、柱的刚度要比实心砖砌体的刚度差，其截面尺寸应控制得严格些，故允许高厚比应予以降低。

表 12.17　墙、柱的允许高厚比 [β] 值

砂浆强度等级	墙	柱
M2.5	22	15
M5.0	24	16
≥M7.5	26	17

注：1. 毛石墙、柱允许高厚比应按表中数值降低 20%；

　　2. 砖砌体和钢筋混凝土面层或钢筋砂浆面层的组合砌体构件的允许高厚比，可按表中数值提高 20%，但不得大于 28；

　　3. 验算施工阶段砂浆尚未硬化的新砌砌体高厚比时，允许高厚比对墙取 14，对柱取 11。

非承重墙是房屋中的次要构件，仅承受自重作用。根据弹性稳定理论，在材料、截面及支承条件相同的情况下，构件仅承受自重作用时失稳的临界荷载比上端受有集中荷载时要大。所以非承重墙的允许高厚比可适当放宽些，表 12.17 中的 [β] 值可乘以大于 1 的系数 μ_1 予以提高。《砌体结构设计规范》（GB 50003—2011）规定：厚度 $h \leqslant 240$ mm 的非承重墙，[β] 的提高系 μ_1 为：当 $h = 240$ mm 时，$\mu_1 = 1.2$；当 $h = 90$ mm 时，$\mu_1 = 1.5$；当 90 mm $< h <$ 240 mm 时，μ_1 可按插入法取值。

当非承重墙上端为自由端时，[β] 值除按上述规定提高外，尚可再提高 30%。

工程实践表明，用厚度小于 90 mm 的砖或块材砌筑的隔墙，当双面用不低于 M10 的水泥砂浆抹面，使墙的厚度不低于 90 mm 时，墙体的稳定性可满足使用要求。因此《砌体结构设计规范》（GB 50003—2011）规定，包括抹面层的墙厚不小于 90 mm 时，可按墙厚等于 90 mm 验算高厚比。

对于开有门窗洞口的墙，其刚度因开洞而降低，其允许高厚比应按表 12.23 中所列的 [β] 值乘以降低系数 μ_2：

$$\mu_2 = 1 - 0.4 \frac{b_s}{s} \tag{12.15}$$

式中　b_s——在宽度 s 范围内的门窗洞口总宽度；

　　　s——相邻窗间墙或壁柱之间距离。

当按公式（12.15）算得的 μ_2 值小于 0.7 时，应采用 0.7。当洞口高度等于或小于墙高的 1/5 时，可取 μ_2 等于 1.0。

（2）墙、柱的高度比验算

①矩形截面墙、柱的高度比验算

矩形截面墙、柱的高度比应按下式验算：

$$\beta = \frac{H_0}{h} \leqslant \mu_1 \mu_2 [\beta] \tag{12.16}$$

式中　H_0——墙、柱的计算高度，按表 12.16 采用；

　　　h——墙厚或矩形柱与所考虑的 H_0 相对应的边长；

　　　μ_1——非承重墙允许高厚比的修正系数；

　　　μ_2——有门窗洞口墙允许高厚比的修正系数；

　　　[β]——墙、柱的允许高厚比，按表 12.17 采用。

《砌体结构设计规范》（GB 50003—2011）规定：当与墙连接的相邻横墙的距离 $s \leqslant \mu_1 \mu_2 [\beta] h$ 时，墙的高度可不受限制；对于变截面柱的高厚比可按上、下截面分别验算，其计算高度按表 12.14 及其有关规定采用。当验算上柱高厚比时，墙、柱的允许高厚比 [β] 可按表 12.17 的数值乘以 1.3 后采用。

②带壁柱墙的高厚比验算

带壁柱墙的高厚比验算，除了要验算整片墙的高厚比之外，还要对壁柱间的墙体进行验算。

a. 整片墙的高厚比验算

带有壁柱的整片墙，其计算截面应考虑为 T 形截面，在验算时，式中的墙厚 h 应采用 T 形截面的折算厚度 h_T，即

$$\beta = \frac{H_0}{h_T} \leqslant \mu_1 \mu_2 [\beta] \tag{12.17}$$

式中　h_T——带壁柱墙截面的折算厚度；$h_T = 3.5i$；

　　　i——带壁柱墙截面的回转半径，$i = \sqrt{\dfrac{I}{A}}$；

　　　I、A——分别为带壁柱墙截面的惯性矩和面积；

　　　H_0——带壁柱墙的计算高度，按表 12.16 采用。注意，此时表中 s 为该带壁柱墙的相邻横墙间的距离。

在确定截面回转半径 i 时，带壁柱墙计算截面的翼缘宽度 b_f 应按下列规定采用：

对于多层房屋，当有门窗洞口时，可取窗间墙宽度，当无门窗洞口时，每侧翼缘墙的宽度可取壁柱高度的 1/3。

对于单层房屋，b_f 可取壁柱宽度加 2/3 墙高，但不大于窗间墙的宽度或相邻壁柱间的距离。

b. 壁柱间墙的高厚比验算

在验算壁柱间墙的高厚比时，可认为壁柱对壁柱间墙起到了横向拉结的作用，即可把壁柱视为壁柱间墙的不动铰支点。因此壁柱间墙可根据不带壁柱墙的公式（12.16）按矩形截面墙验算。

计算 H_0 时，表 12.15 中的 s 应为相邻壁柱间的距离。而且，不论房屋的静力计算属于何种方案，作此验算的 H_0 一律按表 12.16 中刚性方案一栏选用。

【例 12.5】　某四层数学综合楼的平面、剖面图如图 12.17 所示，屋盖、楼盖采用预制钢筋混凝土空心板，墙体采用烧结粉煤灰砖和水泥混合砂浆砌筑，砖的强度等级为 MU10，三、四层砂浆的强度等级为 M2.5，一、二层砂浆的强度等级为 M5，施工质量控制等级为 B 级。各层墙厚如图 12.17 所示。试验算各层墙体的高厚比。

解　（1）确定房屋的静力计算方案

最大横墙间距 $s = (3.6 \times 3)$ m $= 10.8$ m，屋盖、楼盖类别属于第 1 类，查表 12.15，$s < 32$ m，因此本房屋属刚性方案房屋。

（2）外纵墙高厚比验算

本房屋第一层墙体采用 M5 水泥混合砂浆，其高厚比 $\beta = \dfrac{4.5}{1.37} = 12.2$；

第三、四层墙体采用 M2.5 水泥混合砂浆，其高厚比 $\beta = \dfrac{3.3}{0.24} = 13.8$。

第二层窗间墙的截面几何特征为

$$A = (1.8 \times 0.24 + 0.13 \times 0.62) \text{ m}^2 = 0.512\ 6 \text{ m}^2$$

$$y_1 = [(1.8 - 0.62) \times 0.24 \times 0.12 + 0.62 \times 0.37 \times 0.185] \text{m}^2 / 0.512\ 6 \text{ m} = 0.149 \text{ m}$$

$$y_2 = (0.37 - 0.149) \text{ m} = 0.221 \text{ m}$$

$$I = [1.8 \times 0.149^3 + (1.8 - 0.62) \times (0.24 \times -0.149)^3 + 0.62 \times 0.221^3] \text{m}^4 / 3 = 4.512 \times 10^{-3} \text{ m}^4$$

$$i = \sqrt{\frac{I}{A}} = 0.094 \text{ m}$$

$$h_T = 3.5i = 0.328 \text{ m}$$

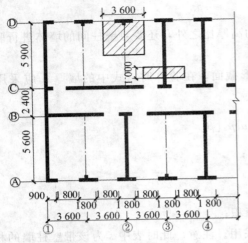

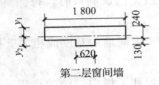

三、四层平面（墙厚240）
一层平面（外纵墙墙厚370，其他墙厚240）

第二层窗间墙

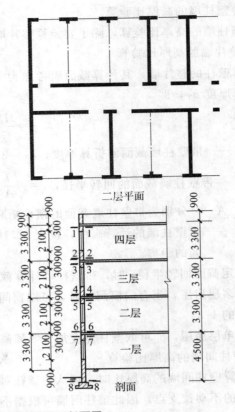

二层平面

四层

三层

二层

一层

剖面

图 12.17　例 12.6 教学综合楼平面、剖面图

第二层墙体的高厚比 $\beta=\dfrac{3.3}{0.328}=10.1$。由此可见，第三、四层墙体的高厚比最大，而且砂浆强度等级相对较低，因此首先应对其加以验算。

对于砂浆强度等级为 M2.5 的墙，查表 12.17 可知 $[\beta]=22$。

取①轴线上横墙间距最大的一段外纵墙，$H=3.3$ m，$s=10.8$ m$>2H=6.6$ m，查表 12.16，$H_0=1.0H=3.3$，考虑窗洞的影响，$\mu_2=\dfrac{1-0.4\times8}{3.6}=0.8>0.7$。

$$\beta=\dfrac{3.3}{0.24}=13.8<\mu_2[\beta]=0.8\times22=17.6（符合要求）$$

（3）内纵墙高厚比验算

轴线ⓒ上横墙间距最大的一段内纵墙上开有两个门洞，$\mu_2=\dfrac{1-0.24\times2.4}{10.8}=0.91>0.8$，故不需验算即可知该墙高厚比符合要求。

（4）横墙高厚比验算

横墙厚度为 240 mm，墙长 $s=5.9$ m，且墙上无门窗洞口，其允许高厚比较纵墙的有利，因此不必再作验算，亦能满足高厚比要求。

【例 12.6】　某单层单跨无吊车厂房（图 12.18），柱间距 6 m，每开间有 3.0 m 宽的窗洞，车间长 48 m，采用钢筋混凝土大型屋面板作为屋盖，屋架下弦标高 5.2 m，壁柱为 370 mm×490 mm，墙厚 240 mm，该车间为刚弹性方案，试验算带壁柱墙的高厚比。

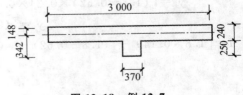

图 12.18　例 12.7

解　带壁柱墙的窗间墙的截面如图 12.19 所示。

$$A = (3\ 000 \times 240 + 370 \times 250)\ \text{mm}^2 = 812\ 500\ \text{mm}^2$$

$$y_1 = \frac{240 \times 3\ 000 \times 120 + 370 \times 250 \times \left(240 + \dfrac{250}{2}\right)}{812\ 500}\ \text{mm} = 148\ \text{mm}$$

$$y_2 = (490 - 148)\ \text{mm} = 342\ \text{mm}$$

$$I = \left[\frac{1}{12} \times 3000 \times 240^3 + 3\ 000 \times 240 \times (148 - 120)^2 + \frac{1}{12} \times 370 \times 250^3 + \right.$$
$$\left. 370 \times 250 \times (490 - 125 - 148)^2\right]\ \text{mm}^4 = 8\ 858 \times 10^6\ \text{mm}^4$$

$$i = \sqrt{\frac{I}{A}} = 104\ \text{mm}$$

$$h_T = 3.5i = 3.5 \times 104\ \text{mm} = 364\ \text{mm}$$

$$H = (5.2 + 0.5)\ \text{m} = 5.7\ \text{m}$$

式中 0.5 为壁柱下端嵌固处至室内地坪的距离。

$$H_0 = 1.2H = 1.2 \times 5.6\ \text{m} = 6.84\ \text{m}$$

（1）整片墙高厚比验算

M5 砂浆，$[\beta] = 24$，开有门窗洞的承重墙 $[\beta]$ 的修正系数为

$$\mu_1 = 1.0\ ;\ \mu_2 = 1 - 0.4\frac{b_s}{s} = 0.8$$

$$\mu_1\mu_2[\beta] = 1.0 \times 0.8 \times 24 = 119.2$$

$$\beta = \frac{H_0}{h_T} = \frac{6\ 840}{364} < \mu_1\mu_2[\beta] = 19.2\ （满足要求）$$

（2）壁柱间墙高厚比验算

$$s = 6.0 > H = 5.7\ \text{m}，s < 2H$$

$$H_0 = 0.4s + 0.2H = 3\ 540\ \text{mm}$$

$$\beta = \frac{H_0}{h} = \frac{3\ 540}{240} = 14.75 < \mu_1\mu_2[\beta] = 19.2\ （满足要求）$$

12.3.3 过梁、挑梁和砌体结构的构造措施

1. 钢筋混凝土过梁构造要求

当门窗洞口跨度大于 2 m，或洞口上部有集中荷载，或房屋有不均匀沉降，或受较大的振动荷载时，可以采用钢筋混凝土过梁。它坚固耐用、施工方便，目前已广泛采用。钢筋混凝土过梁有预制和现浇两种，预制钢筋混凝土过梁施工速度快，是较常用的一种过梁。

钢筋混凝土过梁的截面尺寸，应根据洞口的跨度和荷载计算而定。为了施工方便，过梁宽一般同墙厚，过梁的高度应与砖的皮数相配合，作为黏土实心砖墙的过梁，梁高常采用 60 mm、120 mm、180 mm、240 mm 等，作为多孔砖墙的过梁，梁高则采用 90 mm、180 mm 等。钢筋混凝土过梁的两端伸进墙内的支承长度为每边 250 mm。当洞口上部有圈梁时，洞口上部的圈梁可兼做过梁，且过梁部分的钢筋应按计算用量另行增配。

钢筋混凝土过梁的截面形式有矩形和 L 形，一般矩形截面的过梁多用于内墙，L 截面的过梁多用于外墙。有时，由于立面的需要，为简化构造，可将过梁与窗套、悬挑雨篷、窗楣板、遮阳板结合起来设计。炎热多雨地区，常从过梁上挑出 300～500 mm 宽的窗楣板，既保护窗户不淋雨，又可遮挡部分直射阳光。钢筋混凝土过梁截面形式如图 12.19 所示。

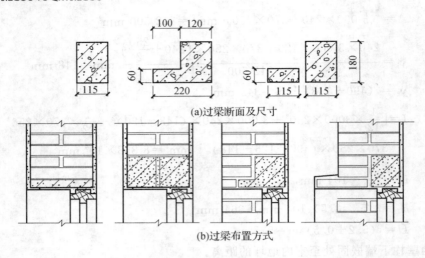

(a)过梁断面及尺寸

(b)过梁布置方式

图 12.19　钢筋混凝土过梁

2. 挑梁构造

在混合结构房屋中，一端埋入墙内，另一端悬挑在墙外，以承受外走廊、阳台或雨篷等传来荷载的钢筋混凝土梁，称为"挑梁"。

①纵向受力钢筋至少应有 $0.5A_s$ 伸入梁的埋入端，且不少于 $2\phi12$。其他钢筋伸入支座的长度不应小于 $2/3l_1$。

②挑梁埋入墙体长度 l_1 与挑出长度之比宜大于 1.2；当挑梁上无砌体时，宜使 $l_1/l_c > 2$。

3. 砌体结构的构造措施

工程实践表明，为了保证砌体结构房屋有足够的耐久性和良好的整体工作性能，必须采取合理的构造措施。

（1）耐久性措施

为保证砌体结构各部位具有比较均衡的耐久性等级，对处于受力较大或不利环境条件下的砌体材料，本规范规定了最低强度等级；对使用年限大于 50 年的砌体结构，其耐久性应该具有更高的要求。国外发达国家的砌体材料强度等级较高，对砌体房屋的耐久性要求也较高。

①五层及五层以上房屋的墙，以及受震动或层高大于 6 m 的墙、柱所用材料的最低强度等级，应符合下列要求：砖采用 MU10；砌块采用 MU7.5；石材采用 MU30；砂浆采用 M5。

②地面以下或防潮层以下的砌体，潮湿房间的墙，所用材料的最低强度等级应符合表 12.18 的要求。

表 12.18　地面以下或防潮层以下的砌体、潮湿房间的墙所用材料的最低强度等级

基土的潮湿程度	烧结普通砖、蒸压灰砂砖		混凝土砌块	石材	水泥砂浆
	严寒地区	一般地区			
稍潮湿的	MU10	MU10	MU7.5	MU30	M5
很潮湿的	MU15	MU10	MU7.5	MU30	M7.5
含水饱和的	MU20	MU15	MU10	MU40	M10

> 注：1. 在冻胀地区，地面以下或防潮层以下的砌体，不宜采用多孔砖，如采用时，其孔洞应用水泥砂浆灌实。当采用混凝土砌块体时，其孔洞应采用强度等级不低于 Cb20 的混凝土灌实。本条适于用砖和砌块作基础时的要求；
>
> 2. 对安全等级为一级或设计使用年限大于 50 年的房屋，表中材料强度等级应至少提高一级。

（2）最小截面规定

为了避免墙柱截面过小导致稳定性能变差，以及局部缺陷对构件的影响增大，规范规定了各种构件的最小尺寸：承重的独立砖柱截面尺寸不应小于 240 mm×370 mm；毛石墙的厚度不宜小于

350 mm;毛料石柱截面较小边长不宜小于 400 mm;当有振动荷载时,墙、柱不宜采用毛石砌体。

（3）墙、柱连接构造

为了增强砌体房屋的整体性和避免局部受压损坏,规范规定:

① 跨度大于 6 m 的屋架和跨度大于下列数值的梁,应在支承处砌体设置混凝土或钢筋混凝土垫块。当墙中设有圈梁时,垫块与圈梁宜浇成整体。

a. 对砖砌体为 4.8 m;

b. 对砌块和料石砌体为 4.2 m;

c. 对毛石砌体为 3.9 m。

②当梁的跨度大于或等于下列数值时,其支承处宜加设壁柱或采取其他加强措施:

a. 对 240 mm 厚的砖墙为 6 m,对 180 mm 厚的砖墙为 4.8 m;

b. 对砌块、料石墙为 4.8 m。

③预制钢筋混凝土板的支撑长度,在墙上不宜小于 100 mm;在钢筋混凝土圈梁上不宜小于 80 mm;当利用板端伸出钢筋拉结和混凝土灌注时,其支承长度可为 40 mm,但板端缝宽不小于 80 mm,灌缝混凝土强度等级不宜低于 Cb20。

④预制钢筋混凝土梁在墙上的支承长度不宜小于 180 mm,支承在墙、柱上的吊车梁、屋架以及跨度大于或等于下列数值的预制梁的端部,应采用锚固件与墙、柱上的垫块锚固。

a. 砖砌体为 9 m;

b. 对砌块和料石砌体为 7.2 m。

⑤填充墙、隔墙应采取措施与周边构件可靠连接。一般是在钢筋混凝土结构中预埋拉结筋,在砌筑墙体时,将拉接筋砌入水平灰缝内。

⑥山墙处的壁柱宜砌至山墙顶部,屋面构件应与山墙可靠拉结。

（4）砌块砌体房屋

①砌块砌体应分皮错缝搭砌,上下皮搭砌长度不得小于 90 mm。当搭砌长度不满足上述要求时,应在水平灰缝内设置不少于 2 根直径不小于 4 mm 的焊接钢筋网片（横向钢筋间距不宜大于 200 mm）,网片每端均应超过该垂直缝,其长度不得小于 300 mm。

②砌块墙与后砌隔墙交接处,应沿墙高每 400 mm 在水平灰缝内设置不少于 2 根直径不小于4 mm、横筋间距不大于 200 mm 的焊接钢筋网片（图 12.20）。

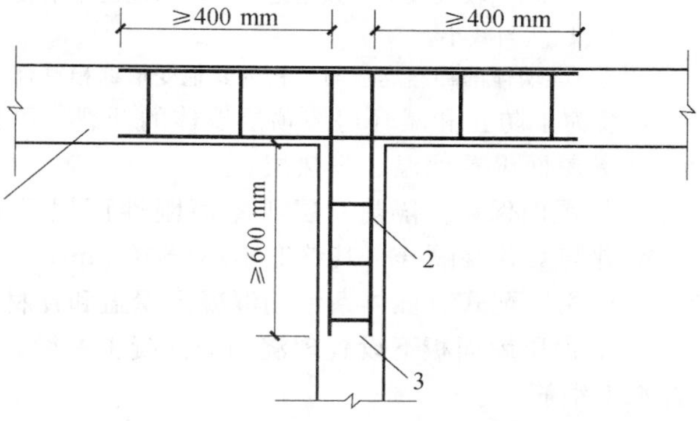

③混凝土砌块房屋,宜将纵横墙交接处、距墙中心线每边不小于 300 mm 范围内的孔洞,采用不低于 Cb20 灌孔混凝土将孔洞灌实,灌实高度应为墙身全高。

④混凝土砌块墙体的下列部位,如未设圈梁或混凝土垫块,应采用不低于 Cb20 灌孔混凝土将孔洞灌实:

a. 搁栅、檩条和钢筋混凝土楼板的支承面下,高度不应小于 200 mm 的砌体;

图 12.20　砌块墙与后砌隔墙交接处钢筋网片
1—砌块墙;2—焊接钢筋网片;3—后砌隔墙

b. 屋架、梁等构件的支承面下,高度不应小于 600 mm,长度不应小于 600 mm 的砌体;

c. 挑梁支承面下,距墙中心线每边不应小于 300 mm,高度不应小于 600 mm 的砌体。

（4）砌体中留槽洞或埋设管道时的规定

①不应在截面长边小于 500 mm 的承重墙体、独立柱内埋设管线;

②不宜在墙体中穿行暗线或预留、开凿沟槽,无法避免时应采取必要的措施或按削弱后的截面验算墙体承载力。对受力较小或未灌孔砌块砌体,允许在墙体的竖向孔洞中设置管线。

（5）夹心墙的构造要求

夹心墙是集承重、保温和装饰于一体的一种墙体，特别适用于寒冷和严寒地区的建筑外墙。

①外叶墙的砖及混凝土砌块的强度等级不应低于 MU10；

②夹芯墙的夹层厚度不宜大于 120 mm；

③夹芯墙外叶墙的最大横向支承间距设防烈度为 6 度时，不宜大于 9 m，7 度时，不宜大于 6 m，8、9 度时，不宜大于 3 m。

（6）防止或减轻墙体开裂的主要措施

①为了防止或减轻房屋在正常使用条件下，由温度和砌体干缩引起的墙体竖向裂缝，应在墙体中设置伸缩缝。伸缩缝应设置在因温度和收缩变形可能引起应力集中、砌体产生裂缝可能性最大的地方。伸缩缝的间距可按表 12.19 采用。

表 12.19　砌体房屋伸缩缝的最大间距（m）

屋盖或楼盖类别		间距
整体式或装配整体式钢筋混凝土结构	有保温层或隔热层的屋盖、楼盖	50
	无保温层或隔热层的屋盖	40
装配式无檩体系钢筋混凝土结构	有保温层或隔热层的屋盖、楼盖	60
	无保温层或隔热层的屋盖	50
装配式有檩体系钢筋混凝土结构	有保温层或隔热层的屋盖	75
	无保温层或隔热层的屋盖	60
瓦材屋盖、木屋盖或楼盖、轻钢屋盖		100

注：1. 对烧结普通砖、多孔砖、配筋砌块砌体房屋取表中数值；对石砌体、蒸压灰砂砖、蒸压粉煤灰砖和混凝土砌块房屋取表中数值乘以 0.8 的系数。当墙体有可靠外保温措施时，其间距可取表中数值。

2. 在钢筋混凝土屋面上挂瓦的屋盖应按钢筋混凝土屋盖采用。

3. 层高大于 5 m 的烧结普通砖、多孔砖、配筋砌块砌体结构单层房屋，其伸缩缝间距可按表中数值乘以 1.3。

4. 温差较大且变化频繁地区和严寒地区不采暖的房屋及构筑物墙体的伸缩缝的最大间距，应按表中数值予以适当减小。

5. 墙体的伸缩缝应与结构的其他变形缝相重合，在进行立面处理时，必须保证缝隙的伸缩作用。

②为了防止和减轻房屋顶层墙体的开裂，可根据情况采取下列措施：

a. 屋面设置保温、隔热层；

b. 屋面保温（隔热）层或屋面刚性面层及砂浆找平层应设置分格缝，分格缝间距不宜大于 6 m，并与女儿墙隔开，其缝宽不小于 30 mm；

c. 用装配式有檩体系钢筋混凝土屋盖和瓦材屋盖；

d. 顶层屋面板下设置现浇钢筋混凝土圈梁，并沿内外墙拉通，房屋两端圈梁下的墙体宜适当设置水平钢筋；

e. 顶层墙体有门窗洞口时，在过梁上的水平灰缝内设置 2～3 道焊接钢筋网片或 2φ6 钢筋，并应伸入过梁两边墙体不小于 600 mm；

f. 顶层及女儿墙砂浆强度等级不低于 M7.5（Mb7.5，Ms7.5）；

g. 女儿墙应设置构造柱，构造柱间距不宜大于 4 m，构造柱应伸至女儿墙顶并与现浇钢筋混凝土压顶整浇在一起；

h. 对顶层墙体施加竖向预应力。

③防止或减轻房屋底层墙体裂缝的措施

底层墙体的裂缝主要是地基不均匀沉降引起的，或地基反力不均匀引起的，因此防止或减轻房屋底层墙体裂缝可根据情况采取下列措施：

a. 增加基础圈梁的刚度；

b. 在底层的窗台下墙体灰缝内设置 3 道焊接钢筋网片或 2φ6 钢筋，并应伸入两边窗间墙不小于 600 mm；

　　c. 墙体转角处和纵横墙交接处宜沿竖向每隔 400～500 mm 设置拉结钢筋，其数量为每120 mm 墙厚不少于 1Φ6 或焊接钢筋网片，埋入长度从墙的转角或交接处算起，每边不少于 600 mm；

　　d. 在各层门、窗过梁上方的水平灰缝内及窗台下第一、第二道水平灰缝内设置焊接钢筋网片或 2 根直径不小于 6 mm 的钢筋，焊接钢筋网片或钢筋应伸入两边窗间墙内不小于 600 mm。当墙长大于 5 m 时，宜在每层墙高度中部设置 2～3 道焊接钢筋网片或 3 根直径 6 mm 的通长水平钢筋，竖向间距为 500 mm。

　　④为防止或减轻混凝土砌块房屋顶层两端和底层第一、二开间门窗洞口处开裂，可采取下列措施：

　　a. 在门窗洞口两侧不少于一个孔洞中设置直径不小于 12 mm 的竖向钢筋，钢筋应在楼层圈梁或基础锚固，并采取不低于 Cb20 的灌孔混凝土灌实；

　　b. 在门窗洞口两边的墙体的水平灰缝内，设置长度不小于 900 mm，竖向间距为 400 mm 的 2Φ4焊接钢筋网片；

　　c. 在顶层和底层设置通长钢筋混凝土窗台梁，窗台梁的高度宜为块高的模数，纵筋不少于 4 根，直径不小于 10 mm，箍筋直径不小于 6 mm，间距不大于 200 mm，混凝土强度等级不低于 C20；

　　d. 当房屋刚度较大时，可在窗台下或窗台角处墙体内设置竖向控制缝。在墙体的高度或厚度突然变化处也宜设置竖向控制缝，或采取可靠的防裂措施。竖向控制缝的构造和嵌缝材料应能满足墙体平面外传力和防护的要求。

　　⑤防止墙体因为地基不均匀沉降而开裂的措施有：

　　a. 设置沉降缝，在地基土性质相差较大，房屋高度、荷载、结构刚度变化较大处，房屋结构形式变化处，高低层的施工时间不同处设置沉降缝，将房屋分割为若干刚度较好的独立单元；

　　b. 加强房屋整体刚度；

　　c. 对处于软土地区或土质变化较复杂地区，利用天然地基建造房屋时，房屋体型力求简单，采用对地基不均匀沉降不敏感的结构形式和基础形式；

　　d. 合理安排施工顺序，先施工层数多、荷载大的单元，后施工层数少、荷载小的单元。

【重点串联】

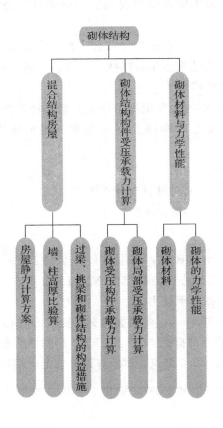

【知识链接】

1.《砌体结构设计规范》(GB 50003—2011);
2.《砌筑砂浆配合比设计规程》(JGJ 98—2000);
3.《砌筑水泥》(GB/T 3183—2003);
4.《混凝土小型空心砌块灌孔混凝土》(JC 861—2008)。

拓展与实训

基础训练

一、选择题

1. 单层混合结构房屋,静力计算时不考虑空间作用,按平面排架分析,则称为（　　）。

   A. 刚性方案　　　　　　　　B. 弹性方案　　　　　　　　C. 刚弹性方案

2. 单层刚弹性方案的房屋,在进行静力计算时按（　　）分析。

   A. 平面排架　　　　　B. 具有不动铰支座的平面排架　　C. 考虑空间工作的平面排架

3. 砌体受压后的变形由三部分组成,其中（　　）的压缩变形是主要部分。

   A. 砂浆层　　　　　　　　B. 空隙　　　　　　　　　　C. 块体

二、简答题

1. 砖和砂浆的强度等级是如何确定的? 常用的砂浆有哪几种?

2. 影响砌体抗压强度的主要因素有哪些?

3. 如果砂浆强度为零,此时砌体有无抗压强度? 为什么?

4. 在何种情况下,砌体强度设计值需要进行调整? 如何调整?

5. 什么叫砌体局部受压? 试举例说明。

6. 砌体局部受压时,承载力能否得到提高? 如何提高? 公式中各字母的含义和取值有何规定?

7. 什么情况下需设置梁垫? 各种梁垫分别有什么构造要求?

8. 什么叫混合结构? 混合结构房屋有哪些承重体系? 各自有什么特点?

9. 什么样的横墙称为刚性横墙?

10. 划分房屋静力计算方案的主要依据是什么? 静力计算方案有哪几种?

11. 何为高厚比? 影响实心砖砌体允许高厚比的主要因素是什么? 为什么要验算高厚比?

12. 简述挑梁的受力特点。

13. 混合结构房屋耐久性方面对材料有什么要求?

14. 什么叫夹芯墙? 有什么构造要求?

工程模拟训练

1. 截面 490 mm×620 mm 的砖柱,采用 MU10 烧结普通砖及 M2.5 水泥砂浆砌筑,计算高度 $H_0=5.6$ m,柱顶承受轴心压力标准值 $N_k=189.6$ kN（其中永久荷载 135 kN,可变荷载 54.6 kN）。试验算核柱截面承载力。

2. 已知梁截面 200 mm×550 mm,梁端实际支承长度 $a=240$ mm,荷载设计值产生的梁端支承反力 $N_l=50$ kN,墙体的上部荷载 $N_u=240$ kN,窗间墙截面尺寸为 1 500 mm×240 mm,采用烧结砖 MU10、混合砂浆 M2.5 砌筑,试验算该外墙上梁端砌体局部受压承载力。

3. 一单层单跨无吊车工业厂房窗间墙截面如图 12.21 所示，计算高度 $H_0 = 7$ m，墙体用 MU10 烧结普通黏土砖及 M7.5 混合砂浆砌筑（$f = 1.69$ N/mm²），承受轴力设计值 $N = 155$ kN，$M = 22.44$ kN·m，荷载偏向肋部。试验算该窗间墙承载力是否满足要求。

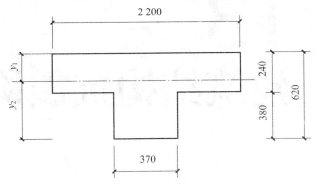

图 12.21　工程模拟训练 3 题图

4. 某单层带壁柱房屋（刚性方案）。山墙间距 $s = 20$ m，高度 $H = 6.5$ m，开间距离 4 m，每开间有 2 m 宽的窗洞，采用 MU10 砖和 M2.5 混合砂浆砌筑。墙厚 370 mm，壁柱尺寸 240 mm×370 mm，如图 12.22 所示。试验算墙的高厚比是否满足要求。（$[\beta] = 22$）

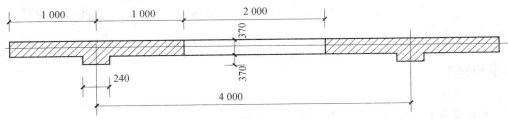

图 12.22　工程模拟训练 4 题图

5. 从课外查阅工程结构施工图，根据所学知识，取部分承重墙体做高厚比验算。

链接职考

2004 年一级建造师试题：（多选题）

1. 砌体结构中影响墙、柱高厚比计算的因素有（　　）。

A. 墙、柱计算高度　　　　　　　　　　B. 承重墙与非承重墙

C. 砂浆强度等级　　　　　　　　　　　D. 有无门、窗洞口

E. 砌块强度等级

2. 影响砖砌体抗压强度的主要因素有（　　）。

A. 砖砌体的截面尺寸　　　　　　　　　B. 砖的强度等级

C. 砂浆的强度等级　　　　　　　　　　D. 砖的截面尺寸

E. 操作人员的技术水平

13

建筑结构抗震构造措施

【模块概述】

地震对建筑物破坏的机理十分复杂，精确的抗震设计往往很难实现。为此，人们提出"概念设计"的思想。钢筋混凝土结构是我国多高层建筑应用最广泛的结构，如果设计不合理，施工质量不良，也会产生严重的震害。砌体结构是抗震性能较差的结构形式，我们采取措施来增强砌体结构的抗震性能。

【知识目标】

1. 掌握地震基本知识；
2. 了解抗震设计基本要求和"概念设计"思想；
3. 掌握多高层钢筋混凝土房屋的抗震规定；
4. 掌握多层砌体房屋的抗震规定。

【技能目标】

1. 能识读建筑抗震施工图纸，并能运用所学的抗震专业知识，结合工程实际，采取建筑抗震要求的施工构造措施。

【课时建议】

6 课时

工程导入

　　2008年5月12日14时28分，四川省汶川县发生了里氏8.0级强烈地震，此次地震是新中国成立以来自唐山地震后震级最大、造成损失最为惨重的一次大地震，造成了震中及附近地区的许多房屋建筑、道路、桥梁的严重损坏，导致救援困难，并引发山体滑坡、形成堰塞湖等灾害。惨痛的事实再次给人们敲响警钟，如何提高建筑物的抗震性能，使房屋通过合理的设计和科学的建筑达到抗震要求，减少地震给人们带来的人身伤害，是建筑工程专业学生必须关注的问题。

13.1　地震基本知识

1. 地震基本术语

　　地球运动过程中，地壳构造运动使地壳积累了巨大的变形能，在地壳岩层中产生着很大的复杂内应力，当这些应力超过某处岩层的强度极限时，将使该处岩层产生突然的断裂或强烈错动，从而使岩层中积累的能量得以释放，变形能量以地震波的形式传至地面，由地震波传播将引发地面产生强烈振动，其现象就称为地震。地球内部岩层发生断裂或错动的部位称为震源，震源正上方的地面位置称为震中，地面某处到震中的水平距离称为震中距。震中附近地面振动最强烈的，也就是建筑物破坏最严重的地区称为震中区。震源和震中之间的距离称为震源深度。地震术语图示如图13.1所示。

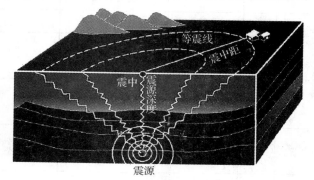

图13.1　地震术语图示

2. 地震波

　　地震时，地下岩体断裂、错动而引起的振动以波的形式从震源向各个方向传播并释放能量，这就是地震波。它包括在地球内部传播的体波和只限于在地球表面传播的面波。体波包括纵波和横波两种形式。

　　纵波是由震源向外传递的压缩波，这种波质点振动的方向与波的前进方向一致，其特点是周期短、振幅小、传播速度快，能引起地面上下颠簸（竖向振动）。横波是由震源向外传递的剪切波，其质点振动的方向与波的前进方向垂直，其特点是周期长、振幅大、传播速度较慢，能引起地面水平摇晃。

　　面波是体波经地层界面多次反射传播到地面后，又沿地面传播的次生波。面波的特点是周期长、振幅大，能引起地面建筑的水平振动。面波的传播是平面的，衰减较体波慢，故能传播到很远的地方，其传播导致的结果是地面呈起伏状或蛇形扭曲状。

　　总之，地震波的传播以纵波最快，横波次之，面波最慢。因此，地震时一般先出现由纵波引起的上下颠簸，而后出现横波和面波造成的房屋左右摇晃和扭动。一般建筑物的破坏主要是由于房屋的左右摇晃和扭动造成的。

3. 地震震级

　　地震震级是衡量一次地震本身强弱程度的指标。它是以地震时震源处释放能量的多少而引起地面产生最大水平地动位移的大小来确定的，用符号 M 表示。震级每增加一级，地震所释放出的能量约增加 30 倍。

一般地说，$M<2$ 的地震人们是感觉不到的，因此称为微震；$M=2\sim4$ 的地震，在震中附近地区的人就有感觉，称为有感地震；$M>5$ 的地震，会对地面上的建筑物造成不同程度的破坏，称为破坏性地震；$M=7\sim8$ 的地震称为强烈地震或大地震；$M>8$ 的地震称为特大地震。

4. 地震烈度

地震烈度是指在一次地震时对某一地区的地表和建筑物影响的强弱程度。为了评定地震烈度，就需要建立一个标准，这个标准称为地震烈度表（表 13.1）。它是以描述震害宏观现象为主的，即根据人的感觉、建筑物的损害程度和地貌变化特征等方面的宏观现象进行判定和区分。我国采用分成 12 度的地震烈度表。

表 13.1 基本烈度表

烈度	人的感觉	一般房屋		其他现象	参考物理指标	
		大多数房屋震害程度	平均震害指数		加速度/$(cm \cdot s^{-2})$（水平向）	速度/$(cm \cdot s^{-1})$（水平向）
I	无感					
II	室内个别静止中的人感觉					
III	室内少数静止中的人感觉	门、窗轻微作响		悬挂物微动		
IV	室内多数人感觉，少数人梦中惊醒	门窗作响		悬挂物明显摆动，器皿作响		
V	室内普遍感觉，室外多数人感觉，多数人梦中惊醒	门窗、屋顶、屋架颤动作响，灰土掉落，抹灰出现微细裂缝		不稳定器翻倒	31（22～44）	3（2～4）
VI	惊慌失措，仓皇逃出	损坏——个别砖瓦掉落、墙体微细裂缝	0.00～0.10	河岸和松软土上出现裂缝，饱和砂层出现喷砂冒水，地面上有的砖烟囱轻度裂缝、掉头	63（45～89）	6（5～9）
VII	大数多人仓皇逃出	轻度破坏——局部破坏、开裂，但不妨碍使用	0.11～0.30	河岸出现坍方，饱和砂层常见喷砂冒水，松软土上裂缝较多，大多数砖烟囱中等破坏	125（90～177）	13（10～18）
VIII	摇晃颠簸，行走困难	中等破坏——结构受损，需要修理	0.31～0.50	干硬土上有裂缝，大多数砖囱严重破坏	250（178～353）	25（19～35）

续表 13.1

烈度	人的感觉	一般房屋		其他现象	参考物理指标	
		大多数房屋震害程度	平均震害指数		加速度/ $(\text{cm} \cdot \text{s}^{-2})$ (水平向)	速度/ $(\text{cm} \cdot \text{s}^{-1})$ (水平向)
IX	坐立不稳, 行动的人可能摔跤	严重破坏——墙体龟裂, 局部倒塌, 修复困难	0.51~0.70	干硬土上有许多地方出现裂缝, 基岩上可能出现裂缝, 滑坡、塌方常见, 砖烟囱出现倒塌	500 (354~707)	25 (19~35)
X	骑自行车的人会摔倒, 处于稳状态的人会摔出几尺远, 有抛起感	倒塌——大部倒塌, 不堪修复	0.71~0.90	山崩和地震断裂出现, 基岩上的拱桥破坏, 大多数烟囱从根部破坏或倒毁	1 000 (708~1 414)	100 (72~141)
XI		毁灭	0.91~1.00	地震断裂延续很长, 大量山崩滑坡		
XII				地面剧烈变化, 山河改观		

一次地震只有一个震级, 然而同一次地震对不同地区的影响却不同, 随着距离震中的远近不同会出现多种不同的烈度。一般来说, 距震中距离越近, 地震影响越大, 地震烈度越高。例如, 1976年唐山地震, 震级为 7.8 级, 震中烈度为 11 度; 受唐山地震的影响, 天津市地震烈度为 8 度, 北京市烈度为 6 度, 再远到石家庄、太原等就只有 4~5 度了。

13.2 抗震设计的基本要求

13.2.1 房屋结构的抗震设防

房屋结构的抗震设防, 是指通过对地震区的房屋进行抗震设计和采取抗震构造措施, 达到在地震发生时减轻地震灾害的目的。抗震设防的依据是抗震设防烈度。

1. 抗震设防分类

对于不同使用性质的建筑物, 地震破坏所造成后果的严重性是不一样的。对于不同用途的建筑物, 抗震设防目标是一致的、抗震设计方法也相同, 但不宜采用相同的抗震设防标准, 而应根据其破坏后果加以区别对待。为此, 我国《建筑抗震设计规范》(GB 50011—2010) 将建筑物按其用途的重要性分为四类:

甲类建筑: 指使用上有特殊设施, 涉及国家公共安全的重大建筑工程和地震时可能发生严重次生灾害等特别重大灾害后果, 需要进行特殊设防的建筑。此类建筑的确定须经国家规定的批准权限批准。

乙类建筑: 指地震时使用功能不能中断或需尽快恢复的生命线相关建筑, 以及地震时可能导致大量人员伤亡等重大灾害后果, 需要提高设防标准的建筑。例如城市中生命线工程的核心建筑, 一般包括供水、供电、交通、消防、通信、救护、供气、供热等系统, 中小学教学楼等。

丙类建筑: 指大量的除甲、乙、丁类建筑以外的一般工业与民用建筑。

丁类建筑: 指使用上人员较少且震损不致产生次生灾害, 允许在一定条件下适度降低要求的建筑。例如一般的仓库、人员稀少的辅助建筑物等。

2. 抗震设防标准

对各类建筑抗震设防标准的具体规定为:

甲类建筑:应按高于本地区设防烈度提高一度的要求加强其抗震措施;但设防烈度为9度时应按比9度更高的要求加强抗震措施。同时,应按批准的地震安全性评价的结果且高于本地区抗震设防烈度的要求进行抗震计算。

乙类建筑:按本地区设防烈度进行抗震计算,但在抗震构造措施上提高一度考虑。

丙类建筑:按本地区的抗震设防烈度进行抗震计算与加强抗震措施。

丁类建筑:允许比本地区设防烈度的要求适当降低其抗震措施,但设防烈度为6度时不应降低。一般情况下,仍按本地区抗震设防烈度进行抗震计算。

应注意的是,我国采取的提高抗震构造措施,主要着眼于把财力、物力用在增加结构薄弱部位的抗震能力上,是经济而有效的抗震方法。

3. 抗震设防目标

抗震设防是指对建筑物进行抗震设计并采取一定的抗震构造措施,以达到结构抗震的效果和目的。抗震设防的依据是抗震设防烈度。

抗震设防烈度是一个地区作为抗震设防依据的地震烈度,应按国家规定权限审批或颁布的文件(图件)执行。一般情况下,抗震设防烈度可采用国家地震局颁发的地震烈度区划图中规定的基本烈度。

我国《建筑抗震设计规范》(GB 50011—2010)中明确提出了"小震不坏、中震可修、大震不倒"的抗震设防的三个基本水准目标,即:

(1)当遭受低于本地区抗震设防烈度的多遇地震影响时,主体结构不受损坏或不需修理仍可继续使用。

(2)当遭受相当于本地区抗震设防烈度的地震影响时,主体结构可能有一定损坏,经一般修理仍可继续使用。

(3)当遭受高于本地区抗震设防烈度的罕遇地震影响时,主体结构不致倒塌或发生危及生命安全的严重破坏。

由于地震的发生及其强度的随机性很强,现阶段只能用概率的统计分析来估计一个地区可能遭受的地震影响。建筑物在设计基准期50年内,对当地可能发生的对建筑结构有影响的各种强度的地震应具有不同的抵抗能力,这可以用3个地震烈度水准来考虑,即多遇烈度、基本烈度和罕遇烈度。多遇地震烈度(小震)是出现概率最大的地震烈度,50年内超越概率为63.2%,对应的重现期约50年,将它作为第一水准的烈度;基本烈度(中震)为超越概率约为10%的地震烈度,是一个地区进行抗震设防的依据,对应的重现期约475年,将它定义为第二水准的烈度;罕遇地震烈度(大震)为超越概率为2%~3%的地震烈度,对应的重现期约1 600~2 400年,可作为第三水准的烈度。由烈度概率分布分析可知,多遇烈度比基本烈度约低1.55度,而罕遇烈度比基本烈度约高出1度。

这样,遵照现行抗震规范设计的建筑,在遭遇到多发的多遇烈度(小震)作用时,建筑物基本上仍处于弹性阶段,一般不会损坏;而在遭遇到相应基本烈度(中震)的地震作用下,建筑物将进入弹塑性状态,但不至于发生严重破坏;在遭遇到发生概率很小的罕遇地震(大震)作用时,建筑物可能产生严重破坏,但不至于倒塌。

4. 建筑结构抗震设计方法

我国《建筑抗震设计规范》(GB 50011—2010)提出了采用简化的两阶段设计方法以实现上述三个水准的基本设防目标。

第一阶段设计是承载力验算,按多遇地震烈度作用时对应的地震作用效应和其他荷载效应的组合对结构构件的进行截面承载能力抗震验算，这样既可满足第一水准下必要的承载力可靠度，又可满足第二水准的设防要求（中震可修）。对于大多数结构，可只进行第一阶段的设计，而通过概念设计和抗震构造措施定性地实现罕遇地震下的设防要求。

第二阶段设计是弹塑性变形验算，对地震时易倒塌的结构、有明显薄弱层的不规则结构以及有专门要求的建筑，除进行第一阶段设计外，还要进行结构薄弱部位的弹塑性层间变形验算并采取相应的抗震构造措施定量地实现罕遇地震下的设防要求。

13.2.2 抗震概念设计

地震具有随机性、不确定性和复杂性，要准确预测建筑物所遭遇地震的特性和参数，目前是很难做到的。而建筑物本身又是一个庞大复杂的系统，在遭受地震作用后其破坏机理和破坏过程十分复杂。且在结构分析方面，由于未能充分考虑结构的空间作用、非弹性性质、材料时效、阻尼变化等多种因素，也存在着不确定性。因此，结构工程抗震问题不能完全依赖"计算设计"解决。应立足于工程抗震基本理论及长期工程抗震经验总结的工程抗震基本概念，从"概念设计"的角度着眼于结构的总体地震反应，按照结构的破坏过程，灵活运用抗震设计准则，全面合理地解决结构设计中的基本问题，既注意总体布置上的大原则，又顾及到关键部位的细节构造，从根本上提高结构的抗震能力。

根据概念设计原理，在进行抗震设计时，应遵循下列要求：

（1）选择有利场地

造成建筑物震害的原因是多方面的，场地条件是其中之一。由于场地因素引起的震害往往特别严重，而且有些情况仅仅依靠工程措施来弥补是很困难的。因此，选择工程场址时，应进行详细勘察，搞清地形、地质情况，挑选对建筑抗震有利的地段，尽可能避开对建筑抗震不利的地段，任何情况下均不得在抗震危险地段上建造可能引起人员伤亡或较大经济损失的建筑物。

对建筑抗震有利的地段，一般是指位于开阔平坦地带的坚硬场地土或密实均匀的中硬场地土。建造于这类场地上的建筑一般不会发生由于地基失效导致的震害，从而可从根本上减轻地震对建筑物的影响。对建筑抗震不利的地段，就地形而言，一般是指条状突出的山嘴、孤立的山包和山梁的顶部、高差较大的台地边缘、非岩质的陡坡、河岸和边坡的边缘；就场地土质而言，一般是指软弱土、易液化土、古河道、断层破碎带、暗埋塘浜沟谷或半挖半填地基等，以及在平面分布上成因、岩性、状态明显不均匀的地段。

（2）采用合理的建筑平立面

建筑物的动力性能基本上取决于其建筑布局和结构布置。建筑布局简单合理，结构布置符合抗震原则，就能从根本上保证房屋具有良好的抗震性能。经验表明，简单、规则、对称的建筑抗震能力强，在地震时不易破坏；反之，如果房屋体形不规则，平面上凸出凹进，立面上高低错落，在地震时容易产生震害。而且，简单、规则、对称结构容易准确计算其地震反应，可以保证地震作用具有明确直接的传递途径，容易采取抗震构造措施和进行细部处理。

【知识拓展】

1972年尼加拉瓜首都马那瓜发生的地震中，有两幢钢筋混凝土结构的高层建筑（图13.2），相隔不远，一幢是15层的中央银行大厦，其结构布置上下不连续、平面不对称；另一幢是18层的美洲银行大厦，其结构布置均匀对称。地震时前者发生了严重破坏，震后拆除；而后者只受轻微损坏，经维修恢复使用。

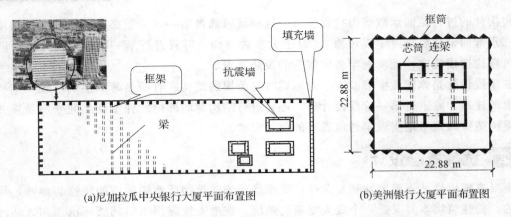

(a)尼加拉瓜中央银行大厦平面布置图 (b)美洲银行大厦平面布置图

图 13.2 尼加拉瓜中央银行和美洲银行大厦结构平面布置图

（3）选择合理的结构形式

抗震结构体系是抗震设计应考虑的关键问题。结构体系的确定受到抗震设防烈度、建筑高度、场地条件以及建筑材料、施工条件、经济条件等诸多因素影响，是一个综合的技术经济问题，需进行周密考虑确定。

抗震规范对建筑结构体系主要有以下规定：①结构体系应具有明确的计算简图和合理的地震作用传递途径；②结构体系宜具有多道抗震防线，应避免因部分结构或构件破坏而导致整个体系丧失抗震能力或对重力荷载的承载能力；③结构体系应具有必要的抗震承载力，良好的变形能力和耗能能力；④结构体系宜具有合理的刚度和承载力分布，避免因局部削弱或突变形成薄弱部位，产生过大的应力集中或塑性变形集中，对可能出现的薄弱部位，应采取措施提高抗震能力；⑤结构在两个主轴方向的动力特性宜相近，在结构布置时，应遵循平面布置对称、立面布置均匀的原则，以避免质心和刚心不重合而造成扭转振动和产生薄弱层。

【知识拓展】

在强烈地震作用下，结构的薄弱楼层率先屈服，发生弹塑性变形，并形成弹塑性变形集中的现象，不能发挥整体的抗震能力。1976 年唐山大地震中，位于天津塘沽区的天津碱厂（图 13.3）13 层蒸吸塔框架，该结构楼层屈服强度分布不均匀，造成 6 层和 11 层的弹塑性变形集中，导致 6 层以上全部倒塌。

（4）提高结构的延性

结构的延性可定义为结构在承载力无明显降低的前提下发生非弹性变形的能力。结构的延性反映了结构的变形能力，是防止在地震作用下倒塌的关键因素之一。

结构良好的延性有助于减小地震作用，吸收与耗散地震能量，避免结构倒塌。而结构延性和耗能的大小，取决于构件的破坏形态及其塑化过程，弯曲构件的延性远远大于剪切构件，构件弯曲屈服直至破坏所消耗的地震输入能量，也远远高于构件剪切破坏所消耗的能量。因此，结构设计应力求避免构件的剪切破坏，争取更多的构件实现弯曲破坏。始终遵循"强柱弱梁，强剪弱弯，更强节点核心区"原则。构件的破坏和退出工作，使整个结构从一种稳定体系过渡到另外一种稳定体系，致使结构的周

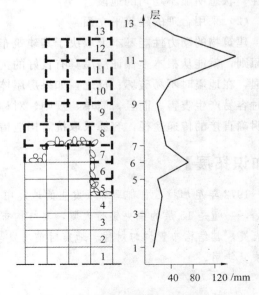

图 13.3 天津碱厂弹塑性分析结果

期发生变化，以避免地震周期长时间持续作用引起的共振效应。

（5）确保结构的整体性

结构是由许多构件连接组合而成的一个整体，并通过各个构件的协调工作来有效地抵抗地震作用。若结构在地震作用下丧失了整体性，则结构各构件的抗震能力不能充分发挥，这样容易使结构成为机动体而倒塌。因此，结构的整体性是保证结构各个部分在地震作用下协调工作的重要条件，确保结构的整体性是抗震概念设计的重要内容。

为了充分发挥各构件的抗震能力，确保结构的整体性，在设计的过程中应遵循以下原则：①结构应具有连续性。结构的连续性是使结构在地震作用时能够保持整体的重要手段之一。②保证构件间的可靠连接。提高建筑物的抗震性能，保证各个构件充分发挥承载力，关键的是加强构件间的连接，使之能满足传递地震力时的强度要求和适应地震时大变形的延性要求。③增强房屋的竖向刚度。在设计时，应使结构沿纵、横两个方向具有足够的整体竖向刚度，并使房屋基础具有较强的整体性，以抵抗地震时可能发生的地基不均匀沉降及地面裂隙穿过房屋时所造成的危害。

（6）非结构构件

在抗震设计中，处理好非结构构件与主体结构之间的关系，可防止附加灾害，减少损失。如附着于楼、屋面结构上的非结构构件以及楼梯间的非承重墙体，应与主体结构有可靠的连接或锚固；框架结构的围护墙和隔墙应避免不合理的设置而导致主体结构破坏；幕墙、装饰贴面等与主体要有可靠连接；建筑附属机电设备等，其自身及其与主体结构的连接，应进行抗震设计。

13.3　多高层钢筋混凝土房屋的抗震规定

13.3.1　多高层混凝土结构抗震构造措施

多次地震经验表明，钢筋混凝土结构房屋一般具有较好的抗震性能。只要经过合理的抗震设计和正常的施工程序，在一般烈度区建造多层钢筋混凝土结构房屋是可以保证安全的。

1. 钢筋混凝土结构抗震布置原则

钢筋混凝土结构房屋抗震布置的基本原则是：结构平面应力求简单规则，结构的主要抗侧力构件应对称均匀布置，尽量使结构的刚心与质心重合，避免地震时引起结构扭转及局部应力集中。结构的竖向布置，应使其质量沿高度方向均匀分布，避免结构刚度突变，并应尽可能降低建筑物的重心，以利结构的整体稳定性。合理地设置变形缝，加强楼屋盖的整体性。

2. 现浇钢筋混凝土房屋最大高度

对采用钢筋混凝土材料的高层建筑，从安全和经济诸方面综合考虑，其适用高度应有限制。房屋的最大适用高度与设防烈度、结构类型和场地类别等因素有关。《建筑抗震设计规范》（GB 50011—2010）要求现浇钢筋混凝土结构房屋的最大高度应符合表 13.2 的规定。对于平面和竖向均不规则的结构，适用的最大高度宜适当降低。

3. 结构抗震等级

混凝土结构房屋的抗震要求，不仅与建筑物重要性和地震烈度有关，还与房屋高度和结构类型等直接有关。地震作用下，钢筋混凝土结构的地震反应有下列特点：

（1）地震作用越大，房屋的抗震要求越高。地震作用与烈度、场地等有关，从经济角度考虑，对不同烈度、场地结构的抗震要求可以有明显的差别。

表 13.2　现浇钢筋混凝土房屋适用的最大高度（m）

结构类型		烈度				
		6	7	8（0.2g）	8（0.3g）	9
框架		60	50	40	35	24
框架—抗震墙		130	120	100	80	50
抗震墙		140	120	100	80	60
部分框支抗震墙		120	100	80	50	不应采用
筒体	框架—核心筒	150	130	100	90	70
	筒中筒	180	150	120	100	80
板柱—抗震墙		80	70	55	40	不应采用

注：房屋高度指室外地面到主要屋面板板顶的高度（不包括局部突出屋顶部分）。

（2）结构的抗震能力主要取决于主要抗侧力构件的性能。主、次抗侧力构件的抗震要求应有差别。

（3）房屋越高，地震反应越大，抗震要求越高。

鉴于此，《建筑抗震设计规范》（GB 50011—2010）根据设防类别、烈度、结构类型和房屋高度等因素，将其抗震要求以抗震等级表示，丙类建筑抗震等级分为四级，见表 13.3。抗震等级的划分，体现了对不同抗震设防类别、不同结构类型、不同烈度、不同高度的钢筋混凝土房屋结构的延性要求的不同。对不同抗震等级的建筑物采取不同的抗震措施，有利于做到经济而有效的设计。

表 13.3　混凝土结构的抗震等级表

结构类型		设防烈度									
		6		7			8			9	
框架结构	高度/m	≤24	>24	≤24	>24		≤24	>24		≤24	
	框架	四	三	三	二		二	一		一	
	大跨度框架	三		二			一			一	
框架—抗震墙结构	高度/m	≤60	>60	≤24	25～60	>60	≤24	25～60	>60	≤24	25～50
	框架	四	三	四	三	二	三	二	一	二	一
	抗震墙	三	三	二	二		一	一		一	
抗震墙结构	高度/m	≤80	>80	≤24	25～80	>80	≤24	25～80	>80	≤24	25～60
	抗震墙	四	三	四	三	二	三	二	一	二	一
部分框支抗震墙结构	高度/m	≤80	>80	≤24	25～80	>80	≤24	25～80			
	抗震墙 一般部位	四	三	四	三	二	三	二			
	抗震墙 加强部位	三	二	三	二	一	二	一			
	框支层框架	二		二			一				
框架—核心筒结构	框架	三		二			一				
	核心筒	二		二			一				
筒中筒结构	外筒	三		二			一				
	内筒	三		二			一				
板柱—抗震墙结构	高度/m	≤35	>35	≤35	>35		≤35	>35			
	框架、板柱的柱	三	二	二	二		一	一			
	抗震墙	二	二	二	一		二	一			

4. 防震缝

高层建筑宜选用合理的建筑结构方案，不设防震缝。但当建筑平面过长、结构单元的结构体系不同、高度或刚度相差过大以及各结构单元的地基条件有较大差异时，应考虑设防震缝。其最小宽度应符合下面要求：

（1）框架结构（包括设置少量抗震墙的框架结构）房屋的防震缝宽度，当高度不超过 15 m 时不应小于 100 mm；高度超过 15 m 时，6 度、7 度、8 度和 9 度分别每增加高度 5 m、4 m、3 m 和 2 m，宜加宽 20 mm。

（2）框架－抗震墙结构房屋的防震缝宽度不应小于本款（1）项规定数值的 70%，抗震墙结构房屋的防震缝宽度不应小于本款（1）项规定数值的 50%；且均不宜小于 100 mm。

（3）防震缝两侧结构类型不同时，宜按需要较宽防震缝的结构类型和较低房屋高度确定缝宽（图 13.4）。

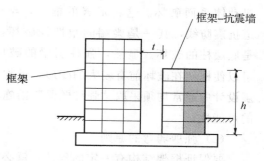

图 13.4　抗震缝缝宽示意

震害和试验研究都表明框架结构对抗撞不利，特别是防震缝两侧，房屋高度相差较大或两侧层高不一致的情况。针对上述情况，对 8、9 度框架结构房屋防震缝两侧结构高度、刚度或层高相差较大时，可在防震缝两侧房屋的尽端沿全高设置垂直于防震缝的抗撞墙，每一侧抗撞墙的数量不应少于两道，宜分别对称布置，防震缝两侧抗撞墙的端柱和框架边柱，箍筋应沿房屋全高加密，如图 13.5 所示。

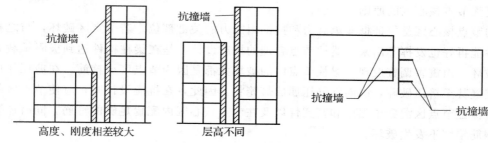

图 13.5　框架结构采用抗撞墙示意图

13.3.2　钢筋混凝土框架结构抗震构造措施

1. 框架结构延性抗震原则

结构能够维持承载能力而又具有较大的塑性变形能力，称为延性结构。结构的变形能力可以从结构的延性和构件的延性两个方面来衡量，而结构的延性又依赖于构件的延性。为了提高框架结构的延性，必须遵守"强柱弱梁、强剪弱弯、更强节点核心区"的设计原则。

（1）强柱弱梁的原则

框架进入塑性阶段后，由于塑性铰出现的位置不同或出现的顺序不同，可能有不同的破坏形式。

柱是压弯构件，由于存在轴压力，其延性能力通常比框架梁偏小，加之框架柱是结构中重要的竖向承重构件，对防止结构的整体或局部倒塌有关键作用。

试验研究表明，梁端屈服型框架有较大的内力重分布和能量消耗能力，极限层间位移大，抗震性能较好。较合理的框架机制，应该是梁比柱的塑性屈服尽可能早发生和多发生，底层柱柱底的塑性铰较晚形成，各层柱的屈服顺序尽量错开，避免集中在一层。图 13.6（a）为一强梁弱柱型框架，塑性铰首先出现在柱端，且集中在某一层，整个框架容易形成倒塌机制，即成为几何可变体系而倒塌，在抗震结构中应避免出现这种情况。图13.6（b）为一强柱弱梁型框架，塑性铰首先出现在两端。当部分以至全部梁端均出现塑性铰时，结构仍能继续承受外荷载。只有当全部梁端及柱子底部均出现塑性铰时，框架才形成机动体系而破坏。这种形式的框架，至少有2道抗震防线，其一是梁端的塑性铰破坏，其二是底层柱的破坏。显然，强柱弱梁的破坏形态

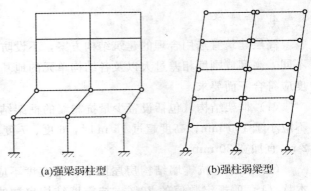

(a)强梁弱柱型　　　(b)强柱弱梁型

图13.6　框架的破坏形式

可以使框架在破坏前有较大的变形，吸收和耗散较多的地震能量，因而具有较好的抗震性能。在抗震设计中通常均须采取"强柱弱梁"措施，即人为增大柱截面的抗弯能力，以减小柱端形成塑性铰的可能性。

（2）强剪弱弯的原则

要保证框架结构有一定的延性，就必须保证梁柱构件具有足够的延性。由于受弯破坏和大偏心受压破坏的延性较好，而受剪破坏是脆性的，故应使构件的受剪承载力相对较强，使构件的受弯承载力相对较弱，以保证构件不致过早因剪切而破坏。构件在抗震设计中通常均须采取"强剪弱弯"措施，即人为提高梁端、柱端截面的抗剪能力，防止梁端、柱端在出现塑性铰之前发生脆性的剪切破坏。

（3）更强节点核心区的原则

框架的节点核心区是保证框架承载力和抗倒塌能力的关键部位。若节点区破坏，与之相连的梁柱构件的性能再好也发挥不出来。梁柱节点合理的抗震设计，是在梁柱构件达到极限承载力前节点不应发生破坏。由震害调查发现，梁柱节点区的破坏大都是因为节点区少箍筋。在剪压作用下混凝土出现斜裂缝甚至挤压破碎，纵向钢筋压屈成灯笼状。因此，在抗震设计时，应使节点区的承载力相对较强，保证节点区混凝土强度和密实性以及在节点核心区内配置足够的箍筋，同时还要保证支座连接和钢筋锚固不发生破坏。

2. 框架结构抗震一般构造要求

（1）混凝土

抗震等级为一级的框架梁、柱和节点核心区，混凝土强度等级不应低于C30，其他各类构件以及抗震等级为二、三级的框架不应低于C20；并且在设防烈度为9度时不宜超过C60，设防烈度为8度时不宜超过C70。

（2）钢筋种类

普通钢筋宜优先采用延性好、韧性和焊接性较好的钢筋。普通钢筋的强度等级，纵向受力钢筋宜选用符合抗震性能指标的HRB400级钢筋，也可采用HRB335级钢筋；箍筋宜选用符合抗震性能指标的不低于HRB335级的热轧钢筋。

除上述一般要求外，抗震等级为一、二、三级的框架结构，其纵向受力钢筋采用普通钢筋时，应满足：

①钢筋的抗拉强度实测值与屈服强度实测值的比值（强屈比）不应小于1.25，当构件某个部位出现塑性铰后，塑性铰处有足够的转动能力与耗能能力。

②钢筋的屈服强度实测值与强度标准值的比值不应大于1.3，目的是为了保证结构设计中强柱弱梁、强剪弱弯的设计要求。

③钢筋在最大拉力下的总伸长率实测值不应小于9％，即钢筋应具有良好的塑性性能，不得采

用脆性钢筋，以避免地震中出现由于钢筋脆断而引发的震害。

（3）钢筋锚固

纵筋的最小锚固长度应按 l_{aE} 取用，l_{aE} 的确定原则为：一、二级抗震等级，$l_{aE}=1.15l_a$；三级抗震等级，$l_{aE}=1.05l_a$；四级抗震等级，$l_{aE}=1.0l_a$，l_a 为非抗震设计时的纵向受拉钢筋的最小锚固长度。

（4）箍筋

箍筋需做成封闭式，端部设 135°弯钩。弯钩端头平直段长度不应小于 10d（d 为箍筋直径）。箍筋应与纵向钢筋紧贴。当设置附加拉结钢筋时，拉结钢筋必须同时钩住箍筋和纵筋。

3．框架梁抗震构造措施

（1）梁截面尺寸

梁截面宽度不宜小于 200 mm，梁截面的高宽比不宜大于 4，净跨与截面高度之比不宜小于 4。

（2）梁内纵向钢筋

梁内纵筋配置构造要求如图 13.7 所示，抗震梁纵筋应符合下列要求：

①为保证梁端有较强的变形能力，框架梁端截面的底面和顶面纵向钢筋配筋量的比值，一级不应小于 0.5，二、三级不应小于 0.3。

②考虑到地震作用下梁端弯矩的不确定性，要求沿梁全长顶面、底面至少应配置 2 根通长纵筋，一、二级框架不应少于 2Φ14，且分别不应少于梁两端顶面和底面纵筋中较大截面面积的 1/4；三、四级框架不应少于 2Φ12。

③为了保证梁纵筋在节点内的锚固性能，要求一、二、三级框架贯通中柱的梁纵筋，直径不应大于柱在该方向截面尺寸的 1/20。

④梁内纵筋的接头。一级抗震时应采用机械连接接头，二、三、四级抗震时，宜采用机械连接接头，也可采用焊接接头或搭接接头。接头位置宜避开箍筋加密区，位于同一区段内的纵筋接头面积不应超过 50%，当采用搭接接头时，搭接长度要足够。

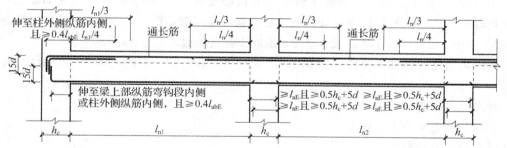

图 13.7　抗震楼层框架梁 KL 纵向钢筋构造

（3）梁的箍筋

①框架梁两端须设置加密封闭式箍筋。箍筋加密区的长度、加密区内箍筋最大间距和最小直径应按表 13.4 采用。当梁端纵筋配筋率大于 2% 时，表中箍筋最小直径应相应增大 2 mm。

②梁端加密区的箍筋肢距，一级不宜大于 200 mm 和 20d（d 为箍筋直径）的较大值，二、三级不宜大于 250 mm 和 20d 的较大值，四级不宜大于 300 mm。

③非加密区的箍筋最大间距不宜大于加密区箍筋间距的 2 倍。

④箍筋必须为封闭箍，应有 135°弯钩，弯钩平直段的长度不小于箍筋直径的 10 倍和 75 mm 的较大者。

表 13.4　梁端箍筋加密区的长度、箍筋的最大间距和最小直径

抗震等级	加密区长度 （采用较大值）/mm	箍筋最大间距 （采用最小值）/mm	箍筋最小直径/mm
一	$2h_b$，500	$h_b/4$，$6d$，100	10
二	$1.5h_b$，500	$h_b/4$，$8d$，100	8
三	$1.5h_b$，500	$h_b/4$，$8d$，150	8
四	$1.5h_b$，500	$h_b/4$，$8d$，150	6

注：1. d 为纵向钢筋直径，h_b 为梁截面高度；

2. 箍筋直径大于 12 mm、数量不少于 4 肢且肢距不大于 150 mm 时，一、二级的最大间距允许适当放宽，但不得大于 150 mm；

3. 梁端设置的第一个箍筋距框架节点边缘不应大于 50 mm；

4. 截面高度大于 800 mm 的梁、箍筋直径不宜小于 8 mm。

4. 框架柱抗震构造要求

(1) 柱截面尺寸

柱截面宽度和高度，四级或不超过 2 层时不宜小于 300 mm，一、二、三级且超过 2 层时不宜小于 400 mm，柱的剪跨比 λ 宜大于 2，截面长边和短边之比不宜大于 3。

柱的剪跨比为

$$\lambda = M_c / (V_c h_0)$$

式中　M_c——柱端截面的组合弯矩计算值（取上下端弯矩的较大值）；

V_c——柱端截面的组合剪力计算值；

h_0——柱截面有效高度。

(2) 柱的轴压比

柱的轴压比 $N/f_c A$ 是影响柱的破坏形态（大偏心受压、小偏心受压）和变形能力的重要因素，为保证柱有一定的延性，抗震设计一般应在大偏心受压破坏范围。因此，《建筑抗震设计规范》（GB 50011—2010）规定，对于剪跨比大于 2，混凝土强度等级不高于 C60 的一、二、三、四级抗震等级框架柱的轴压比，分别不应超过 0.65、0.75、0.85 和 0.90；剪跨比不大于 2 的柱，轴压比限值应降低 0.05。

(3) 柱内纵向钢筋

柱中纵筋配置应符合下列要求：

①柱中纵筋宜对称配置。

②当截面尺寸大于 400 mm 的柱，纵筋间距不宜大于 200 mm。

③柱中全部纵筋的最小配筋率应满足表 13.5 的规定，同时每一侧配筋率不应小于 0.2%。

表 13.5　框架柱全部纵向钢筋最小配筋百分率（%）

类别	抗震等级			
	一	二	三	四
中柱和边柱	1.0	0.8	0.7	0.6
角柱、框支柱	1.1	0.9	0.8	0.7

注：钢筋强度标准值小于 400 MPa 时，表中数值增加 0.1，钢筋强度标准值为 400 MPa 时，表中数值增加 0.05，混凝土强度等级高于 C60 时上述数值增加 0.1。

④柱中纵筋总配筋率不应大于 5%；一级且剪跨比 λ 不大于 2 的柱，每侧纵筋配筋率不宜大于 1.2%。

⑤边柱、角柱在小偏心受拉时，柱内纵筋总面积应比计算值增加25%。

⑥柱纵筋的连接应避开柱端箍筋加密区。

（4）柱的箍筋

①框架柱内箍筋常用形式如图13.8所示。

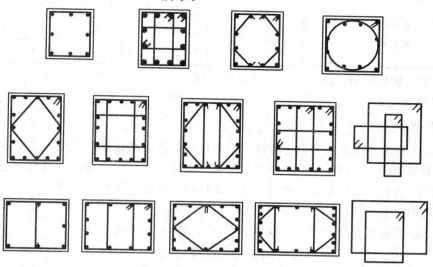

图13.8 柱的箍筋形式

②框架柱的上下两端须设置箍筋加密区。一般情况下，柱箍筋加密区的范围、加密区内箍筋最大间距和最小直径应按表13.6采用。

表13.6 柱箍筋加密区长度、箍筋最大间距和最小直径

抗震等级	箍筋最大间距/mm （采用较小值）	箍筋最小直径/mm	箍筋加密区范围/mm （采用较大者）
一	$6d$，100	10	
二	$8d$，100	8	500；h（D）； $H_n/6$（柱根 $H_n/3$）
三	$8d$，150（柱根 100）	8	
四	$8d$，150（柱根 100）	6（柱根 8）	

注：1. d 为柱纵筋最小直径，h 为矩形截面长边尺寸，D 为圆柱直径，H_n 为柱净高；

  2. 柱根指框架底层柱下端箍筋加密区；

  3. 刚性地面上下各500 mm。

框支柱、剪跨比不大于2的柱，以及一、二级抗震设防的框架角柱，应沿柱全高加密。由于短柱主要是剪切破坏，因而需要在柱全高范围内加密。

③柱箍筋加密区的箍筋肢距，一级不宜大于200 mm，二、三级不宜大于250 mm，四级不宜大于300 mm。至少每隔一根纵筋宜在两个方向有箍筋或拉筋约束；采用拉筋复合箍时，拉筋宜紧靠纵筋并钩住封闭箍筋。

④柱箍筋加密区的体积配箍率 ρ_v，一级不应小于0.8%，二级不应小于0.6%，三、四级不应小于0.4%。体积配箍率 ρ_v 按下式计算：

$$\rho_v \geq \lambda_v f_c / f_{yv}$$

(13. 1)

式中 f_c——混凝土轴心抗压强度设计值，强度等级低于C35时，应按C35计算；

  f_{yv}——箍筋或拉筋抗拉强度设计值；

  λ_v——最小配箍特征值，宜按表13.7采用。

表 13.7　柱箍筋加密区的箍筋最小配箍特征值

抗震等级	箍筋形式	柱轴压比								
		≤0.3	0.4	0.5	0.6	0.7	0.8	0.9	1.0	1.05
一	普通箍 复合箍	0.10	0.11	0.13	0.15	0.17	0.20	0.23	—	—
二		0.08	0.09	0.11	0.13	0.15	0.17	0.19	0.22	0.24
三、四		0.06	0.07	0.09	0.11	0.13	0.15	0.17	0.20	0.22

⑤柱箍筋非加密区的箍筋间距，一、二级框架柱不应大于 10 倍纵筋直径，三、四级框架柱不应大于 15 倍纵筋直径。

5．框架节点构造

框架节点作为柱的一部分起到向下传递内力的作用，同时又是梁的支座，接受本层梁传递过来的内力，是框架结构设计中极重要的一环节。框架节点必须保证其连接的可靠性、经济合理性，且便于施工，采取适当的节点构造措施可以保证框架结构的整体空间受力性能。

（1）中间层中间节点

框架梁上部纵筋应贯穿中间节点（或中间支座），如图 13.9 所示。

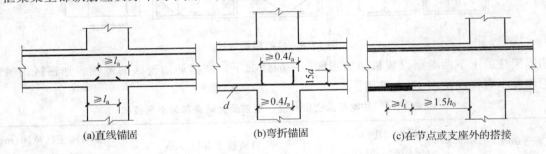

(a)直线锚固　　　　　(b)弯折锚固　　　　　(c)在节点或支座外的搭接

图 13.9　中间层中间节点梁纵向钢筋的锚固与搭接

框架梁下部纵筋伸入中间节点范围内的锚固长度应根据具体情况按下列要求取用：

①当计算中不利用其强度时，伸入节点的锚固长度对带肋钢筋不小于 $12d$，对光面筋不小于 $15d$。

②当计算中充分利用钢筋的抗拉强度时，钢筋可采用直线方式锚固在节点内，锚固长度不应小于 l_a（l_{aE}）（图 13.9（a））；当柱截面较小而直线锚固长度不足时，宜采用钢筋端加锚头的机械锚固措施，也可采用将钢筋伸至柱对边向上弯折 90° 的锚固形式，其中弯前水平段的长度不应小于 $0.4l_a$（l_{aE}），弯后垂直段长度取为 $15d$（图 13.9（b））。框架梁下部筋也可贯穿中间层的中间节点，在节点以外梁中弯矩较小处设置搭接接头，搭接长度 l_l，起始点至节点或支座边缘的距离不应小于 $1.5h_0$（图 13.9（c））。

③当计算中充分利用钢筋抗压强度时，伸入节点的直线锚固长度不应小于 $0.7l_a$（l_{aE}）。框架柱的纵筋应贯穿中间层的中间节点，柱纵筋接头应设在节点区以外。

（2）中间层端节点

框架中间层端节点构造如图 13.10 所示。

梁上部纵筋伸入节点的锚固长度应满足：

①采用直线锚固形式时，锚固长度不应小于 l_a（l_{aE}），且应伸过柱中心线不宜小于 $5d$。

②当柱截面尺寸较小时，可采用钢筋端部加机械锚头的锚固方式，纵筋宜伸至柱外侧纵筋内边，包括机械锚头在内的水平投影长度不应小于 $0.4l_{ab}$，如图 13.10（a）所示。

③梁上纵筋也可采用 90° 弯折锚固形式，此时梁上部纵筋应伸至柱外侧纵筋内边并向节点内弯折，其弯前的水平段长度不应小于 $0.4l_{ab}$，弯后垂直段长度不应小于 $15d$，如图 13.10（b）所示。

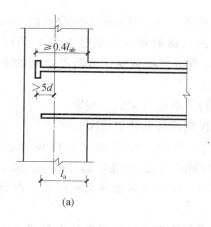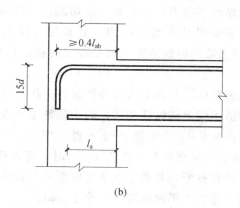

(a)　　　　　　　　　　　　　　　　(b)

图 13. 10　框架中间层端节点构造

梁下部纵筋伸入端节点的锚固要求与中间层中节点梁下部纵筋的锚固规定相同。

框架柱的纵筋应贯穿中间层的端节点，其构造要求与中间层中节点相同。

（3）顶层中间节点

框架顶层中间节点构造如图 13.11 所示。

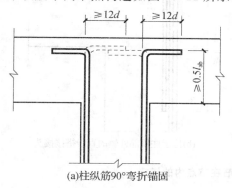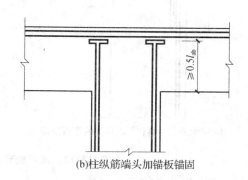

(a)柱纵筋90°弯折锚固　　　　　　　　　　(b)柱纵筋端头加锚板锚固

图 13. 11　框架顶层中间节点构造

框架梁纵筋在节点内的构造要求与中间层中节点梁的纵筋在节点内的构造要求相同。

柱纵向钢筋在顶层中节点的锚固应满足：

柱纵筋应伸至柱顶，且自梁底算起的锚固长度不应小于 l_a（l_{aE}）。

当节点处梁截面高度较小时，可采用 90°弯折锚固措施，如图 13.11（a）所示，即将柱筋伸至柱顶然后水平弯折，弯折前的垂直投影长度不应小于 $0.5l_{ab}$，弯折方向可分为两种形式：

①向节点内弯折：弯折后的水平投影长度不宜小于 $12d$。

②向节点外（楼板内）弯折：当柱顶层有现浇板且板厚不小于 100 mm 时，柱纵筋也可向外弯折，弯折后的水平投影长度不宜小于 $12d$。

当截面尺寸不足时，也可采用带锚头的机械锚固措施。此时，包括机械锚头在内的竖向锚固长度不应小于 $0.5l_{ab}$，如图 13.11（b）所示。

（4）顶层端节点（图 13.12）

柱内侧纵筋的锚固要求与顶层中节点的纵筋锚固规定相同。

梁下部纵筋伸入端节点范围内的锚固要求与中间层端节点梁下部纵筋的锚固规定相同。

柱外侧纵筋与梁上部纵筋在节点内为搭接连接。搭接可采用下列方式：

①搭接接头沿顶层端节点外侧及梁端顶部布置（图 13.12（a）），此时，搭接长度不应小于 $1.5l_{ab}$。其中伸入梁内的柱外侧纵筋截面面积不宜小于柱外侧全部纵筋的 65%；梁宽范围以外的柱外侧纵筋宜沿节点顶部伸至柱内边后向下弯折 $8d$，然后截断锚固；当柱有两层配筋时，位于柱顶

第二层的钢筋可不向下弯折而在柱边切断；当柱顶有厚度不小于 100 mm 的现浇板时，梁宽范围以外的外侧柱筋也可伸入现浇板内，其长度与伸入梁内的柱纵筋相同。当柱外侧纵筋配筋率大于 1.2% 时，伸入梁内的纵筋除应满足规定的锚固长度外，宜分两批截断，截断点之间的距离不宜小于 20d。

梁上部纵筋应沿节点上边及外侧延伸弯折，至梁下边缘高度（梁底）截断。

该方案适于梁上部纵筋和柱外侧钢筋数量不太多的民用或公共建筑框架。

②搭接接头沿柱顶外侧直线布置（图 13.12（b）），此时，搭接长度自柱顶算起不应小于 1.7l_{ab}。当梁上部纵筋配筋率大于 1.2% 时，弯入柱外侧的梁上部纵筋除应满足第一款规定的搭接长度外，宜分两批截断，其截断点之间的距离不宜小于 20d。柱外侧纵筋伸至柱顶后宜向节点内水平弯折后截断，弯后水平段长度不宜小于 12d。

该方案适于梁上部和柱外侧钢筋较多，且浇筑混凝土的施工缝可以设在柱上部梁底截面以下时使用。

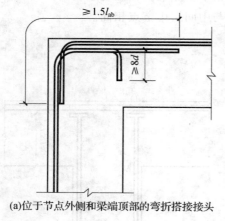

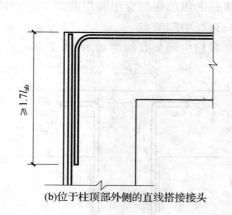

(a)位于节点外侧和梁端顶部的弯折搭接接头　　　　(b)位于柱顶部外侧的直线搭接接头

图 13.12　顶层端节点梁、柱纵筋在节点内的搭接

（5）框架节点内的箍筋设置

为使框架的梁柱纵向钢筋有可靠的锚固条件，框架梁柱节点核心区的混凝土要具有良好的约束，在节点区内必须设置足够数量的水平箍筋，以约束柱纵筋和节点核心区混凝土。

节点区箍筋的最大直径和最小间距与柱箍筋加密区的要求相同。一、二、三级框架节点核心区配箍特征值分别不宜小于 0.12、0.10 和 0.08，且体积配箍率分别不宜小于 0.6%、0.5% 和 0.4%。

6. 填充墙的构造要求

在隔墙位置较为固定的建筑中，常采用砌体填充墙。

砌体填充墙的砌筑砂浆强度等级不应低于 M5；实心块体的强度等级不宜低于 MU2.5，空心块体的强度等级不宜低于 MU3.5；墙顶应与框架梁密切结合（用块材"塞紧"）。

填充墙应沿框架柱全高每隔 500～600 mm 设 2φ6 拉筋。拉筋伸入墙内的长度，抗震设防烈度为 6、7 度时宜沿墙全长贯通，抗震设防烈度为 8、9 度时应全长贯通。

墙长大于 5 m 时，墙顶与梁宜有拉结；墙长超过 1 m 或墙长为层高 2 倍时，宜设置钢筋混凝土构造柱；墙高超过 4 m 时，墙体半高宜设置与柱连接且沿墙全长贯通的钢筋混凝土水平系梁。楼梯间和人行通道处的填充墙，尚应采用钢丝网砂浆面层加强。

13.4 多层砌体结构抗震构造措施

13.4.1 多层砌体结构房屋抗震设计一般规定

1. 房屋总高度和层数的限值

震害表明，随着房屋高度的增大和层数的增多，房屋的破坏程度也随之加重。因此，《建筑抗震设计规范》（GB 50011—2010）规定，多层砌体房屋的总高度与层数不应超过表13.9的规定。

对医院、教学楼等横墙较少的房屋，总高度应比表13.9的规定相应降低3 m，层数宜相应减少一层；对各层横墙很少的房屋，还应再减少一层。

6、7度时，横墙较少的丙类多层建筑，当按规定采取加强措施并满足抗震承载力要求时，其高度和层数仍可按表13.8采用。

表 13.8 房屋的层数和高度限值（m）

房屋类型		最小抗震墙厚度/mm	烈度和设计基本地震加速度										
			6		7				8				9
			0.05g		0.10g		0.15g		0.20g		0.30g		0.40g
			高度	层数	高度	层数	高度	层数	高度	层数	高度	层数	高度	层数
多层砌体房屋	普通砖	240	21	7	21	7	21	7	18	6	15	5	12	4
	多孔砖	240	21	7	21	7	18	6	18	6	15	5	9	3
	多孔砖	190	21	7	18	6	15	5	15	5	12	4	—	—
	小砌块	190	21	7	21	7	18	6	18	6	15	5	9	3
底部框架—抗震墙房屋	普通砖、多孔砖	240	22	7	22	7	19	6	16	5	—	—	—	—
	多孔砖	190	22	7	19	6	16	5	13	4	—	—	—	—
	小砌块	190	22	7	22	7	19	6	16	5				

注：1. 房屋总高度指室外地面到主要屋面板顶或檐口的高度，半地下室从地下室室内地面算起，全地下室和嵌固条件好的半地下室应允许从室外地面算起；对带阁楼的坡屋面应算到山尖墙的1/2高度处。

2. 室内外高差大于0.6 m时，房屋总高度应容许比表中数据适当增加，但不应多于1 m。

3. 乙类的多层砌体房屋仍按本地区设防查表，其层数应减少一层且总高度应降低3 m；不应采用底部框架抗震墙砌体房屋。

4. 本表中小砌块体砌体房屋不包括配筋混凝土小型空心砌块砌体房屋。

采用蒸压类砌体的房屋，当砌体的抗剪强度仅达到黏土砖的70%时，房屋的层数应比普通砖房减少一层，总高应减少3 m；当抗剪强度达到黏土砖的取值时，房屋的总高度与层数同普通砖房屋。

多层砌体承重房屋的层高不应超过3.6 m，底部框架抗震墙房屋的底部层高，不应超过4.5 m；当底层采用约束砌体抗震墙时，底部层高不应超过4.2 m。

2. 房屋高宽比的限制

随着房屋高宽比的增大，在地震时易于发生整体弯曲破坏。为保证房屋的稳定性，减轻整体弯曲造成的破坏，《建筑抗震设计规范》（GB 50011—2010）规定，房屋总高度和总宽度的最大比值应符合表13.9的要求。

表 13.9　房屋最大高宽比

烈度	6	7	8	9
最大高宽比	2.5	2.5	2	1.5

注：1. 单面走廊房间的总宽度不包括走廊宽度；

　　2. 建筑平面接近正方形时，其高宽比宜适当减小。

3. 合理布置房屋的结构体系

（1）应优先采用横墙承重或纵横墙共同承重的结构体系，不应采用砌体墙和混凝土墙混合承重的结构体系。

（2）纵横墙的布置应对称均匀，沿平面内宜对齐，沿竖向应上下连续；窗间墙宽度宜均匀。

（3）设置防震缝。防震缝是减轻地震对房屋破坏的有效措施之一，防震缝应沿房屋全高设置（基础处可不设），缝两侧均应设置墙体，缝宽一般采用 70～100 mm。

（4）楼梯间不宜设置在房屋的尽端和转角处。

（5）烟道、风道、垃圾道等不应削弱承重墙体，否则应对被削弱的墙体采取加强措施。如必须做出屋面或附墙烟囱时，宜采用竖向配筋砌体。

（6）不应采用无锚固的钢筋混凝土预制挑檐。

（7）不应在房屋转角处设置转角窗。

（8）横墙较少，跨度较大的房屋，宜采用钢筋混凝土楼、屋盖。

4. 房屋抗震横墙的间距

因多层砌体房屋的横向地震力主要由横墙承担，横墙间距大小对房屋倒塌影响很大，所以要求横墙间距不应超过表 13.10 的规定。

表 13.10　房屋抗震横墙的间距（m）

房屋类型		烈　度			
		6	7	8	9
多层砌体房屋	现浇或装配整体式钢筋混凝土楼、屋盖	15	15	11	7
	装配式钢筋混凝土楼、屋盖	11	11	9	4
	木屋盖	9	9	4	—
底部框架—抗震墙房屋	上部各层	同多层砌体房屋			—
	底层或底部两层	18	15	11	—

注：1. 多层砌体房屋的顶层，除木屋盖外的最大横墙间距应允许适当放宽，但应采取相应加强措施；

　　2. 多孔砖抗震墙横墙厚度为 190 mm 时，最大横端间距应比表中数值减少 3 m。

13.4.2　多层砌体结构抗震构造措施

1. 加强结构的连接

（1）纵横墙的连接

纵横墙交接处宜同时咬槎砌筑，否则应留斜槎，不应留直槎或马牙槎。对烈度为 7 度时长度大于 7.2 m 的大房间，以及烈度为 8 度和 9 度时外墙转角及内外墙交接处，应沿墙高每隔 500 mm 配置 2φ6 拉结钢筋，且每边伸入墙内不宜小于 1 m，如图 13.13 所示。

后砌的非承重墙应沿墙高每 500 mm 配置 2φ6 钢筋与承重墙或柱拉结，每边伸入墙内不应小于 500 mm，烈度为 8 度和 9 度时长度大于 5 m 的后砌隔墙，墙顶尚应与楼板或梁拉结。

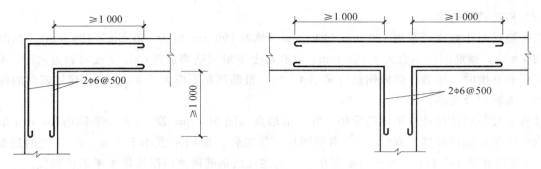

图 13.13 砌体墙连接

（2）楼、屋盖与墙体的连接

现浇钢筋混凝土楼板或屋面板伸进纵、横墙内的长度不应小于 120 mm；对于装配式钢筋混凝土楼板或屋面板，当圈梁未设在板的同一标高时，板端伸进外墙的长度不应小于 120 mm，板端伸进内墙的长度不应小于 100 mm 或采用硬架支模连接，在梁上不应小于 80 mm 或采用硬架支模连接；当板的跨度大于 4.8 m 并与外墙平行时，靠外墙的预制板侧边应与墙或圈梁拉结。

对房屋端部大房间的楼盖，6 度时房屋的屋盖和 7～9 度时房屋的楼、屋盖，当圈梁设在板底时，钢筋混凝土预制板应相互拉结，并应与梁、墙或圈梁拉结。

楼、屋盖的钢筋混凝土梁或屋架应与墙、柱（包括构造柱）或圈梁可靠连接；不得采用独立砖柱。跨度不小于 6 m 大梁的支撑构件应采用组合砌体等加强措施，并满足承载力的要求。

2. 设置钢筋混凝土构造柱

在多层砌体房屋中设置钢筋混凝土构造柱，可以部分地提高墙体的抗剪承载力，大大增强房屋的变形能力，对提高砌体房屋的抗震能力有着重要的作用。

《建筑抗震设计规范》（GB 50011—2010）对钢筋混凝土构造柱的设置和构造要求作了如下规定：

（1）构造柱设置要求

①对于多层砖砌体房屋，其构造柱的设置部位，在一般情况下应符合表 13.11 的要求。

②外廊式和单面走廊式的多层房屋，应根据房屋增加一层后的层数，按表 13.11 的要求设置构造柱，且单面走廊两侧的纵墙均应按外墙处理。

③教学楼、医院等横墙较少的房屋，应根据房屋增加一层后的层数，按表 13.11 的要求设置构造柱；当教学楼、医院等横墙较少的房屋为外廊式或单面走廊式时，应按第（2）款要求设置构造柱，但 6 度不超过四层、7 度不超过三层和 8 度不超过两层时，应按增加两层后的层数对待。

表 13.11 砖砌体房屋构造柱设置要求

房屋层数				设置部位	
6 度	7 度	8 度	9 度		
≤五	≤四	≤三		楼、电梯间四角、楼梯斜梯段上下端对应的墙体处；外墙四角和对应转角；错层部位横墙与外纵墙交接处；大房间内外墙交接处、较大洞口两侧	隔 12 m 或单元横墙与外纵墙交接处；楼梯间对应的另一侧内横墙与外纵墙交接处
六	五	四	二		隔开间横墙（轴线）与外墙交接处；山墙与内纵墙交接处
七	≥六	≥五	≥三		内墙（轴线）与外墙交接处；内横墙的局部较小墙垛处；内纵墙与横墙（轴线）交接处

注：较大洞口，内墙指不小于 2.1 m 的洞口；外墙在内外墙交接处已设置构造柱时应允许适当放宽，但洞侧墙体应加强。

（2）构造柱构造要求

①构造柱最小截面可采用180 mm×240 mm（墙厚190 mm时为180 mm×190 mm），纵向钢筋宜采用4Φ12，箍筋间距不宜大于250 mm，且在柱上下端宜适当加密；6、7度时超过六层、8度时超过五层和9度时，构造柱纵向钢筋宜采用4Φ14，箍筋间距不应大于200 mm；房屋四角的构造柱可适当加大截面及配筋。

②构造柱与墙连接处应砌成马牙槎，并应沿墙高每隔500 mm设2Φ6水平钢筋和Φ4分布短筋平面内点焊组成的拉结网片或Φ4点焊钢筋网片，每边伸入墙内不宜小于1 m。6、7度时底部1/3楼层，8度时底部1/2楼层，9度时全部楼层，上述拉结钢筋网片应沿墙体水平通长设置。

③构造柱与圈梁连接处，构造柱的纵筋应在圈梁纵筋内侧穿过，保证构造柱纵筋上下贯通。

④构造柱可不单独设置基础，但应伸入室外地面下500 mm，或与埋深小于500 mm的基础圈梁相连。

⑤当房屋高度和层数接近《建筑抗震设计规范》（GB 50011—2010）规定的限值时，横墙内的构造柱间距不宜大于层高的两倍，下部1/3楼层的构造柱间距应适当减小；当外纵墙开间大于3.9 m时，应另设加强措施；内纵墙的构造柱间距不宜大于4.2 m。

3. 合理布置圈梁

在砌体结构中设置圈梁，可加强墙体间以及墙体与楼盖间的连接，增强房屋的整体性和空间刚度；与构造柱组合可有效地约束墙体裂缝的开展，提高墙体的抗震能力。

（1）圈梁设置要求

对于多层砖砌体房屋的现浇钢筋混凝土圈梁设置应符合下列要求：

①装配式钢筋混凝土楼、屋盖的砖砌体房屋，横墙承重时应按表13.12的要求设置圈梁；纵墙承重时每层均应设置圈梁，且抗震横墙上的圈梁间距应比表内要求适当加密。

②现浇或装配整体式钢筋混凝土楼、屋盖与墙体有可靠连接的房屋，可允许不另设圈梁，但楼板沿墙体周边应加强配筋，并应与相应的构造柱钢筋可靠连接。

（2）圈梁构造要求

抗震砌体结构的圈梁除应满足圈梁的基本构造要求外，其配筋还应符合表13.13的要求。

表13.12　砖砌体房屋现浇钢筋混凝土圈梁设置要求

墙类	烈　度		
	6、7	8	9
外墙和内纵墙	屋盖处及每层楼盖处	屋盖处及每层楼盖处	屋盖处及每层楼盖处
内横墙	同上； 屋盖处间距不应大于4.5 m； 楼盖处间距不应大于7.2 m； 构造柱对应部位	同上； 各层所有横墙， 且间距不应大于4.5 m； 构造柱对应部位	同上； 各层所有横墙

表13.13　多层砖砌体房屋圈梁配筋

配筋	烈　度		
	6、7	8	9
最小纵筋	4Φ10	4Φ12	4Φ14
最小箍筋量	Φ6@250	Φ6@200	Φ6@150

4. 重视楼梯间的设计

楼梯间是疏散人员和进行救灾的要道，但其震害往往比较严重。因此，《建筑抗震设计规范》（GB 50011—2010）规定，楼梯间的设计应符合下列要求：

（1）顶层楼梯间墙体应沿墙高每隔 500 mm 设 2φ6 通长钢筋和 φ4 分布短筋平面内点焊组成的拉结网片或 φ4 点焊钢筋网片；7～9 度时其他各层楼梯间墙体应在休息平台或楼层半高处设置 60 mm 厚、纵向钢筋不应少于 2φ10 的钢筋混凝土带或配筋砖带，配筋砖带不小于 3 皮，每皮的配筋不小于 2φ6，其砂浆强度等级不应低于 M7.5 且不低于同层墙体的砂浆强度等级。

（2）楼梯间及门厅内墙阳角处的大梁支承长度不应小于 500 mm，并应与圈梁连接。

（3）装配式楼梯段应与平台梁可靠连接；8、9 度时不应采用装配式楼梯段；不应采用墙中悬挑式踏步或踏步竖肋插入墙体的楼梯，不应采用无筋砖砌栏板。

（4）对于突出屋顶的楼、电梯间，构造柱应伸到顶部，并与顶部圈梁连接，所有墙体应沿墙高每隔 500 mm 设 2φ6 通长钢筋和 φ4 分布短筋平面内点焊组成的拉结网片或 φ4 点焊钢筋网片。

【重点串联】

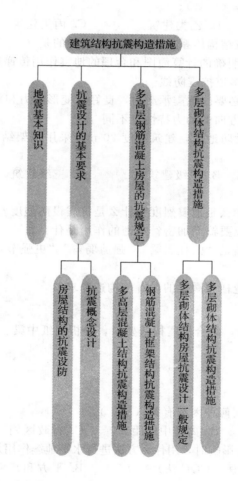

【知识链接】

1. 《建筑抗震设计规范》（GB 50011—2010）；

2. 《建筑抗震构造详图》（11G329）。

拓展与实训

基础训练

一、填空题

1. 抗震设防的三个基本设防目标是：_____、_____、_____。

2. 为了提高框架结构的延性，必须遵守_____、_____、_____的设计原则。

3. 抗震框架结构的箍筋需做成封闭式，端部设_____弯钩，弯钩端头平直段长度不应小于_____。框架梁的_____和框架柱的_____必须设计加密箍筋。

4. 在多层砌体房屋中设置钢筋混凝土_____和_____，对提高砌体房屋的抗震能力有着重要的作用。

二、选择题

1. 我国《建筑抗震设计规范》（GB 50011—2010）将建筑物按照其用途的重要性分为四类，其中最重要的是（　　）。

    A. 甲类建筑　　　　　　B. 乙类建筑　　　　　　C. 丙类建筑　　　　　　D. 丁类建筑

2. 下列抗震规范对建筑结构体系的主要规定，错误的是（　　）。

    A. 结构体系应具有明确的计算简图和合理的地震作用传递途径

    B. 结构体系宜具有多道抗震防线

    C. 结构体系应具有必要的抗震承载力，良好的变形能力和耗能能力

    D. 结构在两个主轴方向的动力特性宜不同

3. 某住宅楼位于 7 度设防地区，建筑高度 20 m，采用框架结构体系，则该住宅楼的抗震等级为（　　）。

    A. 一级建筑　　　　　　B. 二级建筑　　　　　　C. 三级建筑　　　　　　D. 四级建筑

三、简答题

1. 什么是地震震级？什么是地震烈度？什么是抗震设防烈度？

2. 框架结构在什么部位要箍筋加密？加密的作用是什么？

3. 抗震设计为什么要满足"强柱弱梁""强剪弱弯""更强节点核心区的原则"？简述这三项设计原则的内容。

4. 简述砌体结构的构造柱和圈梁的设置与构造要求。

工程模拟训练

参照某框架结构的图纸，结合抗震构造要求，分析图纸中梁、柱的纵筋、箍筋的细部尺寸、构造要求。

链接职考

一级建造师模拟题：

1. 实际地震烈度与下列何种因素有关（　　）。

    A. 建筑物类型　　　　　B. 离震中的距离　　　　C. 行政区划　　　　　　D. 城市大小

2. 规范规定不考虑扭转影响时，用什么方法进行水平地震作用效应组合的计算（　　）。

    A. 完全二次项组合法（CQC 法）　　　　　　B. 平方和开平方法（SRSS 法）

    C. 杜哈米积分法　　　　　　　　　　　　　D. 振型分解反应谱法

3. 基底剪力法计算水平地震作用可用于下列何种建筑（　　）。

    A. 40 m 以上的高层建筑

    B. 自振周期 T_1 很长（$T_1 > 4$ s）的高层建筑

    C. 垂直方向质量、刚度分布均匀的多层建筑

    D. 平面上质量、刚度有较大偏心的多高层建筑

附录

附录 1　均布荷载和集中荷载作用下等跨连续梁的内力系数

均布荷载：

$$M = K_1 g l_0^2 + K_2 q l_0^2, \quad V = K_3 g l_0 + K_4 q l_0$$

集中荷载：

$$M = K_1 G l_0 + K_2 Q l_0, \quad V = K_3 G + K_4 Q$$

式中　g、q——单位长度上的均布恒荷载与活荷载；

G、Q——集中恒荷载与活荷载；

K_1、K_2、K_3、K_4——内力系数，由表中相应栏内查得；

l_0——梁的计算跨度。

附表 1.1　两跨梁

序号	荷载简图	跨内最大弯矩		支座弯矩	横向剪力			
		M_1	M_2	M_B	V_A	$V_{B左}$	$V_{B右}$	V_C
1	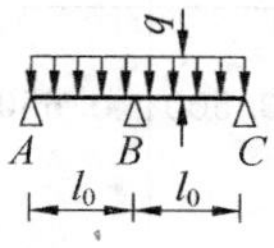	0.070	0.070	−0.125	0.375	−0.625	0.625	−0.375
2	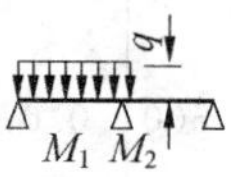	0.096	−0.025	−0.063	0.437	−0.563	0.063	0.063
3	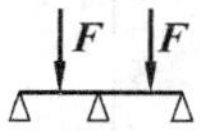	0.156	0.156	−0.188	0.312	−0.688	0.688	−0.312
4	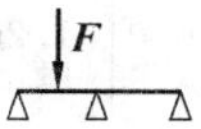	0.203	−0.047	−0.094	0.406	−0.594	0.094	0.094
5	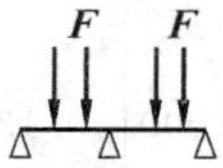	0.222	0.222	−0.333	0.667	−1.334	1.334	−0.667
6	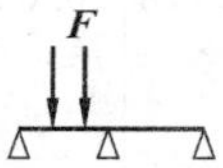	0.278	−0.056	−0.167	0.833	−1.167	0.167	0.167

附表 1.2　三跨梁

序号	荷载简图	跨内最大弯矩		支座弯矩		横向剪力					
		M_1	M_2	M_B	M_C	V_A	$V_{B左}$	$V_{B右}$	$V_{C左}$	$V_{C右}$	V_D
1		0.080	0.025	−0.100	−0.100	0.400	−0.600	0.500	−0.500	0.600	−0.400
2		0.101	−0.050	−0.050	−0.050	0.450	−0.550	0.000	0.000	0.550	−0.450
3		−0.025	0.075	−0.050	−0.050	−0.050	−0.050	0.500	−0.500	0.050	0.050
4		0.073	0.054	−0.1 17	−0.033	0.383	−0.617	0.583	−0.417	0.033	0.033
5		0.094	—	−0.067	0.017	0.433	−0.567	0.083	0.083	−0.017	−0.017
6		0.175	0.100	−0.150	−0.150	0.350	−0.650	0.500	−0.500	0.650	−0.350
7		0.213	−0.075	−0.075	−0.075	0.425	−0.575	0.000	0.000	0.575	−0.425
8		−0.038	0.175	−0.075	−0.075	−0.075	−0.075	0.500	−0.500	0.075	0.075
9		0.162	0.137	−0.175	−0.050	0.325	−0.675	0.625	−0.375	0.050	0.050
10		0.200	—	−0.100	0.025	0.400	−0.600	0.125	0.125	−0.025	−0.025
11		0.244	0.067	−0.267	−0.267	0.733	−1.267	1.000	−1.000	1.267	−0.733
12		0.289	−0.133	−0.133	−0.133	0.866	−1.134	0.000	0.000	1.134	−0.866
13		−0.044	0.200	−0.133	−0.133	−0.133	−0.133	1.000	−1.000	0.133	0.133
14		0.229	0.170	−0.311	−0.089	0.689	−1.311	1.222	−0.778	0.089	0.089
15		0.274	—	−0.178	0.044	0.822	−1.178	0.222	0.222	−0.044	−0.044

附表 1.3 四跨梁

序号	荷载简图	跨内最大弯矩				支座弯矩			横向剪力							
		M_1	M_2	M_3	M_4	M_B	M_C	M_D	V_A	$V_{B左}$	$V_{B右}$	$V_{C左}$	$V_{C右}$	$V_{D左}$	$V_{D右}$	V_E
1		0.077	0.036	0.036	0.077	-0.107	-0.071	-0.103	0.393	-0.607	0.536	-0.464	0.464	-0.536	0.607	-0.392
2		0.100	-0.045	0.081	-0.023	-0.054	-0.036	-0.054	0.446	-0.554	0.018	0.018	0.482	-0.518	0.054	0.054
3		0.072	0.061	—	0.098	-0.121	-0.018	-0.058	0.380	-0.620	0.603	-0.397	-0.040	-0.040	0.558	-0.442
4		—	0.056	0.056	—	-0.036	-0.107	-0.036	-0.036	-0.036	0.429	-0.571	0.571	-0.429	0.036	0.036
5		0.094	—	—	—	-0.067	0.018	-0.004	0.433	-0.567	0.085	0.085	-0.022	-0.022	0.004	0.004
6		—	0.071	—	—	-0.049	-0.054	0.013	-0.049	-0.049	0.496	-0.504	0.067	0.067	-0.013	-0.013
7		0.169	0.116	0.116	0.169	-0.161	-0.107	-0.161	0.339	-0.661	0.553	-0.446	0.446	-0.554	0.661	-0.339
8		0.210	-0.067	0.183	-0.040	-0.080	-0.054	-0.080	0.420	-0.580	0.027	0.027	0.473	-0.527	0.080	0.080
9		0.159	0.146	—	0.206	-0.181	-0.027	-0.087	0.319	-0.681	0.654	-0.346	-0.060	-0.060	0.587	-0.413

续附表 1.3

序号	荷载简图	跨内最大弯矩				支座弯矩			横向剪力							
		M_1	M_2	M_3	M_4	M_B	M_C	M_D	V_A	$V_{B左}$	$V_{B右}$	$V_{C左}$	$V_{C右}$	$V_{D左}$	$V_{D右}$	V_E
10		—	0.142	0.142	—	−0.054	−0.161	−0.054	0.054	−0.054	0.393	−0.607	0.607	−0.393	0.054	0.054
11		0.202	—	—	—	−0.100	0.027	−0.007	0.400	−0.600	0.127	0.127	−0.033	−0.033	0.007	0.007
12		—	0.173	—	—	−0.074	−0.080	0.020	−0.074	−0.074	0.493	−0.507	0.100	0.100	−0.020	−0.0220
13		0.238	0.111	0.111	0.238	−0.286	−0.191	−0.286	0.714	−1.286	1.095	−0.905	0.905	−1.095	1.286	−0.714
14		0.286	−0.111	0.222	−0.048	−0.143	−0.095	−0.143	0.875	−1.143	0.048	0.048	0.952	−1.048	0.143	0.143
15		0.226	0.194	0.175	0.282	−0.321	−0.048	−0.155	0.679	−1.321	1.274	−0.726	−0.107	−0.107	1.155	0.845
16		—	0.175	—	—	−0.095	−0.286	−0.095	−0.095	−0.095	0.810	−1.190	1.190	−0.810	0.095	0.095
17		0.274	—	—	—	−0.178	0.048	−0.012	0.822	−1.178	0.226	0.226	−0.060	−0.060	0.012	0.012
18		—	0.198	—	—	−0.131	−0.143	0.036	−0.131	−0.131	0.988	−1.012	0.178	0.178	−0.036	−0.036

附表 1.4　五跨梁

序号	荷载简图	跨内最大弯矩			支座弯矩				横向剪力									
		M_1	M_2	M_3	M_B	M_C	M_D	M_E	V_A	$V_{B左}$	$V_{B右}$	$V_{C左}$	$V_{C右}$	$V_{D左}$	$V_{D右}$	$V_{E左}$	$V_{E右}$	V_F
1		0.0781	0.0331	0.0462	−0.105	−0.079	−0.079	−0.105	0.394	−0.606	0.526	−0.474	0.500	−0.500	0.474	−0.526	0.606	−0.394
2		0.1000	−0.0461	0.0855	−0.053	−0.040	−0.040	−0.053	0.447	−0.553	0.013	0.013	0.500	−0.500	−0.013	−0.013	0.553	−0.447
3		−0.0263	0.0787	−0.0395	−0.053	−0.040	−0.040	−0.053	−0.053	−0.053	0.513	−0.487	0.000	0.000	0.487	−0.513	0.053	0.053
4		0.073	0.059	—	−0.119	−0.022	−0.044	−0.051	0.380	−0.620	0.598	−0.402	−0.023	−0.023	0.493	−0.507	0.052	0.052
5		0.094	0.055	0.064	−0.035	−0.111	−0.020	−0.057	−0.035	−0.035	0.424	−0.576	0.591	−0.049	−0.037	−0.037	0.557	0.443
6		—	—	—	−0.067	0.018	−0.005	0.001	0.433	−0.567	0.085	0.085	−0.023	0.023	0.006	0.006	−0.001	−0.001
7		—	0.074	—	−0.049	−0.054	−0.014	−0.004	−0.049	−0.049	0.495	−0.505	0.068	0.068	−0.018	−0.018	0.004	0.004
8		—	—	0.072	0.013	−0.053	−0.053	0.013	0.013	0.013	−0.066	−0.066	0.500	−0.500	0.066	0.066	−0.013	−0.013

续附表 1.4

序号	荷载简图	跨内最大弯矩			支座弯矩				横向剪力									
		M_1	M_2	M_3	M_B	M_C	M_D	M_E	V_A	$V_{B左}$	$V_{B右}$	$V_{C左}$	$V_{C右}$	$V_{D左}$	$V_{D右}$	$V_{E左}$	$V_{E右}$	V_F
9		0.171	0.112	0.132	-0.158	-0.118	-0.118	-0.158	0.342	-0.658	0.540	-0.460	0.500	-0.500	0.460	-0.540	0.658	-0.342
10		0.211	-0.069	0.191	-0.079	-0.059	-0.059	-0.079	0.421	-0.579	0.020	0.020	0.500	-0.500	-0.020	-0.020	0.579	-0.421
11		0.039	0.181	-0.059	-0.079	-0.059	-0.059	-0.079	-0.079	-0.079	0.520	-0.480	0.000	0.000	0.480	-0.520	0.079	0.079
12		0.160	0.144	—	-0.179	-0.032	-0.066	-0.077	0.321	-0.679	0.647	-0.353	-0.034	-0.034	0.489	-0.511	0.077	0.077
13		—	0.140	0.151	-0.052	-0.167	-0.031	-0.086	-0.052	-0.052	0.385	-0.615	0.637	-0.363	-0.056	-0.056	0.586	-0.414
14		0.200	—	—	-0.100	0.027	-0.007	0.002	0.400	-0.600	0.127	0.127	-0.034	-0.034	0.009	0.009	0.002	0.002
15		—	0.173	—	-0.073	-0.081	0.022	-0.005	-0.073	-0.073	0.493	-0.507	0.102	0.102	-0.027	-0.027	0.005	0.005
16		—	—	0.171	0.020	-0.079	-0.079	0.020	0.020	0.020	-0.099	-0.099	0.500	-0.500	0.099	0.099	-0.020	-0.020

续附表 1.4

序号	荷载简图	跨内最大弯矩 M_1	M_2	M_3	支座弯矩 M_B	M_C	M_D	M_E	横向剪力 V_A	$V_{B左}$	$V_{B右}$	$V_{C左}$	$V_{C右}$	$V_{D左}$	$V_{D右}$	$V_{E左}$	$V_{E右}$	V_F
17		0.240	0.100	0.122	−0.281	−0.211	−0.211	−0.281	0.719	−1.281	1.070	−0.930	1.000	−1.000	0.930	−1.070	1.281	−0.719
18		0.287	−0.117	0.228	−0.140	−0.105	−0.105	−0.140	0.860	−1.140	0.035	0.035	1.000	−1.000	−0.035	−0.035	0.140	−0.860
19		−0.047	−0.216	−0.105	−0.140	−0.105	−0.105	−0.140	−0.140	−0.140	1.035	−0.965	0.000	0.000	0.965	−1.035	0.140	0.140
20		0.227	0.1819	0.198	−0.319	−0.057	−0.118	−0.137	0.681	−1.319	1.262	−0.738	−0.061	−0.061	0.981	−1.019	0.137	0.137
21		—	0.172	0.198	−0.093	−0.297	−0.054	−0.153	−0.093	−0.093	0.796	−1.204	1.243	−0.757	−0.099	−0.099	1.153	0.847
22		0.274	—	—	−0.179	0.048	−0.013	0.003	0.821	−1.179	0.227	0.227	−0.061	−0.061	0.016	0.016	−0.003	0.003
23		—	0.198	—	−0.131	−0.144	0.038	−0.010	−0.131	−0.131	0.987	−1.013	0.182	0.182	−0.048	−0.048	0.010	0.010
24		—	—	0.193	0.035	−0.140	−0.140	0.035	0.035	0.035	−0.175	−0.175	1.000	−1.000	0.175	0.175	−0.035	−0.035

附录2　按弹性理论计算矩形双向板在均布荷载作用下的弯矩系数表

1. 符号说明

M_x，$M_{x,max}$——分别为平行于 l_x 方向板中心点弯矩和板跨内的最大弯矩；

M_y，$M_{y,max}$——分别为平行于 l_y 方向板中心点弯矩和板跨内的最大弯矩；

M_x^0——固定边中点沿 l_x 方向的弯矩；

M_y^0——固定边中点沿 l_y 方向的弯矩；

M_{0x}——平行于 l_x 方向自由边的中点弯矩；

M_{0x}^0——平行于 l_x 方向自由边上固定端的支座弯矩。

| 代表固定连接 | 代表简支边 | 代表自由边 |

2. 计算公式

$$弯矩＝表中系数 \times q l_x^2$$

式中　q——作用在双向板上的均布荷载；

　　　l_x——板跨，见表中插图所示。

附表 2.1

边界条件	(1) 四边简支		(2) 三边简支、一边固定									
l_x/l_y	M_x	M_y	M_x	$M_{x,max}$	M_y	$M_{y,max}$	M_y^0	M_x	$M_{x,max}$	M_y	$M_{y,max}$	M_x^0
0.50	0.099 4	0.033 5	0.091 4	0.093 0	0.035 2	0.039 7	−0.121 5	0.059 3	0.065 7	0.015 7	0.017 1	−0.121 2
0.55	0.092 7	0.035 9	0.083 2	0.084 6	0.037 1	0.040 5	−0.119 3	0.057 7	0.063 3	0.017 5	0.019 0	−0.118 7
0.60	0.086 0	0.037 9	0.075 2	0.076 5	0.038 6	0.040 9	−0.116 0	0.055 6	0.060 8	0.019 4	0.020 9	−0.115 8
0.65	0.079 5	0.039 6	0.067 6	0.068 8	0.039 6	0.041 2	−0.113 3	0.053 4	0.058 1	0.021 2	0.022 6	−0.112 4
0.70	0.073 2	0.041 0	0.060 4	0.061 6	0.040 0	0.041 7	−0.109 6	0.051 0	0.055 5	0.022 9	0.024 2	−0.108 7
0.75	0.067 3	0.042 0	0.053 8	0.051 9	0.040 0	0.041 7	−0.105 6	0.048 5	0.052 5	0.024 4	0.025 7	−0.104 8
0.80	0.061 7	0.042 8	0.047 5	0.049 0	0.039 7	0.041 5	−0.101 4	0.045 9	0.049 5	0.025 8	0.027 0	−0.100 7
0.85	0.056 4	0.043 2	0.042 5	0.043 6	0.039 1	0.041 0	−0.097 0	0.043 4	0.046 6	0.027 1	0.028 3	−0.096 5
0.90	0.051 6	0.043 4	0.037 7	0.038 8	0.038 2	0.040 2	−0.092 6	0.040 9	0.043 8	0.028 1	0.029 3	−0.092 2
0.95	0.047 1	0.043 2	0.033 4	0.034 5	0.037 1	0.039 3	−0.088 2	0.038 4	0.040 9	0.029 0	0.030 1	−0.088 0
1.00	0.042 9	0.042 9	0.029 6	0.030 6	0.036 0	0.038 8	−0.083 9	0.036 0	0.038 8	0.029 6	0.030 6	−0.083 9

续附表 2.1

边界条件	(3) 两对边简支、两对边固定						(4) 两邻边简支、两邻边固定					
l_x/l_y	M_x	M_y	M_y^0	M_x	M_y	M_x^0	M_x	$M_{x,\max}$	M_y	$M_{y,\max}$	M_x^0	M_y^0
0.50	0.083 7	0.036 7	−0.119 1	0.041 9	0.008 6	−0.084 3	0.057 2	0.058 4	0.017 2	0.022 9	−0.117 9	−0.078 6
0.55	0.074 3	0.038 3	−0.115 6	0.041 5	0.009 6	−0.084 0	0.054 6	0.055 6	0.019 2	0.024 1	−0.114 0	−0.078 5
0.60	0.065 3	0.039 3	−0.111 4	0.040 9	0.010 9	−0.083 4	0.051 8	0.052 6	0.021 2	0.025 2	−0.109 5	−0.078 2
0.65	0.056 9	0.039 4	−0.106 6	0.040 2	0.012 2	−0.082 6	0.048 6	0.049 6	0.022 8	0.026 1	−0.104 5	−0.077 7
0.70	0.049 4	0.039 2	−0.103 1	0.039 1	0.013 5	−0.081 4	0.045 5	0.046 5	0.024 3	0.026 7	−0.099 2	−0.077 0
0.75	0.042 8	0.038 3	−0.095 9	0.038 1	0.014 9	−0.079 9	0.042 2	0.043 0	0.025 4	0.027 2	−0.093 8	−0.076 0
0.80	0.036 9	0.037 2	−0.090 4	0.036 8	0.016 2	−0.078 2	0.039 0	0.039 7	0.026 3	0.027 8	−0.088 3	−0.074 8
0.85	0.031 8	0.035 8	−0.085 0	0.035 5	0.017 4	−0.076 3	0.035 8	0.036 6	0.026 9	0.028 4	−0.082 9	−0.073 3
0.90	0.027 5	0.034 3	−0.076 7	0.034 1	0.018 6	−0.074 3	0.032 8	0.033 7	0.027 3	0.028 8	−0.077 6	−0.071 6
0.95	0.023 8	0.032 8	−0.074 6	0.032 6	0.019 6	−0.072 1	0.029 9	0.030 8	0.027 3	0.028 9	−0.072 6	−0.069 8
1.00	0.020 6	0.031 1	−0.020 6	0.031 1	0.020 6	−0.069 8	0.027 3	0.028 1	0.027 3	0.028 9	−0.067 7	−0.067 7

续附表 2.1

| 边界条件 | （5）一边简支、三边固定 | | | | | |

l_x/l_y	M_x	$M_{x,\max}$	M_y	$M_{y,\max}$	M_x^0	M_y^0
0.50	0.041 3	0.042 4	0.009 6	0.015 7	−0.083 6	−0.056 9
0.55	0.040 5	0.041 5	0.010 8	0.016 0	−0.082 7	−0.057 0
0.60	0.039 4	0.040 4	0.012 3	0.016 9	−0.081 4	−0.057 1
0.65	0.038 1	0.039 0	0.013 7	0.017 8	−0.079 6	0.057 2
0.70	0.036 6	0.037 5	0.015 1	0.018 6	−0.077 4	−0.057 2
0.75	0.034 9	0.035 8	0.016 4	0.019 3	−0.075 0	−0.057 2
0.80	0.033 1	0.033 9	0.017 6	0.019 9	−0.072 2	−0.057 0
0.85	0.031 2	0.031 9	0.018 6	0.020 4	−0.069 3	−0.056 7
0.90	0.029 5	0.030 0	0.020 1	0.020 9	−0.066 3	−0.056 3
0.95	0.027 4	0.028 1	0.020 1	0.021 4	−0.063 1	−0.055 8
1.00	0.025 5	0.026 1	0.020 6	0.021 9	−0.060 0	−0.050 0

| 边界条件 | （5）一边简支、三边固定 | | | | | | （6）四边固定 | | | |

l_x/l_y	M_x	$M_{x,\max}$	M_y	$M_{y,\max}$	M_y^0	M_x^0	M_x	M_y	M_x^0	M_y^0
0.50	0.055 1	0.060 5	0.018 8	0.020 1	−0.078 4	−0.114 6	0.040 6	0.010 5	−0.082 9	−0.057 0
0.55	0.051 7	0.056 3	0.021 0	0.022 3	−0.078 0	−0.109 3	0.039 4	0.012 0	−0.081 4	−0.057 1
0.60	0.048 0	0.052 0	0.022 9	0.024 2	−0.077 3	−0.103 3	0.038 0	0.013 7	−0.079 3	−0.057 1
0.65	0.044 1	0.047 6	0.024 4	0.025 6	−0.076 2	−0.097 0	0.036 1	0.015 2	−0.076 6	−0.057 1
0.70	0.040 2	0.043 3	0.025 6	0.026 7	−0.074 8	−0.090 3	0.034 0	0.016 7	−0.073 5	−0.056 9
0.75	0.036 4	0.039 0	0.026 3	0.027 3	−0.072 9	−0.083 7	0.031 8	0.017 9	−0.070 1	−0.056 5
0.80	0.032 7	0.034 8	0.026 7	0.026 7	−0.070 7	−0.077 2	0.029 5	0.018 9	−0.066 4	−0.055 9
0.85	0.029 3	0.031 2	0.026 8	0.027 7	−0.068 3	−0.071 1	0.027 2	0.019 7	−0.062 6	−0.055 1
0.90	0.026 1	0.027 7	0.026 5	0.027 3	−0.065 6	−0.065 3	0.024 9	0.020 2	−0.058 8	−0.054 1
0.95	0.023 2	0.024 6	0.026 1	0.026 9	−0.062 9	−0.059 9	0.022 7	0.020 5	−0.055 0	−0.052 8
1.00	0.020 6	0.021 9	0.025 5	0.026 1	−0.060 0	−0.055 0	0.020 5	0.020 5	−0.051 3	−0.051 3

续附表 2.1

边界条件	（7）三边固定、一边自由

l_x/l_y	M_x	M_y	M_x^0	M_y^0	M_{0x}	M_{0x}^0	l_x/l_y	M_x	M_y	M_x^0	M_y^0	M_{0x}	M_{0x}^0
0.30	0.001 8	−0.003 9	−0.013 5	−0.034 4	0.006 8	−0.034 5	0.85	0.026 2	0.012 5	−0.558	−0.056 2	0.040 9	−0.065 1
0.35	0.003 9	−0.002 6	−0.017 9	−0.040 6	0.011 2	−0.043 2	0.90	0.027 7	0.012 9	−0.0615	−0.056 3	0.041 7	−0.064 4
0.40	0.006 3	0.000 8	−0.022 7	−0.045 4	0.016 0	−0.050 6	0.95	0.029 1	0.013 2	−0.0639	−0.056 4	0.042 2	−0.063 8
0.45	0.009 0	0.001 4	−0.027 5	−0.048 9	0.020 7	−0.056 4	1.00	0.030 4	0.013 3	−0.0662	−0.056 5	0.042 7	−0.063 2
0.50	0.016 6	0.003 4	−0.032 2	−0.051 3	0.025 0	−0.060 7	1.10	0.032 7	0.013 3	−0.0701	−0.056 6	0.043 1	−0.062 3
0.55	0.014 2	0.005 4	−0.036 8	−0.053 0	0.028 8	−0.063 5	1.20	0.034 5	0.013 0	−0.0732	−0.056 7	0.043 3	−0.061 7
0.60	0.016 6	0.007 2	−0.041 2	−0.054 1	0.032 0	−0.065 2	1.30	0.036 8	0.012 5	−0.0758	−0.056 8	0.043 4	−0.061 4
0.65	0.018 8	0.008 7	−0.045 3	−0.054 8	0.034 7	−0.066 1	1.40	0.038 0	0.011 9	−0.0778	−0.056 8	0.043 3	−0.061 4
0.70	0.020 9	0.010 0	−0.049 0	−0.055 3	0.036 8	−0.066 3	1.50	0.039 0	0.011 3	−0.0794	−0.056 9	0.043 3	−0.061 6
0.75	0.022 8	0.011 1	−0.052 6	−0.055 7	0.038 5	−0.066 1	1.75	0.040 5	0.009 9	−0.0819	−0.056 9	0.043 1	−0.062 5
0.80	0.024 6	0.011 9	−0.055 8	−0.056 0	0.039 9	−0.065 6	2.00	0.041 3	0.008 7	−0.0832	−0.056 9	0.043 1	−0.063 7

注：表中弯矩系数均为单位板宽的弯矩系数。表中系数为泊松比 $v=1/6$ 时求得的，适用于钢筋混凝土板。表中系数是根据 1975 年版《建筑结构静力计算手册》中 $v=0$ 的弯矩系数表，通过换算公式 $M_x^{(v)}=M_x^{(0)}+vM_y^{(0)}$ 及 $M_y^{(v)}=M_y^{(0)}M+vM_x^{(0)}$ 得出的。表中 $M_{x,\max}$ 及 $M_{y,\max}$ 也按上列换算公式求得，但由于板内两个方向的跨内最大弯矩一般并不在同一点，因此，由上式求得的 $M_{x,\max}$ 及 $M_{y,\max}$ 仅为比实际弯矩偏大的近似值。

参考文献

[1] 中华人民共和国城乡住房和建设部. GB 50010—2010 混凝土结构设计规范 [S]. 北京：中国建筑工业出版社，2010.

[2] 中华人民共和国城乡住房和建设部. GB 50003—2011 砌体结构设计规范 [S]. 北京：中国建筑工业出版社，2012.

[3] 中华人民共和国建设部. GB 50068—2001 建筑结构可靠度设计统一标准 [S]. 北京：中国建筑工业出版社，2002.

[4] 中华人民共和国城乡住房和建设部. GB 50009—2012 建筑结构荷载规范 [S]. 北京：中国建筑工业出版社，2012.

[5] 中国国家标准化管理委员会. GB 1499.1—2008 钢筋混凝土用钢 [S]. 北京：中国建筑工业出版社，2008.

[6] 中华人民共和国城乡住房和建设部. GB 50011—2010 建筑抗震设计规范 [S]. 北京：中国建筑工业出版社，2010.

[7] 程文瀼，李爱群. 混凝土楼盖设计 [M]. 北京：人民交通出版社，2006.

[8] 黄明. 混凝土结构及砌体结构 [M]. 重庆：重庆大学出版社，2005.

[9] 王文睿，张乐荣. 混凝土结构及砌体结构 [M]. 北京：北京师范大学出版社，2010.

[10] 张学宏. 建筑结构 [M]. 北京：中国建筑工业出版社，2007.

[11] 沈蒲生. 高层建筑结构设计 [M]. 北京：中国建筑工业出版社，2006.

[12] 郭继武. 建筑抗震设计 [M]. 北京：中国建筑工业出版社，2002.

[13] 段春花. 混凝土结构与砌体结构 [M]. 北京：中国电力出版社，2011.